普通高等教育“十三五”规划教材

安全人机工程学

（第 2 版）

主编　廖可兵　刘爱群

应急管理出版社

·北　京·

内 容 提 要

本书系统阐述了人类生产、生活、生存领域中的安全人机工程学的思想、原理及方法。全书共6章，主要内容有：概论；人体的人机学参数；人的生理、心理、生物力学的安全特性；安全人机功能匹配；人机系统的安全设计；安全人机工程学的实践与运用。

本书可作为高等院校安全工程专业及其相关专业的教材，也可作为安全监察人员及安全工程技术人员、企业管理人员、环境保护工程技术人员、装饰工程设计人员以及显示器、控制器的设计和制造等技术人员的参考用书。

序

安全是人类生存、生产、生活和发展过程中永恒的主题。随着科技与经济的迅猛发展，安全科学的日臻完善，安全工程专业已经成为高校重点专业之一。为此，高等院校安全工程专业教学指导委员会在全体委员对课程设置、教学大纲等进行充分论证的基础上，组织编写了《安全学原理》《安全系统工程》《安全人机工程学》和《安全管理学》四门安全工程专业的专业基础课教材。经各编写组认真编写，主审人审查，高等院校安全工程专业教学指导委员会审定，现组织出版并作为高等院校安全工程专业本科推荐教材。

高等院校安全工程专业教学指导委员会

2002 年 4 月

第 2 版修订说明

随着科技的发展和社会的进步，安全人机工程学科得到了快速发展，对其的需求和研究领域不断扩大。故对 2002 年编写出版的《安全人机工程学》教材进行修订。

本书在修订过程中，保持了第 1 版的科学性、知识性、普及性和实用性的融汇，按照从感性到理性、从具体到抽象、由浅入深的认识规律，将理论与实践相结合。与第 1 版相比，第 2 版在保持原书结构大体不变的基础上对章节内容进行了较大程度的更新，主要体现在以下几方面：

（1）书中采用的标准进行了更新，多个相关的国家标准都更新为现行标准。

（2）结合安全人机工程学的最新研究方向和应用领域，更新和增加了新的内容。第一章重新梳理了安全人机工程学的发展过程，对安全人机工程学未来的发展做了展望，尤其是结合现今机器人和人工智能技术的发展，增加了基于人工智能的人机智能系统的相关内容；第二章的内容进行了重构，增加了人体尺寸静态测量参数、人体尺寸测量方法及其应用实例；第三章第一节中的环境因素对生理功能的影响及作业环境分级整合到第五章的作业环境设计，增加了脑力负荷的概念、影响因素和测量方法；第四章新增人机系统基本概念及机械的安全特性等内容，删除了人的传递函数，并将人机系统的安全可靠性归到第五章第五节，增加了人的失误与人因事故预防及人的可靠性分析方法等内容；第五章还新增了人机系统安全设计原则、内容与步骤及新型控制器的介绍，将显示器设计、控制器设计和新增加的可维修性设计整合为人机界面的安全设计，删除了第一节工作（规划）设计，将该章中的岗位设计扩展为工作空间设计并调整到第六章；第六章新增手持工具的安全人机工程、道路交通运输的安全人机工程和海军装备领域中安全人机工程学应用案例。

（3）对全书的概念和术语进行了修订，采用最新通用和学术界公认的定义和论述。

（4）更新了安全人机工程学的研究方法和研究方向。研究方法包括眼动跟踪、脑电（EEG，ERP，核磁共振等），研究方向包括人机界面设计、人工智能系统等。

本书由湖南工学院安全与环境工程学院廖可兵教授、刘爱群副教授，北京邮电大学经济管理学院刘娜博士，江苏大学环境与安全工程学院朱方博士共同修订完成。具体分工如下：第一章由廖可兵、刘娜修订；第二、三、六章由刘爱群、刘娜修订；第四章由廖可兵修订；第五章由廖可兵、朱芳修订。本次修订由廖可兵牵头组织、策划，由刘爱群负责统稿，由湖南工学院原校长张力教授主审。本书由廖可兵、刘爱群任主编，由刘娜、朱方任副主编。

本书在修订过程中参考了许多中外专家学者的著作、教材和科研成果，部分案例选自公开发表的文献，更新的标准为相关部门推出的现行国家标准，在此，谨对原作者和研究者表示最诚挚的谢意。本书修订过程中，第1版主编欧阳文昭教授给予了精心指导，学马教育集团产品副总裁邬歆，湖南工学院安全与环境工程学院胡鸿教授、陈健副教授及廖远志老师等给予了大力支持，张力教授对本书的编写大纲和书稿内容提出了宝贵意见，使本书增色不少，在此表示衷心感谢！

由于编者水平所限，书中不妥之处在所难免，敬请读者批评指正。

编　者

2019 年 11 月

前　言

安全人机工程学是从安全的角度和着眼点，运用人机工程学的原理和方法去解决人机结合面的安全问题的一门新兴学科。它作为人机工程学的一个应用学科分支，将与以安全为前提，以工效为目标的工效人机工程学并驾齐驱，成为安全工程学的一个重要分支学科。

本教材在编写过程中注意到：科学性、知识性、普及性和实用性相结合；理论与实践相结合；按照从感性到理性、从具体到抽象、由浅入深的认识规律，并考虑到理论课与实践课相配合来编排课程体系。同时力求做到：①从安全的角度和着眼点，本着少而精的原则，选取有关的概念、原理和方法；②在教材体系编排上注重完整性，条理性，并从安全科学学科发展的高度，充实和完善其内容；③在内容上不仅扩展了人、机、人机结合面的内涵，而且将人机系统扩展为与人有关的一切系统和领域；④对教材中的重点、难点，用通俗形象的语言和简单明了的图表予以阐述，并且给出相应的例题，利于学生理解和自学；⑤本教材教学时数为48学时（含实验课时），每章后均附有思考题，供学习者思考和练习。

教材编审工作是在高等院校安全工程专业教学指导委员会的直接领导下进行的，从教学大纲编制、审定及其与相关教材内容的划定，均由安全工程专业教学指导委员会反复讨论完成。作者严格遵照大纲的规定与要求，结合近年来的教学实践与研究工作，编写这本《安全人机工程学》教材，全书共六章，其中第一章由湖南大学衡阳分校欧阳文昭、廖可兵编写；第二章由东北林业大学王述洋编写；第三章第一、二、四节由首都经贸大学王勇毅编写，第三节由欧阳文昭、王述洋编写；第四章和第五章的第一、二、三、四节由廖可兵编写；第五章的第六节和第六章由湖南大学衡阳分校刘爱群编写。欧阳文昭牵头组织与策划，欧阳文昭、廖可兵任主编，负责全书的统稿；刘潜任主审，对本教材进行了全面、认真、严格、细致的审查，提出了许多宝贵意见。

编写本教材的过程也是一个学习过程，我们自1997年底就开始收集相关资料，在兄弟院校的大力支持下，采集到国内绝大部分的安全人机工程学、人机工程学、工效学等书籍以及在“中国安全科学学报”等刊物上刊登的相关文章和国外有关书籍。我们认真学习了这些资料文献和书籍及各院校的有关教科书，同时特别注意对我国近几年来有关科研成果和标准化研究及其制定标准依据的收集。因此本书参考和引用了许多中外专家学者的宝贵资料。在此，谨对原作者和研究者表示最诚挚的谢意。

由于本学科所涉及的知识面极为广泛，加之尚属新兴学科和编著者的水平所限，因此书中难免有错误和不当之处，敬请批评指正。

编　者

2002年2月

目　　次

第一章　概　论

第一节　人　机　工　程　学

人机工程学（Man - Machine Engineering）是一门专门研究人体（即人的身心）与外界事物联系的交叉技术科学。该学科在其自身的发展过程中，逐步打破各学科之间的界限，并有机地融合各相关学科理论，不断地完善自身的基本概念、基础理论、研究方法、技术标准和操作规范。它起源于欧洲，形成于美国，发展于日本，作为一门独立学科的历史将近70年。

英国学者莫瑞尔于1949年首次正式提出Ergonomics一词，该词是由希腊词根“ergon”(即工作、劳动）和“nomics”(即规律、规则）复合而成，其含义是“人出力正常化”或“人的工作规律”。就是说，这门学科是研究人在生产、生活和操作过程中合理地、适度地劳动和用力的规律问题。在1950年2月召开的学术会议上通过了使用“Ergonomics”这一术语。由于该词能够较全面反应本学科的本质，又源于希腊文，便于各国语言翻译上的统一，而且词义保持中立性，不会造成各组成学科的亲密和间疏，因此目前较多的国家采用“Ergonomics”一词作为该学科名称。作为一门独立的人机工程学学科从此诞生了。该学科诞生之前，如同其他学科一样经历了一个漫长的酝酿和发展历程。

由于该学科研究和应用范围极其广泛，它所涉及的各学科、各领域的专家、学者都试图从各自研究领域的角度和解决问题的着眼点来给本学科命名，因而目前为止在国内外还没有统一的学科名称。这门学科的名称在美国称为“Human Engineering”(人类工程学）或“Human Factors Engineering”(人因工程学），西欧国家多称“Ergonomics”，日本和俄罗斯都用西欧名称，日语为“人间工学”，俄语为“эргономика”，其他国家大都是沿用英、美两种名称。在我国，也由于看问题的角度和着眼点不同而采用的名称不同，其称呼大致有“人体工程学”“人因工程学”“人类工程学”“工效学”“宜人学”“人机工程学”等。本书从该科学部门的学科基础理论交叉、要求“机宜人”和“人适机”的通用角度以及应用领域极为广泛的着眼点，采用“人机工程学”的名称。

一、人机工程学的定义

人机工程学是20世纪中期发展起来的交叉科学，它广泛运用人体测量学、生理学、卫生学、医学、心理学、系统科学、社会学、管理学及技术科学和工程技术等学科的理论和知识，主要研究人、机和人机结合面之间的关系，通过恰当的设计，以实现人、机、环境之间的最佳匹配，使处于不同条件下的人能有效地、安全地、健康和舒适地进行工作与生活。这门学科目前在国内外尚无统一的定义，而且随着学科的发展，其定义也在不断地发生变化，现择其部分加以介绍。毕特生定义为：人机工程学就是正确地使用人的工程学。麦克考米克定义为：人机工程学，其广泛含义可说是人类在运用事物过程中的工程学，其特定含义则是指相对于人的感觉、精神、机体和其他诸方面的属性，人类与工作方式、工作内容和工作环境之间的协调。人机学专家 Charles C. Wood 定义为：设备设计必须适合人的各方面的因素，以便在操作上付出最小代价而求得最高效率。人机学及应用心理学家 A. Chapanis 说“人机学是在作机械设计中，考虑如何使人获得操作简便而准确的一门科学”。W. B. Woodson 则认为：人机学研究的是人与机中相互关系的合理方案，即对人的知觉显示、操纵控制、人机系统的设计及其布置和作业系统的组合等进行有效的研究，其目的在于获得最高的工作效率和作业时感到安全和舒适。不难看出，不同领域的人机学者常常是按各自看问题的角度和着眼点对人机工程学或人机学下定义。

国际工效学会（International Ergonomics Association，简称 IEA），对人机工程学所下的定义：阐述所有情况下人类的生理学、解剖学、心理学的各种特点、功能，以进行最适合于人类的机械装置的设计制造，工作场所布置的合理化，工作环境条件最佳化的实践科学。后又修改为：人机工程学是研究人在某种工作环境中的解剖学、生理学和心理学等方面的各种因素；研究人和机器及环境的相互作用；研究在工作中、家庭生活中和休假中怎样统一考虑工作效率、人的健康、安全和舒适等问题的学科。

国内学者一般认为：人机工程学是运用人的生理学、心理学和其他有关学科知识，使机器和人相互适应，创造舒适和安全的工作与环境条件，从而提高工效的一门科学。

结合国内外本学科发展的具体情况，我国 1979 年出版的《辞海》中对人机工程学给出了如下的定义，即人机工程学是一门新兴的边缘学科，它是运用人体测量学、生理学、心理学和生物力学以及工程学等学科的研究方法和手段，综合地进行人体结构、功能、心理以及力学等问题研究的学科。用以设计使操作者能发挥最大的效能的机械、仪器和控制装置，并研究控制台上各个仪表的最佳位置。

总之，由于这门学科至今仍处于迅速发展之中，因而仍具有新兴学科的某些共同特点，其中研究层次尚限于技术科学和工程技术（即人机工程学、人机工程）两个层次，而基础科学（即人机学）层次尚缺，学科名称多样、学科边界模糊、学科内容综合性强、学科定义尚不统一等。尽管如此，本学科在研究对象、研究方法、理论体系等方面并不存在根本上的差异，这正是人机工程学能作为门独立学科存在的源由。

二、人机工程学研究的目的、内容、方法及应用领域

1. 人机工程学的研究目的

（1）设计机器和设备及工艺流程、工具以及信息传递装置与信息控制设备时，必须考虑人的各种因素——生理的和心理的及人体测量参数、生物力学的需要与可能。

（2）要使人操作简便、省力、快速而准确。

（3）要使人的工作条件和工作环境安全卫生和舒适。

（4）最终目的是为了使人机系统协调，保障安全健康和提高工作效率。

2. 人机工程学的研究内容

（1）人的因素方面，主要包括人体生理、心理、人体测量及生物力学。

（2）机的因素方面，主要包括显示器和控制器等物的设计。

（3）环境因素方面，主要包括采光、照明、尘毒、噪声等对人身心产生影响的因素。

（4）人机系统的综合研究。研究人机系统的整体设计，岗位设计，显示器设计，控

制器设计，环境设计，作业方法及人机系统的组织管理等。

此处应该指出：在中文中人机工程学与工效学在概念上存在着差别，即在人机工程学基础理论上不能使用人—机—环的概念，而只能用人—机（即物）及其所产生的人与人、物与物和人与物关系的表现形式以及其内在联系（即人机系统）的泛指概念来解释。在解决具体问题时，把人和机都狭义化，才出现“环”的概念。

3. 人机工程学的研究方法

人机工程学的研究方法除本学科建立的独特方法外，还广泛采用了人体科学和生物科学等相关学科的研究方法和手段，也运用系统、控制、信息、统计与概率等其他学科的一些研究方法。这些方法中包括：人体结构尺寸、功能尺寸的测量；人在活动中的行为特征；对人的活动时间和动作分析；人在作业前后及作业中的心理状态和各种生理指标的动态变化；分析人的活动可靠性、差错率、意外伤害原因等；运用电子计算机模拟或仿真人的作业过程实验；运用统计学的方法找出各变数之间的相互关系等。

人机工程学在研究中应遵循客观性和系统性原则。所谓客观性原则，是指在研究工作中坚持严肃认真、实事求是的科学态度，要根据客观事物的本来面目去反映其固有的本质和规律性。在开始时，要根据科研或实际需要，并遵循客观条件选择合适的研究课题；在研究过程中，要全面、客观、真实地反映研究对象和主客观实际情况；在分析研究结果时，要从现实出发，做出符合实际的结论。所谓系统性原则，就是将研究对象放在系统中进行认识和研究。人机系统中的人、机、人机结合面之间存在着相互制约、影响、渗透的有机联系，而不是要素之间的简单迭加关系，而且人、机、人机结合面各自的组成成员又构成各自的系统。各子系统之间存在着物质、能量、信息的交换，而且人机系统作为一个整体，它还置于整个社会的大系统中。因此，对人机系统的研究，必须从系统的整体出发去分析各子系统的性能及其相互关系，同时寻求社会性因素对系统中各要素及其相互关系的制约，以便寻求各要素之间的最合理的匹配，以取得最佳的效果。

1）实测法

（1）人体尺寸实测法。借助机械设备对人体进行实测的方法，是最常见的方法之一。如：为了解决操作安全和工作效率而设计时，需要确定手臂活动范围，某厂选择 18 ~ 65 岁的男工 226 人、女工 204 人，按年龄分成五类（18 ~ 25 岁，发育成熟的；41 ~ 65 岁，开始衰老的；26 ~ 30 岁；31 ~ 35 岁；36 ~ 40 岁），然后借助测量仪器分别对他们的手臂活动范围及人体体形特征进行实测，所得结果作为机器和装置设计以及操作空间布局的依据。

（2）心理实测法。以心理学中个体差异理论为基础，对被试个体在某种心理测验中的结果与常模（常模是某个标准化的样本在测验时的平均得分，用以解释个体测验结果时参照的标准）进行比较，用以分析被试者心理素质的一种方法。此方法广泛运用于人员心理素质测试、人员选拔和培训等方面。按测验内容可分为能力测验、智力测验及个性心理特性测试。

2）实验法

当上述实测法受到限制时，可采用实验的方法，一般在实验室内在人为控制条件下进行，以引起研究对象相应变化来作出因果推论和变化预测的一种方法。如：为了得到某种按钮开关的按压力、手感和舒适感等人体要求的数据，一般在作业现场进行短时间的测试即可，而色彩环境对人的生理、心理和工效的影响在实验室作短时的实验是不能解决的，应对各种色彩环境下工作人员的不同反应持续进行一段时间的观测，才能得到比较真实的结果时，这就要运用实验法。实验中存在的变量有自变量、因变量和干扰量3种。自变量是研究者能够控制的变量，也是引起因变量变化的原因。自变量因研究内容、目的不同（如光照、声音、色彩、显示器的类型、控制器的位置及作业的姿势等），而有不同的变化。因变量应能稳定、精确地反映自变量引起的效应，具有可操作性，并能充分代表研究的对象性质。干扰变量是由于个体差异和外界因素等引起的，如被试者在实验中随时间推移而产生身心变化或外界条件的干扰以及实验系数误差等。

3）分析法

一般在前两种方法的基础上进行，如对人在操作机械时的动作分析（动态分析），用轨迹摄影及高速录像技术将人在操作过程中所完成的每个连续动作逐一记录下来，然后进行分析研究，以便排除其中无效或危险动作，减少人的重心移动，纠正不良姿势，从而有效地减轻人的劳动强度，提高劳动生产率和确保劳动者的安全健康，特别是对一种动作在一个作业班次内要重复成千上万次时，利用分析法，哪怕只去掉或改进一个动作，都会对劳动效率和保障安全起着重要作用。

(1) 瞬间操作分析。生产过程一般都是连续的，因此人、机之间的信息传递也是连续的。但要分析这种连续传递的信息是很困难的，因而只能使用间歇性的分析测定法（即用统计方法中的随机取样法），对操作与机器之间在每一间隔时刻的信息进行测定（要注意操作者接受信息（即输入）与做出动作（即输出）的区别）。测定完后，再用统计推理的方法加以整理，从而得到改善人机系统有利的资料。

(2) 知觉与运动信息分析。一般说来，有外界传给人的信息，首先由感知器官传到神经中枢，经大脑处理后产生反应信号，再传递给肢体去对机械进行操作，被操作后的机械状况又将信息送回于人，成为一种反馈系统。知觉与运动的信息分析法，就是对此反馈系统进行测定和分析，并用信息理论去阐明信息传递的数量关系。

(3) 连续操作的负荷分析。这种方法是采用计算机技术来分析操作人员连续操作的情况。用这种方法时一般要规定操作所必须的最小的间隔时间，以推算操作人员工作的负荷情况。

(4) 频率分析。这是对人机系统中的装置、设备等机械（即物质）系统被使用的频率进行测定和分析，其结果可作为调整工作人员负荷的参考数据。

(5) 设备相互关联性分析。这是对机械的使用方法及机械状态的变化等进行观测和分析的方法。如观测同时操作数台机器的操作者，他从这台机器转到另一台机器时，通过分析眼的移动次数与操作频率的情况，获得机械和控制装置的适当比例关系。

4）调查研究法

目前，人机工程学专家还采用各种调查研究法来抽样分析操作者、使用者或享受者（如游艺机的享受者）的意见和建议，这种方法中包括简单的访问、专门调查，直至非常精细的评分，生理和心理学分析判断以及间接意见与建议分析等。

5）计算机仿真法

由于人机系统中的操作者是具有主观意志的有机生命体，用传统的物理模拟和模型方法往往不能完全反映系统中生命体的特征，其结果与实际相差较大。另外，随着现代人机系统越来越复杂，若采用物理模拟和模型方法研究复杂的人机关系，不仅成本高、周期长，而且模型装置一经定型就很难修改和变动。为此，一些更为理想而有效的方法逐渐被研制成功并得以推广，其中计算机数值仿真法已成为人机工程学的一种现代研究方法。

数值仿真是在计算机上利用系统的数学模型，进行仿真性实验研究。研究者可以对尚处于设计阶段的未来系统进行仿真，并就系统中的人、机等要素的功能特性及其相互间的协调性进行分析，从而预知所设计产品的性能并进行改进设计。由此可见，应用数值仿真研究能大大缩短设计周期并降低成本。

6）图示模拟和模型试验法

图示模拟和模型试验法是运用图形对系统进行描述，直观地反映各要素之间的关系，从而揭示系统本质及其内在联系的一种方法。由于机器系统一般比较复杂，因而在进行人机系统研究时常采用图示模拟的方法。模拟方法包括各种技术和装置的模拟，如操作训练模拟器、机械的模型及各种人体模型等。通过这类模拟方法可以对某些操作系统进行逼真试验，可以得到从实验室研究外推所需的更符合实际的数据。

图 1－1 为应用图示模拟和模型试验法研究人机系统特性的典型实例。因为图示模拟器或模型通常比它所模拟的真实系统的价格便宜得多，又可以进行符合实际的研究，所以应用较多。

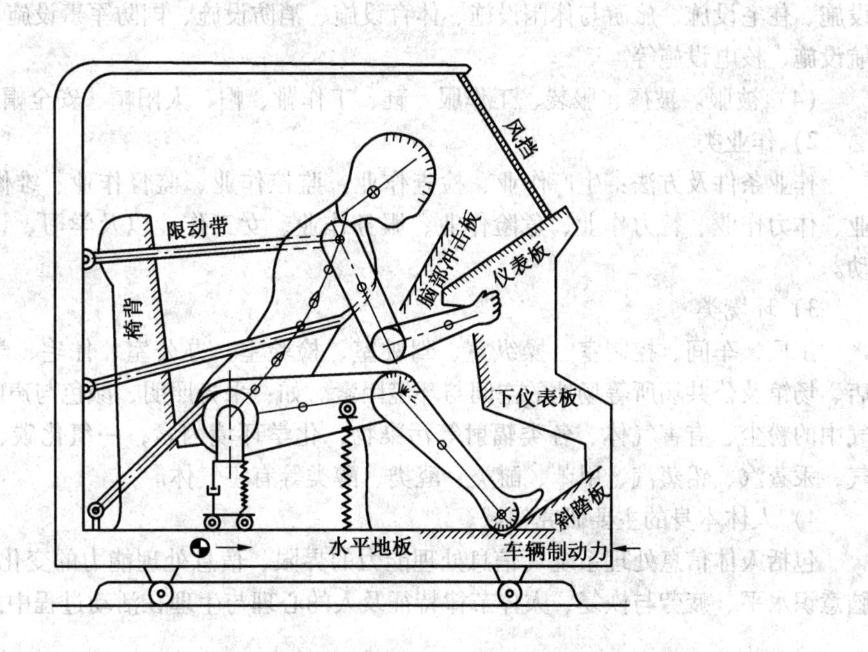

图 1－1　研究车辆碰撞的人机系统的模拟和模型

7）感觉评价法

感觉评价法是运用人体主观感受对系统的性质、质量、特征等进行判断和评价的一种方法。在人机工程学的研究中，常常要对各种物理量、化学量进行测量，如三维空间的长度、高度、宽度、速度、温度、湿度、采光、照明、色彩、声音、味道、适用性、操作性、满意度、爱好、情绪、情感、感觉、感受等，对人的主观感觉均会产生不同的差异，在实际的人机系统中直接决定操作者行为反应的是他对客观刺激产生的主观感觉。因此，对人有直接关系的设计，测量人的主观感觉量是非常重要的。感觉评价对象可分为两类：一类是对产品或系统的特定性质与质量进行评价；另一类是对产品或系统的整体进行综合评价。现在前者可借助于仪器进行评价；后者只能由人来评价。

4. 人机工程学的应用领域

人机工程学作为技术科学层次上的基础性学科，其应用领域极为广泛，除了按应用方向可以区分工效人机工程学和安全人机工程学外，把它与人有直接关系的应用领域分类可概述如下。

1）机具类

（1）机械。机器、运输机械：汽车、火车、电车、轮船、飞机、宇宙飞船、卫星、摩托车、自行车。起重机械：行车、吊车、电梯、扶梯、平面梯。农用机械：犁田机、插秧机、收割机、推土机、铲土机。电器机械：家用电器、日用电器、健身器械、医疗器械、仪器仪表；以及计算机、售货机、检票机、取款机等。

（2）器具。用具、工具、办公用品、家具、清扫工具、厨房用具、防护用具、玩具、文具；电话机、电传机、指示标志、安全标志、广告、媒体、书刊等。

（3）设备与设施。工厂、学校、医院、机关、机场、车站、码头；城市设施、道路设施、住宅设施、旅游与休闲设施、体育设施、消防设施、国防军事设施、监控设施、宇航设施、核电设施等。

（4）被服。被褥、服装、工作服、鞋、工作靴、帽、太阳帽、安全帽等。

2）作业类

作业条件及方法：生产作业、检查作业、监控作业、监督作业、维修作业、技能作业、体力作业、智力作业、危险作业、服务作业、女工作业以及学习、训练、运动等活动。

3）环境类

工厂、车间、控制室、操纵室、驾驶室、检验室、办公室、住宅、学校、医院、商店、场馆及公共场所等场地的空间与环境因素。如：采光照明，颜色与声响、微气候及空气中的粉尘、有害气体、各类辐射等污染物；化学环境因素，一氧化碳、二氧化碳、氯气，汞蒸汽、铅蒸汽、甲苯、醚类、醛类、醇类等有害气体。

4）人体本身的主要研究领域

包括人体信息处理系统（信息处理能力的界限、信息处理能力的变化），脑电波与大脑意识水平、疲劳与恢复、人体节律特征及人的心理与生理在活动过程中的变化等。

三、人机工程学的发展简史

1. 人机工程学的产生与发展

自人类社会形成以来，人类在求生存、求发展的搏斗中，开始创造各种各样的简单器具。人类利用这些器具进行狩猎、耕种。从而有了人与器具的关系——原始人机关系。在古老的人类社会中尽管没有系统的人机工程学的研究方法，但人类通过实践的启发所创造的各种简单工具，以其形状的发展变化来看，是符合人机学原理的。例如：旧石器时代的石刀、石枪、石斧、骨针等工具大部分呈直线形状，有利于使用；到新石器时代，人类所用的锄头、铲刀及石磨等的形状，就更适合人的使用。人类在用这些工具进行笨重的体力劳动时，客观上存在保护自己和提高劳动效率两方面需要解决的问题。随着人类社会的发展，人类所创造的工具更是大大向前发展，这些工具由于人的使用经验、体会促使人机关系由简单到复杂，由低级到高级，由自发到自觉，逐渐科学化。但这个时期的人机关系及其发展只是建立在人类不断积累的经验和自发的基础上，因此称为经验人机关系或称自发人机关系。

人类在历史的长河中，通过劳动改造自然，同时改造人类本身，推动人类社会的前进，不断地提高文明程度和改造客观环境的能力。产业革命以后，随着科学技术的迅速发展，人们所从事的劳动在复杂程度和载荷量上均起了很大变化，因而人们更注意从多方面研究提高劳动效率。世界上一些工业发达国家就在客观需要的条件下，提出了“操作方法”课题，如进行过“铁锹作业试验研究”“砌砖作业试验”及“肌肉疲劳试验”等，以便于耗费最少体力，获得较多的效益。由于当时机器和设备主要还是依靠人来直接操作、调整和维修，人们为寻求更好、更简便的手工操纵方法进行了大量的研究，如工作分解、过程表解、动作分解、流程图解、瞬间操作分析、知觉与运动信息分析等，同时也提出了许许多多的行之有效的节省动作的原则。其目的是如何耗费最少的体力来换取最大的劳动成果，随着机器的不断改进，人与机器的关系越来越复杂，机器要求操作者接受大量的信息和进行迅速而准确的操纵。特别是第二次世界大战期间，复杂的武器系统要求人们在特殊条件下进行高效率的搜索、控制工作。例如：飞机的飞行，由于座舱及仪表位置设计不当，造成驾驶员误读仪表盘和误用操纵器而发生意外失事，或战斗时操作不灵敏、命中率降低等事故经常发生。究其原因，主要有两方面：一是这些仪器本身的设计没有充分考虑人的生理、心理和生物力学特性，致使仪器的设计和配置不能满足人的要求；二是操作人员缺乏训练，不能适应复杂机器系统的操作要求。这些教训，引起了决策者和设计者的高度重视，他们深深感到“人的因素”在设计中是不可忽视的一个重要条件，同时还认识到要设计好一个先进的设备，达到高效率的目的，仅有工程技术知识是不够的，还必须有其他学科方面知识的配合。在这种情况下，人机结合的一门新兴学科——人机工程学应运而生了，但这时的人机工程学研究的角度和着眼点主要是侧重于工作效率。

综上所述可以看出，从原始人机关系——经验人机关系——人机工程学的历史进程，这门学科是随社会的进步而前进；随着科学技术的发展而不断完善，现在已经进入工业经济向知识经济过渡的时期，随着机械化、自动化、电子化的高度发展，人的因素在生产中增效和人身免受危害的作用越来越大，人机协调问题也越显得重要，人们劳动条件要求越来越高，促进了人机工程学的迅速发展。当今，使人机工程学的应用研究分解成为互为条件各有目标的安全人机工程学与工效人机工程学两大应用学科分支，并沿着各自的学科特征向前发展着。

2. 人机工程学在世界各国的发展概况

人机工程学（在该节中简称“人机学”）在美国、俄罗斯、日本、英国以及西欧各国都得到了广泛的应用。目前工业发达国家都建立和发展了这门学科。下面着重介绍英国、德国、美国的情况：

(1) 英国是欧洲研究人机工程学最早的国家，1950 年成立了英国人机学研究学会（Ergonomics Research Society），该学会 1957 年发行了会刊《Ergonomics》。此刊现任主编由英国拉夫堡大学设计学院的 Roger Haslam 担任，参加编辑委员会的还有中国、美国、新西兰、荷兰、加拿大和瑞典等国家的代表。现在《Ergonomics》已成为人机工程学领域一流的国际性刊物。

英国劳勃路技术学院（Longhborong College of Techolology）开设了世界上最早的人机学课程，而且对社会进行教育和担负咨询、科研任务。在英国，人机学已应用到国民经济的各个部门。

（2）德国在 20 世纪 40 年代后就很重视人机学方面的研究。在 1953 年设立了人机学协会（Gesellschabt Far Arbeitsuissenschabt），首任会长是马克思—普朗克工程学院（Mar—Plank Institute far Arbert Sphysiologie）的米勒（E. A. Muller）教授担任。马克思—普朗克人机学研究所在基础理论方面所取得的成果是世界闻名的，人机学在工业设计中也得到广泛的应用。

（3）美国是人机学最发达的国家，1957 年成立了美国人因协会（Human Factors Society）。该协会除发行会刊外，还有不少专刊和其他方面的书刊。美国是世界上人机学书刊最多的国家之一。E · J · 麦考密克（E. J. Mcormick）教授 1957 年发表的著作《人类工程》(Human Engineering）成为美国各大学广泛采用的教材。美国的人机学研究机构大部分设在大学里，如哈佛大学、麻省理工学院、普林斯顿大学、约翰霍普金斯大学、普度大学、俄亥俄州立大学等院校。另一部分设在海、陆、空的军队系统中，其服务对象主要是国防工业，其次才是其他产业部门。

（4）俄罗斯的人机学研究有如下特点：人机学的研究偏重于心理学方面，原苏联与原经互会成员国协作进行研究，大力开展人机学标准化方面的工作。在 20 世纪 60 年代以前，人机学与工程心理学没分家，60 年代初才分成两门学科。俄罗斯的人机学标准化工作发展很快，由国家标准局批准的评定工业产品质量水平方法中有专门的人机学评定一节。人机学标准已列入“技术水平与产品质量卡”。现在人机学相关标准已有近 60 项得到了国家批准。

（5）日本在 20 世纪 60 年代前后，大力引进欧美各国在人机学方面的基础理论和实践经验，从照抄照搬逐步改造成自己的“人间工学”体系。日本“人间工学会”英文名称为“Japan Ergonomics Research Society”。广泛用于工交建设中，日本生产的照相机、汽车、电器产品、机械设备、日用产品都充分运用了人机原理，使这些产品更优化，因而占领了国际市场。不少大学也开设这门课程，出版了不少“人间工学”与“安全人间工学”的专著。

（6）法国在 1963 年成立了法兰西人机学协会（Socieled’ Ergonomic De langue Franeaise）。

（7）荷兰 1962 年成立人机学协会（Nederlandse Vereniging Voor Ergonomic），由荷兰工业大学傍雅（Bonjer）教授任会长。

除了上述国家外，瑞典、瑞士、丹麦、芬兰等国家在 20 世纪 60 年代初也相继成立了人机学协会和专门从事人机学方面研究和教育工作的研究机关。

虽然世界各国对本学科研究侧重点有所不同，但在各国的发展过程，可以看出对本学科的研究内容却有如下的一般规律。工业化程度不高的国家往往是从人体测量、作业强度、疲劳因素等方面着手研究，随着这些问题的解决，才转到感官知觉、作业姿势、运动范围等方面的研究，然后再进一步转操纵器、显示器的研究与设计、人机系统控制等方面的研究，最后进入本学科的理论前沿领域，如人机关系、人与生态、人体特性、模型仿真、人的心理包融直至团体行为等方面的研究。

1960 年正式成立了国际人机学协会，1961 年在瑞士的斯德哥尔摩举行了第一次国际人机学专家代表会。以后，大约每隔 3 年召开一次国际会议。1980 年在南斯拉夫尼什尔研究所召开的国际职业安全情报工作会议上，有不少国家介绍了他们研究人机工程学的情况及其在安全工程领域中运用的成果。1988 年在中国北京举行了第十次国际人机工程学会议。

在我国，人机工程学作为一门独立的学科进行研究是在中华人民共和国成立之后，当时杭州大学和中科院心理研究所开展职工择业培训、技术革新、安全事故分析、操作方便省力等劳动心理学问题研究。在 20 世纪 60 年代初从心理学领域转向人机关系研究，如信号显示、仪表表盘设计、船舶水道的航标灯标志、飞机座舱仪表显示等研究，取得了可喜成果。“文化大革命”期间，这项研究工作处于停顿状态；“文化大革命”结束后，我国进入现代化建设的新时期，工业心理学方面的研究获得很快的发展，随着改革开放，人机工程学也以前所未有的速度向前发展。在工作上原国家标准局于 1980 年 5 月成立了中国人类工效学标准化技术委员会，同年 9 月召开第二次会议，为研究制定有关标准化工作的方针、规划等深入开展准备工作。军工系统还成立了军用标准化技术委员会，机械工业系统也于 1980 年成立了工效学学会，还有些城市成立了相应组织。至此我国已制定了 100 多个有关民用和军用的基础和专业的技术标准。这些研究工作对我国人机工程学的发展起着有力的推动作用。1989 年 6 月 29 日在上海成立了中国人类工效学学会，同年 11 月在武汉成立了中国人类工效学学会安全与环境工效学专业委员会；1990 年 3 月在南京成立了中国人类工效学学会管理工效学专业委员会；同年 7 月在哈尔滨成立了中国人类工效学学会人机工程专业委员会。目前中国人类工效学学会下设 8 个专业委员会，包括人机工程专业委员会、认知工效专业委员会、生物力学专业委员会、管理工效学专业委员会、安全与环境专业委员会、工效学标准化专业委员会、交通工效学专业委员会、职业工效学专业委员会。中国人类工效学学会和三联事故预防研究所共同主办学术刊物《人类工效学》，刊登有关人类工效学各领域研究的新成果、新信息，以推动工效学研究的发展，促进国内、国际的学术交流与合作。中国人类工效学学会成为国际人类工效学协会（IEA）会员，并于 2009 年 8 月在北京召开了第 17 届国际人类工效学学术会议，显然这是我国人机工程学发展中又一个新的里程碑。另外，中国心理学会、中国航空学会、中国系统工程学会、中国机械工程学会等均在自己的学会中成立了有关人机工程的专业委员会。随着我国科学技术的发展和对外开放，人们逐渐认识到人机工程学研究对国民经济发展的重要性。目前，该学科的研究和应用已扩展到工农业、交通运输、医疗卫生以及教育系统等国民经济的各个部门，由此也促进了本学科与工程技术和相关学科的交叉渗透，使人机工程学成为国内科坛上一门引人注目的交叉学科。这些学术团体和学术活动强有力地推动着我国人机工程学向前发展。目前我国已有几百所高等学校和科研机构开设了“人机工程学”或“安全人机工程（学）”课程，并在应用方面进行研究和人才培养工作，人机工程学的工作者队伍得到迅速壮大。但应该指出，在学科基础理论，特别是在科学技术体系方面的发展差距相当明显。

总之，人机工程学这门学科在我国虽然起步较晚，因它在提高工效和保障人的安全方面，随着科学技术的发展越来越显重要，发展很快，形势很好。其特点是很多大学、研究机关、军工部门和厂矿企业的不同学科、专业的学者都在从不同的角度和着眼点致力于这方面的研讨和运用，所以形成具有我国特色的“人机学”体系将不是久远之事。

第二节　安全人机工程学

人类为了安全生产、生活、生存，就要把人与“机”结合起来考虑，要求对“机”的设计、制造、安装、运行、管理等环节均应充分考虑人的生理、心理及生物力学特性，把人—机作为一个整体、一个系统加以考虑，不仅要高效率地工作，还应随着物质、精神生活的提高，更加要求机始终使人处在安全卫生、舒适（随着发展，将包括享受）的状态。因此，如何保证系统中人的安全也就成了人机工程学非常重要的研究和应用领域之一，这就促使安全人机工程学的诞生并成为人机工程学的一个重要分支。

一、安全人机工程学的定义

安全人机工程学（Safety Ergonomics）是从安全的角度和着眼点研究人与机的关系的一门学科，其立足点放在安全上面，对在活动过程中的人实行保护为目的，主要阐述人与机保持什么样的关系，才能保证人的安全。也就是说，在实现一定的生产效率的同时，如何最大限度地保障人的安全健康与舒适愉快。这主要是从活动者的生理、心理、生物力学的需要与可能等诸因素，去着重研究人从事生产或其他活动过程中实现一定活动效率的同时最大限度地免受外界因素的作用机理和预防与消除危害的标准与方法提供科学依据，从而达到实现安全卫生的愿望的目的，确保人类能在安全健康、舒适愉快的条件与环境中从事各项活动。

人类社会进步的重要标志，就是创造一个适合人类生存与发展的优美舒适的劳动条件和生活、生存环境。即让人类劳动、生活、生存在一个安全卫生和谐的社会之中。所以从安全的角度和着眼点，即以人的活动效率为条件和以人的身心安全为目标，将安全人机工程学从人机工程学中分解出来，并作为安全工程学的一个重要分支学科而自成体系。这是现代科学技术发展的必然趋势，是文明生产、生活、生存的象征。

安全人机工程学，可以定义为：安全人机工程学是从安全的角度和着眼点，运用人机工程学的原理和方法去解决人机结合面的安全问题的一门新兴学科。它作为人机工程学的一个应用学科的分支，以安全为目标、以工效为条件，将与以安全为前提、以工效为目标的工效人机工程学并驾齐驱，并成为安全工程学的一个重要分支学科。

二、安全人机工程学研究的科学对象

在任何一个人类活动场所，总是包括人和机（此处的机是广义的，即物）两大部分。这两种性质截然不同的要素——人与机，彼此之间存在着物质、能量和信息不停地交换（即输入、输出）和处理上的本质差异。而人机结合面起着人机间沟通的作用，各自发挥功能，提高系统的效率，保证系统的安全。因此，人机系统是一个有机的整体，这个整体包括人、机、人机结合面，如图 1－2 所示。

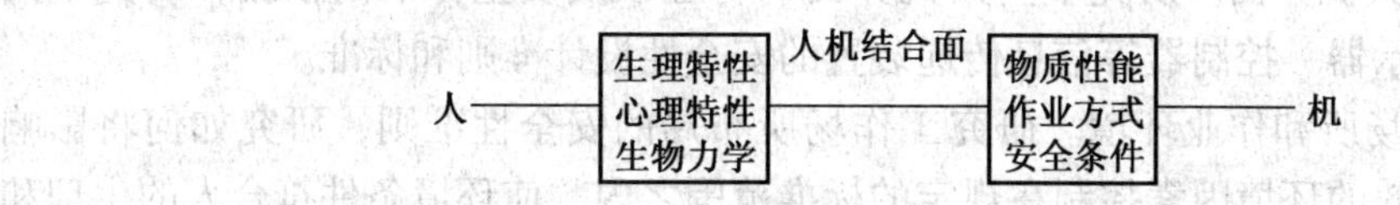

图1-2　人机关系示意图

这里所谓的人（Man）是指活动的人体，即安全主体，人应该始终是有意识有目的地操纵物（机器、物质）和控制环境的，同时又接受其反作用。不管机械化和自动化的成就有多大，不管人使用的能源是多么新颖和充裕，也不管使用什么信息传递系统，不管过去、现在，还是将来，人总该是人与复杂的外界之间相互作用链条上起决定的一环；人也应该是他所创造的并为他自己服务的任何系统的安全主导；其自身依靠的科学基础都需要借用生理学、心理学、人体生物力学、解剖学、卫生学、人类逻辑学、社会学等人体科学的研究成果。

这里所谓的机（Machine）是广义的，它包括劳动工具、机器（设备）、劳动手段和环境条件、原材料、工艺流程等所有与人相关的物质因素。机应是执行人的安全意志，服从于人，其基础需要由安全设备工程学的安全机电工程学、卫生设备工程学和环境工程学等学科去研究。

所谓人机结合面（Man machine interface），就是人和机在信息交换和功能上接触或互相影响的领域（或称“界面”）。即指人与机器间能够相互施加影响的区域，也是用户与机器相互传递信息的媒介，最典型的就是信息的输入与输出。人通过感觉器官（眼、耳、鼻、舌、身）接受外界的信息、物质和能量，又通过人的执行器官（手、脚、口、身）向外界传递人发出的信息、物质与能量。因此可以认为，机具及环境等凡是参加这两个过程的一切领域均属于人机结合面（人机界面）。

此处所说人机结合面、信息交换、功能接触或互相影响，不仅指人与机器的硬接触（即一般意义上的人机界面或人机接口），而且包括人与机的软接触，此结合面不仅包括点、线、面的直接接触，甚至还包括远距离的信息传递与控制的作用空间。人机结合面是人机系统中的中心环节，主要由安全工程学的分支学科即安全人机工程学去研究和提出解决的依据，并通过安全设备工程学、安全管理工程学以及安全系统工程学去研究具体的解决方法、手段、措施。

由以上分析可以看出，安全人机工程学主要是从安全的角度和以人机工程学中的安全为着眼点进行研究，其研究对象是人、机和人机结合面3个安全因素。

三、安全人机工程学研究的内容

安全人机工程学研究的内容大体包括以下几个方面：

（1）研究人机系统中人的各种特性。包括人体形态特征参数、人的生物力学特性、人的感知特性、人的反应特性、人在劳动中的心理特征等。

（2）研究人机功能分配。分配要根据两者各自特征，发挥各自的优势，达到高效、安全、舒适、健康的目的。

（3）研究各类人机界面。研究不同人机界面的特征以及安全标准的依据，研究不同人机界面中各种显示器、控制器等信息传递装置的安全性设计准则和标准。

（4）研究工作场所和作业环境。研究工作场所布局的安全性准则，研究如何将影响人的健康安全及工效的环境因素控制在规定的标准范围之内，使环境条件符合人的生理和心理要求，创造安全的条件。

（5）研究安全装置。许多设备都有“危区”，若无安全装置、屏障、隔板、外壳将危区与人体隔开，便可能对人产生伤害。因此，设计可靠的安全装置，是安全人机工程学的任务之一。

（6）研究人员选拔问题。研究如何依据人机关系的协调性需求选择合适的操作者的方法。

（7）研究人机系统的可靠性，保证人机系统的安全。其主要研究人因事故的预防和人误的控制。

（8）研究人机系统总体安全性设计准则和方法以及安全性评价体系和方法。

四、安全人机工程学的研究方法

安全人机工程学的研究方法与人机工程学的研究方法基本相同，但是研究问题的角度和着眼点主要侧重于从适合人的安全性特征去研究人机界面。安全人机工程学的研究方法主要有调查法、实验法和模拟法。

五、安全人机工程学的研究目的

人的活动效率和人的安全是同一事物运动变化过程中两个不同侧面的要求，全面地实现是人们的共同心愿，既要求活动时必有收获，而且力求耗费最少的能量来获取最大的成果，同时又要求在安全、舒适、健康（健康应包括躯体与精神两个方面的内容及其综合）、愉快的环境下进行生产劳动或其他活动。

原始时期人的体力是唯一的动力，后来利用风力、水力、牲畜作动力，发展到利用热能、机械能、电能、光能、化学能、核能、太阳能、生物能等作动力。现代的机器有的起着动力的作用，有的担负着一系列过去只有人才能完成的工作，如复杂的运算、自动控制、逻辑推理和图像识别、信息储存、故障诊断等。它把人从简单的劳动中解放出来，去执行更多更复杂的任务。

尽管采用了种种新的、高效能的机器或设备，但如果它的结构不适应人的生理和心理特征及人体生物力学要求时，既不能保证安全，也得不到应有的效益，甚至不得不放弃使用。

可见，机的效能不但取决于它本身的有效系数、生产率和可靠性等，而且还取决于是否适应人的操作要求。而适应人的操作要求，又要取决于机的信息传递方式和操纵装置的布局等。因此，通过信息显示器、操纵器和控制装置把人和机连接成一个系统、一个整体，它们都是人机系统中不可缺少的环节，是人与机联通的桥梁。

在任何一个人类活动的场所，总是包含着人和机以及围绕着人和机器的关系及其环境条件，是一个综合体。

安全人机工程学主要研究目的是：对上述综合体建立合理的方案，更好地在人机之间合理地分配功能，使人和机有机结合，有效地发挥人的作用，最大限度地为人提供安全卫生和舒适的环境，达到保障人的健康、舒适、愉快地活动的目的，同时带来活动效率的提高。

第三节　安全人机工程学与相关学科的关系

安全人机工程学作为安全工程学的重要分支学科和人机工程学的一个应用学科，其性质是一个跨门类、多学科的交叉科学，它处于许多学科和专业技术的接合部位，除了是安全工程学学科的组成部分外，还与人体的生理学、心理学、生物力学、解剖学、测量学、管理学、色彩学、信息论、控制论、系统论、耗散结构理论、协同论、突变论以及科学学等学科等都有密切关系。因此，它属于自然科学与社会科学共同研究的综合科学课题。

一、与工效人机工程学的关系

人机工程学作为技术科学层次的理论学科，被分解为安全人机工程学和工效人机工程学两个不同方向上的应用学科。它们的区别是：安全人机工程学是从安全的角度和以人机工程学中的安全为着眼点，侧重于人体的安全卫生，立足于人机结合面，在最大限度保障人的安全健康与舒适愉快（即要求机适合人）的前提下保证工作效率；而工效人机工程学则是从工作效率的角度和着眼点侧重于用人保证机的作用，立足于设备的效应，在最大限度地发挥设备效应以提高工作效率的前提下，保证活动者必要的安全卫生条件和活动环境。所以，二者均属人机工程学不同方向上的应用学科。

二、与安全心理学的关系

安全心理学是心理学的应用学科之一，是安全人机工程学的主要理论基础之一。它所研究的对象是人机系统中人的精神作用这一环节，重点研究人在活动过程中的生理心理和社会心理活动，研究由此引起人在信息的接受、储存、加工、传递、处理等方面对实现安全的影响，以及在此基础上的决策和执行决定等问题。安全人机工程学则是在综合各门学科知识的基础上全面考虑“人的因素”，从而对人机系统的安全设计、使用、监督、分析、评定和提供全面的宜人依据。因此安全心理学研究的所有内容，均对安全人机工程学产生影响，因此从一定的意义上说，安全人机工程学是安全心理学的延伸和扩展，两者有不可分割的联系。

三、与人体测量学及生物力学的关系

人体测量学是根据人体静态和动态尺寸（如人体身高，上下肢的长度，坐姿时肢体运动的角度和尺寸等）的测量资料，为人机系统的设备设计和工作空间布置提供科学依据，同样是安全人机系统设计的科学依据之一。

人体生物力学是侧重研究人体这个生物系统运动规律的学科。它研究人体各部分的力量、活动范围和速度，人体组织对不同力量的阻力，人体各部分的重量、重心变化以及做动作时的惯性等问题；对人体的作用，保持在人的承受范围之内即不超出安全阈值，同时尽量避免做无用功，使人能有效地做功，提高劳动效率，减少疲劳，保障人类活动的安

全。如对使用操纵机构时用力大小、动作轨迹、动作平稳程度以及人体各部分运动的方向等进行研究；对确定结构上允许用力程度进行研究，从而决定对操纵结构的类型等方面的要求，给人机系统的安全带来必要的保证。

四、与安全工程学的关系

1985 年 5 月中国劳动保护科学技术学会召开全国劳动保护科学体系第二次学术讨论会（简称“青岛会议”），会上首次提出并论证了安全科学学科理论、安全科学技术体系结构和安全人机工程学学科属性及其与安全工程学的关系（表 1－1 和图 1－3）。

表 1－1　安全科学技术体系结构

<table>
<tr><th>哲　学</th><th colspan="2">基 础 科 学</th><th colspan="3">技 术 科 学</th><th colspan="3">工 程 技 术</th></tr>
<tr><td rowspan="5">马克思主义哲学（桥梁：安全观）</td><td rowspan="5">安全科学（安全学）</td><td rowspan="2">安全设备学（自然科学类）</td><td rowspan="5">安全工程学</td><td rowspan="2">安全设备工程学</td><td>安全设备工程学</td><td rowspan="5">安全工程</td><td rowspan="2">安全设备工程</td><td>安全设备工程</td></tr>
<tr><td>卫生设备工程学</td><td>卫生设备工程</td></tr>
<tr><td>安全管理学（社会科学类）</td><td colspan="2">安全管理工程学</td><td colspan="2">安全管理工程</td></tr>
<tr><td>安全系统学（系统科学类）</td><td>安全系统工程学</td><td>安全信息论
安全运筹学
安全控制论</td><td colspan="2">安全系统工程</td></tr>
<tr><td>安全人机学（人体科学类）</td><td>安全人机工程学</td><td>安全人机工程学
安全生理学
安全心理学</td><td colspan="2">安全人机工程</td></tr>
</table>

注：此表引自刘潜等著《从劳动保护工作到安全科学》（中国地质大学出版社 1992 年 10 月出版，第 44 页）

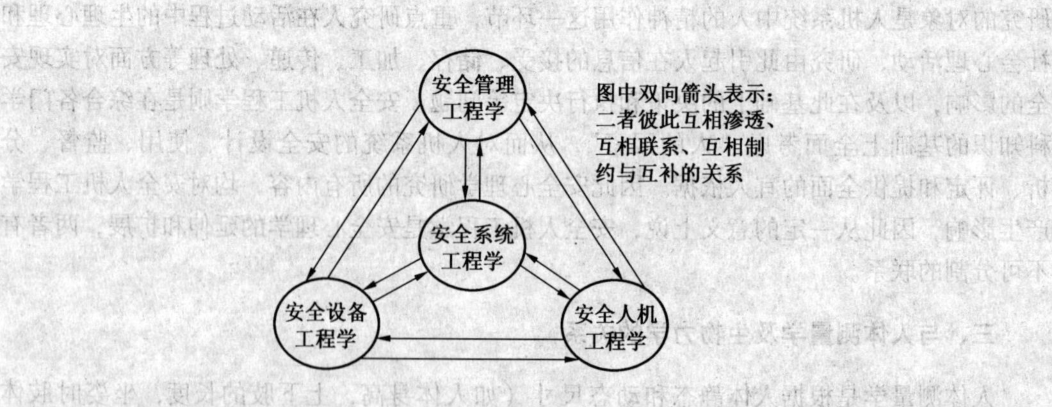

注：此图引自欧阳文昭编著《安全人机工程学》（中国地质大学出版社 1991 年 5 月出版，第 30 页）

图 1－3　安全工程学体系图

从表 1－1 和图 1－3 可以看出：安全工程学体系主要由以下 4 部分组成：①安全管理工程学；②安全设备工程学；③安全人机工程学；④安全系统工程学。若将安全工程学视为一个系统，则上述 4 部分便可分别看作 4 个子系统。它们之间的相互关系是：

安全人机工程学（代表安全人体工程学）是实现安全工程学的科学依据和最活跃的人的作用因素；安全设备工程学是实现安全工程学的物质条件；安全管理工程学（代表安全社会工程学及其安全管理、经济、教育、法规等分支）是实现安全工程学的“人与物关系”的组织手段；安全系统工程学（含运筹、信息、控制）是实现整个安全工程学内在联系的方法论。而且4个子系统之间存在着相互交叉、渗透、影响、制约和互补的关系（图1-3）。

作为安全工程技术的理论是安全工程学，属于综合科学学科的范畴。其中的安全管理工程学属于社会科学的范畴，代表着安全法规（含安全的法律、安全条例、安全规程）、安全经济、安全教育、安全管理等技术理论。而安全设备工程学属于自然科学的范畴，如安全装置、安全设备、安全信息显示与处理装置等技术理论。前者含有“人”的因素，后者是“物”(即机）的因素。从解决“人”与“物”之间界面关系的角度，来研究导致活动者伤亡病害等不利的因素作用机理和预防与消除方法的依据等，就是安全人机工程学研究的内容，即安全人机工程学的任务是为工程技术设计者提供人体的数据与要求，包括人体的安全阈值（不致伤害的高低限度和环境要求）；人体的允许范围（不影响工作的效率）即各种承受能力；人体的舒适范围（最佳状态）；各种安全防护设施必须适合于人使用的各种要求等。以这些数据和要求指导工程技术人员进行具体工程设计，从而在实现生产效率的同时确保劳动者的安全。也就是说它是直接为工程技术服务的理论依据，因此安全人机工程学在安全科学技术体系中属于安全科学的技术科学层次即安全工程学中的分支学科；它的研究内容基本上属于人体科学的应用科学范畴，而安全系统工程学则属于系统科学中的系统工程学的应用科学范畴。

五、与人体生理学及环境科学的关系

许多安全人机工程学的问题，若要深入探究其原理与机制，就需要从人体解剖特点和人体生理过程进行分析。如研究人的工作负荷、作业方法和姿势，就需要对人体机体结构、肌肉疲劳、能量消耗等方面进行分析。在职业病研究中，涉及劳动强度、工作制度、机器设计及工作环境等方面的问题，而这些问题的深入探讨都会从生理学、医学等方面去研究。因此，生理学、卫生学、医学等研究人体各方面的机理、机能和效率，以及各种环境对人体的实际影响，这些均是安全人机工程学的基础与机制基础依据。安全人机工程学还经常运用它们的研究成果来提高人机结合面的质量，以便创造良好的工作环境和保证人体正常的生理、心理活动，从而达到保障人的身心安全和保证人机系统的工作效率的目的。

环境科学主要研究环境指标的测量、分析和评价，环境对人的生理及心理影响，恶劣环境条件下职业危害、职业病的形成机理及控制措施，环境的设计与改善等。环境科学所研究的这些内容为安全人机工程学进行环境设计与改善，创造适宜的作业环境和条件提供了方法和标准。

六、与其他工程技术科学的关系

工程技术科学是研究工程技术设计的具体内容和方法，而安全人机工程学所要研究的不是这些设计中的具体技术问题，而是工程设计应满足何种条件方能适合于人的使用和避

免危害的问题，并从这个角度出发，向设计人员提供必要的安全参数和要求，从而制订安全卫生标准，使工程设计更加合理，更适合人的生理和心理以及生物力学的要求。所以，安全人机工程学作为一门新兴学科，与许多邻近学科既有密切的相互联系，又有它独特的理论体系、研究方法和具体内容。

第四节　安全人机工程学的诞生与展望

一、安全人机工程学的诞生

人类社会中发展最快的是机械、电气、化工、交通运输及信息传递设备及控制装置。人类接触到的环境变化也很迅速。然而依据遗传法则产生和发展的人类自身进步却是最慢的。虽然通过教育会使得人类进步，但是人类的生理、生物力学特性等却无多大变化（例如：形态特性——人身体尺寸、肢体活动范围、肌肉力量大小、心血管系统、消化系统、神经系统以及接受信息和处理信息的能力等）。相反，可能还会忽略人类随着文明进步而出现某些生理退化现象。现代化生产中“机”向着高速化、精密化、复杂化方向发展，这对操纵这些“机”的人的判断力、注意力和熟练程度提出了更高的要求。例如，自动化生产线仅由仪表监控“机”的工作状况，就大大降低了工人的体力劳动强度，同时也大大加重了仪表监控者的视力及大脑注意力与判断能力的强度，也加大了对人的躯体和颈部活动的限制。可是，与几十年前相比，人类的生理、人体尺寸、生物力学等几乎没有什么变化，就是说：“机”由手工劳动工具变为半机械化→机械化→半自动化→全自动化的生产作业，只要几十年，甚至几年便可完成，但是人的视力、体力、大脑注意力与判断能力却无明显变化。这就使得人与“机”之间的不匹配、不协调、不平衡加大了。其结果是：一方面是人始终影响和决定着“机”的性能发挥，另一方面“机”给人类的负担增加了，使人受到了很大的影响甚至给人造成危害。因此所设计的“机”（含环境）若是忽略了操作者（包括各种活动者）的身心特性、生物力学特征，则“机”的功能既不可能充分发挥，而且还会损害人的健康甚至诱发事故。为了安全生产、生活、生存，就要把人与“机”结合起来考虑，要求对“机”的设计、制造、安装、运行、管理等环节充分考虑人的生理、心理及生物力学特性，把人—机作为一个整体、一个系统加以考虑，不仅要高效率地工作，还应随着物质、精神生活的提高，更加要求机始终使人处在安全卫生、舒适（随着发展，将包括享受）的状态。这就促使了安全人机工程学的诞生。

二、学科科学及科学技术体系学的理论启迪

现代科学技术体系中的学科科学有两个主要特点：一是观察问题的角度；二是解决问题的着眼点。

任何现代意义上的科学，都是研究整个客观世界的，都是对客观世界本质及其运动变化规律的认识。人们对客观世界的观察角度不同，即研究客观世界的出发点不同，认识客观世界的本质及其运动变化规律以及运用规律都是不一样的，在客观上就必然存在着科学属性的差异。人们反映客观存在的主观思维，由于认识角度上的差异性而在知识产生的层

次、剖面、曲线、类型等方面各有侧重，这就产生了科学性质不同的学科科学。例如，从安全的角度，即以安全作为出发点研究客观世界的科学，就构成安全学科科学；从社会的角度，即以社会为出发点研究客观世界的科学，就是社会学科科学。在同一学科科学中，解决问题的着眼点即落脚点不同，就形成该学科的不同分支科学。例如：安全学是从安全的角度和着眼点对客观世界本质及其运动变化规律认识的综合性基础学科。安全学仅从安全这个总的角度还不够，还必须从安全的着眼点去研究客观世界的规律，才能形成完整意义上的安全学，而这些着眼点成为它的分支学科。如从安全的角度和人机学着眼点研究客观世界的科学，就是安全人机学。因为它是从安全学的角度去研究客观世界，而用人机学的技术方法去解决安全系统中人机结合面的安全问题，所以安全人机学是安全学的分支学科，而不属人机学的分支学科，只能是人机科学在"技术科学"层次上的即人机工程学层次上的应用分支科学。从安全的角度和社会学的着眼点研究客观世界的科学，叫做安全社会学，它是从安全的角度研究客观世界，从社会学的着眼点去研究解决安全问题，所以安全社会学也是安全学的分支学科而不能作为社会学的分支学科。因此，学科科学"解决问题的着眼点"这个特征，就成为判断学科科学与其分支学科的从属关系的客观依据，从而成为区分与确认学科科学及分支学科相互关系的一个标志。

有了上述观察问题的角度和解决问题的着眼点启迪，使得安全科学学科获得了学科科学理论基础，作为安全工程学的分支学科——安全人机工程学才可能诞生。

三、我国安全人机工程学学科的诞生与发展

（1）20 世纪 70 年代末、80 年代初，我国开始实施改革开放的政策，各界科学工作者学术思想异常活跃，科学理论研究与传播蓬勃兴起，中国科学技术协会（简称中国科协）请钱学森教授等带头宣传马克思主义科学哲学思想、系统科学与系统工程方法以及科学学的科学技术体系学、科学能力学与政治科学学的框架和内容。通过这一系列的高级科普活动，对交叉和综合性的科学学科诞生，起到了重要的科学启蒙作用。特别是 1982 年钱学森等著的《论系统工程》一书的出版，对中国安全科学学科理论及其科学技术体系模型以及安全人机工程学分支学科等在 1985 年提出，奠定了至关重要的科学思想和方法论基础。

（2）1979 年北京市劳动保护研究所创办研究生教育，并于 1981 年获得"安全技术及工程"(原名为："安全技术与工程学"）学科、专业的国家首批硕士学位授予权；又于 1984 年在国家《工科本科专业目录》中获"安全工程"试办专业；1986 年中国矿业大学获得"安全技术及工程"学科、专业博士学位授予点，从而使该学科、专业得到迅速发展，同时给安全人机工程学的创建提供必要的传播空间和发展基地。

（3）1979 年研究制订安全专业研究生教育计划；1981 年论证《安全技术及工程》学科、专业硕士学位研究生培养目标和水平要求；同年中国劳动保护科学技术学会筹委会成立并为争取中国科协尽快同意该会成立和为劳动人事部争取"安全技术及工程"学科、专业列入国家《高等学校和科研机构授予博士、硕士学位学科、专业目录》，为此 1982 年召开了全国劳动保护科学体系首届学术讨论会（简称"香山会议"），开展一系列的学科科学理论研究、论证和具体科学实践工作，在完成了中国劳动保护科学技术学会成立理论准备的同时，也为安全工程学和安全人机工程学科的诞生，打下了一定的科学思想基

础。

(4) 1983 年 9 月中国劳动保护科学技术学会成立后，要加入中国科协成为团体成员，其前提是必须明确学会的学科名称、学术活动范围以及与相邻学科的关系。为此该会根据本会与中国科协联系人（刘潜理事）的建议报告，决定筹备召开全国劳动保护科学体系第二次学术讨论会，来解决上述问题。同年湖南大学衡阳分校（即湖南工学院前身之一）安全工程教研室欧阳文昭开始准备给“工业安全技术”专业学生开设“人机工程概论”课程。通过会议论文准备、1984 年的课程讲授实践和对学科理论的研究，为 1985 年在我国提出建立“安全人机工程学”创造了必要条件。

(5) 早在 1980 年钱学森教授在中国科协普及部组织的《系统工程普及讲座》中提出了马克思主义科学学的 3 个组成部分即 3 个分支学科：科学技术体系学、科学能力学和政治科学学。关于现代科学技术的体系结构，钱学森教授在 1982 年又发表《现代科学的结构——再论科学技术体系学》一文，指出：“从应用实践到基础理论，现代科学技术可分为 4 个层次：首先是工程技术这一层次，然后是直接为工程技术作理论基础的技术科学这一层次，再就是基础科学这一层次，最后是通过进一步综合、提炼达到最高概括的马克思主义哲学。这也可以看做是 4 个台阶，从改造客观世界的实践技术到最高哲学理论，可以算是横向的划分。纵向的划分就是学科部类的划分了”。钱学森教授又讲到：“以前传统的观点是：科学部门以对象领域划分，自然科学研究自然界，社会科学研究人类社会。但如此也产生了一个毛病：数学归入自然科学，社会科学就不大用数学。这一缺点已为不少人们认识到了。这引起我从新探讨这个现代科学技术的结构问题：……自然科学是从物质运动这个着眼点、这个角度去看整个客观世界。自然科学家看一个机械制造厂，不着眼于厂的财务、经营管理、经济情况，而把工厂看成材料流动、加工切削的场所，研究其能源消耗、机械磨损、产品的质量和性能等。……社会科学是从人类社会发展运动的着眼点或角度来研究整个客观世界的，从社会科学通往马克思主义哲学的桥梁是历史唯物主义。……人体科学是通过人体这个着眼点或角度去考察整个客观世界，不但不能把人体各个组成部分隔离开来考察，也不能把人体和外界隔离开来考虑。人生观也会成为马克思主义哲学的组成部分”。钱学森教授这些论述为创建安全人机工程学学科体系指明了大方向。特别是 1984 年 4 月下旬教育部召开《工科本科通用专业目录》审定会，为争取在该目录中确立“安全工程”专业，刘潜曾向钱学森教授呈递劳动人事部的有关文件和他在“香山会议”上发表的《劳动保护科学及其学科、专业建设——科学学问题》一文，请求支持和指教。结果，“安全工程”试办专业在目录中获得确立，又收到钱学森教授 5 月 8 日写的亲笔信。信中针对刘潜文中的错误认识，严肃地指出：“您既然提到科学学的高度，就得实事求是，讲学科本身的内在联系。我们决不能搞‘部门所有制’，强行把当今归劳动人事部管辖的业务建立一门科学或一个学科体系。我认为劳动保护工作可以分为两大方面：（一）劳动生产设备及其体系是安全运转，不出爆炸，不出火灾等等……。（二）生产设备与人如何做到高效能地安全生产。这就涉及劳动者、人，也就联系到人的生理和心理……”以上批评和科学的教诲，对我国安全科学学科理论和安全人机工程学的创立起到了极为重要的指导作用。于是 1985 年 5 月在中国劳动保护科学技术学会召开的青岛会议上，由《从劳动保护工作到安全科学之二——关于创建安全科学的问题》（作者刘潜）和《关于安全人机工程学科体系的探讨》（作者欧阳文昭、刘潜）等论文，在我国首次提出并论证了安全科学学科理论与安全科学技术体系结构（表1-1）和安全人机工程学的学科属性及其与安全工程学的关系（图1-3）。该理论框架发展到今天，实践证明它是科学的，并依此体系获得了“安全科学”在《国家图书馆分类法》中与“环境科学”并列为“X”类，2009年11月1日实施的《学科分类与代码》(GB/T 13745—2009)中获“安全科学技术”一级学科（代码620)、“安全人体学”二级学科（代码620.25）和“安全人机学”三级学科（代码620.2530）等。由此可见，安全人机工程学科建设现已逐渐成熟，学科地位更加明确。

四、安全人机工程学的展望

当前人工智能、大数据、云计算、物联网、无人驾驶汽车、无人机、虚拟现实（Virtual Reality，VR)、增强现实（Augmented Reality，AR）等技术带来了新一波的技术革命，这些新技术给人机交互带来自然性、智能化、普适化、虚拟化、隐式化、生态化和社会性等特征。我国在新兴科技和工业领域提出了新的发展方向，如国际空间站、大飞机、先进武器装备升级、中国制造2025、中国人工智能2.0发展战略等一系列国家战略计划正在实施，全社会倡导的创新设计和体验经济正催生许多新产品、新模式和新业态。在这样的背景下，安全人机工程学的研究领域不断扩大，研究范围日益广泛，在高科技领域的作用下将会更加突出。

基于认知神经科学和脑电成像等测量技术为安全人机工程学提供了新技术和新方法。以往安全人机工程学通常关注在人—机系统中个体的客观工作绩效和主观评价，而应用神经科学的生理测量（例如EEG、ERP、FMRI等）和数据分析（信号特征提取及模式分类算法等）能够深入了解个体在操作环境中人机交互时人的信息加工的神经学原理以及神经系统的运作机制。神经科学的生理测量指标也为安全人机工程学科提供了更客观有效的测试指标。例如，EEG（Electroencephalogram，脑电波）和ERP（Event - related Potentials，事件相关电位）等测试指标对心理负荷的变化表现更加敏感，基于脑电成像等测量的指标也能比传统的基于绩效和主观评价的指标更敏感。此外，利用人脑功能技术可以实现新的自然式人机交互方式，例如，脑机接口（brain - computer interface，BCI）提供了一种可根据不同情景下的人脑活动（如诱发或自发EEG）来操控计算机或设备的人机交互的新方式。BCI也为进一步的人机融合的探索研究提供了实验和技术基础。神经科学的方法也加强了安全人因工程学的基础理论研究手段，有助于进一步探索复杂作业条件下人脑功能和认知加工的神经机制。例如，利用FMRI（Functional Magnetic Resonance Imaging，功能性核磁共振成像）来探索空间导航与定位、神经激活与导航能力关联的神经生理机制；这些方面的深入研究可应用到特殊技能人才（例如航天员）的选拔和培训，并进一步为个性化人机交互设计提供帮助。

近年来计算机技术的快速发展，特别是人工智能的发展，使得计算机在理解人的意识、自我训练学习、按照规则处理信息等方面得到长足进步，促进了一种新型的人机协作关系的出现，即人机智能系统。人机智能系统是指将人与机器有机地作为一个整体系统来看待，将人类和机器视为两个智能个体，充分发挥人类和机器各自的长处，结合起来成为一个新的体系。这样的人机系统与传统的人机系统无论在组成结构，还是内在机理上都十分不同，它是一个人机结合的智能系统，是人的智能扩展与延伸的有效途径。实现人—机智能结合：一方面，通过智能集成提高人—机系统的总和智能水平；另一方面，通过智能开发促进人的智能的发展和机器智能的开发，达到人—机系统的高度智能化、协调化。这已经逐步成为中国、外国机器智能界的共识。近些年，机器人、人工智能等科学技术的快速发展及应用，给人机智能系统的发展提供了巨大的助力，在产业界出现了许多人机智能系统的实际应用案例。例如，IBM Watson 的认知计算系统和澳大利亚科技公司 Fastbrick Robotics 研发的全自动砌砖机器人 Hadrian X。IBM Watson 于 1997 年 IBM 开发的战胜国际象棋世界冠军卡斯帕罗夫的深蓝并行计算电脑系统。2011 年，Watson 在美国综艺节目危险边缘（Jeopardy）中大获全胜而获得了广泛关注。2014 年初，IBM 投资 10 亿美元专门建立"Watson Group（沃森集团）"，专注于为解决商业问题而开发和应用人工智能。Watson 具有自然语言理解能力，能够处理结构化与非结构化数据，通过算法将零散的知识片段连接起来，从大数据中快速提取关键信息进行推理、分析、对比、归纳、总结，通过专家训练，在交互中获取反馈，优化模型，不断进步。Watson 已在医疗、环保、能源、金融、制造、教育等行业中得到应用，其中最吸引人的是其在肿瘤治疗领域的应用。沃森肿瘤（Watson for Oncology）系统与美国纪念斯隆—凯特琳癌症中心（Memorial Sloan - Kettering Cancer Center）合作，通过专家团队训练，学习了超过 300 种医学期刊、250 本以上的医学书籍及超过 1500 万页的临床资料。可在肺癌、乳腺癌、胃癌、结肠癌、直肠癌、子宫颈癌等高发癌症专业治疗领域协助医生为病人提供个性化专业治疗建议，改善医疗服务。全自动砌砖机器人 Hadrian X 安装在一个有近 30 m 长的吊臂卡上，可以识别计算机辅助设计软件绘制的图纸，通过 3D 扫描技术，精确地计算出每一块砖头的具体位置。在工作时，伸缩臂拿起砖头将建筑胶黏剂涂在砖头上，然后按照顺序砌墙，并可以根据图纸裁切砖头，为水管、电气线路、门窗等预留位置。Hadrian X 能够连续 24 小时工作，每小时能砌 1000 块砖，工作效率是一名熟练砌砖工人的 4 倍。机器人是各种先进技术的深度融合，是提高生产效率和产品质量、提升生活水平的重要工具，也将是智能社会、智慧地球发展中不可或缺的重要支撑。人工智能将赋予机器人自主决策、自我控制能力，甚至使其像人一样思考和想象，进而成为人类未来生产和生活中的重要伙伴。

由此可以看出，安全人机工程学目前呈现出逐步向人机融合（Human - Computer Integration/Merger）的方向发展。在人机融合中，人和机器的关系从传统的刺激—响应的关系变为合作关系。这种合作主要是以人脑为代表的生物智能（认知加工能力等）和以计算技术为代表的人工智能的融合。人机融合的应用至少可表现在两方面：一方面，在"机器 + 人"的融合智能系统、"机器 + 人 + 网络 + 物"式的复杂智能物联网系统（如智能工厂、智能城市等）中，通过智能融合，达到高效的协同式人机关系。今后的智能社会将由大量的不同规模的协同认知系统组成。借助于人工智能、感应、控制等技术，机器将具有一定的感知、推理、学习、决策能力，与人类协同工作和生活。另一方面，基于脑机接口技术，可开发出综合利用生物（包括人类和非人类生物体）和机器能力的脑机融合系统，为残疾人开发的神经康复服务和动物机器人系统就是脑机融合的应用实例。

总之，当前新技术展现出的新特征，以及国家和社会发展提出的新需求给安全人机工程学的进一步发展创造了一个有利时机，提供了新的解决问题的手段和途径，安全人机工程学在参与解决新问题中将会发挥更加突出的作用，同时也会迎来自身的飞速发展。

复习思考题

1. 人机关系随社会的发展有很大的变化，请举例说明其变化及其特点。
2. 何谓安全人机工程学？它所研究的科学对象是什么？其内涵是什么？
3. 如何理解安全人机工程学与工效人机工程学的关系？
4. 举例分析你所熟悉的一个人机系统的人、机及其结合面。
5. 请说明安全人机工程学在安全工程学中所处的地位与作用。

第二章　人体的人机学参数

为了使各种与人有关的机械、设备、产品等能够在安全的前提下高效能地工作，实现人—机优势的最优结合，并使人在使用时处于安全、舒适的状态和无害、宜人的环境之中，现代设计必须充分考虑人体的各种人机学参数。因而，不论是安全工程师还是现代机械、设备、产品开发设计者，了解一些有关人体的人机学参数及其测量方面的基本知识，熟悉、掌握有关设计所必需的人机学参数的性质和使用条件，是十分必要的。

第一节　人体有关参数的测量

一、人体尺寸测量的基本知识

人体测量是一门新兴的学科，它所涉及的是一个特定的群体而非个人，选择样本必须考虑有代表性的群体，测量的结果要经过数理统计处理，以反映该群体的形态特征与差异程度，它是通过测量人体各部位尺寸来确定个体之间和群体之间在人体尺寸上的差别，用以研究人的形态特征，从而为各种安全设计、工业设计和工程设计提供人体测量数据。

例如，各种操作装置都应设在人的肢体活动所能及的范围之内，其高度必须与人体相应部位的高度相适应，而且其布置应尽可能设计在人操作方便、反应最灵活的范围之内。其目的就是提高设计对象的宜人性，让使用者能够安全、健康、舒适地工作，从而减少人体疲劳和误操作，提高整个人机系统的安全性和效能。

（一）人体尺寸测量的基本术语

《用于技术设计的人体测量基础项目》（GB/T 5703—2010）规定了人机工程学使用的中国成年人和青少年的人体测量术语。该标准规定，只有在被测者姿势、测量基准面、测量方向、测点等符合以下要求，测量数据才是有效的。

1. 被测者姿势

（1）立姿。指被测者挺胸直立，头部以眼耳平面定位，眼睛平视前方，肩部放松，上肢自然下垂，手伸直，手掌朝向体侧，手指轻贴大腿侧面，自然伸直，左、右足后跟并拢，两足前端分开大致呈45°夹角，体重均匀分布于两足。

（2）坐姿。指被测者挺胸坐在被调节到腓骨头高度的平面上，头部以眼耳平面定位，眼睛平视前方，左、右大腿大致平行，屈膝大致成90°，足平放在地面上，手轻放在大腿上。

2. 测量基准面

人体测量基准面是由3个互为垂直的轴（铅垂轴、纵轴和横轴）来决定的。人体测量中设定的轴线和基准面如图2－1所示。

（1）矢状面。通过铅垂轴和纵轴的平面及与其平行的所有平面都称为矢状面。

（2）正中矢状面。在矢状面中，把通过人体正中线的矢状面称为正中矢状面。正中矢状面将人体分成左、右对称的两部分。

（3）冠状面。通过铅垂轴和横轴的平面及与其平行的所有平面都称为冠状面。冠状面将人体分成前、后两部分。

（4）水平面。与矢状面及冠状面同时垂直的所有平面称为水平面。水平面将人体分成上、下两部分。

（5）眼耳平面。通过左、右耳屏点及右眼眶下点的水平面称为眼耳平面。

3. 测量方向

（1）在人体上、下方向上，称上方为头侧端，称下方为足侧端。

（2）在人体左、右方向上，将靠近正中矢状面的方向称为内侧，将远离正中矢状面的方向称为外侧。

（3）在四肢上，将靠近四肢附着部位的称为近位，将远离四肢附着部位的称为远位。

（4）对于上肢，将桡骨侧称为桡侧，将尺骨侧称为尺侧。

（5）对于下肢，将胫骨侧称为胫侧，将腓骨侧称为腓侧。

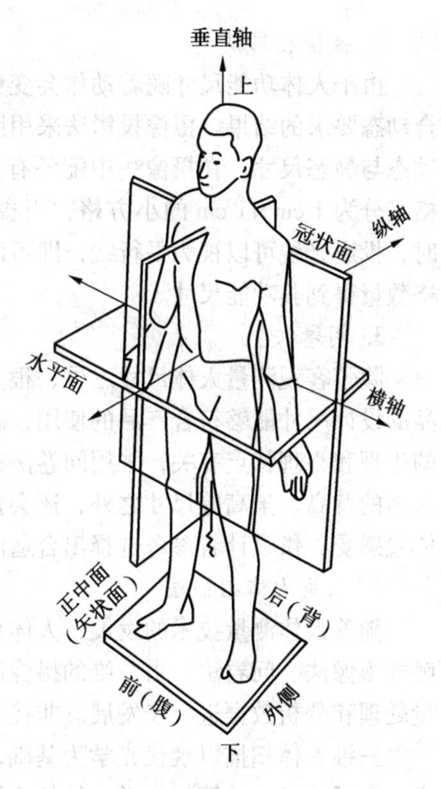

图 2-1 人体测量基准面和基准轴

4. 支承面和着装

立姿时站立的地面或平台以及坐姿时的椅平面应是水平、稳固的，且不可压缩。要求被测量者裸体或穿着尽量少的内衣（例如只穿内裤和汗背心）测量，在后者情况下，在测量胸围时，男性应撩起汗背心、女性应松开胸罩后进行测量。

5. 基本测点及测量项目

国标 GB/T 5703—2010 规定了有关中国人人体测量参数的测点及测量项目，其中包括：立姿项目 12 个、坐姿项目 17 个、特定部位测量项目 14 个以及功能测量项目 13 个。具体测量时可参阅该标准的有关内容。此外，还规定了中国人人体参数的测量方法，这些方法适用于成年人和青少年的人体参数测量，该标准对上述 56 个测量项目的具体测量方法和各个测量项目所使用的测量仪器作了详细的说明。实际测量时，必须按照该标准规定的测量方法进行测量，其测量结果方为有效。

（二）人体尺寸测量方法

人体尺寸测量方法主要有传统测量法、摄像投影法、问卷法和三维人体扫描法。

1. 传统测量法

传统测量法主要是利用人体测量仪器测量，包括人体测高仪、人体测量用直角规、人体测量用弯脚规、人体测量用三脚平行规、量足仪、角度计、软卷尺以及医用磅秤等。我国对人体尺寸测量专用仪器已制定了标准，详见《人体测量仪器》（GB/T 5704—2008）。而通用的人体测量仪器可采用一般的人体生理测量的有关仪器。《用于技术设计的人体测量基础项目》（GB/T 5703—2010）规定了各种测量项目的具体测量方法。

2. 摄像投影法

由于人体功能尺寸随着动作会变化，传统的测量仪器很难达到既符合静态要求，又符合动态要求的结果。摄像投影法采用照相机与摄像机进行投影测量，以便准确测量出人体动态与静态尺寸。在摄像法中配备有投影板，板上刻有 10 cm × 10 cm 的方格，每一个方格又分为 1 cm × 1 cm 的小方格，当摄像机与投影板之间的距离为测试者身高 10 倍以上时，投影光线可以视为平行线，即可以拍摄人体在投影板上的各种动态，从投影板上的方格数量得到其功能尺寸。

3. 问卷法

除了客观测量人体尺寸之外，很多产品在设计时需要获得人体感受舒适的尺寸，使产品的设计尺寸能够符合产品的使用，减少体力的付出。这种人体主观感受舒适的尺寸与人的生理和心理特点有关，采用问卷法进行数据调查。例如，设计座椅高度时，除需要考虑人体的背高、坐高等尺寸之外，还会让测试者针对同一椅背高度进行体验，提高人主观的体验感受，供设计者参考选择出合适的座椅高度。

4. 三维人体扫描法

随着人体测量技术的发展，人体尺寸测量的方法从接触式的传统人体尺寸测量到非接触式摄像法、问卷法，由二维的摄像法到三维人体扫描法，并向自动测量和利用计算机测量处理和分析数据进一步发展。非接触式三维测量已成为现代人体测量技术的主要方法。

三维人体扫描以现代光学为基础，融合光电子学、计算机图形学、信息处理、机械技术、电子技术、计算机视觉、软件应用技术和传感技术等技术于一体，利用人体图像从中提取有用的数据信息，常用的三维人体扫描方法有激光测量法、白光相位法、红外线测量法等。目前，中国标准化研究院人类工效学实验室采用先进的三维人体扫描技术，依据科学的抽样方法和统一的测量规程开展了全国范围内的三维人体尺寸测量。三维人体扫描具备以下优势：

（1）测量数据更详细。例如，在测量头部尺寸时除以往的头部周长数据之外，通过三维扫描可获得头部的完整形状，在头盔、帽子等设计中能够获取头部的三维数据，辅助设计。

（2）测量时不受衣物颜色的影响，测量精度更高，完整的人体扫描精度可以达到 1 mm 以下。

（3）测量数据种类可随时增加。以往传统的人体尺寸测量时不能扩充项目数据，如果需要增加数据，需要重新测量数万样本，成本极高。而通过三维人体扫描这一测量方法，数据库存储人体的三维模型，任何部位的尺寸数据可随时调取。

（4）测量效率显著升高。三维人体扫描包括准备时间在内可以在 10 min 以内完成对人体尺寸的全部扫描测量，显著提高了测量效率。

（三）人体测量中的主要统计函数

由于群体中个体与个体之间存在着差异，一般来说，某一个体的测量尺寸不能作为设计的依据。为使产品能适合于一个群体使用，设计中需要的是一个群体的尺寸。然而，全面测量群体中每一个体的尺寸又是不现实的。通常只能通过测量群体中较少量个体的尺寸，经数据处理后而获得该群体较为精确的尺寸数据。

在人体测量中所得到的测量值都是离散的随机变量，因而可根据概率论与数理统计理论对人体测量数据进行统计分析，从而获得所需群体尺寸的统计规律和特征参数。人体测量中常用到均值、方差、标准差、抽样误差等概念，详参相关书籍。此外，在人体测量和数据的分析与应用中涉及的百分位数和适应度，下面进行简要介绍。

人体测量数据可大致上视为服从正态分布。实际中，即使经过严格的人机工程学设计的任何一个机械或产品都不可能适应所有的人使用。工程上常以正态分布的某个百分位 a 处的人体尺寸数值 x_a 作为设计用人体尺度的一个界值，以控制设计的适应范围，该界值称为百分位数。正态分布曲线上，从 $-\infty$（或 $+\infty$）~ a，或两个百分位 $a_1 \sim a_2$ 之间的区域，称为适应度。适应度反映了设计所能适应的身材的分布范围。

一个百分位数将群体或样本的全部测量值分为两部分，有 $a\%$ 的测量值等于和小于它，有 $(100-a)\%$ 的测量值大于它。例如在设计中最常用的是 x_5、x_{50}、x_{95} 共3种百分位数。其中第5百分位数是代表“小”身材，指有5%的人群身材尺寸小于此值，而有95%的人群身材尺寸均大于此值；第50百分位数表示“中”身材，是指大于和小于此人群身材尺寸的各为50%；第95百分位数代表“大”身体，是指有95%的人群身材尺寸均小于此值，而有5%的人群身材尺寸大于此值。当已知样本均值和标准差时，百分位数可由式2-1取得：

$$x_a = \bar{x} + kS \tag{2-1}$$

式中 x_a——对应于百分位 a 的百分位数；

$\bar{x}$——样本均值；

S——样本标准差；

k——与 a 有关的变换系数（表2-1）。

表2-1 百分比与变换系数

百分位 a/%	变换系数 k	百分位 a/%	变换系数 k
0.5	-2.567	70.0	0.524
1.0	-2.326	75.0	0.674
2.5	-1.960	80.0	0.842
5.0	-1.645	85.0	1.036
10.0	-1.282	90.0	1.282
15.0	-1.036	95.0	1.645
20.0	-0.842	97.5	1.960
25.0	-0.674	99.0	2.326
30.0	-0.524	99.5	2.576
50.0	0	—	—

二、有关参数的测量与计算

（一）常用人体尺寸参数

各种机械、设备、设施和工具等在适合于人的使用和实现本质安全方面，首先涉及的问题是如何适合于人的形态和功能范围的限度，相对应的人体参数主要是人体结构尺寸和功能尺寸。人体结构尺寸是指静态尺寸；人体功能尺寸是指动态尺寸，包括人在各种工作姿势下或在某种操作活动状态下测量的尺寸。

1. 我国成年人的人体结构尺寸（静态尺寸）

《中国成年人人体尺寸》(GB 10000—1988）是关于我国成年人人体静态尺寸的国家标准，为我国各种设备、工业产品、建筑室内、环境艺术、武器装备以及各种家具、工具用具的人机工程学设计提供了中国成年人人体尺寸的基础数据，于 1989 年 7 月开始实施。经过近 30 年的变化，中国成年人人体尺寸也有一定的变化。目前中国标准化研究院承担了中国人体尺寸测量的项目，最新的中国人体结构尺寸将很快面世。此书将不再列出 GB 10000—1988 的中国成年人人体尺寸。

静态的人体尺寸主要包括：

（1）身高。指从地面到头顶的垂直距离（高度）。例如，用于确定通道和门的最小高度，以及人体头顶的障碍物高度等。

（2）立姿眼高。指人身体直立、眼睛向前平视时从地面到眼角的垂直距离。例如，用于确定在剧院、礼堂、会议室等处人的视线，用于布置广告和其他展品，用于确定屏风和敞开式大办公室内隔断的高度等。

（3）坐肩高。指人体坐立时，从地面到肩峰的高度。

（4）坐肘高。指人体坐立时从地面到人的前臂与上臂结合处可弯曲部分的距离。例如，用于确定柜台、梳妆台、厨房案台、工作台以及其他站立使用的工作表面的舒适高度。最舒适的高度是低于人的肘部高度 76 mm，休息平面的高度约低于肘部高度 25 ~ 38 mm。

（5）坐高。指从坐的平面到头顶的垂直距离。例如应用于确定座椅上方障碍物的允许高度，确定办公室或其他场所的低隔断等。

（6）坐姿眼高。指人体处于坐姿时，从座里面到眼角的垂直距离。例如，当视线是设计问题的重点考虑因素时，确定视线和最佳视区要用到这个尺寸，如设计包括剧院、礼堂、教室和其他需要有良好视听条件的室内空间。

（7）人体最大宽度。指两个三角肌外侧的最大水平距离。例如，用于确定座椅间距和排椅座位间距，也可用于确定公用和专用空间的通道距离。

（8）臀部宽度。臀部最宽部分的水平尺寸。此尺寸也可以站立测量，站立测量的数据为下半部躯干的最大宽度。例如，应用于座椅内侧尺寸的确定。

（9）肘部平放高度。坐立时从坐立表面到肘部尖端的垂直距离，与其他尺寸结合可用于确定座椅、工作台、书桌和餐桌等设备的高度。

（10）大腿厚度。指人体坐立时从坐立表面到大腿与腹部交界处的垂直距离。常用于设计柜台、书桌、会议桌、家具等设备的关键尺寸，特别是有抽拉式抽屉的工作面，使大腿上方与障碍物保持一定距离。

（11）膝盖高度。指人体坐立时从地面到膝盖骨中点的垂直距离。此数据是确定从地面到书桌、餐桌、柜台地面距离的关键尺寸，尤其适用于使用者把大腿放在工作面下面的场合。

（12）膝腘高度。指人体坐立时从地面到膝盖背后（腿弯）的垂直距离。常应用于确定座椅面高度的关键尺寸，尤其确定座椅前缘的最大高度。

（13）臀部至膝盖部长度。指人体坐立时由臀部最后面到小腿背面的水平距离。例如，确定长凳和靠背椅等前面的垂直面以及确定椅面的长度。

（14）臀部—膝盖的长度。指人体坐立时从臀部最后面到膝盖骨前面的水平距离。例如确定椅背到膝盖前方的障碍物之间的适当距离。

（15）垂直手握高度。指人体站立时，手握横杆，使横杆上升到不使人感到不舒服或拉得过紧的限度为止时从地面到横杆顶部的垂直距离，常用于确定开关、控制器、拉杆、把手、书架以及衣帽架等的最大高度。

（16）坐姿时垂直手握高度。指人体坐立时，手向上伸从座里面到中指末梢的垂直距离。常用于设计头顶上方控制装置和开关的位置。

（17）侧向手握距离。指人体站立，手侧向平伸握住横杆，一直伸展到没有感到不舒服或拉得过紧的位置时，从人体中线到横杆外侧的水平距离，常用于确定侧向控制开关等装置的位置。

（18）最大人体厚度。一般为胸部或腹部厚度，例如在紧张的尺寸里考虑间隙尺寸或排队场合下需要此尺寸。

（19）眼至头顶高度。指眼睛上缘到头顶的垂直距离，例如用于确定电影院、剧院等场所前后排座位的高度。

（20）手功能高。指人站立时手臂下垂，从手心到地面的垂直距离。例如确定楼梯扶手高度时应该高于手功能高 100 mm 以上。

（21）头部厚度。指脸部的眉间到后脑部的距离，可作为眼部位置的参考数据，例如在设计头盔、帽子等产品时需要参考此数据。

（22）头部宽度。指头部两耳上面的最大宽度。例如在设计头盔、头戴式耳机等产品时需要参考此数据。

（23）手的长度。指手保持垂直状态下，从腕部的皱痕到中指尖的距离，常用于把手、控制杆等设备的设计。

（24）手的宽度。指通过手掌的最大宽度，常用于把手、控制杆等设备的设计。

（25）脚的长度。指从脚后跟到最长的脚趾尖的距离，平行于脚的轴心，例如设计鞋和踏板需要考虑此数据。

（26）脚的宽度。指脚的最大水平宽度，与脚的轴线垂直，例如应用于脚的空间和踏板空间的设计。

GB 10000—1988 提供了七类共 47 项人体尺寸基础数据，标准中所列出的数据是代表从事工业生产的法定中国成年人（男 18 ~ 60 岁，女 18 ~ 55 岁）的人体尺寸，并按男、女性别分开列表。在各类人体尺寸的数据表中，除了给出工业生产中法定成年人年龄范围内的人体尺寸，同时还将该年龄范围分为 3 个年龄段：18 ~ 25 岁（男、女），26 ~ 35 岁（男、女），36 ~ 60 岁（男）和 36 ~ 55 岁（女），且分别给出这些年龄段的各项人体尺寸数值。其具体的人体尺寸详见 GB 10000—1988。

2. 我国成年人人体功能尺寸（动态尺度）

与安全有关的各种操作、空间、环境设计以及各种着装设计，不仅要考虑人体的静态结构和形体参数，而且还要保证使人的工作、活动时，有足够的活动度、活动空间和合理的活动方向。在正常、动态条件下所测得的人体各肢体的活动角度参数和活动幅度系数，称之为人体动态尺度。人体动态尺度是各种操作、空间、环境设计及各种着装设计的必要人体测量参数。《工作空间人体尺寸》(GB/T 13547—1992）提供了我国成年人立、坐、跪、卧、爬等常取姿势功能尺寸数据，详见该标准。

（二）手、脚作业域测量

1. 手的作业域测量

手脚在一定空间范围内作各种操作，所形成的包括左右水平面和上下垂直面的空间区域，叫做作业域。作业域的边界是指人站立或坐姿时手脚所能达到的最大范围，实际中一般不取边界值，而是多取不超过界的较小的尺寸，如通常操作范围或正常操作范围。

（1）水平作业域。水平作业域是人于台面前，在台面上左右运动手臂所形成的轨迹范围。手尽量外伸所形成的区域称为最大作业域。手自然放松运动所形成的区域称为通常作业区域。一般需要手频繁活动的操作，如键盘打字、精密维修作业等，应安排在该区域内，而从属于这些活动的器物、工具等则应安排在最大作业域内。手在水平面的正常作业域和最大作业域如图2－2所示。

（2）垂直作业域。垂直作业域是指手臂伸直，以肩关节为轴作上下运动所形成的范围。以肩关节为圆心的直臂抓握半径：男子为65 cm，女子为58 cm。图2－3是第5百分位的人体坐姿垂直抓握（以手心为轨迹测量点）操作作业域。图2－4和图2－5分别是第5百分位的人体立姿单臂和立姿双臂垂直作业空间。图2－6是身高与摸高的关系。

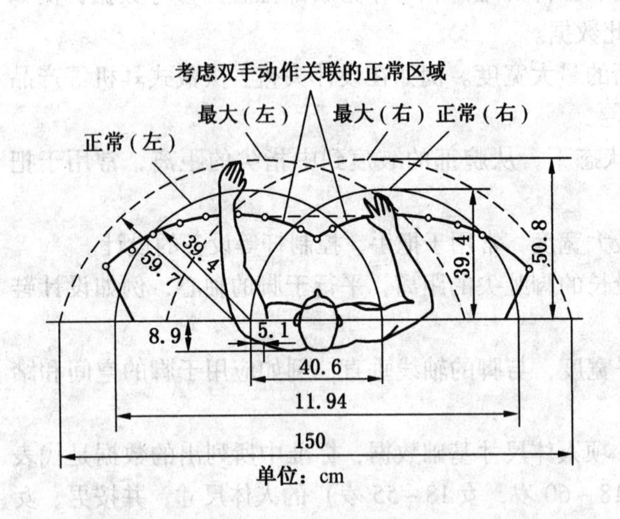

图2－2　手在水平面的正常作业域和最大作业域

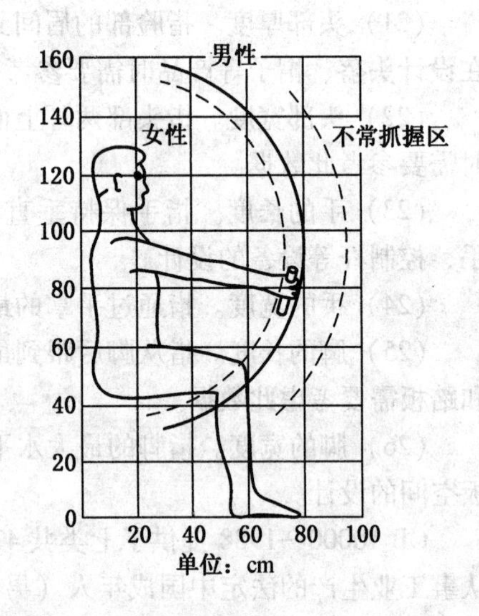

图2－3　坐姿抓握作业域

2. 脚的作业域测量

当足跟水平时踝关节的背屈、侧转等活动的角度，以及赤脚和穿鞋时脚掌、脚趾的长度、宽度、厚度的测量数据。这些数据是设计脚踏板或脚控器的长度、宽度和倾斜角的重要依据，如图2－7所示。

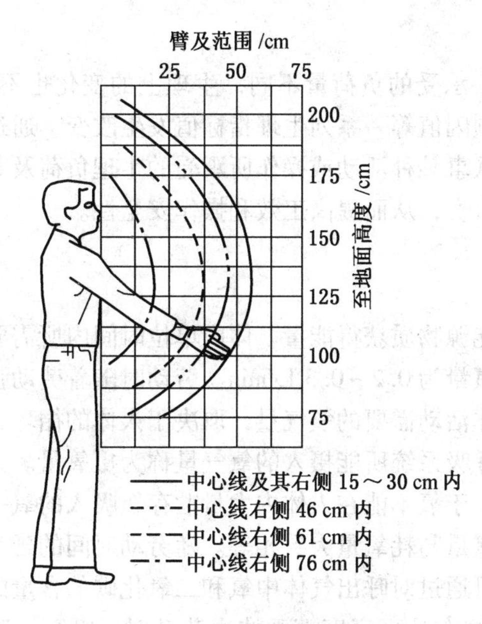

图 2－4　立姿单臂垂直作业域图

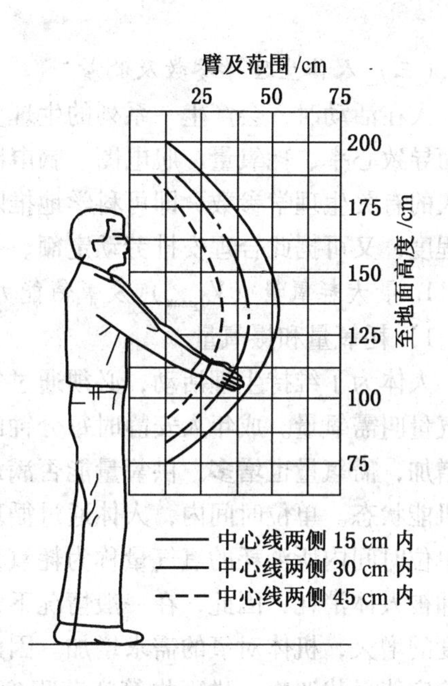

图 2－5　立姿双臂垂直作业域图

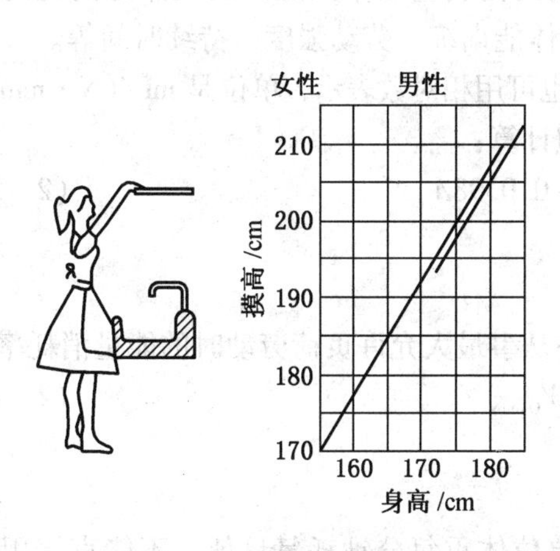

图 2－6　身高与摸高的关系

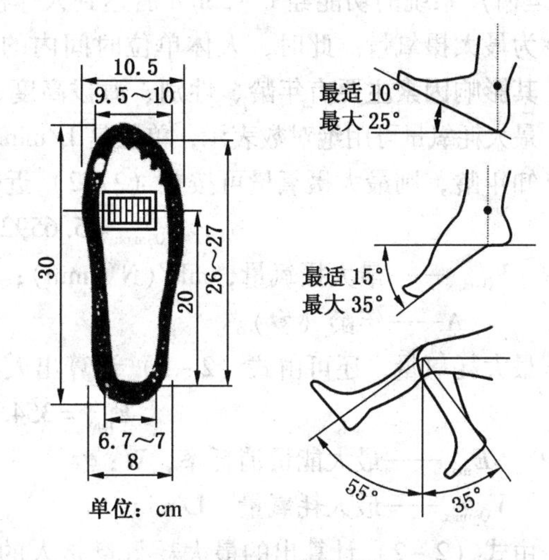

图 2－7　脚的测量

3. 脚作业空间

与手相比，脚的操作力较大，但精确度较差，且活动范围较小。一般脚的作业空间参数主要用于踏板类装置设计。正常的脚作业空间应位于身体前侧、座高以下的区域，其舒适的作业空间与身体尺寸和动作性质有关。图 2－8 所示为脚偏离身体中缝左右各 15°范围的作业空间示意图，图中深影区为脚的灵敏作业域，其余需要大、小腿有较大的动作，不适于布置常用操作装置。

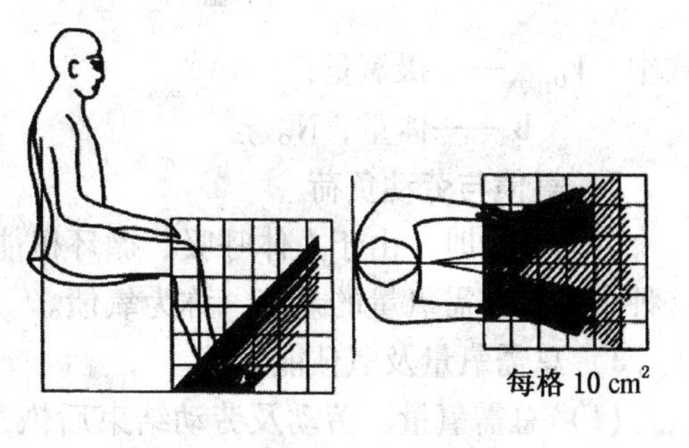

图 2－8　脚的作业区域

（三）人体生理学参数及测量

人在活动时，会产生一系列的生理变化，承受的负荷量不同，生理上的变化也不同，进而导致心率、耗氧量、肌电图、脑电图、频闪值等一系列生理指标值发生改变。通过测定人的有关生理学参数，即可科学地推断人从事某种活动或操作所承受的生理负荷及其疲劳程度，又可据此合理安排劳动定额、劳动节奏，从而提高工效和操作安全性。

1. 最大耗氧量（V_{O_2max}）及氧债能力

1）耗氧量和摄氧量

人体为了维持生理活动，必须通过氧化能源物质获得能量。体内单位时间内所需要的氧气量叫需氧量。成年人安静时每分钟的需氧量为0.2～0.3 L/min。劳动时随着劳动强度的增加，需氧量也增多，供氧量能否满足人体活动需要的氧气量，取决于人体的循环、呼吸机能状态。单位时间内，人体通过循环、呼吸系统所能摄入的氧气量称为摄氧量。人体在单位时间内所消耗的氧气量称为耗氧量。由于氧不能在人体内大量贮存，吸入的氧一般随即被人体消耗，因此，在一般情况下，摄氧量与耗氧量大致相等。随劳动时间的延长和强度的增大，机体对氧的需求增加。因此，可通过对呼出气体中氧和二氧化碳的含量的分析确定能量代谢率，进而推算疲劳程度。人体在从事高度繁重体力劳动时，循环、呼吸（氧运输）系统的功能经1～2 min后达到人体极限摄氧能力，这时人体单位时间内的摄氧量称为最大摄氧量。此时，人体单位时间内的最大耗氧量可作为允许最大体力消耗的标志，其影响因素主要有年龄、性别、海拔高度、体能训练、劳动强度、持续时间等。

最大耗氧量可用绝对数表示，单位是L/min；也可用相对数表示，单位是mL/(N·min)。如已知年龄，则最大摄氧量可按式（2-2）近似计算：

$$V_{O_2max}=5.6592-0.0398A \qquad (2-2)$$

式中 V_{O_2max}——最大摄氧量，mL/(N·min)；

A——年龄（岁）。

最大耗氧量，还可由式（2-3）计算出人在从事最大允许负荷劳动时的能量消耗率；

$$E_{max}=354.3V_{O_2max} \qquad (2-3)$$

式中 E_{max}——最大能量消耗率，W；

V_{O_2max}——最大耗氧量，L/min。

由式（2-2）计算出的最大耗氧量是人的单位体重每分钟耗氧量值，不能直接用于式（2-3）计算，为便于使用，可通过式（2-4）转换成绝对数表示的数据：

$$V_{O_2max}(\mathrm{L/min})=\frac{V_{O_2max}(\mathrm{mL/N\cdot min})W}{100} \qquad (2-4)$$

式中 V_{O_2max}——摄氧量；

W——体重，N。

2）氧债与劳动负荷

劳动开始时，由于人体呼吸、循环机能跟不上氧需，致使肌肉在缺氧的状态下活动，这种供氧量与需氧量的差值，称为氧债。

3）总需氧量及氧债能力

（1）总需氧量。劳动及劳动结束后恢复期所需氧量之和称为总需氧量。总需氧量可按式（2-5）计算：

$$V_{O_2z} = V_{O_2l} + V_{O_2h} - V_{O_2j}(t_l + t_h) \qquad (2-5)$$

式中 V_{O_2z}——劳动时的总需氧量，mL/min；

V_{O_2l}——作业期摄氧量，mL/min；

V_{O_2h}——恢复期摄氧量，mL/min；

V_{O_2j}——安静时平均需氧量，一般为 250 mL/min；

t_l——作业时间，min；

t_h——恢复时间，min；

（2）氧债能力。超量负荷导致稳定状态的破坏，或劳动能力的衰竭。当心肺功能的惰性通过调节机理逐渐克服后，每分钟需氧量仍高于最大摄氧量，运动强度的持续，局限在氧债能力范围内的状态。据研究，体内要透支 1 L 氧，当以 7 g 乳酸作代价，直到氧债能力衰竭为止。氧债能力，一般人约为 10 L，训练有素的运动员可达 15～20 L。氧债能力衰竭，血液中的乳酸量会急剧上升，pH 值迅速下降，这对肌肉、心脏、肾脏以及神经中枢都很不利。

2. 心率及最大心率（HR_{max}）

单位时间内心室跳动的次数称为心率（Heart rate，缩写为 HR）。劳动时心率比安静时心率快，随劳动强度增大，心率会逐渐增快。可以用作业停止后到恢复静息心率时间内的心跳总数表示人的疲劳程度。也可以用作业中心率增加值或作业平均心率表示疲劳程度。一般认为作业中心率增速最好在 30 次/分以内。心率的测定可以用心率遥测仪或直接测量脉搏次数。

在安静时，正常男子、女子的心率约为 75 次/min。但在工作中却不一致。青年人中，当以 50% 的最大摄氧量工作时，男子心率一般比女子低，分别约为 130 次/min 和 140 次/min。当人达到最大负荷时心脏每分钟的跳动次数称为最大心率（HR_{max}）。最大心率几乎无性别差异，但二者随着年龄（A）的增加而下降，并可用式（2－6）近似计算：

$$HR_{max} = 209.2 - 0.75A \qquad (2-6)$$

式中 HR_{max}——最大心率，次/min；

A——年龄，岁。

3. 搏出量与最大心脏输出

心脏每次搏动从左心室注入主动脉的血液量称为搏出量。而单位时间内（每分钟）从左心室射出的血液量 Q，叫做心脏输出量。由于最大摄氧量与最大心脏输出量具有内在联系，因此可利用最大耗氧量求算最大心脏输出量，即

$$Q_{max} = 6.5 + 4.35V_{O_2max} \qquad (2-7)$$

式中 Q_{max}——最大心脏输出量，L/min；

V_{O_2max}——最大摄氧量，L/(N · min)。

4. 肌电图测试

骨骼肌收缩时要消耗一定数量的氧，因此若要测量全身肌肉收缩所消耗的能量，可通过测量耗氧量，然后用式（2－3）能计算出全身肌肉收缩所消耗的能量，但要想知道局部肌肉的负荷大小和收缩强度时，做肌肉图测试是一种最有效的方法。

大脑中枢运动区发出的运动命令，经传出神经纤维传递到效应器产生动作，传递过程中当神经冲动传到肌纤维结合部位的突触时，引起肌纤维细胞发生极化而收缩，收缩时产

生生物电位——动作电位，这就是肌肉的放电现象。肌肉收缩时产生的动作电位可通过电极引导出来，再经放大、记录即可得到很有价值的波形图，即所谓肌电图（Electromyogram，简称 EMG）。肌电图可反映人体局部肌肉的负荷情况，对客观、直接地判定肌肉的神经支配状况以及运动器官的机能状态具有重要意义。

人机工程学上，常用肌电图的电压幅值和收缩频率来进行评价。据研究，肌肉的放电频率一般为 5 ~ 10 次/s。放电频率的高低主要决定于运动单位兴奋活动的强弱。例如肌肉从轻微收缩增加到最大收缩时，放电频率可从 5 次/s 增加到 50 次/s。另外，参加收缩的肌纤维越多动作电位就越高，也就是说，动作电位振幅（mV）的大小反映了参加收缩的肌纤维数量的多少。因此，通过肌电图测量肌电位，可以测定肌肉收缩的强度。

肌电图在安全人机工程学上的应用主要是作业设计、作业姿势、机械和工具设计的人性化、合理化和最优化研究。在工业座椅、家用沙发和床等尺度的研究中，肌电图是一个实用的评价指标。一个具有良好人机工程学设计的工业座椅能有效地减少人体不必要的能量消耗，提高工作效率；一个舒适的坐姿或者卧姿可使全身肌肉放松，这种放松程度，可通过测量肌电图来评价。

5. 呼吸量的测定

人体的活动与正常平静状态相比，其机体新陈代谢率增高，氧气的消耗量与二氧化碳的呼出量也都随着活动量的增大而增多，于是呼吸频率由每分钟 12 ~ 18 次增加到每分钟 40 ~ 50 次，呼出量也由平静时的 500 mL 上升到 2000 mL 以上，其通气量由平静时的 6 ~ 8 L 上升到 100 L 以上，增加近 20 倍。

6. 脉搏数的测定

主要是测定与疲劳程度有关的刚结束作业的脉搏数、脉搏积［脉搏积 = 脉搏数 ×（最高最低血压差）÷ 100］及恢复到安静时脉搏数所用的时间。

7. 发汗的测定

通常把汗腺分泌汗液的活动叫做发汗。发汗是一种机体散热维持恒定体温的有效途径，发汗量是在高温环境下进行劳动或重体力劳动下机体丧失水分程度的标志。人在安静状态下，当环境温度达到（28 ± 1）℃时便开始发汗。如果空气湿度高且穿衣较多时，气温达到 25 ℃时即可引起发汗。而当人们进行劳动或运动时，气温虽然在 20 ℃以下，也会发汗甚至发出较多的汗量。劳动或运动强度越大，发汗量增加越显著。若发出大量汗水可造成脱水，因此对发汗量及汗液化学成分等应进行测定，并采取相应的劳动保护措施，防止高温中暑，还应及时补充水分，以防脱水而诱发疾病。

8. 血液成分变化的测定

一般采用生物化学的测定方法，测量内容主要是与疲劳关系密切的 pH 值、血糖量、血红蛋白量、乳酸含量等。

9. 脑电图的测量

脑电图（Electroencephalogram，EEG）也是人体生物体电现象之一。人无论是处于睡眠还是觉醒状态，都有来自大脑皮层的动作电位（脑电波）。人脑生物电现象是自发和有节律性的。在头部表皮上通过电极和高感度的低频放大器可测得这种生物电现象。利用脑电波的频率和幅值可评价人大脑的觉醒状态。日本学者桥本从大脑生理学角度把大脑意识状态划分为 5 个阶段，并建立了为错误发生的潜在危险性（表 2 - 2）与 EEG 的联系。

表2-2　大脑意识状态与人因失误的潜在危险性

大脑意识阶段	主要脑波成分	意识状态	注意力	生理状态	事故潜在性
0	δ	失去知觉	0	睡眠，脑发作	
Ⅰ	θ	发呆，发愣	不注意	疲劳，饮酒	+++
Ⅱ	α	正常，放松	心事	过度兴奋	+ ~++
Ⅲ	β	正常，清醒	集中	积极活动状态	最小
Ⅳ	β及以上频率	过度紧张	集中于一点	休息，习惯性作业	最大

阶段0：无意识，无反应能力（失去知觉，睡眠）。主要脑波是δ波。

阶段Ⅰ：过度疲劳、单调作业、饮酒等引起知觉能力的下降。主要脑波为θ波。

阶段Ⅱ：习惯上的作业，不需考虑，无预测能力和创造力。主要脑波为α波。

阶段Ⅲ：大脑清醒，注意力集中，富有主动性。主要脑波为β波。

阶段Ⅳ：过度紧张和兴奋，注意力集中一点，一旦有紧张情况大脑将马上进入活动停止状态，成为旧皮层优势状态。脑波状态是β和更快频率的脑波。

正常人安静闭眼时出现α波（8~13 Hz）；睁眼并且注意力集中时α波减少β波（14~25 Hz）增多。α波和α波以上频率的波统称为快波。人在打盹或睡眠中出现θ波（4~7 Hz）和δ波（0.5~3.5 Hz）。θ波和比θ波频率低的波统称为慢波。成人如果在觉醒时出现慢波则可诊断为大脑异常。

在人机工程学研究领域内，常利用脑电波研究环境与人的关系，如噪声、室温、床类用具尺度及质地等对睡眠深度的影响。在作业领域，它与事故的发生和防止有密切的关系。

10. 疲劳的测定

由于作业疲劳的形成受多种因素的影响，使疲劳的类型和出现的症状各不相同，各种疲劳症状有时在作业者身上综合体现出来，因此没有一种方法可以测定所有类型疲劳，也没有一种能直接测定疲劳的方法。

1）疲劳自觉症状调查

疲劳自觉症状调查是根据对相同作业的作业者主观感觉的调查的统计性结果判断疲劳程度，以下调查内容（表2-3）可供参考。此表可在作业前、作业中和作业后根据调查要求填写。

表2-3　疲劳自觉症状调查表

身体症状	精神症状	感觉症状
1. 头晕	1. 头脑不清	1. 眼睛疲劳、恍惚
2. 头痛	2. 思想不集中，不愿思考	2. 眼睛发涩、发干
3. 全身不适	3. 不爱说话	3. 动作笨拙、失误
4. 身体局部不适或痛	4. 焦躁	4. 脚下不稳、摇晃
5. 肩膀酸痛	5. 困倦	5. 味觉不灵
6. 呼吸困难	6. 精神涣散	6. 眩晕

表2-3（续）

身体症状	精神症状	感觉症状
7. 腿软	7. 对事冷漠	7. 眼皮及其他部位发抖
8. 口黏、口干	8. 易忘事	8. 听觉迟钝、耳鸣
9. 打呵欠	9. 常出错	9. 手脚打颤
10. 出冷汗	10. 对事放心不下	10. 动作不准

2）测量疲劳的几种方法

除了上面介绍的通过测定心率、能量代谢率、氧耗量以及脑电图等来考察人的疲劳外，还可以采用以下几种方法进行疲劳的测定。

（1）触两点辨别阈法。人体疲劳后皮肤的感觉机能会减退。根据这一机理，在作业前、后用两个针状物同时刺激邻近的皮肤两点，能辨别皮肤上两点刺激的最短距离称触两点辨别阈。随疲劳程度增大，触两点辨别阈增大。人体皮肤不同部位的触两点辨别阈不同，表2-4是温斯顿给出的人体皮肤不同部位的触点辨别阈的试验结果。

表2-4　人体皮肤不同部位的触两点辨别阈

mm

部位	触两点辨别阈	部位	触两点辨别阈	部位	触两点辨别阈	部位	触两点辨别阈
中指	2.5	上唇	5.5	前额	15.0	肩部	41.0
食指	3.0	文颊	7.0	脚底	22.5	背部	44.0
拇指	3.5	鼻部	8.0	腹部	34.0	上臂	44.5
无名指	4.0	手掌	11.5	胸部	36.0	大腿	45.5
小指	4.5	大足趾	12.0	前臂	38.5	小腿	47.0

（2）膝腱反射阈的测定。随作业者疲劳的产生或程度的增强，机体的反射机能下降，通过捶击膝腱来测定来因疲劳造成的反射机能的钝化程度。小锤（轴长15 cm，重150 g）捶击膝盖使膝盖腱反射的最小落下角度称为膝腱反射阈。疲劳时膝腱反射阈增大，轻度疲劳可引起阈值增加5°~10°，重度疲劳阈值增加15°~30°。

（3）反应时间测定法。人体疲劳后，人的感觉器官对光、声、电等的反应速度降低，显示出反应时间的延长。可以用机械式或电子式反应时间测定仪测定人作业前后的反应时间的长短，并作为疲劳判定的依据。

（4）频闪融合阈值测定法。光融合值的测试装置由两部分组成：①产生闪光部分，由一定亮度的小光点由旋转的扇形板前射出，形成一闪一闪的闪光，使被检验者观察光点的明暗闪变的情况。②测量闪光部分，提高明暗交变速度（即闪光频率），以现场问答方式，对被测验者进行测试，当测验者在刚把闪光看成连续光线时的闪光频率（此频率被称为融合，fusion），此频率值从旋转的扇形上读出；从这个融合向下逐渐降低闪光频率，在刚开始出现能判断为非连续光时的闪光频率（此频率被称为闪光，flicker）。

人眼对于闪烁的光源，当闪烁频率增大到某一值时（≥50次/s），人眼对高于这个频率以上的闪光没有辨识能力，感觉它是连续光源，这种现象叫闪光融合；若以此频率为界逐渐降低闪光的频率，则降到某个频率时（一般为40次/s左右），人眼又可以看出光的闪烁。这里，我们把人眼刚刚能感受到闪烁的临界频率称为临界闪光频率（Critical Flicker Frequency，简称CFF）。

CFF是与大脑皮层的活动水平密切相关的指标，也是测定人体疲劳程度的指标，人越疲劳，CFF值越低。

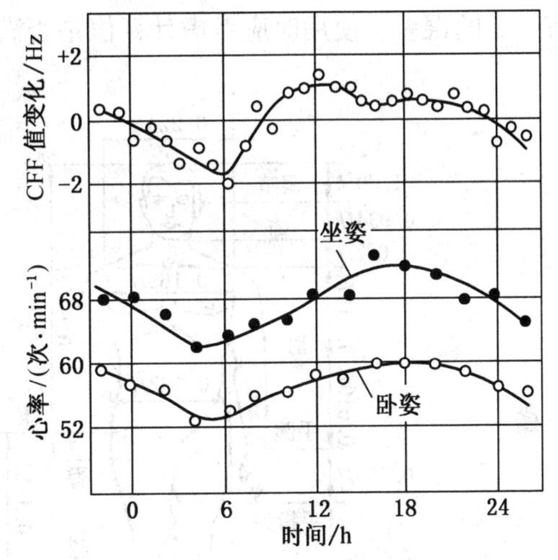

图2-9 CFF值及心动数日周期变化

在安全人机工程学中，常用CFF值测定大脑意识水平和人体的疲劳程度，进而说明人体的机能状态。一般地，CFF值越高，大脑意识水平也越高；相反，当人处于疲劳或困倦时，大脑的意识和知觉水平下降，CFF值变低。现在，CFF被广泛地应用于作业疲劳研究和评价。

CFF具有日周期变化规律，这也是一种生理生物节律（Biorhythm）。研究发现，中午的CFF高，早晨5~6点钟的CFF值最低（图2-9）。一般来说，早晨5~6点钟的交通事故率非常高，可能与CFF节律有一定关联性。即使工作和休息时间昼夜倒置，这种日周期的变化规律也几乎不变。掌握作业中CFF的变化规律，可合理安排休息工作时间。CFF还可以用于评价室内光源和工作环境的合理性，找出精神疲劳最少的室内色彩和照明环境设计。

日本早稻田大学大岛研究认为，正常作业应满足表2-5列出的标准。

表2-5 频闪融合阈值 %

劳动类型	日间变化率		周间变化率	
	理想界限	允许界限	理想界限	允许界限
体力劳动	~10	~20	~3	~13
体力、脑力结合的劳动	~7	~16	~3	~13
脑力劳动	~6	~10	~3	~13

（5）色名读唱时间法。通过检查作业者识别各种颜色的准确性和速度来判断其疲劳程度。当作业者疲劳时，读的速度减慢或读错机会加大。

（6）皮肤电流测定法。人体疲劳时，皮肤的电传导性提高，通过人体电流增大。测定时人体皮肤通以微电流，测定作业前后皮肤电流变化情况，从而判断人体疲劳程度。

（四）有关人机学参数计算

1. 用人体身高尺寸计算人体各部分尺寸

正常成年人人体各部分尺寸之间存在一定的比例关系，因而按正常人体结构关系，以站立平均身高为基数来推算各部分的结构尺寸是比较符合实际情况的。而且，人体的身高是随着生活水平、健康水平等条件的提高有所增长，如以平均身高为基数的推算公式来计算各部分的结构尺寸，是能够适应人体结构尺寸的变化，而且应用也灵活方便。

根据 GB 10000—1988 标准的人体基础数据，可推导出我国成年人人体尺寸与身高 H 的比例关系（图 2 - 10、图 2 - 11、表 2 - 6）。由于不同国家人体结构尺寸的比例有所不同，因而该图不适用于其他国家人体结构尺寸计算。又因间接计算结果与直接测量数据间有一定的误差，使用时应考虑计算值是否满足设计的要求。

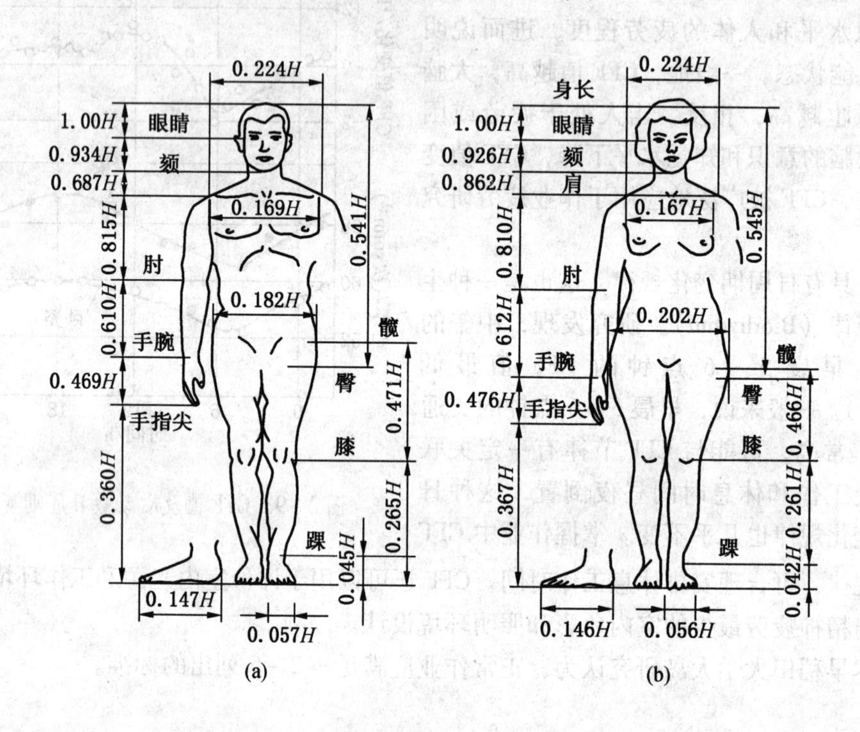

图 2 - 10　中国成年人人体尺寸与平均身高的关系

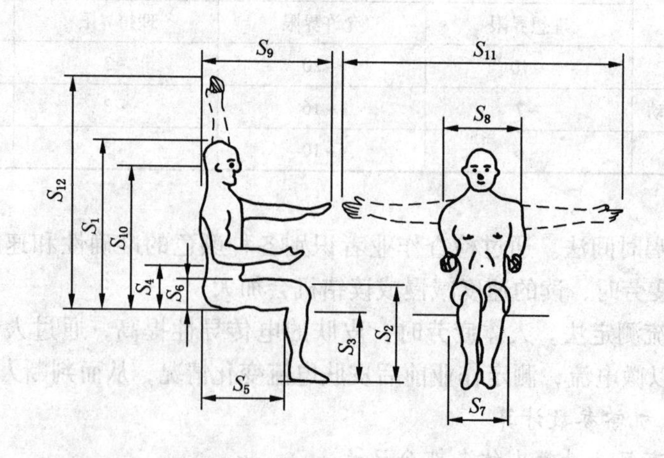

图 2 - 11　坐姿静态尺寸编号图

表2-6　坐姿静态尺寸与身高的关系　　cm

参数名称	计算公式	参数名称	计算公式
座高	$S_1=0.523H$	臀宽	$S_7=0.203H$
膝高	$S_2=0.311H$	肩宽	$S_8=0.229H$
坐姿臀高	$S_3=0.249H$	手前举水平距离	$S_9=0.462H$
肘关节至椅面高	$S_4=0.135H$	坐姿眼高	$S_{10}=0.454H$
臀部至小腿长	$S_5=0.280H$	两手平举直线距	$S_{11}=1.030H$
大腿厚	$S_6=0.086H$	座面至臂上举高度	$S_{12}=0.795H$

2. 用人体体重计算人体体积和表面积

（1）人体体积计算（适用于体重50~100 kg的男子），见式（2-8）。

$$V=1.015W-4.937 \tag{2-8}$$

式中　V——人体体积，L；

W——人体体重，kg。

（2）人体表面积计算，见式（2-9）至式（2-11）。

Bubois 算法　$$S=K_R\times W^{0.425}\times H^{0.725} \tag{2-9}$$

Stevenson 算法　$$S=0.0061H+0.0128W-0.1529 \tag{2-10}$$

赖氏算法　$$S=0.0235H^{0.42246}W^{0.051456} \tag{2-11}$$

式中　S——人体表面积，m^2；

H——人体身高，cm；

W——人体体重，kg；

K_R——人种常数，中国人取72.46。

（3）用身高、体重、表面积求算有关人机学参数。

在知道了人的身高H（cm）、体重W（kg）和体积V（L）以后，还可以利用体部指数原理进一步计算有关人机学参数近似值，具体参数和计算公式见表2-7。

表2-7　人体有关人机学参数计算公式

序号	名　称	序号	名　称
	人体各部分长度 （以人体身高H为基础）/cm		人体各部分重心位置 （指靠近身体中心关节的距离）/cm
1	手掌长 $L_1=0.109H$ 前臂长 $L_2=0.157H$ 上臂长 $L_3=0.172H$ 大腿长 $L_4=0.232H$ 小腿长 $L_5=0.247H$ 躯干长 $L_6=0.300H$	2	手掌重心位置 $O_1=0.506L_1$ 前臂重心位置 $O_2=0.430L_2$ 上臂重心位置 $O_3=0.436L_3$ 大腿重心位置 $O_4=0.433L_4$ 小腿重心位置 $O_5=0.433L_5$ 躯干重心位置 $O_6=0.660L_6$

表2-7(续)

序号	名称	序号	名称
	人体各部分的旋转半径（指靠近身体中心关节的距离）/cm		人体各部分的重量（以体重 W 为基础）/kg
3	手掌旋转半径 $R_1=0.587L_1$ 前臂旋转半径 $R_2=0.526L_2$ 上臂旋转半径 $R_3=0.542L_3$ 大腿旋转半径 $R_4=0.540L_4$ 小腿旋转半径 $R_5=0.528L_5$ 躯干旋转半径 $R_6=0.830L_6$	5	手掌重量 $W_1=0.006W$ 前臂重量 $W_2=0.018W$ 上臂重量 $W_3=0.0357W$ 大腿重量 $W_4=0.0946W$ 小腿重量 $W_5=0.042W$ 躯干重量 $W_6=0.5804W$
	人体各部分体积（以人体体积 V 为基础）/L		人体各转动惯量（指绕关节转动的惯量）/(kg·m²)
4	手掌体积 $V_1=0.00566V$ 前臂体积 $V_2=0.01702V$ 上臂体积 $V_3=0.03495V$ 大腿体积 $V_4=0.0924V$ 小腿体积 $V_5=0.04083V$ 躯干体积 $V_6=0.6132V$	6	手掌转动惯量 $I_1=W_1\times R_1^2$ 前臂转动惯量 $I_2=W_2\times R_2^2$ 上臂转动惯量 $I_3=W_3\times R_3^2$ 大腿转动惯量 $I_4=W_4\times R_4^2$ 小腿转动惯量 $I_5=W_5\times R_5^2$ 躯干转动惯量 $I_6=W_6\times R_6^2$

三、人体测量的数据处理

根据数理统计分析方法，人体测量的数据处理有以下5个步骤。

1. 将人体测量数据分类分组

在分组前，首先要定“组距”，组距可根据“全距”来划定。所谓“全距”就是测量值中最大值与最小值之差。例如，在200个人的身高测量资料中，其最高值为1800 mm，最低值为1540 mm，则其全距为1800－1540＝260 mm。若组距定为20 mm，则可分成13个组。依测量值由小而大顺序排列，即1540～1560 mm、1560～1580 mm、1580～1600 mm、1780～1800 mm，随即将所有数据计入各个组中，组距大小必须恰当，组距过大，分组便少，影响计算的准确性；组距过小，分组过多，则增加计算量。在人体测量中，青壮年分组组距的参考值：身高为20 mm；胸围为20 mm；体重为2 kg；握力为3 kg；拉力为5 kg；椅高为5 mm；立姿眼高为15 mm。

2. 划出频数分布，作直方图与概率计算

将各测量值归入适当组内，“对号入座”并作出直方图。概率是指某一组的频数除以总频数（组受测人数÷总受测人数）。概率高者，表示纳入的被测人数多；反之，则少。因此，设计时，应把概率高者作为依据，而把概率低者作为调整参数。这样就可以使产品在有限条件下得到广泛的适用范围。例如，手动控制器的设计，其最大高度应取决于第5%身材的人直立时能够接触到；而最低高度应该是第95%身材的人的指节高度。

3. 确定假定平均数

假定平均数可选任一组中的上限加下限除以2而得，即此组的组中值。这是为了计算方便预先设定的平均数。从理论上讲，假定平均数选哪一组都可以，对测量指标均无影响，通常以选取与真实平均数相接近的一个组较为简便。有时，也选频数较多那一组的组中值作为平均数。

4. 计算离均差

所谓离均差就是各组与假定平均数的差数，计算公式为

$$x = \frac{G_i - G_o}{b} \tag{2-12}$$

式中　x——离均差；

G_i——各组的组中值；

G_o——假定的组中值；

b——组距；

i——组号（$i=1$、2、3、…）。

当计算时，假定平均数所在组的离均差为零，然后比较各组，较其小者为 -1，-2，-3，…；较其大者为1，2，3，…即可。

5. 计算并列表

（1）平均数，其公式为

$$M = G_o + \frac{\sum fx}{N} \times b \tag{2-13}$$

式中　M——平均数；

N——总频数；

f——各组频数。

（2）标准差，其公式为

$$\sigma = \sqrt{\frac{\sum fx^2}{N} - \left(\frac{\sum fx}{N}\right)^2} \times b \tag{2-14}$$

式中　σ——标准差。

（3）标准误，其公式为

$$S_{\bar{x}} = \frac{\sigma}{\sqrt{N}} \tag{2-15}$$

式中　$S_{\bar{x}}$——标准误。

【例2-1】已测得200名20岁男性拖拉机驾驶员的身高数值（最高值为1795 mm，最低值为1540 mm），其频数分布见表2-8，试计算其平均数、标准差、标准误、5%值和95%值。

解　已知 $N=200$；最高值1795 mm；最低值1540 mm。

全距为

$$1795 - 1540 = 255\ (\text{mm})$$

选定组距 $b=20$ mm。

计算组数为

$$255 \div 20 \approx 13\ 组$$

确定假定平均数为 $G_o = (1660 + 1680) \div 2 = 1670 \ (\text{mm})$

离均差和频数分布见表 2－8。

表 2－8　200 名 20 岁男性驾驶员的身高测量指标计算表

组　别	频数 f	离均差 x	fx	fx^2
1540～1560	4	－6	－24	144
1560～1580	10	－5	－50	250
1580～1600	15	－4	－60	240
1600～1620	19	－3	－57	171
1620～1640	20	－2	－40	80
1640～1660	27	－1	－27	27
△1660～1680	32	0	0	0
1680～1700	28	1	28	28
1700～1720	20	2	40	80
1720～1740	15	3	45	135
1740～1760	5	4	20	80
1760～1780	3	5	15	75
1780～1800	2	6	12	72
	$\sum f = 200$		$\sum fx = -98$	$\sum fx^2 = 1382$

注：△为假定平均数所在组。

$$M = G_o + \frac{\sum fx}{N} \times b = 1670 + \frac{-98}{200} \times 20 = 1660.2 \ (\text{mm})$$

$$\sigma = \sqrt{\frac{\sum fx^2}{N} - \left(\frac{\sum fx}{N}\right)^2} \times b = \sqrt{\frac{1382}{200} - \left(\frac{-98}{200}\right)^2} \times 20$$

$$= \sqrt{6.67} \times 20 = 51.6 \ (\text{mm})$$

$$S_{\bar{x}} = \frac{\sigma}{\sqrt{N}} = \frac{51.6}{\sqrt{200}} = \frac{51.6}{14.142} = 3.65 \ (\text{mm})$$

图 2－12 所示为身高—频数分布直方图。

$$P_{v5} = 1660 - 51.6 \times 1.65 = 1574.86 \ (\text{mm})$$

$$P_{v95} = 1660 + 51.6 \times 1.65 = 1745.14 \ (\text{mm})$$

如图 2－13 所示，在设计拖拉机座椅尺寸时，应按 1575 mm、1660 mm、1745 mm 这 3 种身高尺寸变换椅位。

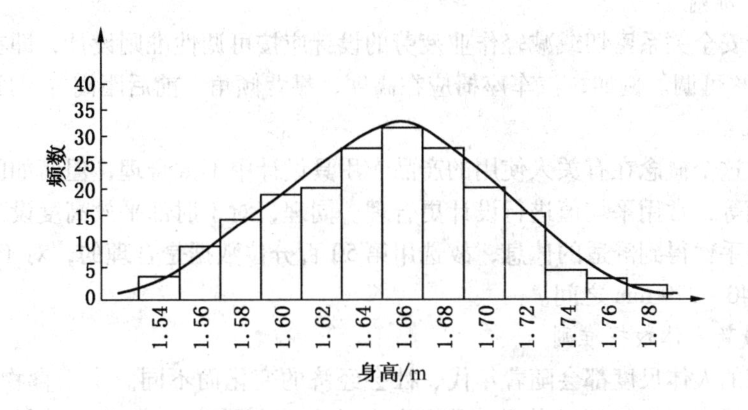

图 2-12　身高—频数分布直方图

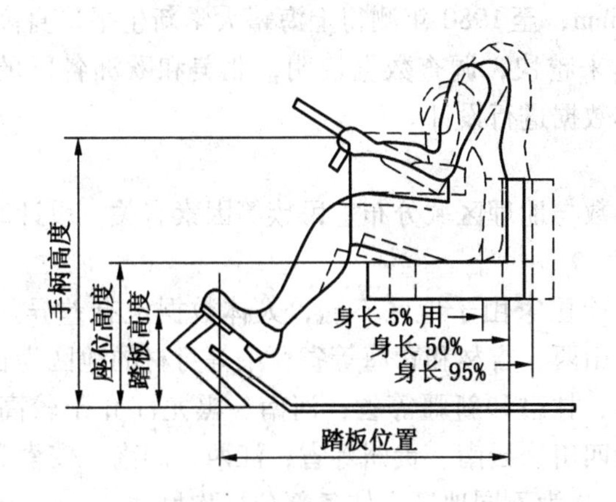

图 2-13　3 种身高尺寸变换座椅位置图

第二节　人体测量数据的应用

正确运用人体数据是设计合理与否的关键。否则，一旦数据被误解或使用不当，就可能导致严重的设计错误。另外，各种人体测量数据只是为设计提供了基础参数，不能代替严谨的设计分析。因此，当设计中涉及人体参数时，设计者必须熟悉数据测量定义、适用条件、百分位的选择等方面的知识，才能正确应用有关的数据。

一、人体测量数据的运用准则

在运用人体测量数据进行设计时，应遵循以下 8 个准则。

1. 最大最小准则

该准则要求根据具体设计的目的，选用最小或最大人体参数。例如：人体身高常用于通道和门的最小高度设计，为尽可能使所有人（99% 以上）通过时不发生撞头事件，通道和门的最小高度设计应使用高百分位身高数据；而操作力设计则应按最小操纵力准则设计。

2. 可调性准则

对与健康安全关系密切或减轻作业疲劳的设计应按可调性准则设计，即在使用对象群体的5% ~95%可调。例如，汽车座椅应在高度、靠背倾角、前后距离等尺度方向可调。

3. 平均准则

虽然平均这个概念在有关人使用的产品、用具设计中不太合理，但诸如门拉手高、锤子和刀的手柄等，常用平均值进行设计更合理。同理，对于肘部平放高度设计数而言，由于主要是能使手臂得到舒适的休息，故选用第50百分位数据是合理的，对于中国人而言，这个高度在140 ~279 mm之间。

4. 使用最新人体数据准则

所有国家的人体尺度都会随着年代、社会经济的变化而不同。由于食物结构的改变，体育活动的开展，卫生组织的普及，当代年轻人的身材比老一辈要高。有人对意大利人300年来的体质进行研究，发现身高基本上是呈线性增加的。我国华东地区人们的身高，在50年代平均为1645 mm，至1980年测得上海籍大学新生平均身高到达1705 mm。当然，这种身高的增长并非越来越快，调查数据说明，北美和欧洲各国的增高趋势已减缓。因此，应使用最新的人体数据进行设计。

5. 地域性准则

一个国家的人体参数与地理区域分布、民族等因素有关，设计时必须考虑实际服务的区域和民族分布等因素。

（1）地区因素。一个国家由于地区不同，人体数据也有差异。我国身材较高的地区为河北、山东、辽宁、山西、吉林和青海等省；中等身材的地区为长江三角洲、浙江、江苏、湖北、福建、陕西、甘肃和新疆等省；河南、黑龙江介于较高与中等身材的地区之间；较矮身材的地区为四川、云南、贵州等省；江西、湖南、安徽和广东介于中等和较矮身材的地区之间。表2 -9为不同地区人体各部分平均尺寸。

（2）性别因素。男性平均身高比女性平均身高高100 mm左右。

表2-9　我国各地区人体各部分平均尺寸　mm

部位	较高身材地区		中等身材地区		较低身材地区	
	男	女	男	女	男	女
身高①	1690	1580	1670	1560	1630	1530
肩宽	420	387	415	397	414	386
肩峰至头顶高	293	285	291	282	285	269
立姿眼高	1573	1474	1547	1443	1521	1420
正坐时眼高	1203	1140	1181	1110	1144	1078
胸廓前后径	200	200	201	203	205	220
肱长（长臂长）	308	291	310	293	307	289
前臂长	238	220	238	220	245	220
手长	196	184	192	178	190	178
肩峰高②	1397	1295	1397	1278	1345	1261
上肢展开长③	867	795	843	787	848	791

表2-9（续） mm

部位	较高身材地区		中等身材地区		较低身材地区	
	男	女	男	女	男	女
上身高	600	561	586	546	565	524
臂宽	307	307	309	319	311	320
立姿肘高	1140	1092	1066	1003	990	927
手指至地面高	633	612	616	590	606	575
上腿长	415	395	409	379	403	378
下腿长	397	373	392	369	391	363
脚高	68	63	68	67	67	65
坐高④	893	846	877	825	850	793
椅高	414	390	407	382	402	382
大腿水平长	450	435	445	425	443	422
肘关节至椅面高	243	240	239	230	220	216

注：此资料为1965年测量数据。

① 身高不包括头发高度和鞋的高度。

② 地面至肩的高度。

③ 从垂直轴至手掌长度。

④ 椅面至头顶高度。

（3）年龄因素。身高的增长，在22岁之前呈上升趋势，30岁以后呈下降趋势。

（4）民族因素。每个民族都有自己的人体数据，不能套用其他民族的测量结果来设计本民族的机具。例如，美国按男子身高标准设计的飞机，对于德国人的适应范围降为90%，对于法国人降为80%，对于日本人降为45%，对于泰国人降为25%。

日本在20世纪60年代时，办公桌的高度参考了进口办公桌的尺寸，很不适应日本人使用，因此1971年修订了办公桌的标准，根据日本人身高参数将桌高由740 mm改为700 mm（男性用）和670 mm（女性用）两种，并相应地规定了座椅的尺寸。表2-10为不同民族的相对身高与坐高比。从这些数字可知，不论是美国人、法国人或日本人，其身高与坐高比差异较小。这一点，对于设计汽车、火车、飞机的座位有重要意义。

表2-10 不同民族相对身高与坐高比①

国别	类别	男性	女性	国别	类别	男性	女性
美国	民众	0.522	0.529	土耳其	军人	0.53	0.528
美国	军人	0.525	0.528	保加利亚	民众	0.522	0.528
英国	军人	0.526		挪威	民众	0.522	
法国	民众	0.526		加拿大	军人	0.525	
德国	军人	0.514		韩国	军人	0.528	
意大利	军人	0.526		希腊	军人	0.529	
日本	军人	0.544		越南	军人	0.529	

注：①坐姿与立姿身高之比。

6. 功能修正与最小心理空间相结合准则

有关国家标准公布的人体数据是在裸体或穿单薄内衣的条件下测得的,测量时不穿鞋。而设计中所涉及的人体尺度是在穿衣服、穿鞋甚至戴帽条件下的人体尺寸。因此,考虑有关人体尺寸时,必须给衣服、鞋、帽留下适当的余量,也就是应在人体尺寸上增加适当的着装修正量。所有这些修正量总计为功能修正量。于是,产品的最小功能尺寸可由式(2-16)确定:

$$S_{\min} = S_a + \Delta_f \qquad (2-16)$$

式中 $S_{\min}$——最小功能尺寸;

S_a——第 a 百分位人体尺寸数据;

Δ_f——功能修正量。

功能修正量随产品不同而异,通常为正值,但有时也可能为负值。通常用实验方法去求得功能修正量,但也可以通过统计数据获得。对于着装和穿鞋修正量可参照表2-11中的数据确定。对姿势修正量的常用数据是:立姿时的身高、眼高减10 mm;坐姿时的坐高、眼高减44 mm。考虑操作功能修正量时,应以上肢前展长为依据,而上肢前展长是后背至中指尖点的距离,因而对操作不同功能的控制器应作不同的修正。如对按钮开关可减12 mm;对推滑板推钮、扳动扳钮开关则减25 mm。

表2-11 正常人着装身材尺寸和穿鞋修正量值

项 目	尺寸修正量/mm	修正原因
站姿高	25~38	鞋高
坐姿高	3	裤厚
站姿眼高	36	鞋高
坐姿眼高	3	裤厚
肩宽	13	衣
胸宽	8	衣
胸厚	18	衣
腹厚	23	衣
立姿臀宽	13	衣
坐姿臀宽	13	
肩高	10	衣(包括坐高3及肩7)
两肘间宽	20	
肩—肘	8	手臂弯曲时,肩肘部衣物压紧
臂—手	5	
大腿厚	13	
膝宽	8	
膝高	33	
臀—膝	5	
足宽	13~20	
足长	30~38	
足后跟	25~28	

另外，为了克服人们心理上产生的“空间压抑感”“高度恐惧感”等感受，或者为了满足人们“求美”“求奇”等心理需求，在产品最小功能尺寸附加一项增量，称为心理修正量。考虑了心理修正量的产品功能尺寸称为最佳功能尺寸，即

$$S_{opm} = S_a + \Delta_f + \Delta_p \tag{2-17}$$

式中　S_{opm}——最佳功能尺寸；

S_a——第 a 百分位人体尺寸数据；

Δ_f——功能修正量；

Δ_p——心理修正量。

心理修正量可用实验方法求得，一般是通过被试者主观评价表的平分结果进行统计分析求得心理修正量。

【例 2-2】车船卧铺上下铺净间距设计时，中国男子坐高第 99 百分位数为 979 mm，衣裤厚度（功能）修正量取 25 mm，人头顶无压迫感最小高度（心理修正量）为 115 mm，则卧铺上下铺最小净间距和最佳净间距分别为：

$$S_{min} = S_a + \Delta_f = 979 + 25 = 1004\ (\text{mm})$$

$$S_{min} = S_a + \Delta_f + \Delta_p = 979 + 25 + 115 = 1119\ (\text{mm})$$

7. 姿势与身材相关联准则

劳动姿势与身材大小要综合考虑、不能分开。如坐姿或蹲姿的宽度设计要比立姿的大。

8. 合理选择百分位和适用度准则

设计目的、用途不同，选用的百分位和适用度也不同。常用设计和人体数据百分位选择归纳如下：

（1）间距类设计，一般取较高百分位数据，常取第 95 百分位的人体数据。

（2）净空高度类设计，一般取高百分位数据，常取第 99 百分位的人体数据，以尽可能适应 100% 的人。

（3）可及距离类设计，一般应使用低百分位数据。如涉及伸手够物、立姿侧向手握距离、坐姿垂直手握高度等设计皆属此类问题。

（4）座面高度类设计，一般取低百分位数据，常取第 5 百分位的人体数据，因为如果座面太高，大腿会受压使人感到不舒服。

（5）隔断类设计，如果设计目的是为了保证隔断后面人的秘密性，应使用第 95 或更高百分位数据；反之，如果是为了监视隔断后的情况，则应使用低百分位（第 5 百分位或更低百分位）数据。

（6）公共场所工作台面高度类设计，如果没有特别的作业要求，一般以肘部高度数据为依据，百分位常取从女子第 5 百分位（889 mm）到男子第 95 百分位（1118 mm）数据。

二、人体尺寸在工程设计中的应用

1. 人体尺寸应用的原则

从工程设计应用角度，对人体测量尺度运用原则作进一步介绍。

1）满足度

满足度是产品设计尺寸满足特定使用者群体的百分率。也就是说，从人体工程学角度

看某设计适合多少人。

2）产品尺寸设计任务的分类

（1）Ⅰ型产品尺寸设计（可调准则）：尺寸在上限值和下限值之间可调，上下限百分位分别为5%和95%时，满足度为90%。

（2）Ⅱ型产品尺寸设计（最大最小准则）：为了使人体测量数据能有效地被设计者利用，从以上各节所介绍的大量人体测量数据中，精选出部分工业设计常用的数据，并将这些数据的定义、应用条件、选择依据等列于表2-12。

表2-12 人体尺寸百分位数选择

产品类型	产品类型定义	说明
Ⅰ型产品尺寸设计	需要两个百分位数作为尺寸上限值和下限值的依据	属双限值设计
Ⅱ型产品尺寸设计	只需要一个百分位数作为尺寸上限值或下限值的依据	属单限值设计
$Ⅱ_A$型产品尺寸设计	只需要一个人体尺寸百分位数作为尺寸上限值的依据	属大尺寸设计
$Ⅱ_B$型产品尺寸设计	只需要一个人体尺寸百分位数作为尺寸下限值的依据	属小尺寸设计
Ⅲ型产品尺寸设计	只需要第50百分位数作为产品尺寸设计的依据	平均尺寸设计

2. 人体尺寸的应用方法和程序

1）确定所设计对象的类型和适应度

涉及人体尺寸的设计及确定设计对象的功能尺寸的主要依据是人体尺寸百分位数，而人体百分位数的选用又与设计对象的类型密切相关。因此，凡涉及人体尺寸的设计，首先应确定所设计的对象是属于哪一类型。在GB/T 12985—1991标准中，依据使用者人体尺寸的设计上限值（最大值）和下限值（最小值）对产品尺寸设计进行了分类，产品类型的名称及其定义见表2-13。

表2-13 产品尺寸设计分类

设计类型	产品重要程度	百分位和的选择	适应度
Ⅰ型	涉及人的安全、健康的一般用途	选用 x_{99} 和 x_1 为尺寸上、下限值的依据 选用 x_{95} 和 x_5 作为尺寸上、下限值的依据	98% 90%
$Ⅱ_A$型	涉及人的安全、健康的一般用途	选用 x_{99} 和 x_{95} 作为尺寸上限值的依据 选用 x_{90} 作为尺寸上限值的依据	99%或95% 90%
$Ⅱ_B$型	涉及人的安全、健康的一般用途	选用 x_1 和 x_5 作为尺寸下限值的依据 选用 x_{10} 作为尺寸下限值的依据	99%或95% 90%
Ⅲ型产品	一般用途	选用 x_{50} 作为产品尺寸设计的依据	通用
成年男、女通用产品	一般用途	选用男性的 x_{99}、x_{95} 或 x_{90} 为尺寸上限值依据 选用女性的 x_1、x_5 或 x_{10} 为尺寸下限值的依据	通用

2）选择人体尺寸百分位数

对表2-13中尺寸设计类型，又按产品的重要程度分为涉及人的安全、健康的产品和一般用途两个等级。在确认所设计的产品类型及其等级之后，选择人体尺寸百分位数的依据是适用度。人机工程学设计中的适用度，是指所设计产品在尺寸上能满足多少人使用，通常以适合使用的人数占使用者群体的百分比表示。产品尺寸设计的类型、等级、适用度与人体尺寸百分位数的关系见表 2－13 和人体数据运用准则。

表 2－13 中给出的适应度指标是通常选用的指标，特殊设计其适应度指标可另行确定。设计者总是希望所设计的产品能满足特定使用者总体中所有的人使用，尽管这在技术上是可行的，但在经济上往往是不划算的。因此，适应度的确定应根据所设计产品使用者总体的人体尺寸差异性、制造该类产品技术上的可行性和经济上的合理性等因素进行综合优化。

需要进一步说明的是，在设计时虽然确定了某一适应度指标，但用一种尺寸规格的产品却无法达到这一要求，这种情况下考虑采用产品尺寸系列化和产品尺寸可调节性设计解决。

3. 确定功能修正量和心理修正量

根据人体数据运用准则，凡涉及人体尺寸的设计，必须考虑到实际中人的可能姿势、动态操作、着装等需要的设计余度，所有这些设计余度总计为功能修正量（Δ_f）。

功能修正量随产品不同而异，通常为正值，但有时也可能为负值。通常用实验方法去求得功能修正量，但也可以通过统计数据获得。

对于着装和穿鞋修正量可参照表 2－11 中的数据确定。

对姿势修正量的常用数据是：立资时的身高、眼高减 100 mm；坐姿时的坐高、眼高减 44 mm。

考虑操作功能修正量时，应以上肢前展长为依据，而上肢前展长是后背至中指尖点的距离，因而对操作不同功能的控制器应作不同的修正，如对按按钮开关可减 12 mm；对推滑板推钮、扳动扳钮开关则减 25 mm。

根据人体数据运用准则，为了消除人们心理上的“空间压抑感”“高度恐惧感”和“过于接近时的窘迫感和不舒适感”等心理感受，或者是为了满足人们“求美”“求奇”等心理需求，涉及人的产品和环境空间设计，必须再附加一项必要的心理空间尺寸，即心理修正量（Δ_p）。

心理修正量可用实验方法求得，与地域、民族习惯、文化修养等有关，一般可通过被试者主观评价表的评分结果进行统计分析求得。

4. 确定产品的功能尺寸

产品功能尺寸是指为确保实现产品某一功能而在设计时规定的产品尺寸。该尺寸通常是以设计界限值确定的人体尺寸为依据，再加上为确保产品某项功能实现所需的修正量。产品功能尺寸有最小功能尺寸和最佳功能尺寸两种。

产品的最小功能尺寸可由式（2－16）确定，最佳功能尺寸由式（2－17）计算。

三、人体数据应用举例

【例 2－3】确定适用于中国男人使用的固定座椅座面高度。

解 确定座椅座面高度属于一般用途设计。根据人体数据运用准则第 7 条，座椅座面高度应取第 5 百分位的“小腿加足高”人体数据为基本设计数据，以防大腿下面承受压力引起疲劳和不舒适感。根据 GB 10000—1988 的人体基础数据，$S_a = 38.3$ cm。功能修正主要应考虑两方面：一是鞋根高的修正量，一般为2.5～3.8 cm，取2.5 cm；二是着装（裤厚）修正量，一般为0.3 cm，即$\Delta_f = 2.5 + 0.3 = 2.8$ cm。由式（2－16）可得，固定座椅座面高度的合理值应为

$$S_{\min} = S_a + \Delta_f = 38.3 + 2.8 = 41.1 \approx 41.0\ (\mathrm{cm})$$

【例2－4】人体身高在设计中的应用。

机器设备和用具是由人来操作和使用的。机器设备和用具必须适应人，这是人机工程设计的原则。人体尺度主要决定人—机系统的操作是否方便、省力和舒适。因此，各种工作台的高度和机器设备高度，如操纵台、仪表盘、操纵件的安装高度以及用具的放置高度等，都要根据人的身高确定。表2－14是设备和用具的高度与身高的关系。

表2－14　设备和用具的高度与身高的关系

代号	定　义	设备高与身高之比
1	举手达到的高度	4/3
2	可随意取放东西的搁板高度（上限值）	7/6
3	倾斜地面的顶棚高度（最小值，地面倾斜度为5°～15°）	8/7
4	楼梯顶棚高度（最小值，地面倾斜度为20°～35°）	1/1
5	遮挡住立姿视线的搁板高度（下限值）	33/34
6	直立姿势眼高	11/12
7	抽屉高度（上限值）	10/11
8	使用方便的搁板高度（上限值）	6/7
9	大斜坡楼梯的天棚高度（最小，倾斜度为50°左右）	3/4
10	能发挥最大拉力的高度	3/5
11	人体重心高度	5/9
12	坐高（坐姿）	6/11
13	采取直立姿势时工作面的高度	6/11
14	灶台高度	10/19
15	洗脸盆高度	4/9
16	办公桌高度（不包括鞋）	7/17
17	垂直踏棍爬梯的空间尺寸（最小值，倾斜80°～90°）	2/5
18	手提物的长度（最大值）	3/8
19	使用方便的搁板高度（下限值）	3/8
20	桌下空间（高度的最小值）	1/3
21	工作椅的高度	3/13
22	轻度工作的工作椅高度（不包括鞋）	3/14
23	小憩用椅子高度（不包括鞋）	1/6
24	桌椅高差	3/17
25	休息用椅子高度（不包括鞋）	1/6
26	椅子扶手高度	2/13
27	工作用椅子的椅面至靠背点的距离	3/20

【例 2-5】作业椅与工作台的设计。

作业椅与工作台的设计，决定于人体测量数据。合理的作业椅和工作台应该是：①坐着舒适；②操作方便；③结构稳固；④有利于减轻生理疲劳。

1. 作业椅设计

根据人机工程的观点，坐着工作是较合理的，这是因为立姿工作时肌肉所承担的负荷要比坐姿大 1.6 倍。表 2-15 给出了坐姿与立姿工作时，心血管系统的指标。

表 2-15　坐姿与立姿工作时心血管系统指标

指　　标	立姿工作	坐姿工作
心脏的输出量/($L\cdot min^{-1}$)	5.1	6.4
心脏跳动一次的输出量/(mL·次$^{-1}$)	54.5	78.3
平均动脉压力/mmHg	107.0	87.9
心跳次数/(次·min^{-1})	97.2	84.9

座椅设计的依据，主要是人体静态测量数据，但在动态项目里也要进行考虑，如衣着的增量，操作时身体的位移量等。

（1）座面宽。座面的宽度应稍大于臀宽，以便操作者灵活地改变姿势。最小的椅面宽度是 400 mm，再加上冬季衣服的厚度和口袋中装的东西，大约要加大 50 mm，合计约 450 mm。若要照顾到肥胖和消瘦的工人都适用，则需加大到 530 mm。如果设置靠手，还要加上靠手的尺寸。大多数作业椅，靠手是不需要的，因为靠手往往影响手臂的运动。若手臂需要支撑，可以支撑于工作台上。

（2）座面深。座面的深度应能保证臀部得到全面的支持，其深度可取臀部至大腿全长的 3/4，即 357～450 mm 之间。座椅太深，不利于靠背，而且小腿背侧被座椅前缘压迫而致膝部无法弯曲；座椅太浅，会造成大腿支撑不足，身体重量都压在坐骨结节上，时间长了会产生不适感。

（3）斜倾度。座面应有一定的斜倾度，一般做成仰角 3°～8°（工作椅为 3°～5°，安乐椅为 8°），以免人体向前滑下。

（4）座面形状。老式的椅子面曾雕出臀部凹形，在两腿之间略有隆起，目的欲使坐者更舒适些。但实践证明，人的臀部大小和大腿粗细，个体差异很大，这种座面凹凸形反而不合适。其一，它妨碍臀部在座面上自由移动；其二，这种座面使人体重量压在整个臀部，与解剖生理学提出的由坐骨结节承重的结论相径庭，不利于血液流通。因此，座面还是以无凹凸形者为宜，但座面上可加一软垫，以增加接触表面，减小压力分布的不均匀性。坐垫以纤维性材质为好，既通气又可减少下滑，不宜采用塑料。

（5）座面高度。座面的高度是一个重要的参数，应根据工作面高度确定座面高度，单纯考虑小腿长度是不全面的。决定座面高度最重要的因素是使人的肘部与工作面之间有个合理的高度差。实验证明，这个高度差较合适的距离是（275±25）mm。当上半身处于良好位置后，再考虑下肢，舒适的坐姿是大腿近乎水平以及脚底被地面所支持。一般椅面至脚掌的距离为腓骨的高度，即 430～450 mm。如果脚掌接触不到地面，应加适当高度的踏板。座面过高，双腿悬空，压缩腿部肌肉，造成下肢麻木；座面过低，会导致膝部伸直，妨碍大腿活动，易于疲劳。一张良好的座椅，座面高度应可按身高调节。科室工作的椅面高度，要保证人在写、读时眼睛与对象物的距离不小于300 mm。

（6）靠背设计。靠背有两种，一种叫“全靠”，它可以支持人的整个背部，高为457 ~ 508 mm（以座面为0点）；另一种叫“半靠背”，仅支撑腰部。全靠上部支承在第5 ~ 6节胸椎处，下部支承在4 ~ 5节腰椎处，有两个明显的支承面。半靠只有腰椎一个支承面。靠背的倾斜度与椅面成115°角；宽度与椅面宽度相称。休息时，肩靠起主要作用；操作时，腰靠起主要作用。表2 – 16为座椅设计参数。

表2 – 16　座椅设计参数

名称	汽车乘客座	客机乘客座	轿车驾驶座	客车驾驶座
座高/mm	408 ~ 450 ~ 440	381	300 ~ 350	400 ~ 470
座宽/mm	450 ~ 480 ~ 530	508	480 ~ 520	480 ~ 520
座深/mm	420 ~ 450	432	400 ~ 420	400 ~ 420
靠背高/mm	530 ~ 560	965	450 ~ 500	450 ~ 500
扶手高/mm	230 ~ 240	203	—	—
座面与靠背夹角/(°)	105 ~ 110 ~ 115	115	100	96
座面斜倾角/(°)	6 ~ 7	7	12	9

注：有3个数字，分别为适合短途、中途、长途汽车的座椅参数。

当座椅前后排列时，座间距应使后座的人能自由进出并伸直腿，至少813 mm，最佳914 ~ 1016 mm。座位前后错开，保证后座者有27 mm以上的视角宽度。剧场座椅应使后排逐渐升高，当舞台高度不超过1.11 m时，其坡度应使前后座每排升高127 ~ 428 mm。

2. 工作台设计

1）工作台分类

工作台含义很广，凡是工作时用来支承对象物和手臂，放置物料的桌台，统称为工作台。其形式有桌式、面板式、直框式、弯折式等几种，其中弯折式又可分为弧形、“п”形和其他形式。办公桌、课桌、木工桌、检验桌、钳工台、打字台多采用桌式；控制台可用框式或面板式；商店的柜台则采用框式。

2）工作台的尺寸

工作台的尺寸与作业姿势有关，立姿作业时身体向前或向后倾斜以不超过10° ~ 15°为宜，工作台高度为操作者身高的60%或台面低于肘高50 ~ 100 mm。

（1）立姿工作台。一般工作台高度，男子为780 ~ 930 mm；女子比男子的工作台低50 mm。精密工作台高度为900 ~ 1100 mm；轻工作台高度为850 ~ 950 mm；重工作台高度为700 ~ 850 mm。工作台的柱脚距侧端150 mm，以方便脚的动作。控制台的高度平均为900 mm，可设置15° ~ 40°的倾斜度。

（2）坐姿工作台。根据工作性质确定其高度：一般作业为670 ~ 700 mm；超精密装配、加工作业为920 ~ 960 mm；书写作业为660 ~ 730 mm；粗作业（包括包装等）为610 ~ 650 mm；不能升降的办公桌，男子为700 ~ 720 mm，女子为680 ~ 700 mm；可升降的办公桌为680～800 mm。

凡是坐姿作业，应有容膝空间，高度为600～650 mm，宽度可稍大于椅宽。

坐姿控制台的倾角，控制器板面倾角为30°～50°，显示器板面倾角为0°～20°。

3. 其他用具设计

（1）踏脚板。座椅、工作台、踏脚板组成一个系统，应统一考虑，互补不足，组成最佳系统，坐姿尺寸应与座椅尺寸相协调。立姿尺寸应与控制显示器相协调。脚踏板的基础部分以木质为佳，表面可加防滑、导热性小的柔软物质。

（2）餐桌。长方形桌，每人需占610 mm宽度；四人餐桌用长方形桌，面积为736 mm×1370 mm。圆形桌，每增加一人，直径增加150 mm。

（3）床。应使95%的人适用，由于人种、年龄和生活方式不同，通常采用系列规格，如床长为1.83 m、1.9 m、1.98 m。床宽为0.68 m、0.76 m、0.9 m、1.07 m、1.22 m、1.37 m等。

（4）楼梯。楼梯坡度一般为20°～50°，最佳区为30°～35°，梯级高度一般为127～203 mm，最佳为165～178 mm，梯级深度为241～279 mm。为了上下同时走两人，梯面宽应为1280～1300 mm。扶手高度应与肘高度相接近，可取813 mm，扶手直径以手掌能抓住为宜，可取50～70 mm。

复习思考题

1. 为什么说人体测量参数是一切设计的基础？

2. 人体测量数据如何处理？

3. 人体动态尺寸与安全生产有何关系？

4. 人体测量数据的运用准则有哪些？

5. 作业椅与工作台如何确定合适？

6. 结合实际举例说明人体数据在工程中的应用。

7. 某地区人体测量的均值1650 mm，标准差57.1 mm，求该地区第95%、90%及第80%的百分位数。

8. 已知某地区人体身高第95%的百分位数1734.27 mm，标准差55.2 mm，均值1686 mm，求变换系数。利用此变换系数求适用于该地区人们穿的鞋子长度值（该地区足长均值26.40 mm，标准差4.56 mm）。

第三章 人的生理和心理及生物力学特性

刘潜先生的安全科学三要素四因素理论认为，人们在日常生活、生产和社会生活中，与安全直接或间接发生关联的人、物以及人与物的相互关系构成了安全的三大要素。在保障效率的前提下，为达到安全的目的，人和物之间具有怎样的关系和物应具有怎样的特性才能满足人的特性的要求，是安全人机工程学研究的主要内容。因此，对人的特性的研究是安全人机工程学的基本内容，也是人机系统的设计依据。

第一节 人的生理特性与安全

人体是由各种器官组成的有机整体,各种器官具有各自的功能。机体在生存过程中表现出的功能活动,称之为生命现象。从形态和功能上将机体划分为运动系统、消化系统、呼吸系统、泌尿系统、生殖系统、循环系统、内分泌系统、感觉系统和神经系统共9个子系统。

在人机系统中，人与机的沟通主要是通过感觉系统、神经系统和运动系统，人体的其他6个子系统，起到辅助和支持作用。机的运行状况由显示器显示，经人的眼、耳等感觉器官感知，经过神经系统的分析、加工和处理，将结果由人的手、脚等运动器官传递给机器的控制部件，使机在新的状态下继续工作。机的工作状态再次被显示器显示，再由人的感觉器官感知,如此循环直至中间任何环节中断而停止。人和机的沟通受外界环境的影响。人机系统如图3-1所示。在人机系统中人与机器及环境相互适应,显示器、控制器的设计符合人的感觉器官、运动器官的生理特性,才能建立高效、安全、舒适的人机系统。

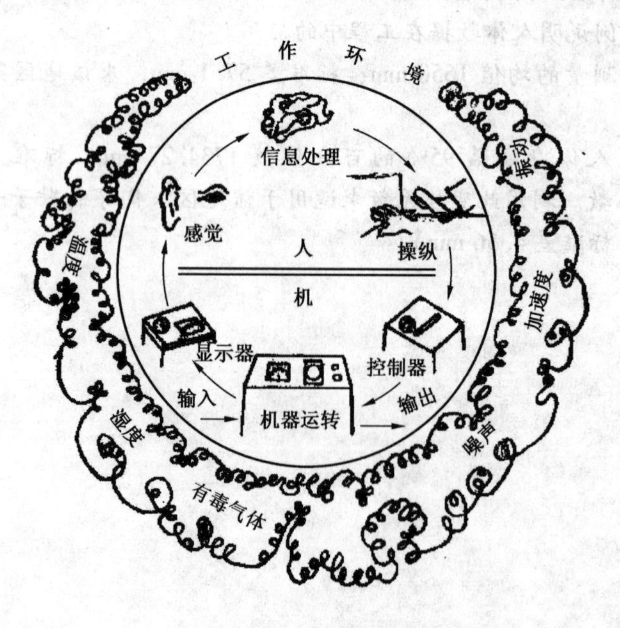

图3-1 人机系统图

一、人的感知特性概述

感觉是人脑对直接作用于感觉器官（眼、耳、鼻、舌、身）的客观事物的个别属性的反映。比如人们从自身周围的客观世界中看到颜色、听到声音、嗅到气味、尝到味道、触之软硬等都是感觉。

知觉则是人脑对直接作用于感觉器官的客观事物的整体的反映。人并不是孤立地感觉到客观事物的个别属性，如颜色、大小、光滑程度、形状等，而是在此基础上结合自己过去的有关知识和经验，将各种属性综合成一个有机的整体从而在头脑中反映出来，这就是知觉。

感觉和知觉都是人脑对当前客观事物的直接反映，但二者又是有区别的。感觉反映的是客观事物的个别属性，知觉反应的是客观事物的整体属性。在一般情况下，感觉和知觉又是密不可分的，感觉是知觉的基础，没有感觉，也就不可能有知觉，对事物的个别属性的反映的感觉越丰富，对事物的整体反应的知觉就越完整、越正确。在生产中感觉越敏锐，就为减少事故的发生，确保安全生产奠定了基础。同时，由于客观事物的个别属性和事物的整体总是紧密相连的，因此在实际生活中，人们很少产生单纯的感觉，而总是以直接的形式反映客观事物。例如，当你走在公路上时，后面来了汽车，汽车的马达声和喇叭声会传入你的耳朵，从而使你感觉到声音，但你一定会做出汽车来的反应而且立即让路；又如车床上的螺丝松动，会使车工感觉到他在跳动或发出振动的声音，车工就会做出螺丝松动的反应，并立即作出决定拧紧螺丝。正因为如此，人们通常把感觉和知觉合称为感知。

感觉和知觉是由于客观事物直接刺激人的各种感觉器官的神经末梢，由传入神经传到脑的相应部位而产生的，感觉有视觉、听觉、嗅觉、触觉（包括温度觉、痛觉）、味觉、运动觉、平衡觉、空间知觉以及时间知觉等。

感觉可以说是一切知识源泉，是人们认识世界获得信息的门户，也是各种复杂的高级心理过程（如记忆、思维、想象、情感）的基础。在生产过程中，培养和发挥大家的感知能力，减少和防止事故的发生具有十分重要的意义。

感受器是指分布在体表或各种组织内部的能够感受机体内外变化的一种组织或器官。感觉器官是机体内的感受器，如视觉器官、听觉器官、前庭器官等。传统上把与眼、耳、鼻、舌、肤、平衡有关的器官称为感觉器官。

人体生活在不断变化的外部条件中，受到各种外界因素的作用，其中能被肌体感受的外界变化叫做刺激。每种感受器官都有其对刺激的最敏感的能量形式，这种刺激称为该感受器的适宜刺激。当适宜刺激作用于该感受器，只需很小的刺激能量就能引起感受器兴奋。对于非适宜刺激则需要较大的刺激能量。人体主要感觉器官的适宜刺激及感觉反应见表3－1。

刺激包括刺激的强度、作用时间和强度－时间变化率3个要素，将这3个要素作大小不同组合可以得到不同的刺激。能引起感觉的一次刺激必须达到一定强度，能被感觉器官感受的刺激强度范围称为感觉阈。刚能引起感觉的最小刺激量称为感觉阈下限，能产生正常感觉的最大刺激量，称为感觉阈上限。刺激强度不能超过刺激阈上限，否则，感觉器官将受到损伤。人体主要感觉阈值见表3－2。

表3-1 适宜刺激及感觉反应

感觉种类	感觉器官	适宜刺激	刺激起源	识别特征	作用
视觉	眼	可见光	外部	形状、大小、位置、远近、色彩、明暗、运动方向等	鉴别
听觉	耳	一定频率范围的声波	外部	声音的高低、强弱、方向和远近	报警、联络
嗅觉	鼻	挥发和飞散的物质	外部	辣气、香气、臭气	报警、鉴别
味觉	舌	被唾液溶解的物质	接触表面	甜、酸、苦、辣、咸等	鉴别
皮肤感觉	皮肤及皮下组织	物理或化学物质对皮肤的作用	直接和间接接触	触觉、痛觉、温度觉、压觉	报警
深部感觉	肌体神经及关节	物质对肌体的作用	外部和内部	撞击、重力、姿势等	调整
平衡感觉	前庭器官	运动和位置变化	外部和内部	旋转运动、直线运动和摆动等	调整

表3-2 人体主要感觉阈值

感觉	感觉阈	
	下限	上限
视觉	$(2.2\sim5.7)\times10^{-17}$ J	$(2.2\sim5.7)\times10^{-8}$ J
听觉	1×10^{-12} J/m^2	1×10^{2} J/m^2
嗅觉	2×10^{-7} kg/m^3	
味觉	4×10^{-7}(硫酸试剂摩尔浓度)	
触觉	2.6×10^{-9} J	
温度觉	6.28×10^{-9} kg·J/(m^2·s)	9.13×10^{-6} kg·J/(m^2·s)
振动觉	振幅 2.5×10^{-4} mm	

对感觉器官持续刺激，假若刺激强度固定，则作用时间的长短将决定该刺激是否能引起反应，时间过短不能引起反应；时间过长，反应会逐渐减小，以致消失。这一特性称为感觉适应性。

一种性质的刺激单纯有足够的强度和作用时间，还不能成为有效刺激，还必须具备适宜的强度时间变化率。强度时间变化率是指作用到人体组织的刺激需多长时间其强度由零达到阈值而成为有效刺激。变化速度过慢或过快都不能成为有效刺激。

在一定条件下感觉器官对其适宜刺激的感受能力受到其他刺激干扰而降低，这一特性称为感觉的相互作用。如同时输入两个视觉信息，人们往往只倾向于注意其中一种而忽视另一种。当听觉与视觉信息同时输入，听觉信息对视觉信息的干扰较大，而视觉信息对听觉信息干扰相对较小。

1. 人的视觉及其特性

1）人眼的构造

机体从外界获得的信息中80%以上来自视觉，因此在感觉器官中视觉占有重要地位。

视觉是由眼、视神经和视觉中枢共同完成，眼是视觉的感受器官，眼睛的解剖如图 3－2 所示。眼球是一个直径大约 23 mm 的球状体，眼球的正前方有玻璃体和一层透明组织叫角膜。光线从角膜和玻璃体进入眼内，视觉的屈光能力主要是靠角膜的弯曲形状形成的。眼球外层的其余部分是不透明的虹膜。虹膜在角膜的后面，与睫状体相连接。虹膜中央有一圆孔，叫瞳孔。瞳孔借虹膜的扩瞳肌和缩瞳肌的作用能够扩大和缩小。瞳孔后面是晶体。睫状肌控制晶体的薄厚变化，以改变屈光率。视网膜位于眼球后部的内层，是眼睛的感光部分，有视觉感光细胞——锥体细胞与杆体细胞。视网膜中央密集着大量的锥体细胞，呈黄色，叫黄斑。黄斑中央有一小凹，叫中央窝，它具有最敏锐的视觉。在视网膜中央窝大约 3°视角范围内只有锥体细胞，几乎没有杆体细胞。在黄斑以外杆体细胞数量增多，而锥体细胞大量减少。视网膜中央锥体细胞的数量决定了视觉的敏锐程度，视网膜边缘的杆体细胞主要在黑暗条件下起作用，同时还负责察觉物体的运动。来自物体的光线通过角膜、玻璃体、瞳孔、晶体，聚焦在视网膜的中央窝。视网膜的锥体细胞及杆体细胞接受光刺激，转换为神经冲动，经由视神经传导到各视觉中枢。

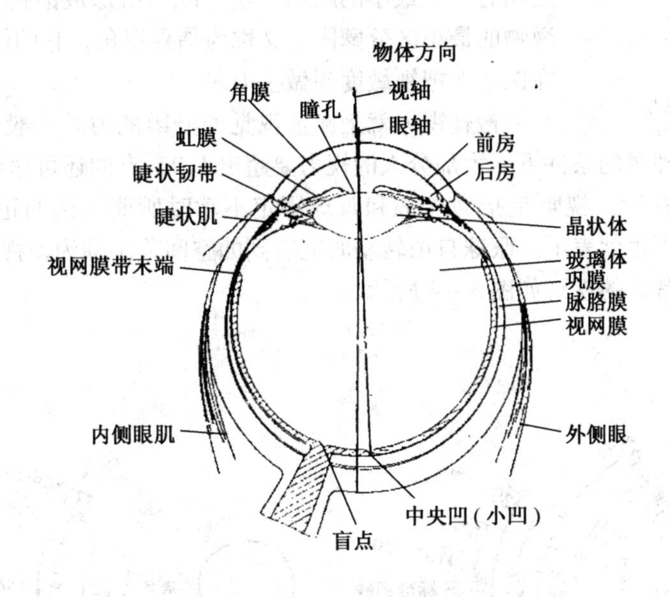

图 3－2　眼球的水平解剖图

2）人的视觉功能和特征

人能够产生视觉是由 3 个要素决定的，即视觉对象、可见光和视觉器官。可见光的波长范围在（380～780）$\times 10^{-9}$m。小于 380×10^{-9}m 为紫外线，大于 780×10^{-9}m 为红外线，均不引起视觉。除满足波长要求外，要引起人的视觉，可见光还要具有一定的强度。在安全人机工程设计中，经常涉及的人的视觉功能和特征有以下方面。

（1）空间辨别。视觉的基本功能是辨别外界物体。根据视觉的工作特点，可以把视觉能力分为察觉和分辨。察觉是看出对象的存在；分辨是区分对象的细节，分辨能力也叫视敏度。两者要求不同的视觉能力。

察觉不要求区分对象各部分的细节，只要求发现对象的存在。在暗背景上察觉明亮的物体主要决定于物体的亮度，而不完全决定于物体的大小。黑暗中的发光物体，只要有几个光量子射到视网膜上就可以被察觉出来。因此物体再小，只要他有足够的亮度就能被看见。因此为了察觉物体，物体与背景的亮度差大时，刺激物的面积可以小些，刺激物的面积大时，它与背景的亮度差就可以小些，二者成反比关系。

视角是确定被观察物尺寸范围的两端光线射入眼球的相交角度（图3-3），视角的大小与观察距离及被观测物体上两端点直线距离有关，关系式为

$$\alpha = 2\arctan\frac{D}{2L} \tag{3-1}$$

式中 α——视角，(′)；

D——被观测物体上两端点直线距离，m；

L——眼睛到被看物体的距离，m。

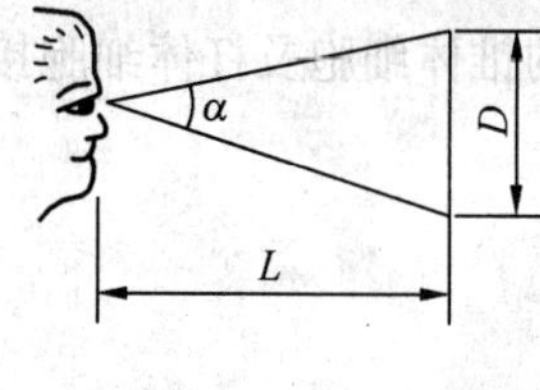

图3-3 视角

视敏度是能够辨出视野中空间距离非常小的两个物体的能力。当能够将两个相距很近的刺激物区分开来时，两个刺激物之间有一个最小的距离，这个距离所形成的视角就是这两个刺激物的最小区分阈限，又称为临界视角，它的倒数就是视敏度。在医学上把视敏度叫做视力。

检查视力就是测量视觉的分辨能力。一般将视力为1.0称为标准视力。在理想的条件下，大部分人的视力要超出1.0，有的还可达到2.0。

（2）视野与视距。视野是指当头部和眼球固定不动时所能看到的正前方空间范围，称为静视野，常以角度表示。眼球自由转动时能看到的空间范围称为动视野。视野通常用视野计测量，正常人的视野如图3-4所示。

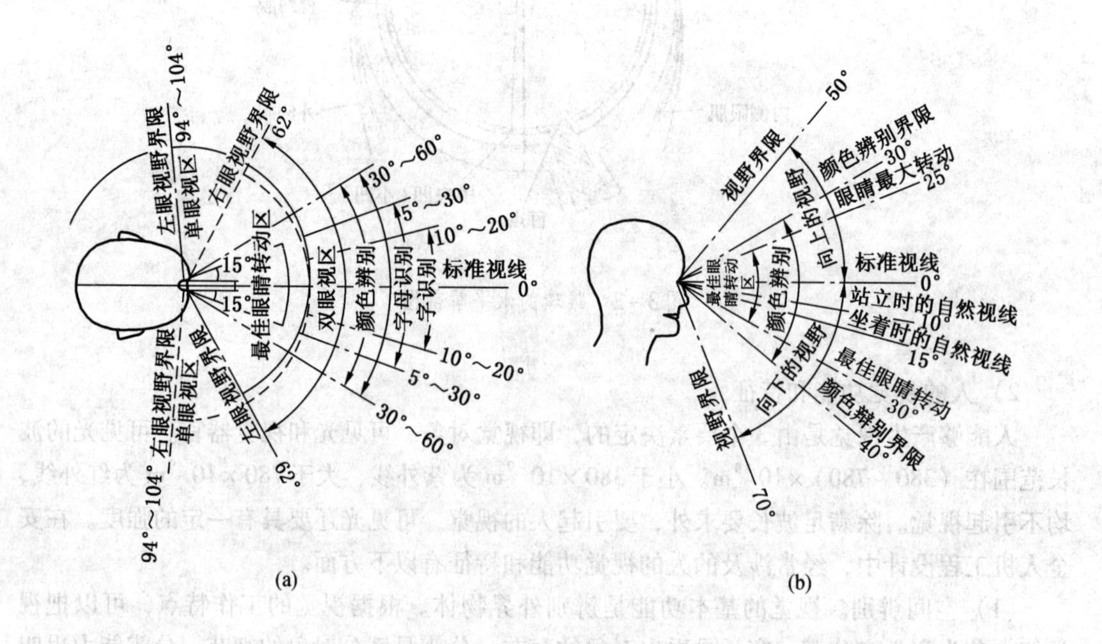

图3-4 人的水平视野和垂直视野

在水平面内的视野，双眼视区大约在左右60°以内的范围，单眼视野界限为标准视线每侧94°~104°。人的最敏感的视力是在标准视线每侧1°的范围内，在垂直平面内，最大视区为标准视线以上50°和标准视线以下70°。颜色辨别界线为标准视线以上30°，标准视线以下40°。实际上人的自然视线低于标准视线，在一般状态下，站立时自然视线低于水平线10°，坐着时低于水平线15°。在很松弛的状态中，站着和坐着的自然视线偏离标准线分别为30°和38°。观看展示物的最佳视线在低于标准视线30°的区域里。

在同一光照条件下,用不同颜色的光测得的视野范围不同。白色视野最大,黄蓝色次之,再其次为红色,绿色视野最小。这表明不同颜色的光波被不同的感光细胞所感受，而且对不同颜色敏感的感光细胞在视网膜的分布范围不同。人对不同颜色的视野如图3-5所示。

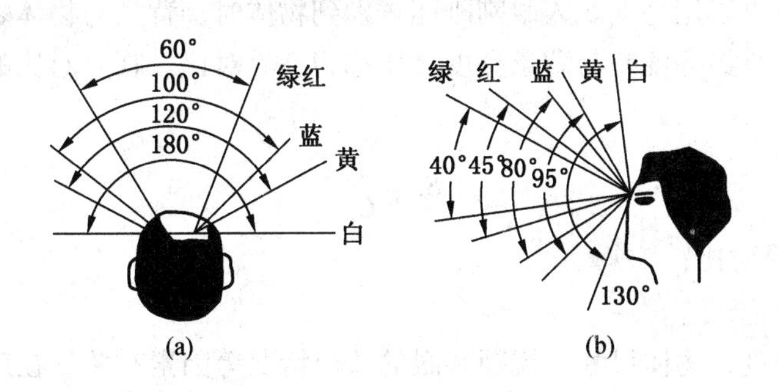

图3-5 人对不同颜色的视野

视距是指人在操作系统中正常的观察距离。一般操作的视距范围为380~760 mm，在580 mm处最为适宜。视距过远或过近都会影响认读的速度和准确性，而且观察距离与工作的精确程度密切相关。因而应根据具体任务的要求来选择最佳的视距。推荐使用的几种工作的视距见表3-3。

表3-3 几种工作视距的推荐值

任务要求	举例	视距离/mm	固定视野直径/mm	备注
最精细的工作	安装最小部件（表·电子元件）	120~250	200~400	坐姿，部分依靠视觉辅助手段
精细工作	安装收音机、电视机	250~350（多为300~320）	400~600	坐姿或站姿
中等粗活	印刷机、钻井机、机床旁工作	500以下	至800	坐姿或站姿
粗活	包装、粗磨	500~1500	300~2500	多为站姿
远看	黑板、开汽车	1500以上	2500以上	坐姿或站姿

（3）适应和亮适应。当我们在光亮处停留一段时间，再进入暗室时，开始视觉感受性很低，然后才逐渐提高，经过5~7 min才逐渐看清物体，大约经过30 min眼睛才能基本适应，完全适应大约需要1 h。这种在黑暗中视觉感受性逐渐提高的过程叫暗适应。当

人从黑处到光亮处，也有一个对光适应的过程，称为亮适应。亮适应在最初的30 s内进行很快，大约1 ~2 min就能基本上完成。

视觉虽然具有亮暗适应特征，但亮暗的频繁变化，需要眼睛频繁调节，不能很快适应。不仅增加了眼睛的疲劳而且观察和判断容易失误，从而导致事故的发生。因此，要求工作面的亮度均匀，避免阴影；环境和信号的明暗差距变化平缓；工厂车间的局部照明和普通照明不要相差悬殊；从一个车间到另一个车间要经历一个车间到车间外空旷地带由暗变亮的过程，再到另一个车间即由车间外之较亮处到较暗处，眼睛有由亮到暗的适应期。如果经常出入于两车间的工人应佩戴墨镜，特别是太阳光线很强的时候更要加强对眼睛的防护。

（4）对比感度。当物体与背景有一定的对比度时，人眼才能看清物体形状。这种对比可以用颜色，也可以用亮度。人眼刚刚能辨别到物体时，背景与物体之间的最小亮度差称为临界亮度差。临界亮度差与背景亮度之比称为临界对比。临界对比的倒数称为对比感度。其关系式为

$$S_C = \frac{1}{C_p} \tag{3-2}$$

式中　C_p——临界对比；

　　　S_C——对比感度。

对比感度与照度、物体尺寸、视距和眼的适应情况等因素有关。在理想情况视力好的人，其临界对比约为0.01，也就是其对比感度达到100。

（5）视错觉。视错觉是人观察外界物体形象和图形所得的印象与实际形状和图形不一致的现象。这是视觉的正常现象。人们观察物体和图形时，由于物体或图形受到形、光、色干扰，加上人的生理、心理原因，会产生与实际不符的判断性视觉错误。常见的几种视觉错误如图3-6所示。

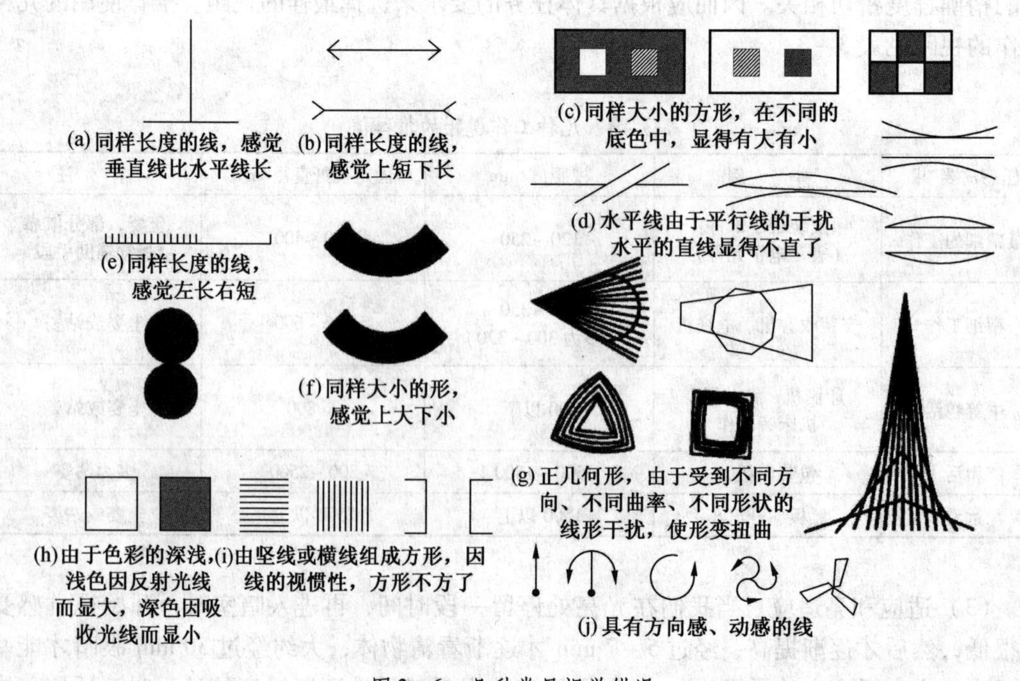

图3-6　几种常见视觉错误

（6）视觉运动规律。其主要包括：

① 眼睛沿水平方向运动比沿垂直方向运动快而且不易疲劳；一般先看到水平方向的物体，后看到垂直方向的物体。

② 视线的变化习惯从左到右，从上到下和顺时针方向运动。

③ 人眼对水平方向尺寸和比例的估计比对垂直方向尺寸和比例的估计要准确得多。

④ 当眼睛偏离视中心时，在偏移距离相等的情况下，人眼对左上限的观察最优，依次为右上限、左下限，而右下限最差。

⑤ 两眼的运动总是协调的、同步的，在正常情况下不可能一只眼睛转动而另一只眼睛不动；在操作中一般不需要一只眼睛视物，而另一只眼睛不视物。

⑥ 人眼对直线轮廓比对曲线轮廓更易于接受。

⑦ 颜色对比与人眼辨色能力有一定关系。当人们从远处辨认前方的多种不同颜色时，其易于辨认的顺序是红、绿、黄、白。当两种颜色相配在一起时，易于辨认的顺序是：黄底黑字、黑底白字、蓝底白字、白底黑字等。

2. 人的听觉特性

1）人耳构造和听觉过程

人耳是人体中最令人惊奇的器官之一，人耳分为外耳、中耳和内耳，其结构如图 3－7 所示。

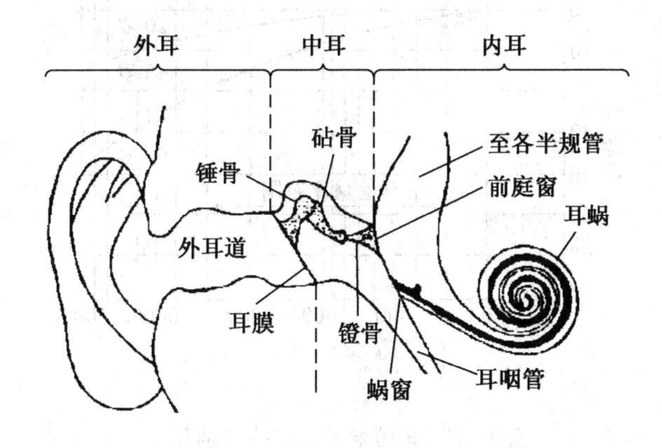

图 3－7 人耳的构造

耳廓和耳道属于外耳，耳道长度大约为 25 mm，稍微弯曲，内端被外耳和中耳的分界——鼓膜所完全封闭。鼓膜近于圆形，极薄，其中心略凸向中耳而呈钝圆锥形。中耳是骨膜内的一个小腔，称作鼓室，鼓室中有 3 个彼此衔接的听小骨：锤骨、砧骨和镫骨。槌骨柄与鼓膜相连，镫骨基底则覆盖在前庭窗上。内耳由骨迷路和膜迷路组成，骨迷路在外，膜迷路在内。骨迷路内有 3 个彼此相连的腔体：前庭、骨半规管及耳蜗，耳蜗与其中包含的科蒂氏器，是将声能转换为神经兴奋的换能器。声波进入耳道以后，引起鼓膜振动，鼓膜带动 3 个听小骨并通过他们把振动传递至中耳的前庭窗。3 个听小骨在声波的传导过程中起着变量器的作用，整个听小骨系统靠韧带悬在鼓室中，镫骨肌固定在镫骨头部与砧骨的交界处。骨膜张肌则固定于槌骨柄上，这两块肌肉起着中耳调节传声作用。当受到外界很强的声波作用时，鼓膜张肌收缩使鼓膜绷紧，镫骨肌收缩从而降低镫骨运动的灵敏。镫骨的底板靠环头韧带与前庭窗相连，中耳的整个传声系统起着阻抗匹配的作用。将声能由骨膜经放大传达到相当于鼓膜面积 1/20 的前庭窗，继而传给前庭阶的液。传到前庭的每一个振动，都使一定量的液体从前庭向耳蜗的前庭阶移动，并使听细胞受到刺激，转化成神经脉冲，经听神经传给大脑，这就是听觉过程。

如果在听觉过程的某一个环节发生障碍，就会影响听力，造成不同程度的耳聋。按照现代医学的观点，并不是一点声音也听不到了才叫做聋，根据国际惯例和我国的规定，双耳听阈高于 25 dB(A) 即为聋的起点，超过 92 dB(A) 叫失听。

2）人耳的听觉特征

（1）人耳的可听范围。无论是从所响应的频率范围宽度，还是从强度的大小来看，人耳都有令人难以置信的灵敏度，可听声主要取决于声音的频率。具有正常听力的青少年能够感觉到的频率范围为 16 ~ 20000 Hz，一般人的最佳听闻范围是 20 ~ 20000 Hz。人到 25 岁左右时，开始对 15000 Hz 以上频率的灵敏度显著降低，当频率高于 15000 Hz 时，听力开始向下移动，而且随着年龄的增长，频率感受的上限逐年连续降低。但是，对于频率小于 1000 Hz 的低频范围，听觉灵敏度几乎不受年龄的影响，如图 3 - 8 所示。听觉的频率响应特性对听觉传示装置的设计是很重要的。

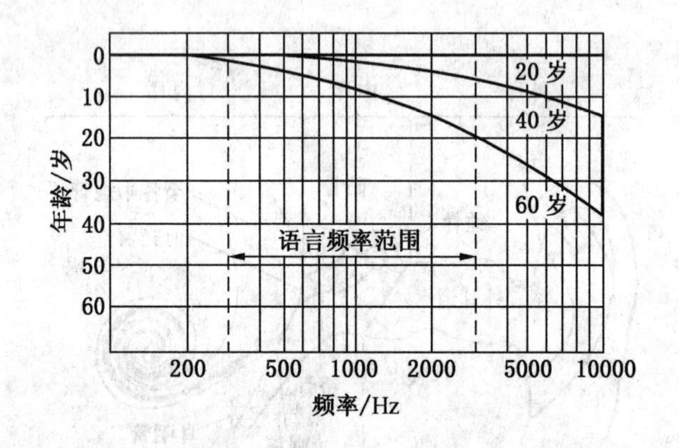

图 3 - 8　年龄对听力敏感性的影响

（2）人耳可听声音的强度。听觉的灵敏程度还可用听阈来衡量。听阈指在某频率下，仍能够听到的该纯音的最小声级的分贝数，也称听力。通常而言，人耳刚刚能感觉到的最小声压，当频率为 1000 Hz 时，大约是 2×10^{-5} Pa，此时的声级被定义为 0 dB(A)。刚刚使人耳感到疼痛的声压叫做痛阈，一般为 20 Pa，相当于 120 dB(A) 的声级。

人耳可听声音的大小也可用声强表示，在 1000 Hz 时平均听阈值为 10^{-12} $(W\cdot m^{-2})$。图 3 - 9 所示为各个频率与可听最低声强与极限声强绘出的听阈、痛阈曲线。由该曲线可以得到以下结论：

① 在 800 ~ 1500 Hz 这段频率范围内，听阈无明显变化；

② 低于 800 Hz 时，可听响度随着频率的降低而明显减小；

③ 在 3000 ~ 4000 Hz 之间达到最大的听觉灵敏度，在该频率范围内灵敏度高达标准值

的10倍；

④ 超过6000 Hz灵敏度再次下降，大约在17000 Hz时，减至标准值的1/10；

⑤ 除了2000～5000 Hz之间有一段谷值外，开始感觉疼痛的极限声强几乎与频率无关；

⑥ 在1000 Hz时平均听阈值为10^{-12}($W \cdot m^{-2}$)。

(3) 方向敏感度。根据声音到达两耳的时间先后和响度差别可判定声源的方向。由于头部的掩蔽效应结果造成声音频谱的改变。靠近声源的那只耳朵接收到形成完整声音的各频率成分；而到达较远那只耳朵的是被“畸变”了的声音，特别是中高频部分或多或少地受到削减。频率越高，响应对于方向的依赖程度越大。

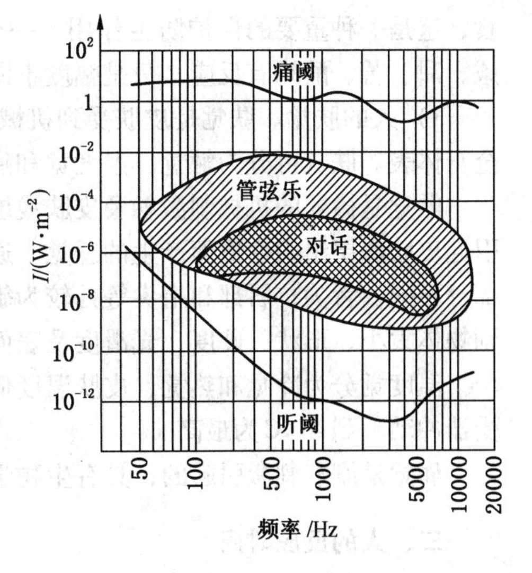

图3-9 听阈痛阈与听觉区域曲线

(4) 掩蔽效应。一个声音被另一个声音所掩盖的现象，成为掩蔽。一个声音的听阈因另一个声音的掩蔽作用而提高的效应，成为掩蔽效应。由于人的听阈的复原需要经历一段时间，掩蔽去掉了以后，人耳的效应并不立即消除，这个现象称为掩蔽残留。其量值可表示听觉疲劳。掩蔽声对人耳刺激的时间和强度直接影响人耳的疲劳持续时间和疲劳程度，刺激越长、越强，则疲劳越严重。

3. 人的嗅觉、味觉和肤觉特性

1) 人的嗅觉。嗅觉感受器位于鼻腔深处，主要局限于上鼻甲、中鼻甲上部的黏膜中。嗅黏膜主要由嗅细胞和支持细胞构成。嗅觉的感受器是嗅细胞，它是从中枢神经系统分化出来的双极神经细胞。嗅觉感受器可感受气体中的化学刺激，适宜刺激几乎均是挥发性的、呈气态形式的有机化合物。当有气味的空气吸进鼻腔上部时，它能使细胞受到刺激而兴奋。因此在嗅一些不太明显的气味时，要反复用力吸气，才能产生嗅觉。嗅觉的一个明显特点是适应较快。当某种气味突然出现时，可引起明显的嗅味，但如果引起这种嗅味的物质继续存在，感觉很快减弱，大约过1 min后就几乎闻不到这种气味。嗅觉的适应现象，不等于嗅觉的疲劳，因为对某种气味适应之后，对其他气味仍很敏感。影响嗅觉感受性的因素有环境条件和人的生理条件。温度有助于嗅觉感受，最适宜的温度37～38 ℃。清洁空气中嗅觉感受性高。人在伤风感冒时，由于鼻黏膜发炎，感受性显著降低。

2) 人的味觉。味觉感受器是味蕾，主要分布在舌背面、舌缘和舌尖部。舌表面覆盖一层黏膜，有许多小乳头，在乳头中包含味蕾。在口腔和咽部黏膜的表面，也有味蕾存在。每一味蕾由味觉感受器、致使细胞和基底细胞组成。感受器细胞顶端有纤毛，称为味毛。当舌表面一些水溶性物质刺激味毛，可引起感受器兴奋。人能分辨出许多种味道，但这些味道是由4种基本味觉组合而成。人类能辨别的4种基本味为甜、酸、苦、咸。舌表面不同部位对不同味刺激敏感度不一样。舌尖对甜味最敏感，舌根部对苦味最敏感，舌两侧对酸味最敏感，舌两侧前部对咸味最敏感。不同物质的味道与它们的分子结构的形式有关。人或动物对苦味的敏感程度大大高于其他味道，当苦味强烈时可引起呕吐或停止进食，这是一种重要的保护防卫作用。一个味感受器并不只是对一种味质起反应，而是对咸、甜、苦、酸均有反应，只是幅度不同。

3）人的肤觉。肤觉是皮肤受到机械刺激作用后产生的一种感觉，肤觉感受器分布于全身体表。肤觉可分为触觉、温度觉和痛觉，很难将他们严格区分。

触觉是微弱的机械刺激触及皮肤浅层的触觉感受器而引起的；压觉是较强的机械刺激引起皮肤深层组织变形而产生的感觉，通常将上述现象称为触压觉。触觉感受器在体表各部分不同，舌尖、唇部和指尖等处较为敏感，背部、腿和手背较差。通过触觉人们可以辨别物体大小、形状、硬度、光滑度及表面机理等机械性质。

温度觉分为冷觉和热觉，皮肤温度低于 30 ℃时冷觉感受器冲动，高于 30 ℃时热觉感受器冲动。到 47 ℃为最高。

痛觉是剧烈刺激引起的，具有生物学意义，它可以导致机体的保护性反应。

二、人的反应时间

人从接收外界刺激到做出反应的时间，叫做反应时间。它由知觉时间（t_a）和动作时间（t_g）两部分构成，其关系式为

$$T = t_a + t_g \tag{3-3}$$

研究作业时人的反应时间的特点，对安全生产具有重要意义。反应时间长短与很多因素有关，减少反应时间，提高反应速度，可以减少或避免事故的发生。反应时间与下列 8 个因素有关。

1. 反应时间随感觉通道不同而不同

反应时间随感觉通道的变化见表 3－4。

表 3－4　反应时间随感觉通道的变化

感觉通道	听觉	触觉	视觉	嗅觉	味觉			
					咸味	甜味	酸味	苦味
反应时间/s	0.115～0.182	0.117～0.201	0.188～0.206	0.200～0.370	0.308	0.446	0.523	1.082

2. 反应时间与运动器官有关

反应时间与运动器官的关系见表 3－5。

表 3－5　反应时间与运动器官的关系

动作部位	动作特点		最少平均时间/ms
手	握取	直线	70
		曲线	220
	旋转	克服阻力	720
		不克服阻力	220
脚	直线的		360
	克服阻力的		720

表3-5（续）

动作部位	动作特点	最少平均时间/ms
腿	直线的 脚向侧面	360 720~1460
躯干	弯曲 倾斜	720~1620 1260

3. 反应时间与刺激性质有关

反应时间与刺激性质的关系见表3-6。

表3-6 反应时间与刺激性质的关系

刺　激	反应时间/ms	刺　激	反应时间/ms
光	176	光和声音	142
电击	143	声音和电击	131
声音	142	光、声和电击	127
光和电击	142		

4. 反应时间随执行器官不同而不同

随执行器官的改变，反应时间的变化见表3-7。

表3-7 执行器官的反应时间

执行器官	反应时间/ms	执行器官	反应时间/ms
右手	147	右脚	174
左手	144	左脚	179

5. 反应时间与刺激数目的关系

反应时间与刺激数目的关系见表3-8。

表3-8 反应时间与刺激数目的关系

刺激选择数	1	2	3	4	5	6	7	8	9	10
反应时间/ms	187	316	364	434	485	532	570	603	619	622

6. 反应时间与颜色的配合有关

若以两种颜色为刺激物时，当其对比强烈时，反应时间短，色调接近时反应时间长，见表3-9。

7. 反应时间与年龄有关

年龄增加，反应时间增加，正常情况下，25~45岁之间，反应时间较短。若以20岁时反应时间为100，年龄与反应时间的关系见表3－10。

表3－9 反应时间与颜色的关系

颜色对比	白与黑	红与绿	红与黄	红与橙
平均反应时间/ms	197	208	217	246

表3－10 年龄与反应时间的关系

年龄/岁	20	30	40	50	60
反应时间相对值	100	104	112	116	161

8. 反应时间与训练有关

经过训练的人，反应时间可缩短10%。

三、人体活动过程的生理变化与适应

1. 人体活动时机体的调节与适应

1）神经系统

神经系统分为中枢神经系统（脊髓和脑）和分布全身的外周神经系统（包括连接感受器官与中枢的传入神经，连接中枢与效应器官的传出神经等）。

人的神经系统的结构与功能单位叫做神经元，（据最新估计，脑的神经元约有1000亿个）和神经元之间的联系是依靠彼此之间的互相接触。神经元的形态与功能是多种多样的。

神经系统的主要作用有两方面，一是反应（兴奋和抑制），当有信息刺激时，神经系统马上得出反应；二是传导，即信息传送出去。神经传导有4个特征，生理完整性、绝缘性、双向性和相对不疲劳性，传导速度与其自身直径成正比。据测定，人的上肢正中神经内的运动神经纤维和感觉神经纤维的传导速度分别为58 m/s和65 m/s。皮肤的触压觉传入神经纤维和皮肤痛、温觉传入神经纤维的传导速度分别30～70 m/s和12～30 m/s。

劳动时的每一有目的的动作，既取决于中枢神经系统的调节作用，特别是大脑皮层内形成的意志活动——主观能动性；又取决于从机体内外感受器所传入的多种神经冲动，在大脑皮层内进行综合分析，形成一时性共济联系，以调节各器官和系统适应作业活动的需要，来维持机体与环境条件的平衡。当长期在同一劳动条件中从事某一作业活动时，通过复合条件反射逐渐形成该项作业的动力定型，使从事该作业时各器官系统相互配合得更加协调、反应更迅速、能耗较节省，作业更轻松。建立动力定型应依照循序渐进、注意节律性和反复的生理规律。动力定型虽是可变的，但要破坏已建立起来的定型，出于需要用新的操作活动来代替已建立的动力定型，对皮层细胞是一种很大的负担，若转变过急，有可能导致高级神经活动的紊乱。体力劳动的性质和强度，在一定程度上也能改变大脑皮层的功能。大强度作业能降低皮层的兴奋性并加深抑制过程；长期脱离某项作业，可使该项动力定型消退而致反应迟钝。此外，体力劳动还能影响感觉器官的功能，重作业能引起视觉和皮肤感觉时值延长，作业后数十分钟才能恢复，而适度的轻作业，时值则反而缩短。

2）血管系统

作业人员的心率、血压、血液成分和血液再分配等心血管方面指标在作业开始前后会发生适应性变化。

（1）心率。在作业开始前 1 min 常稍有增加，作业开始后 30 ~ 40 s 内迅速增加，经 4 ~ 5 min 达到与劳动强度相应的稳定水平。作业时心输出量增加，缺乏体育锻炼的人主要靠心跳频率的增加，经常锻炼者则主要靠每搏输出量的增加。有的每搏输出量可达 150 ~ 200 mL，每分钟输出量可达 35 L。对一般人，当心率增加未超过其安静时的 40 次时，表示能胜任此工作。作业停止后，心率可在几秒至 15 s 后迅速减少，然后再缓慢恢复至原水平。恢复期的长短因劳动强度、工间歇息、环境条件和健康状况而异，此可作为心血管系统能否适应该作业的标志。

（2）血压。作业时收缩压上升，舒张压变化很小，当脉压差逐渐增加或维持不变时体力劳动可继续有效进行。当脉压差小于其最大值一半时，表示疲劳。作业停止后，血压迅速下降，一般能在 5 min 内恢复正常，作业强度大时恢复时间加长。

（3）血液再分配。作业时流入脑的血流量基本不变或稍增加，流入肌肉和心肌的血流量增加，流入肾及腹腔等的血流量有所减少。

（4）血液成分。一般作业中血糖变化较少，如劳动强度过大、时间过长，可出现低血糖。当血糖降到正常含量一半时（正常人安静状态血糖含量 5.6 mmol/L），不能继续作业。随劳动强度，血乳酸含量变化很大。正常人安静状态下血乳酸含量为 1 mmol/L，极重体力劳动时可达 15 mmol/L。

3）呼吸系统

静态作业时呼吸浅而慢；疲劳时呼吸变浅且快。作业时呼吸次数随体力劳动强度而增加，重劳动可达 30 ~ 40 次/min，极大强度劳动可达 60 次/min。肺通气量由安静时的 6 ~ 8 L/min 增至极重体力劳动时的 40 ~ 80 L/min 或更高。劳动停止后，呼吸节奏和肺通气量会逐渐减少直至恢复到安静状态。

4）体温调节

人体的体温并不是恒定不变的，人脑、心脏及腹内器官的温度较为稳定，称为核心温度。稳定的核心温度是正常生理活动的保证。人休息时，直肠温度为 37.5 ℃，体力劳动及其后的一段时间内，体温有所上升，重劳动时直肠温度可达 38 ~ 38.5 ℃，极重劳动时可达 39 ℃。体温的升高有利于全身各器官系统活动的进行，但不宜超过 1 ℃，否则人体不能适应，劳动不能持久。

2. 脑力劳动时机体的调节与适应

脑力劳动需要充足的氧，虽然人脑的重量只占体重的 2.5%，但脑的需氧量占全身需氧量的 20%。像肌肉这样的组织，在短时间缺氧时，可以通过糖的无氧酵解来供应能量，大脑却只能依靠糖的有氧分解来提供能量，但脑细胞中存在的糖原甚微只够活动几分钟。因而脑需要更多的血液源源不断地供应氧气。供氧不足会引起严重的后果，缺氧 3 ~ 4 min 会引起脑细胞的不可修复的损伤，缺氧 15 min，比较敏感的人可能昏迷。

脑力劳动常使心率减慢，但特别紧张时可使心跳加快、血压上升、呼吸稍加快、脑部充血而四肢和腹腔血液则减少；脑电图、心电图也有所变化，但不能用来衡量劳动的性质及其强度。脑力劳动时血糖一般变化不大或略增高；对尿量没有影响，对其他成分也影响不大，即使在极度紧张的脑力劳动时，尿中磷酸盐的含量才有所增加；对汗液的量与质以及体温均无明显的影响。

3. 人体信息处理系统

在人机系统中，人随时随地遇到预先不知道或完全不知道的情况。系统也将源源不断地供给操作者以各种各样的信息。人体正确信息处理就是恰当地判断来自人机结合面的信息，然后通过人的行为准确地操作机器，即给机以正确的信息，通过人机结合面实现正确的信息交换。信息处理的核心在于判断，处理的正确与否不仅取决于知识与经验，而且与本人生理和心理条件的限制或影响也有很大的关系。

人从感觉器官接收的信息传导到大脑皮层，在大脑皮质处受着心理和生理活动状况的影响，进行加工和调整等所谓的狭义处理，这个信息加工处理过程可从两方面进行分析：

1）信息处理能力的界限

对于相继接收到的各种信息，大脑皮质并非全部都能进行正确的处理，也就是说处理能力有一定的限度。当然，如果能给以充分的时间，人类能够处理较多的信息而不发生错误。但是如果信息在时间上是短暂的，内容是复杂的，则不能完全处理。这时的反应方式是：未处理；处理错误；处理延误；处理偏倚；降低信息质量；引用规定之外的其他处理方法；放弃处理作业。

总之，如果同时给出很多信息时，人机系统将发生怎样的反应，是随着作业的内容、性质和作业者当时的身心活动状况变化的。

2）影响人的信息处理能力的因素

（1）人的神经活动规律。人在一天 24 h 中的神经活动有一定规律，白天是交感神经系统支配，夜间是副交感神经系统支配，昼夜循环交替。大脑皮层活动受到这种交替变化的影响而呈现出所谓日周期节律，使人在一天的不同时间内信息处理能力有所不同。

（2）动机与积极性。即使人在清醒状态下处理信息，如果缺乏接收和处理信息的积极性，信息处理的数量、质量都较明显下降。动机和积极性又受到两个主要因素的影响：一是对作业目的的理解和认识程度；二是具备关于作业过程和作业结果的知识的程度。

（3）学习和训练。若对同一作业操作进行深入学习、反复练习，作业能力和信息处理能力将会增加。

（4）疲劳将使作业的信息处理能力降低、反应时间增加，判断错误增多。

（5）人的个体差异也影响信息处理能力，这方面主要指人的精神意志力，精神机能平衡性、性格适应性和社会适应性等。

（6）年龄、性别、经验、季节等也都会影响人的作业能力和信息处理能力。

（7）人体的信息传递效率即平常所说的反应快慢，影响人的信息处理能力。尽管通过教育训练，可以适当地提高人体的信息传递效率，但人的信息传递效率不可能超过 7.5 bit/s。

（8）人的大脑所处的意识水平。日本大学桥本邦卫教授从人体紧张程度引起的脑电波变化中，提出了人脑意识水平的 5 个阶段说。他将人的意识水平状态分为以下 5 个阶段：0 阶段，无意识失神状态；Ⅰ阶段，正常以下、意识模糊状态；Ⅱ阶段，常态、松懈状态；Ⅲ阶段，常态清醒状态；Ⅳ阶段超常态、过度紧张状态。人脑所处意识水平不同，对信息的处理能力不同（见表 2－2）。

4. 人体节律周期和昼夜周期

人类是按照统计学证实的周期性变化，即生物节律（Biological）而生活的。生物节律已成为生物学的一部分，称为时间生物学，是研究自然界各种生物机体内按照自己的特定时间表和活动规律的理论。旨在对生物时间结构进行客观说明，如规律活动的总量、生物行为的时间特征，以及生物周期发育变化和老化趋势。

昼夜节律指的是24 h内或20～28 h内的平均周期（也可指长于23.9 h短于24.1 h的平均节律），这种周期性的节律与下列有关功能作用有着明显的关系：

（1）昼夜周期的外源性影响，社会事变及光线、电子现象和温度等的影响。

（2）内源性昼夜节律周期，一部分为细胞性的（核糖核酸－脱氧核糖核酸形成有丝分裂）。另一部分为神经性内分泌的（促肾上腺皮质激素释放因子，促肾上腺皮质激素17羟皮质甾）和其他神经性的。几乎所有这些节律都可影响疲劳、瞌睡、活动、效能与休息。

人类对自身活动的周期性的认识，自古代就已开始，那时就意识到生物与时间相关的特性；近代认识到生命物质的运动遵循的特定的时空规律，提出了生物节律的观念。到20世纪初，德国内科医生威赫姆·弗里斯和一位奥地利心理学家赫尔曼·斯瓦波达在长期的临床观察中发现病人的病症、情感及行为的起伏变化，存在一个以23天为周期的体力盛衰和以28天为周期的情绪波动规律。大约过了20年，奥地利因斯布鲁大学的阿尔布雷斯·泰尔其尔教授研究数百名高中生和大学生的考试成绩后，又发现了人的智力以33天为周期性的波动变化。后来一些学者经过反复实验，认为每个人从他出生那天起，直到生命终止，都存在周期为23天、28天和33天的体力以及情绪和智力的周期性变化规律，利用正弦曲线绘制出每个人的周期变化图形，这个图形所示的曲线叫生物节律曲线（图3－10）。

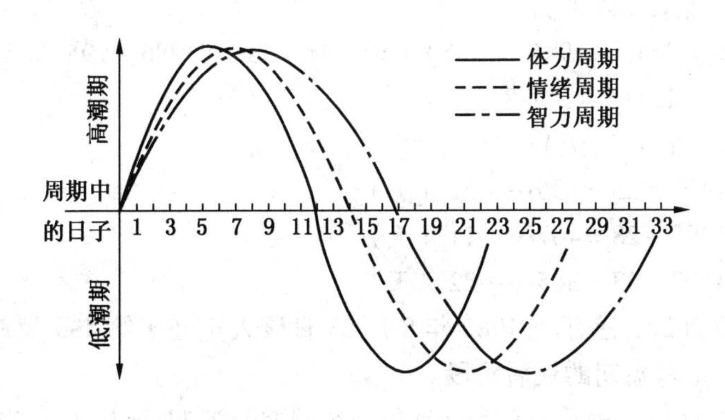

图3－10　生物节律正弦波曲线

生物节律曲线上，在横坐轴以上的这段时间，称为生物节律曲线的“积极期”，也称“高潮期”，这期间人们感到体力旺盛，精神愉快，头脑灵敏，记忆力强，富有创造性。在横坐标以下的日期成为生物节律的“消极期”，也称“低潮期”，在这段时间里人们感到体力较差，容易疲劳，注意力不易集中、健忘，思维、判断能力下降。在其线跨越横坐标轴的日子，称为“临界期”，也称“危险期”，在这段时间里，人们的身体处于频繁的变化之中，即体力、情绪和智力极为不稳定，办事粗心，容易出差错，机体各方面协调性差，且容易感染疾病。

人们为什么会产生体力、情绪和智力的周期性变化呢？这是由于生物体（人体）内存在的调节和控制生物（人体）行为和活动的生物钟。那么人体生物钟在哪里呢？据美国一些解剖学家研究发现，在人的脑干中存在的一个管理时间节律的神经核，由它来控制人体的生理和病理过程，这样人体的体温、血压、血糖含量、基础代谢率，会发生昼夜性的周期变化。人体各器官的机能、痛觉、视觉、嗅觉以及人体对各种外界因素的敏感性也有周期性的变化。临床实践证明，人体中没有哪一种化学变化和物理变化是没有规律的，而人的体力、情绪、智力的盛衰变化仅仅是人体各种节律的一个组成部分。

如何测定人体的生物节律呢？目前计算生物节律的方法较多，简单易行的办法是采用笔算和计算器计算，也可直接运用人体节律计算机程序，可计算出你这一天所处的节律等。最普通的计算步骤如下：首先将你出生时间到你想了解的某月某日的总天数计算出来（注意加上闰年多的天数，即用周岁数除以 4 所得的正整数，余数舍去）；然后将总天数分别除以 23、28 和 33，所得余数，分别就是你的体力、情绪和智力 3 个周期在你要了解的那天所处的位置。

计算通式为

$$X = 365 \times A \pm B + C \tag{3-4}$$

式中 A——预测年份与出生年份之差；

B——本年生日到预测日的总天数，如未到生日用“-”，已过生日用“+”；

C——从出生以来到计算日的总闰年数，即 $C = A/4$ 得到的整数；

X——从出生到计算日生活的总天数。

【例 3-1】某人 1955 年 6 月 1 日出生，要了解他 1986 年 8 月 23 日 3 个周期所处的位置，先求出他的生活总天数 X 为

$$\begin{aligned} X &= 365 \times (1986 - 1955) + 30 + 31 + 23 + (1986 - 1955)/4 \\ &= 11315 + 84 + 8 \\ &= 11407(\text{天}) \end{aligned}$$

体力周期：11407 ÷ 23 = 495……22（天）

情绪周期：11407 ÷ 28 = 407……11（天）

智力周期：11407 ÷ 33 = 345……22（天）

体力周期余数为 22，表示到 1986 年 8 月 23 日该人正处于第 496 周期的第 22 天，离临界日还有 1 天，是低潮期的最后阶段。

情绪周期余数为 11，表示该日为情绪的 408 周期的第 11 天，在高潮阶段中。

智力周期余数为 22，表示该日为智力的 346 周期的第 22 天，在低潮期。

根据上述计算的情况，可绘制出这个同志 1986 年 8 月的生物节律曲线图，如图 3-11 所示。

生物节律影响人的行为，也对安全生产有着较大的影响。人在节律转折点的日子体力容易下降、情绪波动和精神恍惚，人的行为波动大，如果正在生产岗位上操作，则有可能出现操作失误，甚至导致工伤事故的发生。有人调查了 700 件事件，发现在生物节律危险日占 60%，又调查了 300 个情绪危险日的人，有百分之 85% 出现了事故。

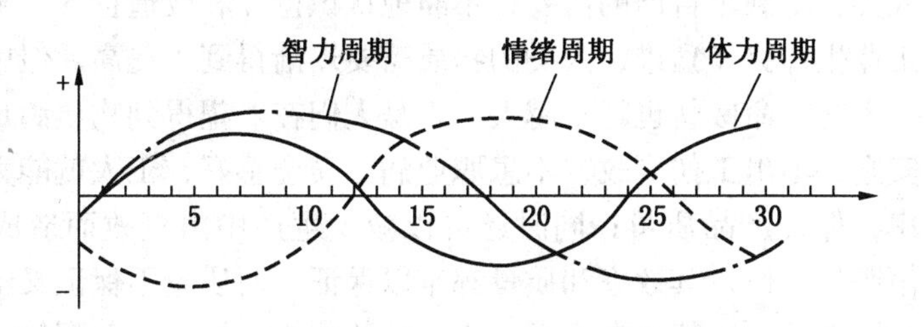

图 3－11　生物节律曲线图

怎样运用生物节律理论指导安全生产呢？首先应该运用辩证唯物主义的态度来对待，生物节律理论是有科学依据的，但它又不是万能的、包治百病的灵丹妙药，它只能向人们提示在某段时间里，所处的体力、情绪、智力状态。而且这种状态受外界环境的影响。例如处于高潮期的人，一旦受到意外刺激，比如亲人去世或受到意外打击，也会使情绪一落千丈。相反一个情绪处于低潮的人，如果受到特殊的强刺激，比如遇上现场火灾等，此时大脑会通过内分泌腺大量分泌肾上腺素等激素，促使人格外兴奋，又奔向现场去灭火。现代神经生物学研究表明：人的大脑皮层对于脑干等部位起着调节和支配作用。更何况决定人的行为因素诸多，生物节律只是其中的一个因素，而人的健康状态、精神状态都会对人的行为产生影响。所以，在运用生物节律时，必须注意人的这种特征。以防被控对象产生麻痹心理而导致不应该发生的事故。但是对于处于高潮期的人，应充分利用自己良好的竞技状态，抓紧工作，提高效率，切忌盲目乐观，忘乎所以，否则也会发生意外事故。只要注意休息和营养，调节生活内容和兴趣，使大脑各个区域交替活动，劳逸结合，同样能有效地进行正常的工作和学习。

总之运用生物节律理论不是用来求卜算卦，而是运用它来掌握人的活动规律，以扬长避短，使人更好地工作，达到预防为主，避免人为事故的发生。

第二节　人的心理特性与安全

一、安全心理学概述

心理学是研究人的心理活动规律和心理机制的科学。它从人的心理过程和人的个性心理特征两个方面来研究人的心理特性（图 3－12）。人的心理是人脑对客观世界的能动反应，这种反应给人的思维、心理、意识准备条件；心理是脑的机能。即神经系统和脑是心理产生的器官，心理是脑的产物，大脑皮质则是心理活动的最主要器官。

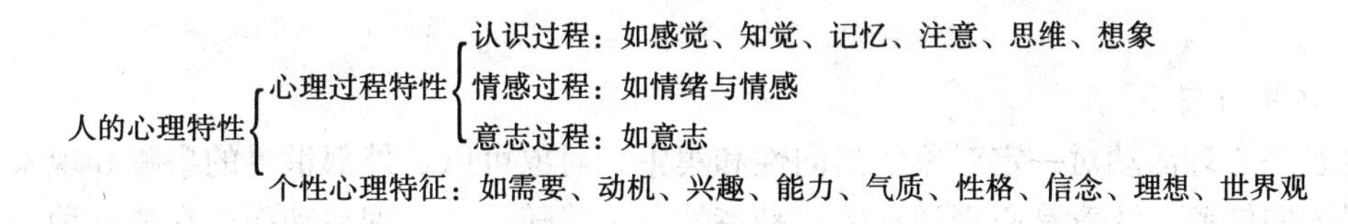

图 3－12　人的心理特性

自古以来，人类为了满足自己的需要，不断地认识世界和改造世界。随着现代科学技术的飞速发展，工业生产突飞猛进，人类的物质需要逐渐得到了提高，但由此而造成的事故越来越多，对工人的生命威胁也越来越大。于是人们在渴望得到物质满足的同时，更迫切渴望保证人身安全，不出工伤事故，不患职业病。安全感好，工人就能大胆地工作，有利于提高工作效率，保证产品质量；同时还可以减少生产中由事故而造成的负效益。相反，工人则提心吊胆的工作，其效率和质量都难以保证，而质量不保证又给下一步的生产带来了不安全因素。人的心理特性在进行人机系统的分析、评价、匹配等方面有着广泛的应用范围。

人类渴望得到科学技术的益处，然而又憎恶由此产生的不良后果，即在工业生产中由于意外事故带来的灾害。通过大量的事故统计分析，除由生产设备造成的事故以外，大部分事故是由人的不安全行为造成的。美国工厂的事故统计中，有88%就是由人的不安全行为造成的。那么，又是什么原因造成人的不安全行为呢？安全心理学将告诉我们：不安全行为主要是由不安全心理因素引起的。

1. 安全心理学定义

安全心理学（safety psychology），是心理学的一个分支，是研究人在生产劳动过程中伴随生产工具、机器设备、工作环境、作业人员之间关系而产生的安全需要、安全意识及其反应行为等心理活动的一门科学，是研究人在事故发生时的心理规律并为防止事故发生提供科学依据的工业心理学领域。

2. 研究内容

其主要研究内容有：①意外事故中人的因素的分析，如疲劳、情绪波动、注意力分散、判断错误、人事关系等对事故发生的影响；②工伤事故肇事者的特性研究，如智力、年龄、性别、工作经验、情绪状态、个性、身体条件等与事故发生率关系的研究；③防止意外事故的心理学对策，如从业人员的选拔（即职业适宜性检查），机器的设计要符合工程心理学要求，开展安全教育和安全宣传以及培养安全观念和安全意识等。

下面仅从人的心理特性与安全方面进行介绍，要全面了解安全心理学的全部内容，请参看《安全心理学》专著。

二、心理过程特性与安全

心理过程包括如感觉、知觉、记忆、注意、思维、想象等认识过程、情绪与情感过程及意志过程。研究表明，企业要实现安全生产、预防事故的发生，首先要对劳动生产过程中的危险予以感知，也就是要察觉危险的存在，在此基础上，通过人的大脑进行信息处理，识别危险，并判断其可能的后果，才能对危险的预兆做出反应。因此，企业预防事故的水平首先取决于职工对危险有害因素的辨识水平，对危险有害因素的辨识能力越高，发生事故可能性就越小。下面主要介绍注意、情绪与情感及意志等心理过程特性对安全的影响。

1. 注意与安全

注意是心理活动对一定对象的指向性和集中，对象可以是外部世界的事物和现象，也可以是内向体验。注意是心理活动的一种特性，是伴随一切心理活动而存在的一种心理状态，即心理活动离不开注意，注意也离不开心理活动。

注意可以分为无意注意和有意注意两种。无意注意是指由客体自己的特点而产生的注意。这种由于刺激物的新颖性引起的意识集中，只能在短时间内形成对客体的注意，而长时间会把注意力集中到另外客体上去，相对于注意对象而言是不注意，即无意注意。这种现象与主体的需要、兴趣、意志有关。有意注意是指由活动条件引起的主体意识控制下的注意。这种注意是有目的的，需要主体意识上的努力才实现的一种对客体的意识集中。因此，明确的目的性非常有助于维持这种注意。

注意的特性表现在注意范围、持续性和选择性。注意范围的大小随知觉对象呈现的特点不同而不同，呈现时间越长注意的范围越大，时间一定注意范围受到限制；视觉对面积刺激不如对直线刺激的注意范围大；当注意对象具有相似性、规律性、合理性等特点时，将会扩大注意范围。同一注意对象的组合形式不同，其附加信息量也不相同，注意范围也会变化。注意的范围还与后天的学习、训练有关。知识和实践经验越丰富，注意的范围越广泛。注意的持续性是指主体对客体的不变化的刺激能够清晰明了的意识集中的时间。尽管主观上想长时间注意某一对象，但实际上总是存在没有被意识到的瞬间，既注意不能持续，所以又称注意的不稳定性。注意的不稳定性是大脑皮层的一种保护性抑制，防止精神疲劳。注意的选择性是指主体对客体的注意，会因客体的刺激不同，而选择不同的客体和不同的感觉器官，表现出的注意与不注意的变化过程。注意的选择性包含两层含义：即选择性体现为对不同客体、不同感觉通道有不同的偏好；选择性体现为注意与不注意的同时相互排斥性，即一旦建立了对某一客体的注意，则对其他客体表现为不注意。

在生产过程中发生的事故中，由人的失误引起的事故占有较大比例，而不注意又是其中的重要原因。据研究引起不注意的原因有以下方面：

（1）强烈的无关刺激的干扰。当外界的无关刺激达到一定强度，会引起作业者的无意注意，使注意对象转移而造成事故。但当外界没有刺激或刺激陈旧时，大脑又会难以维持较高的意识水平，反而降低意识水平和转移注意对象。

（2）注意对象设计欠佳。长期的工作，使作业者对控制器、显示器以及被控制系统的操作、运动关系形成了习惯定型，若改变习惯定型，需要通过培训和锻炼建立新的习惯定型。但遇到紧急情况时仍然会反应缓慢，出现操作错误。

（3）注意的起伏。注意的起伏是指人对注意客体不可能长时间保持高意识状态，而按照间歇地加强或减弱规律变化。因此越是高度紧张需要意识集中的作业，其持续时间也不宜长，因低意识期间容易导致事故。

（4）意识水平下降导致注意分散。注意力分散是指作业者的意识没有有效的集中在应注意的对象上。这是一种低意识水平的现象。环境条件不良，引起机体不适；机械设备与人的心理不相符，引起人的反感；身体条件欠佳、疲劳；过于专心于某一事物，以致周围发生的事情不作反应。上述原因均可引起意识水平下降，导致注意分散。

2. 情绪、情感与安全

1）情绪与情感的比较

情绪、情感是人对客观事物的一种特殊反应形式。任何人都具有喜、怒、忧、伤、悲、恐、惊七情，因此在现实生活中，各种事物对人的作用不一样，有的使人高兴、快乐，有的使人忧愁、悲伤，有的使人赞叹、喜爱，有的使人惊恐、厌恶。

情绪和情感是从不同的角度来表示感情这种心理复杂现象的，是有区别的两个概念：其一，情绪是由机体的生理需要是否得到满足而产生的体验，属于任何动物共有的；情感则是人的社会性需要是否得到满足而产生的体验，属于人类特有。其二，情绪带有情景性，由一定情景引起，并随情景改变而消失，情感则即具有情景性，又具有稳定性和长期性。其三，情绪带有冲动性和明显的外部表现，情感则很少有冲动型，其外部表现也能够加以控制。

情绪、情感被环境影响、生理状态和认识过程 3 种因素所制约。其中认识过程起关键作用。

2）情绪

情绪状态可分为心境、激情和应激。

心境是一种使人的一切其他体验和活动都感染情绪色彩的比较持久的情绪状态，它具有弥散性。当一个人处于某种心境中，往往以同样的情绪看待一切事务。

心境是由对人的生活和工作具有比较重要意义的各种不同情绪所引起。如工作的顺逆，事业的成败，人们相处的关系，健康状况，甚至自然环境的影响，都可以成为引起某种心境的原因；过去的片断回忆，无意间的浮想，有时也会导致与之相联系的心境的重视；虽然人对引起心境的原因不能清楚地意识到，但他总是由一定原因引起的。

心境对人们生活和工作也有很大影响，积极、良好的心境有利于积极性的发挥，提高效率，克服困难；消极不良心境使人厌烦、消沉。因此，克服消极因素是有意义的。尤其对搞安全工作的同志，不仅要克服自己的消极心境，而且要帮助工人克服消极的心境，注意培养良好、积极的心境，从而杜绝由于心境不良而引起的行为失误所造成的事故。

激情是强烈的、暴风雨般的，激动而短促的情绪状态。它通常是由一个人生活中具有重要意义的事件所引起，意向的冲突和过度的抑郁都容易引起其激情。暴怒、恐惧、狂喜、激烈的悲痛、绝望等都是激情的表现。

激情有明显的外部表现，它垄断了整个人。处于激情状态下，人们的意识和认识活动范围往往会缩小，被引起激情体验的认识对象所局限，理智分析能力受到抑制，控制自己的能力减弱，往往不能约束自己的行为，不能正确评价自己行动的意义及后果。因此对于不良的情绪需要自己动员意志力和有意识地控制，转移注意力，以冲淡激情爆发的程度。在工人的工作中，大部分激情是造成事故的根源；但有些激情对人是积极的，它可以成为动员人积极投人行动的巨大力量，在这种场合过分的抑制激情是完全不必要的。因此，作为安全工作人员应将工人积极的激情引向搞好安全工作上来，从而防止事故的发生。

应激是出于意外的紧张情况所引起的情绪状态。在突如其来的和十分危险的情况下，必须迅速地、几乎没有选择余地地裁决决定的时刻，容易出现应激状态。例如，司机在驾驶过程中出现危险情境的时刻；人们在遇到巨大的自然灾害的时刻。此时需要人迅速地判断情况，在一瞬间作出决定，利用过去的经验，集中意志力和果断精神。但是，紧急的情境激动了整个有机体，它能很快地改变有机体的激活水平、心率、血压、肌紧度，引起行动高度应激化和行动的应激，在这种情况下，由于认识的狭窄，很难实施出符合目的的行动，容易作出不适当的反应。因此必须对容易发生事故的操作工人加强培训，使其技术熟练。在生活上树立崇高的目的和坚韧的意志，从而在一定程度上克服紧张情绪，即使在极其险恶的环境下，也能在一定程度上克服紧张情绪的不良影响。长期处于应激状态对人的健康是很不利的，有时甚至是很危险的，必须杜绝这种情况的发生。

在实际工作中表现出来的有如下几种不安全情绪：

（1）急躁情绪：干活利索但太毛糙，求成心切但不慎重，工作起来不仔细有章不循，手、心不一致，这种情绪易随环境的变化产生。如节日前后，探亲前后，体制变动前后，汛期前后等。我国中医病理指出，人的情绪状况能主宰人的身体及活动状况。人的情绪状况如果发展到引起人体意识范围变狭窄、判断力降低、失去理智力和自制力、心血活动受抑制等情绪水平失调呈病态时，极易导致发生不安全行为。当人体情绪激动水平处于过高或过低状态时，人体操作行为的准确度都只有50%以下，因为情绪过于兴奋或抑制都会引起人体神经和肾上腺系统的功能紊乱，从而导致人体注意力无法集中，甚至无法控制自己。因此人们从事不同程度的劳动，需要有不同程度的劳动情绪与之相适应。

人们在情绪水平失调时，言行上往往会表现出忧虑不安、恐慌、失眠、行为粗犷、眼神呆滞、心不在焉和言行过分活跃，或出现与本人平时性格不一致的情绪状态等。若能从管理上及个体主观上都注意创造一个稳定的心理环境，并积极引导人们用理智控制不良情绪，则可以大大减少因情绪水平失调而诱发的不安全行为。

（2）烦躁情绪：表现沉闷，不愉快，精神不集中，心猿意马，严重时自身器官往往不能很好协调，更谈不上与外界条件协调一致。

3）情感

情感是在人类社会历史发展过程中形成的高级社会性情感，人类社会性情感可归结为道德感、理智感和美感。

道德感是关于人的举止、行为、思想、意图是否符合社会道德行为标准和客观的社会价值产生的情绪体验，是由那些能满足人的社会道德行为准则的需要而产生的情绪体验。不同的历史时代，不同的阶级以及不同的社会制度，其道德标准、行为准则也有所不同；道德受社会生活条件和经济的制约。社会劳动和公益事务的义务感，对社会、集体的责任感、集体感，对同志的友谊感、同志感等也属于道德感。

美感是对事物的美的体验。美感是在欣赏艺术作品、社会上某些和谐现象和自然进景物时产生的。美感与道德感一样，受社会条件制约。

理智感是人的智力活动过程中产生的情感，它是和人的认知活动、求知欲、认知兴趣的满足、对真理的探索相联系的。它包括喜悦感、怀疑感、惊讶感、犹豫感等。

一切高级情感所固有的特点都是与一定的原则和标准、一定的社会要求相联系的。总之，一切社会情感都是关于评价的体验，社会组织的职责是应当对人民进行感情熏陶与教育，尤其是对青少年更应如此。安全工作者的职责是要对工人进行安全感情的熏陶与教育，提高对安全生产的认识。

3. 意志与安全

意志是指人自觉地确定目的，并支配行动去克服困难以实现预定目的的心理过程。它是人的意识能动性的表现。人们在日常生活、工作中，尤其是在恶劣的环境中工作，就必须有意志活动的参与，才能顺利地完成任务。

良好的意志品质表现在自觉性、果断性、自制力和坚定性4个方面，消极的意志表现为盲目性、犹豫性、冲动性、脆弱性。例如，对企业安全生产活动中的困难问题，有的人迎着困难，百折不挠，体现了意志坚强；反之，也有人缺乏信心，优柔寡断，表现出意志薄弱的行为。在企业安全生产活动中，意志对职工的行为起着重要的调节作用。其一，推进人们为达到既定的安全生产目标而行动；其二，阻止和改变人们与企业目标相矛盾的行动。

自觉性表现一个人自觉的、有目的地去实现自己的崇高理想和正确动机。如一个人主动地去干一些最艰苦的工作，而不计个人得失、排除各种干扰和诱惑地去完成各项工作任务。

果断性表现为在紧急关头，能够当机立断迅速作出决定。如一名好的司炉工，当锅炉出现不正常现象很快就要造成事故时，他一定会毫不犹豫地去排除故障；如果是一名脆弱性的司炉工，当发生事故时，他就会毫不犹豫地逃离现场。

自制力表现为在行动过程中控制自己的情感，约束自己的言论，节制自己的行动。在遇到挫折与失败的时候，一般人容易急躁、灰心、精神不振，在胜利面前容易骄傲自大、洋洋得意，而自制力强的人，则会冷静地去思考自己成功与失败的经验，绝不会牢骚满腹、怪话连篇。

自制力是克服内心的障碍而产生的，坚韧性则是针对外部的障碍而发生，在困难面前是否锲而不舍，就是有没有韧性的表现。

意志和认知、情感有密切联系。认知过程是意志产生的前提，因为意志行动是深思熟虑的行动，同时，意志调节认知过程。特别是在一些艰苦、复杂、精密的工作中，更需要有顽强的意志。在安全管理工作中应不计个人得失、排除各种干扰和诱惑力去完成和不断推进安全管理的各项工作任务。

三、个性心理特性与安全

个性心理特性是一个人身上经常地、稳定地表现出来的个人的整体精神面貌。它比较集中地反映了人的心理面貌的独特性、个别性，包括需要、动机、兴趣、能力、气质、性格等。个性心理特性虽然是相对稳定的，但当人和环境积极地相对作用时，它又是可以改变的。由于每个人的先天因素和后天条件不完全相同，因此个性心理特性在不同的人身上是有差异的。

职工在生产操作过程中表现出来的个性心理特性与安全关系很大，尤其是一些不良的个性心理特征，常是酿成事故与伤害的直接原因。

1. 需要、动机与安全

动机是由需要产生的，需要是个体在生活中感到某种欠缺而力求获得满足的一种内心状态。它是机体自身或外部生产条件的要求在脑中的反映。有什么样的需要就决定着有什么样的动机。

需要可分为生理性需要和社会性需要，前者是与生就有的、是人类共有的为了维持生命进行新陈代谢所需一切生理要求在头脑中的反映，如衣、食、住、行、休息、生育等。

社会性需要是人在群体生活和社会发展所提出的要求在头脑中的反映，如劳动、社交、学习等。

人的需要是受社会历史条件制约的，因此人的一切需要都带有社会性。需要是人的一种主观状态，它具有对象性、紧张性和起伏性等特点。正是由于这些特点，需要成为人们从事各种活动的基本动力。

人的需要大致可分为5类，即生理需要、安全需要、社交需要、自尊需要和自我实现需要。生理需要是最基本的需要，当生理需要得到一定程度的满足后，对安全的需要逐渐产生和加强。安全需要基本满足之后，社交需要逐渐产生和加强。人的需要是在较低一级的需要基本满足后较高级的需要会逐渐产生和加强。

人对安全的需要随着社会的进步已上升为第一位。安全需要得不到满足，会对其较高级需要的产生和发展产生影响，也就是会影响人们的社会交往、对社会的贡献及社会的安定和发展。因此安全管理者应从安全对社会发展的较高层次上看到安全工作的重要性，努力搞好安全工作、满足劳动者的基本需求。

动机是一种内部的、驱使人们活动行为的原因。动机可以是需求、兴趣、意向、情感或思想等。如果将人比做一台机器，动机则是动力源。

动机是人们行为领域里最复杂的问题，它作为活动的一种动力具有3种功能：第一是引起和发动个体的活动，即活动性；第二是指引活动向某个方向进行，即选择性；第三是维持、增强或抑制、减弱活动的力量，即决策性。由于需要的多样性决定了人们动机的多样性。从需要的种类分，可以把动机分为生理性动机和社会性动机；根据动机内容的性质分为正确的动机与错误的动机，高尚的动机与低级、庸俗的动机；根据各种动机在复杂活动中的作用大小，分为主导性和辅助性动机；从动机造成的后果分为安全性动机和危险性动机。

当人们不具备客观事物中某些方面的知识时，便不能产生这方面的兴趣、爱好和动机，也很难从事这方面的活动，更不会对这方面活动产生浓厚的兴趣，无这方面的动机，自然也就没有这方面的行动。因此，安全管理中，首先应调动每个职工搞好安全的积极性，强化安全行为，预防不安全的消极行为。

安全积极性是一种内在的变量，是内部心理活动过程，通过人的行为表现出来。从行为追溯到动机，从动机追溯到需要。安全需要是调动安全积极性的原动力，安全需要满足了，调动安全积极性的过程也就完成了。

2. 性格与安全

性格是人对现实的稳定的态度和习惯化了的行为方式，它贯穿于一个人的全部活动中，是构成个性的核心。它是人们在对待客观事物的态度和社会行为的方式中，区别于他人所表现出的那些比较稳定的心理特征的总和。

1）性格的特征

性格是十分复杂的心理现象，它包含着多个侧面，具有各种不同的特征。这些特征在不同个体身上，组成了独具结构的模式。

（1）对现实的态度的特征。人对现实的态度体系，是构成一个人的性格的重要组成部分。对现实的态度体系可以具体分为对社会、集体、他人的态度，对劳动、工作、学习的态度，对自己的态度等。

对社会、集体和他人的态度的性格特征，主要表现为：爱集体，富于同情心，善于交往，热情坦率；或是相反，行为孤僻，欺软怕硬，阿谀奉承等。对劳动、工作、学习的态度的性格特征，主要表现为：认真负责，工作细致艰苦奋斗等；或者相反，懒惰，缺乏责任心，马虎等。对自己的态度的性格特征，主要表现为：谦虚谨慎，不卑不亢，自尊自重等；或者相反，骄傲自满，自卑、自暴自弃等。

（2）性格的意志特征。当人为了达到既定的目的，自觉地调整自己的行为，千方百计克服困难，就表现出人的意志特征。人的意志特征主要表现在：表明一个人是否有明确的行为目标；人对行为的自觉控制水平；紧急困难条件下表现出的意志特征；经常地、长期工作中表现出的意志特征。

（3）性格的情绪特征。它是指人们在情绪活动时在强度、稳定性、持续性以及稳定心境等方面表现出来的个体差异。有的人的情绪活动一经引起，就比较强烈，很难用意志加以控制，仿佛整个自我被情绪支配。有的人情绪体验比较薄弱，总是冷静对待现实。有的人情绪往往容易起伏，有人则不易波动，甚至遇到较大事故也表现不出多大情绪上的变化。有的人情绪活动持续时间长，会对他留下深刻印象，有的人情绪活动转瞬即逝，对他没有什么影响。有的人稳定的心境总是振奋，有的人的心境总是抑郁等。

（4）性格的理智特征。它是指人们在感知、记忆、想象和思维等认识过程中表现出来的个体差异。在感知方面，分为被动感知型和主动观察型、详细罗列和概括性、快速性和精确型、记录型和解释型。

性格并不是各种性格特征的机械凑合或堆砌，各种性格特征在每个人身上总是互相联系、相互制约。在人的各种不同活动中，各种性格特征又会以不同的结合方式表现出来，有时以某种性格特征为主，有时又以另外一种性格特征为主。同时，性格特征又是发展变化的。所有这一切，都表明性格特征具有动态的性质。

2）性格的类型

性格的类型就是指一类人身上共有的性格特征的独特结合。对性格如何分类，各说不一，常见的分类有以下5种。

（1）按心理机能分类：依据在性格结构中，理智、情绪和意志何种占优势，而把人的性格分为理智型、情绪型和意志型。

（2）按倾向性分类：依据一个人心理活动时倾向于外部，还是倾向于内部把人的性格分为外倾型和内倾型。

（3）按独立-顺从程度分类：依据人的独立性的程度，把人的性格分为独立型和顺从型。

（4）以竞争性确定性格类型：分为优越型和自卑型。

（5）以社会形式确定：分为理论型、经济型、审美型、社会型、权利型、宗教型。

还有学者将性格分为冷静型、活泼型、急躁型、轻浮型和迟钝型。前两者中的性格属于安全型，后3种属于非安全型。

3）性格对安全的影响

性格与安全生产有着密切的联系，在其他条件相同的情况下，冷静型性格的人比急躁型性格的人安全性强。实践中不少人因鲁莽、高傲、懒惰、过分自信等不良性格，促成了不安全行为而导致伤亡事故。具有如下性格特征的人容易发生事故：

(1）富有攻击性者。

(2）性情孤僻、固执己见者。

(3）情绪不稳定者。

(4）主导心境抑郁、浮躁不安者。

(5）马虎、敷衍、粗心者。

(6）在紧急或困难条件下表现出惊慌失措、优柔寡断或轻率鲁莽者。

(7）懦弱、胆怯、没有主见者。

(8）感知、思维、运动迟钝；不爱活动、懒惰者。

安全心理学就是要深入挖掘和发展劳动者的一丝不苟、踏实细致、认真负责的创造精神，提倡劳动者养成原则性、纪律性、自觉性、谦虚、克己等良好性格，克服和制止易于肇事的那些不良的性格，良好的性格是安全生产的保障。作为安全生产管理者要了解和掌握职工的性格特点，针对职工的不同性格特点进行工作安排。将良好性格的人放在重要的、艰巨的、危险性相对大的工作岗位上。而不良性格的人放在安全性相对大的岗位上。对不良性格的人要经常进行教育，培养职工形成良好的性格。

3. 能力与安全

能力是使人能成功完成某项活动所必须具备的心理特征。它与气质和性格的不同表现在：能力必须通过活动才能体现出来，当然活动中也会体现出性格和气质方面的差异，但完成该项活动所必须和必备的心理特征才是能力。例如，完成一幅绘画作品的活动需要具备色彩鉴别能力、形象思维能力、空间想象能力等不同能力的有机组合。

1）能力和知识、技能的关系

能力并不等同于知识和技能，知识是信息在头脑中的储存，技能是个人掌握的动作方式。解一道数学题时，所用的定义和公式属于知识，解题过程中的思维灵活性和严密性则属于能力。学会骑自行车是一种技能，而掌握该技能的过程中体现出的灵活性、身体平衡性则是一种能力。

2）能力因素及种类

能力因素包括：智力、语言理解和口头表达能力、数理能力、空间判断能力、形体知觉能力、书写知觉能力、记忆能力、反应速度和运动协调性、手与手指的灵巧度等。能力的种类很多，而且各种能力都有自己的结构，各种能力之间存在着一定的联系和区别。

观察能力是智力结构的眼睛，记忆能力是智力结构的中枢，想象能力是智力结构的翅膀，操作能力是智力结构转化为物质力量的转换器。智力是人的各种能力的总和，是指人的认识能力和活动能力所达到的水平。在智力结构中最重要的是创造性能力，它主要是由创造性思维和创造性想象能力所组成的。

除上述介绍的几种能力以外，还有人在实践过程中的劳动能力，人们发明新东西的创造能力；日常生活中思想交流的语言表达能力与社交能力；对音乐的欣赏能力；各级领导的组织管理能力；工人和不安全、不卫生因素作斗争而采取安全措施的能力等。

3）能力的个体差异

人与人之间能力是有差异的，主要表现在能力类型的差异、能力表现早晚的差异和能力发展水平的差异。

（1）能力类型的差异。表现在完成同一种活动采取的途径不同、不同的人可能采用不同的能力组合来实现。例如考虑问题时有人善于分析，对细节注意，属于分析型，有人富于概括和整体性，属于综合型。有人善于语言表达，有人善于书面表达。

（2）能力表现早晚差异。由于生理素质、后天条件、接受教育、社会实践等不同，有人在少儿时代就表现出优异能力，这叫“人才早熟”，有人的优异能力表现较晚，属于“大器晚成”。

（3）能力发展水平差异。有人的能力超常，有的人能力低下，多数人能力属于中等。如果对未加选择的人进行某项能力的测试，被测的某项能力的分布是形如钟形的模式，此为理论上的能力差异正态分布。造成能力发展水平差异的原因很多，与遗传、疾病、营养、教育、实践等因素密切相关。

4）优势能力与非优势能力

一个人往往具有多种能力，形成一个能力系统，通常有一种能力占优势，其他能力从属于它。优势能力在一个人的生活实践中占主导地位，其他能力起增强优势能力的作用。不少人都能顺利完成同样活动，但完成这项活动的组成因素所处的地位也可能不同，有的因素在一些人身上是优势能力，但在另一些人身上是非优势能力。例如：音乐能力的基本成分曲调感、节奏感和听觉表现，对每一个具有音乐才能的人来说，这3个方面所起作用可能不同。所以优势能力在完成某种活动时可以补偿非优势能力的不足。有些人可以胜任某项工作，有的人胜任不了某项工作，这也是人的优势能力不同所形成的。

5）能力的个体差异与安全

由于存在能力的个体差异，劳动组织中如何合理安排作业，人尽其才，发挥人的潜力，是管理者应该重视的。

（1）人的能力与岗位职责要求相匹配。领导者在职工工作安排上应该因人而异，使人尽其才，去发挥和调动每个人的优势能力，避开非优势能力，使职工的能力和体力与岗位要求相匹配。这样可以调动工人的劳动积极性，提高生产率，保证生产中的安全。相反人具有的能力高于或低于实际工作需要都是不合理的，一方面造成人才浪费，引起职工不安心本职工作，产生不满情绪，影响生产，易出事故；另一方面能力低于实际工作需要，无法胜任工作，心理上造成压力，工作上不顺利必然影响作业安全，这也是事故发生的隐患。因此，任用、选拔人才时不仅要考察其知识和技能，还应考虑其能力及其所长。

（2）发现和挖掘职工潜能。管理者不但要善于使用人才，还要善于发现人才和挖掘职工的潜能，这样可以充分调动人的积极性和创造性，使工人工作热情高，心情舒畅，心理得到满足，不但避免人才浪费，有利于安全生产。

（3）通过培训提高人的能力。培训和实践可以增强人的能力，因此应对职工开展与岗位要求一致的培训和实践，通过培训和实践提高职工能力。

（4）团队合作时，人事安排应注意人员能力的相互弥补，团队的能力系统应是全面的，对作业效率和作业安全具有重要作用。

4. 气质与安全

气质是日常所说的性情、脾气，它是一个人与生俱来的心理活动的动力特征。气质对个体来说具有较大的稳定性，一个人具有某种气质特点，在一般情况下总会经常表现在他的情感、活动中，尽管活动内容很不相同，但显现的气质类型相同。虽然气质特点在后天的教育、影响下会有所改变，但与其他个性特点相比，气质变化缓慢且困难。

1）气质的类型

古希腊医生希波克拉底被公认为是气质学说的创始者。他认为人体内有4种体液，即血液、黏液、黄胆汁和黑胆汁。这4种体液的数量在每个人体内各占的比例不是均匀的，其中有一种占优势，这就决定了人的气质特点。在他看来，如果血液占优势，则为多血质的气质类型；黏液占优势，则为黏液质的气质类型；黄胆汁占优势，则为胆汁质的气质类型；黑胆汁占优势，则为抑郁质的气质类型。这4种气质类型在心理活动上所表现出来的主要特征是：

（1）胆汁质的人情绪产生速度快，表现明显、急躁，不善于控制自己的情绪和行动；行动精力旺盛，动作迅猛；外倾。

（2）多血质的人情绪产生速度快，表现明显，但不稳定，易转变；活泼好动，好与人交际，外倾。

（3）黏液质的人情绪产生速度慢，也表现不明显，情绪的转变也较慢，易于控制自己的情绪变化；动作平稳，安静，内倾。

（4）抑郁质的人情绪产生速度快，易敏感，表现抑郁、情绪转变慢，活动精力不强，比较孤僻，内倾。

这种按体液的不同比例来分析人的气质类型的学说是缺乏科学根据的，但比较符合实际，有一定的参考价值。

气质类型没有好坏之分，气质对个人的成就不起决定作用，不管何种气质，只要品德高尚，意志力强，都能为社会做贡献，在事业上有所建树。根据苏联心理学家研究，俄国4位著名作家普希金、赫尔岑、克雷洛夫、果戈理就是分别属于胆汁质、多血质、黏液质、抑郁质的。相反，品质低劣、意志薄弱，不管什么气质都会一事无成。在当今现实生活中，许多得过且过的人，绝对不会全是一种气质类型。

2）气质特征与所适应的职业

不同气质的人在不同工作上工作效率是有显著差异的。如在选择职业人才时，要考虑人的气质，对于飞行员、宇航员、大型系统调度员、大运动量的运动员，将选择大胆、勇敢、坚强、临危不惧、机智灵敏、坚韧不拔的人。而对于精密计算、医疗、气象、财会、打字员等职业不能挑选鲁莽急躁的人，表3－11给出了能力缺陷者所不适宜从事的职业。

表3－11　能力缺陷者所不适宜从事的职业

能力缺陷	不适宜职业	能力缺陷	不适宜职业
缺乏计算能力	收银员	缺乏语言表达能力	导游
缺乏审美能力	设计师	缺乏细心和忠诚度	银行职员
缺乏社交能力	公关人员	情绪不均衡，易于激动	护士
缺乏耐性和毅力	运输工人	缺乏沉着果断，行为轻率	消防队员

3）气质学说与安全工作

为达到安全生产的目的，在劳动组织管理中，要充分考虑人的气质特征的作用。进行安全教育时，必须注意从人的气质出发，施用不同的教育手段。例如，强烈批评，对于多血质、黏液质人可能生效；对胆汁质和抑郁质的人往往产生副作用，因而只能采用轻声细语商量的形式。

由此可见，4 种类型的人都具有积极和消极的两个方面，不能简单评价哪个好、哪个不好。在安全教育和安全检查中并非一定将某人划归为某类型，而主要是测定、观察每个人的气质特征，以便有针对性地采用不同方式进行有效的教育，从而真正减少生产过程中的不安全行为造成的事故，实现安全生产的目的。

5. 态度与安全

态度是个体对特定对象（人、观念、情感或者事件等）所持有的稳定的心理倾向，是个人对他人、对事物较持久的肯定或否定的内在反应倾向。这种心理倾向蕴含着个体的主观评价以及由此产生的行为倾向性。

人们在认识客观事物或在掌握知识的过程中，不是被动地去观察、想象和思维，也不是无区别地去学习一切，而是对人对事物都有某种积极、肯定的或消极、否定的反应倾向。这种反应倾向也是一种内在的心理准备状态，一旦变得比较持久和稳定，就成为态度。态度影响一个人对事物、对他人及对各种活动作出定向选择。态度是一种内隐的反应倾向，但他或早或晚总要在外部行为中表现出来。

态度的形成主要受 3 种因素的影响，即知识或信息，主要来自父母、同事和社会生活环境；需要，欢迎态度，相反则不然；团体的规定或期望，一般说来个人的态度要与他所属的集体的期望和要求相符合。属于同一集体的人，他们的态度较类似。团体的规定是一种无形的压力，影响同一团体的成员。

社会心理学家凯尔曼认为，态度的形成和改变要经过 3 个层次：

（1）顺从。表面上接受别人的意见和建议，表面行为上与他人相一致，而在认识与情感上与他人并不一致。这是一种危险现象。这是在外在压力作用下形成的，若外在情境发生变化，态度也会发生变化。

（2）认同。是在思想上、情感上和态度上主动接受他人影响，比顺从深入一些。认同不受外在压力的影响，而是主动接受他人影响。

（3）内化。在思想观念上与他人相一致，将自己认同的新思想和原有观点结合起来构成统一的态度体系。这种态度是持久的，且成为自己个性的一部分。

态度的改变一般要通过以下途径：以团体的力量影响个人，比规章制度更为有效；人际关系影响，个人的态度可以随所属的团体活动和担任的角色变化而变化；信息沟通是交流的双方在思想情感上互相沟通，信息来源要可靠，对信息的宣传和组织上要合适。认识和行为从一致变为不一致，就需改变认识或改变行为，需提供新概念，引导其作出新行为。

人们对安全工作的态度对搞好安全工作具有重大影响，在安全管理中，应通过宣传、教育，团体作用使工人对安全工作不仅态度是正确的，而且要达到内化的程度。避免工作不深、不透。在对工人的教育过程中，要紧紧抓住其态度转变的方法和途径，做到事半功倍。

四、非理智行为的心理因素

明知故犯而违章作业的情况普遍存在，通过分析发现，由非理智行为而发生违章操作的心理因素经常表现在以下 9 个方面。

1. 侥幸心理

由侥幸心理导致的事故是很常见的。人们产生侥幸的原因：一是错误的经验。例如某种事故从未发生过或多年未发生过，人们心理上的危险感觉便会减弱，因而易产生麻痹心理导致违章行为甚至酿成事故。二是在思想方法上错误的运用小概论容错思想。的确，事物的出现是存在小概率随机规律的，根据不完全统计，每 300 次生产事故中包含一次人身事故，每 59 次人身事故包含一次重大事故，每 169 次人身事故包含一次死亡事故。这说明事故是存在于小概率之中的。对于处理生产预测和决策之类的问题，视小概率为零的容错思想是科学的，但对安全问题，小概率容错的思想是绝对不容许的。因为安全工作本身就是要消除小概率规律发生的事故。如果认为概率小，不可能发生，而存侥幸心理，也许当次幸免于难，但随之养成的不安全动作和习惯，势必在今后工作中暴露在小概率之中而导致事故发生。因此，我们决不能忽略按小概率规律发生的事故，坚决杜绝侥幸心理，严格执行安全操作规程，进行安全生产。

2. 麻痹心理

麻痹大意是造成事故的主要心理因素之一。行为上表现为马马虎虎，大大咧咧，口是心非，盲目自信。盲目相信自己的以往经验，认为技术过硬，保准出不了问题（以老员工居多），认为“违章”是以往成功经验或习惯的强化，多次做也无问题，我行我素，引发事故，导致伤害。如某家粉末冶金厂的一名女工在立式压机上操作，上模下模行程很慢，通常都认为不会出事故，因行程较慢，即使手碰到上模也来得及抽脱开，但这位女工的手还是被压伤。分析其心理活动特征：一是因模子行程慢产生不会压住手的麻痹思想；二是注意力不集中，眼睛不注意模子的下行，注意力转移至压机以外的事物上；三是操作过程中把手抽离模腔。分析其心理过程是：麻痹——不注意——忘记——触觉迟钝。其主要是麻痹心理问题。

3. 省能心理

省能心理使人们在长期生活中养成了一种习惯性地干任何事总是要以较少的能量获得最大效果，这种心理对于技术改革之类工作是有积极意义的，但在安全操作方面，这种心理常导致不良后果，许多事故在诸如抄近路、图方便、嫌麻烦、怕啰嗦等省能心理状态下发生的。有的操作工人为节省时间，用手握住零件在钻床上打孔，而不愿动手事先用虎钳或其他夹具先夹固后再干；有些人宁愿冒点险也不愿多伸一次手、多走一步路、多张一次口；有些人明知机器运转不正常，但也不愿停车检查修理，而让它带“病”工作。

4. 逆反心理

在某种特定情况下，某些人的言行在好奇心、好胜心、求知欲、思想偏见、对抗情绪之类的一时作用下，产生一种与常态行为相反的对抗性心理反应，即所谓逆反心理。例如，要工人按操作规程进行操作，他自恃技术颇佳，偏不按操作规程去做；要他在不了解机械性能情况下不要动手摸，他在好奇心的驱使下偏要东摸摸西触触，往往事故就出在这种情况下。因此，我们要克服生产中的不良的逆反心理，严格遵守规程，减少事故发生。

5. 逞能心理

作业人员在生产现场工作时，不是遵照安全生产工作规程，而是靠想当然、自以为是、盲目操作。行为者对违章行为能力的过高估计，行为者的技术能力越好，经验越丰富，就会自认为行为成功的把握越大，行为动机也就越强烈，即常说的“技高人胆大”，从而将规章制度抛在脑后、逞能蛮干、凭印象行事，往往出现违章操作、误操作或误调度而造成事故。如2016年7月13日，某厂车工李某与刘某谈起零件加工任务，抱怨自己的机床太陈旧，离合器不灵便，停车位稍有偏差主轴便会反转，跟维修工说了几次也没调合适，郭某听了之后说“这有什么呀，我给你调。”李某半信半疑。刘某自恃是老师傅，懂机床结构，违章在不停车（马达工作）情况下冒险在离合器停止位置调整螺帽，一只手拿螺丝刀拨压弹簧，另一只手扭可调瓦螺帽。因身体紧靠床头箱，腿不小心碰到床体前离合器操纵杆，致使主轴瞬间转动，郭某两手被齿轮绞伤。

6. 帮忙心理

在生产现场工作中，往往会出现一些意想不到的事情，例如开关推不到位、刀闸拉不动等现象，操作者常常请同事帮忙，帮忙者往往碍于情面或表现欲望，但是在不了解设备情况下，如果盲目帮忙去操作，极易造成事故。如2010年6月13日，某县发生一起汽车修理工触电事故。39岁的汽车修理工奚某听说一朋友单位发生电气故障，自告奋勇于当日下午15时左右，前往该厂处理电气故障，在没有任何防护措施的情况下，竟然徒手爬上12 m高的高压电线杆断电。当他将竹竿伸至保险丝带电端时，强大的电流将他击落，当场昏迷。五官出血，背部、腰部、手臂、脚趾等处被严重烧伤。虽被及时送到医院抢救，但因伤势过重抢救无效死亡。

7. 凑兴心理

凑兴心理是人在社会群体生活中产生一种人际关系反映，从凑兴中获得满足和温暖，从凑兴中给予同伴友爱和力量，以致通过凑兴行为发泄剩余精力。它有增进人们团结的积极作用，但也常导致一些无节制的不理智行为。诸如上班凑热闹，开飞车兜风，跳车，乱摸设备信号，工作时间嬉笑等凑兴行为，都是发生违章事故的隐患。由凑兴而违章的情况大多数发生在青年职工身上。他们往往精力旺盛，能量剩余而惹是生非，加之缺乏安全知识和安全经验而发生一些意想不到的违章行为。因此经常以生动方式加强对青工的安全知识教育，以控制无节制凑兴行为发生。

8. 从众心理

这也是人们在适应群体生活中产生的一种反映，不从众则感到一种社会精神压力。由于人们具有从众心理，因此不安全的行为和动作很容易被仿效。如果有几个工人不遵守安全操作规程而未发生事故，那么同班的其他工人也就跟着不按操作规程做，因为他们怕别人说技术不行，太怕死等。这种从众心理严重地威胁着安全生产。因此，要大力提倡、广泛发动工人严格执行安全规章制度，以防止从众违章行为的发生。

9. 精神文明

人的品德、责任感、修养、法制观念等心理是影响安全生产一个极重要因素，许多违章作业事故都是在群众精神文明差的条件下发生的。例如：某一矿工人偷走挂在溜井旁的安全照明灯，致使另一工人掉进溜井内死亡。据统计在精神文明差的“文化大革命”时期，其事故概率较其他时期高18%～20%，所以对职工进行道德、理想等精神文明教育，是搞好安全、保障安全的重要途径。

总之，在运用心理学预防伤亡事故的工作中，要针对不同的心理特征，“一把钥匙开一把锁”。还要结合个人的家庭情况、经济地位、健康情况、年龄、爱好、嗜好、习惯、性情、气质、心境以及不同事物的心理反应等，做深入细致的思想工作。

心理学非常重视心理相容在人才合作中的重要作用。心理相容是合作成员的特点协调一致地结合，这种结合保证了共同心愿与安全健康的共同要求，这样就使大家有心理相容的重要因素。心理相容可以密切个人之间的关系，有助于形成和谐的人际关系，可以促进安全生产。心理不容造成关系不和与人事紧张，妨碍安全制度的落实，事故常常发生。心理学认为友谊是人与人之间的一种情谊，是一种高尚的道德情操。友谊在安全生产中常常是一种鼓舞前进的心理力量。作为一个集体，提倡互相关心，互相体贴，心理相容，团结友爱精神，建立和谐的人际关系，这对于落实安全第一、预防为主的方针将有积极的推动作用。

五、颜色对心理的作用

1. 颜色现象

1）明度、色调和饱和度

颜色视觉有 3 种特性，即明度、色调和饱和度。颜色视觉的每一种特性是光的物理属性和视觉属性的综合反应。既可以从客观刺激方面来定量，也可以从观察者的感觉方面来描述。描述客观刺激的概念叫物理学概念；描述观察者感觉的概念叫心理学概念。

表示颜色视觉的第一个特性的心理物理学概念是亮度。所有的光，不管是什么颜色，都可以用亮度来定量。与亮度相对应的心理学概念叫明度。

表示颜色视觉的第二个特性的心理物理学概念是主波长，与主波长相对应的心理学概念是色调。光谱是由不同波长的光组成的，用三棱镜可以把日光分解成光谱上不同波长的光，不同波长所引起的不同感觉就是色调。比如 700 nm 光的色调是红色，510 nm 光的色调是绿色，若将几种主波长不同的光按适当的比例加以混合，则能产生不具有任何色调的感觉，也就是白色。光谱波长与颜色的关系见表 3－12。

表 3－12　光谱波长与颜色的关系

波长/nm	颜色	波长/nm	颜色
620～780	红	500～530	绿
590～620	橙	470～500	青
560～590	黄	430～470	蓝
530～560	黄绿	380～430	紫

表示颜色视觉的第三个特性的心理物理学概念是颜色纯度，其对应的心理学概念是饱和度。纯色是指没有混入白色的窄带单色刺激，在视觉上就是高饱和度的颜色。由三棱镜分光产生的光谱色，例如主波长为 650 nm 的颜色光是非常纯的红光。假如把一定数量的

白光加在这个红光上，混合的结果便产生粉色，加入的白光越多，混合后的颜色光就越不纯，看起来也就越不饱和。

上述3个特征可以用图3-13所示的空间纺锤体表示。3个特性中的任何一个发生变化，颜色将发生变化。对于非彩色只能根据明度的差别辨别。

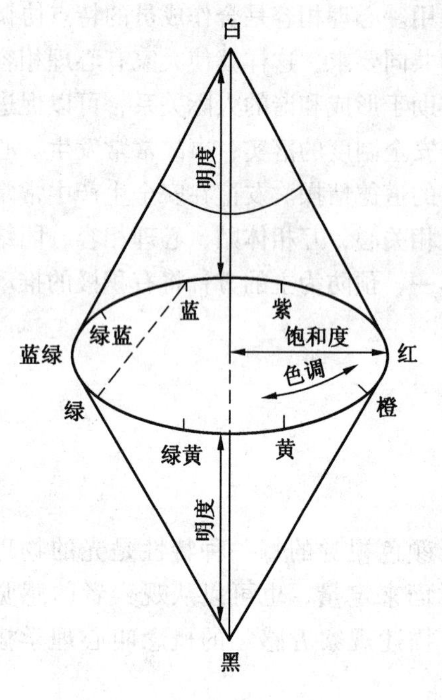

图3-13 颜色的基本特征

2）颜色的混合

按照光的三原色原理，任何光的颜色都是由红、绿、蓝这3种光混合而成，即颜色可以相互混合。这种混合可以是光线的混合，也可以是颜料的混合。

色光混合是一种加色法。它是两种以上颜色辐射直射到视网膜的同一区域，引起同时兴奋。加色法的三原色是红、绿、蓝。色光相加可以通过以下两种方式进行。

（1）同时加色法。将3种基色光同时投射在一个全反射表面上，可以合成不同色调的光。一种波长产生一种色调，但不是一种色调只和一种特定的波长相联系。光谱相同的光能引起同样的色彩感觉，光谱不同的光线，在某种条件下，也能引起相同的色彩感觉，即同色异谱。

（2）继时加色法。将3种基色光按一定顺序轮流投射到同一表面上，只要轮换速度足够快，由于视觉惰性，人眼产生的色彩感觉与同时加色的效果相同。

色光在混合过程中遵循混合规律：

① 补色律。凡两种色光以适当比例混合后得到的白光或灰色光，则这两个色光成为互补色。如图3-14中的红色和青色、黄色和蓝色等均为互补色。

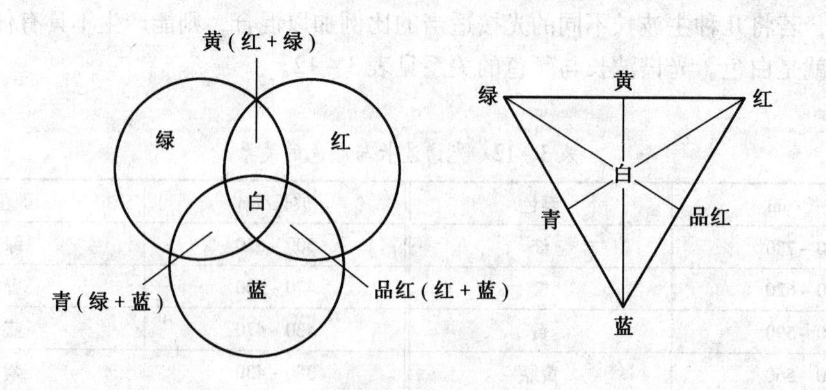

图3-14 相加混合

② 中间色律。任何两个非互补色光相混合均产生中间色，而色调介于两混合色的色调之间。如红色光与黄色光混合得到橙色光。

③ 替代律。相似的色光混合后仍然相似。例如，蓝色光 + 黄色光 = 白色光，由于红色光 + 绿色光 = 黄色光，所以可用红色光和绿色光混合代替黄色光，再与蓝色光混合，同样可以得白色光。

④ 明度增加律。混合色光的明度等于组成混合色光的各色光明度的总和。

⑤ 颜料混合遵循减色法。颜料、油漆等的色彩是颜料吸收了一定波长的光线以后所余下的反射光线的色彩。例如，黄色颜料是从入射的白色光中吸收蓝色光而反射红光及绿光，红光和绿光混合引起绿色的感觉。青色颜料从照射的白光中吸收红光而反射蓝光和绿光，蓝和绿的混合产生的了青色的感觉。颜料混合所得到的色彩的明度较低。颜料三基色是黄、品红、青，它们分别是分别是色光三基色红、绿、蓝的补色。由图 3 – 15 可见，黄色 = 白色 – 蓝色，品红 = 白色 – 绿色，青色 = 白色 – 红色。

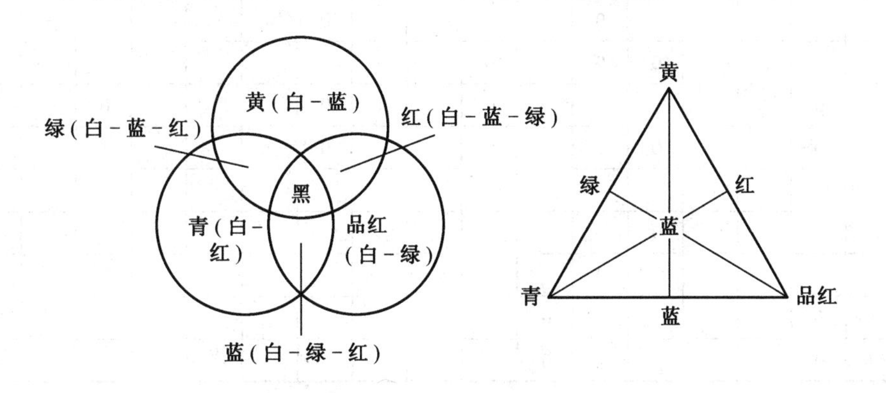

图 3 – 15　相减混合

2. 颜色的作用

人们处于不同颜色环境中，除了视觉辨别力受到影响、视野发生变化外，人的心理感觉也会有所变化，不同的颜色会表示不同的抽象概念（表 3 – 13）和产生不同的感觉（表 3 – 14）。

表 3 – 13　各种颜色表示不同的抽象概念

颜　色	抽　象　概　念
红	革命、热烈、牺牲、豪迈、危险、激动
绿	和蔼、悠闲、和平、娴雅、安憨、健康、冷感
兰	沉静、深远、冷淡、和平、善良
白	洁白、纯净、清洁、轻松、真挚
黑	恐怖、绝望、寂静、沉重、悲哀、神秘
黄	温暖、高贵、显赫、豪华、希望、光明、向上
赤黄	快乐、光明
紫	优雅、温厚

表3-14 各种颜色产生的不同感觉

颜色	引起的心理作用和感觉																	
	兴奋	忧郁	安憨	热情	爽快	轻松	沉重	遥远	接近	温暖	寒冷	安静	愤怒	力量	柔和	希望	警觉	安祥
红	0			0			0		0	0			0					
橙	0									0				0			0	
橙黄	0			0					0									
黄	0			0		0			0	0								
黄绿						0				0		0						
绿			0		0			0			0	0			0	0		0
绿蓝						0					0	0						
天蓝						0		0			0	0						
浅蓝			0		0	0		0										
蓝		0			0		0	0			0				0			
紫		0			0		0	0			0							
紫红	0									0								
白					0	0												
浅灰						0												
深灰		0					0											
黑		0					0											

说明：表中有“0”的表示有该种心理作用或感觉联想。

（1）冷暖感。通常人们把红色、黄色和橙色称为暖色调。如看到红色、黄色和橙色联想到火，人们在充满红色的房间里，会有温暖感。这些颜色给人以暖的心理感觉。通常把蓝、青、绿色称为冷色调，冷色给人以清凉、寒冷的感觉，如蓝色的衣服使人看上去凉爽。黄绿色和紫色为中间色。彩度越高的暖色，暖的感觉越强，彩度越高的冷色，寒冷感越强。在无色彩系中也存在冷暖感。相比较，白色与灰色给人有寒冷感，暗灰和黑色给人以暖的感觉。不论是冷色还是暖色并不使人有物理性温度变化，引起的只是心理上的感觉。

（2）兴奋和抑制感。暖色调给人以兴奋感，使人情绪高涨、精神振奋、易于激动。冷色系使人冷静，抑制人的情绪。这种感觉与色彩的彩度相关，彩度越高则兴奋和抑制作用越明显。

（3）前进和后退感。在同一位置上的不同颜色，看上去有的比较近，有的就比较远。这是因为不同色调的颜色会引起人们对距离感觉上的差异。一般而言，暖色系及明度大的颜色看上去生动突出，比较近，叫前进色；冷色系和低明度颜色看上去比较冷静，有后退感，叫后退色。同一种颜色纯度高的有前进感，纯度低的有后退感。

（4）轻重感。色彩的轻重感主要是由明度决定的。一般，明度高的感觉轻，明度低的感觉重。明度相同时，彩度高的比彩度低的感到轻，而暖色系又比冷色系感觉重。

（5）轻松和压抑感。明度高的颜色会使人产生轻松、自在、舒畅的感觉；明度低的颜色会使人产生压抑和不安的感觉。非彩色的白色和其他纯色组合使人感到活泼，而黑色使人感到抑郁。

（6）软硬感。色彩的软硬感与明度和彩度有关，明度高的颜色感觉软，明度低的颜色感觉硬。彩度高和彩度低的色彩都有硬的感觉，而彩度中等的有软的感觉。非彩色的白色和黑色是给人以坚硬感，而灰色给人以柔软感。

（7）膨胀色与收缩色。体积相同颜色不同物体，看起来不一样大，有的感觉比实际大，有的感觉比实际小。这是颜色给人感觉上的膨胀与收缩感。一般的暖色系的颜色感觉比实际大，称为膨胀色；冷色系的颜色感觉比实际小，称为收缩色。高明度的颜色看起来大，低明度的颜色看起来小一些。

不同的色调、不同的明度或彩度给人不同的心理感觉，在工业生产中根据这一特性，合理选择环境和设备颜色，使之更加符合人的心理特征。

在视觉狭窄的建筑物内，适当装饰，既可活跃建筑气氛，又可以增加视觉层次，和谐建筑物有限空间的约束，通过叠层透景，构成画中有画，景中有景，趣味无穷。例如我国园林艺术中，利用透花窗装饰的空间，使建筑物内部虚中有实，实中有虚，改善了视觉效果，也可增添层次，使墙中有画，室内有景，房内有天。构成了一片诗情画意的空间和舒适环境，人们在此环境中，既可提高工作效率又能够促进安全生产。

建筑物内的色彩，一般以柔和、温暖、宁静、悦目的中性浅色调为主，即以光谱基本颜色之间的复合浅色为主。如黄、红之间的橘黄色、浅蓝色、红色等（暖色），或者黄、绿之间的草绿色、苹果绿色等（冷色），而令人久观不厌，心旷神怡。若再利用各种陈设点缀、烘托、反衬，采用从上到下逐步加重的色彩方案，便可以使整个室内层次明显，显得协调。

采用暖色中性浅色调装饰时，要注意层次变化，必要时加重浅色以示区别，通常天棚色彩以大白、乳白、乳黄色等明亮、反射能力强的色彩，或点缀一些棕色，与各种灯具组成各种图案。墙面的色彩，最为丰富，如粉红色、浅蓝色、砂绿色、浅黄色、浅褐色给人一种清晰、美观、温暖、柔和的感觉，相对于天棚以次亮的色彩出现，若再饰以各种颜色、各种造型的花卉图案，更显得惟妙惟肖，趣味横生。地面的色彩，有铁红色、黄绿色、黑灰色、铁黄色，还可以用其他色调隔出多种图案，或集中和分散，或放射，犹如天上繁星，又似锦上添花。这种布置，上轻下重，上明下暗，对比鲜明，内容丰富，既稳住又文雅，既协调又美观。人们在这种欢乐的环境中工作、学习和生活，舒适、愉快，对于提高工作效率和保证人们身心安全健康，具有促进作用。

此外，还可以利用色别对比创造出新颖的色彩环境。若在几个色彩基本一致的房间里容易使人产生单调的感觉，这时应注意有意识在这几个房间里附近选用与此有强烈对比的色彩方案，便可使人厌倦的心情烟消云散，好似雨过天晴一般。

为了丰富室内空间气氛，柔和、明亮度相近的色彩结合布置，也可以取得较好的效果。在一些人防工事中，两种色彩连接处常用各种图案保持和谐。在国外，特别是美、英等西欧国家，都喜欢在浅淡色层面上，无规律地贴挂各种碎小图案，或几何图形，或艺术模型，以作为墙面与棚顶区别标志。如某方案采用天棚、墙面皆为浅蓝色，而在墙上却粘贴了几支洁白的贝壳，挂上几支鱼骨、虾头，别有风趣。又如某方案天棚四壁皆为浅黄色，作者在墙面上挂上一顶橙黄色草帽，又无规律粘上几个大红几何图案，使人感到新颖别致。这种装饰方案利用墙面天棚周边，缩小天棚面积，调整了不适当的空间比，又以新颖的色彩对比，活跃了空间气氛。

建筑物内色彩选择，还要重视天然材料颜色的合理应用。如大理石、花岗岩等有色石料，皆可借助本身的色彩来表现其坚实、清秀、文雅、美观的素质；也可利用颜料人工涂制天然石料的色彩，获取天然美的效果。

六、声音对心理的作用

声音来源于物体的振动，是动物世界传递信息的重要手段之一。然而人能感觉到的声音频率为 20 ~ 20000 Hz，最适宜范围为 1000 ~ 40000 Hz。音调随振幅频率增大而增大。

声波对听觉器官的作用，决定于声能的高低，声能越大，造成的声压越高，感到的声响越强。

根据声音对心理作用的不同，可分为乐声和噪声。

乐声：声源按一定的乐理有节奏、有规律地振动而产生的声音叫乐声，如各种乐器和歌唱者嗓子，依照一定的调式发出的声音。乐声的特点是给人以轻松愉快、优雅舒适之感，并能激发人们勇于向上的生活热情。

噪声：声源无规律的振动而产生的声音，叫噪声，如工厂里的金工车间，由于各种原因造成的机器发出的不正常的声音；公路上汽车产生的声音；再有，各种声波无规律交织在一起都是噪声，噪声的特点是使人厌倦、疲劳、困倦、心绪不宁。

声音对人的生活、工作都有很大作用，从工厂里的实际情况来看，主要是噪声的影响。据报道，全国有三分之一的工人处于超过国家规定的噪声标准干扰的环境中。

1. 乐声的作用

各种运动场所，嘹亮的运动员进行曲可以激发运动员们的运动热情，这是由于运动员们受到音乐感染的结果，乐声还可以减少运动员的紧张情绪。母亲用催眠曲使孩子入睡也是同样的道理，乐声还可以帮助消化，减少人们各种各样的痛苦。在当今的现实生活中，乐声的妙用更多。如创造生机勃勃的工作情绪，减少工作中的疲劳等。近年来还用于手术前的镇静麻醉。宇航员柯瓦列诺克说："音乐不光是消遣，而且是我们工作的重要部分，它帮助消除心理上的紧张感。"

为提高生产效率，创造一个舒适的工作环境，减少事故的发生，应当尽可能地借助乐声的帮助。

2. 噪声的危害

与乐声相反就是噪声，据研究发现低强度噪声不仅对人体无害，而且会在不同程度上对人体产生一定的有利影响。高强度噪声使大脑皮层兴奋和抑制调节失调，脑血管功能紊乱，对心理产生一种压制，使血压改变，导致烦躁不安，产生幻觉。

第三节 人体生物力学

生物力学是研究生物系统运动规律的科学。生物系统包括有机整体和有机整体的联合体。有机整体，即由各种器官和组织以及其中的液体和气体组成的整体；有机体的联合体，即由生物体各部分，如人由头、躯干、四肢及内脏等组成的有机联合体。

生物系统的运动表现形式有两种：①整个生物系统对于其周围的介质、支承物或其他物体发生位移，例如人的行走；②生物系统本身发生形变，即其中一部分相对于另一部分发生位移，例如弯腰、伸腿。生物体运动要消耗能量，生物体的能量消耗有两个方面，一是用以完成规定的动作称为有效消耗；二是以热量散失称为无用消耗。

人体生物力学侧重研究人体各部分的力量、活动范围和速度，人体组织对于不同阻力所发挥出力量的数值、人体各部分的重量、重心变化以及做动作时的惯性等问题，其研究目的是为了使人在人机系统中更好地发挥其作用，尽量避免做无用功，使人能有效地工作，提高活动效率，减少疲劳，确保人身安全。

在安全人机工程学的设计与分析、评价及“三同时”审查、事故分析等时，就要准确地确定操作者和设备的最有利工作范围和界限，因此就得利用人体生物力学方法。为使操作者安全舒适地工作，在设计操纵机构时必须考虑人体出力大小、动作轨迹、动作平稳程度以及人体各部分运动的方向等因素，均要运用人体生物力学的理论。

一、人体生物力学的一般知识

人体完成各种活动动作的运动器官系统，由肌肉、关节、骨骼等组成。全身的关节将骨节连接成一体，形成可以活动的骨骼体系，肌肉跨越关节黏附于骨之上。肌肉、关节、骨三者在神经系统的支配和协调下，按照人的意志，共同准确地由肌肉的收缩与舒张牵动骨通过关节的作用而产生各种动作。

1. 骨骼的功能

1）人体骨骼强度

在一定范围内，骨的应力－应变关系是线性的，服从虎克定律，但当超过一定应力数值后，这种关系就不再成立。

新鲜骨的强度（指骨断裂时的最大应力）比干骨低50%，但它有较好的延伸性，因此，断裂所需的能量高于干骨。骨骼的抗压强度高于其抗拉强度50%左右。不同骨的抗拉强度差别较大，但不同骨的抗压强度差别不大。如肱骨的抗拉强度较高，股骨和胫骨的抗拉强度都比肱骨低。对骨骼不同部位的强度及骨密度的研究表明，强度和密度之间只有大约40%的强度差别可用密度的不同来解释。因此，骨骼强度的差别主要是由不同骨结构的形式不同所造成的。

人体胫骨强度实验结果与其他材料强度的比较见表3－15，人体骨骼的抗弯强度、抗压强度和抗扭强度见表3－16。

表3－15　人胫骨强度实验结果与其他材料比较

项　目	钢材	胫骨	花岗岩	洋松
密度/($g \cdot cm^{-3}$)	7.80	1.87～1.97	2.60	0.63
纵向最大抗拉强度/($N \cdot cm^{-2}$)	41550	9110～117601	490	632
纵向最大抗压强度/($N \cdot cm^{-2}$)	41550	2450～20580	13230	4155
横向抗剪强度/($N \cdot cm^{-2}$)	34400	11660	1380	1040
纵向抗剪强度/($N \cdot cm^{-2}$)	—	4950	—	—

表3-16 体骨骼强度 N

骨名称	弯曲强度		纵向抗压强度		抗扭强度
	男	女	男	女	
锁骨	980	607	1880	1235	78
肱骨	2705	1705	—	5880	392
桡骨	1200	666	3273	2156	118
尺骨	1225	813	1764~2842	1294	78
股骨	3920	2577	7409	—	872
胫骨	—	—	7987	4960	—
胫骨（作用于内侧）	2695	1862	—	—	470
胫骨（作用于外侧）	2350~4900	—	—	—	—
腓骨	441	309	598	480	59

由表3-15可知，骨的密度比钢小得多，其各方向的强度也不如钢的大，但比花岗岩和洋松要高得多，具有强度高、重量轻的特点。另外，从表3-15还可看出，骨对纵向压缩的抗力最强，这说明骨在承受压力时不易损坏，在承受张力时易于损坏。由表3-16知，人体各部位骨的抗压强度最大，抗弯强度次之，抗扭强度最小。这对人体负重、搬运研究和受力设计具有特别意义。

2）骨的功能

人体全身约有206块骨，可分为头颅骨、上肢骨、下肢骨、躯干骨、脊椎骨等，由这些有生命而坚硬的骨支撑着人体，每块骨都有一定的形态、结构、功能、位置及其神经和血管。骨所承担的功能主要有：

（1）骨构成体腔的壁，如头颅腔、胸腔、腹腔、盆腔等，以保护大脑、心、肺、肝、胆、脾胃、肾、肠及生殖器官等人体内脏重要器官。

（2）骨之间由关节连接构成骨骼，形成人体支架，支承人体全身的重量，支撑人体的肌肉、皮肤、内脏器官等软组织，骨骼与肌肉一块共同维持人体的外部形态。使人成为具有一定高度、宽度、厚度的实体。

（3）骨骼的骨髓腔和松质的腔隙中充填着骨髓，骨髓是一种柔软而富有血液的组织，其中的黄骨髓可储藏脂肪；红骨髓具有造血功能，骨髓中的钙和磷参与体内钙、磷代谢而处于不断变化状态。所以，骨髓除具备造血功能外还是体内脂肪、钙和磷的储备仓库。

（4）肌肉在神经系统支配下产生收缩时，牵动着骨围绕着关节活动，使人体产生各种动作。因此，骨是人体活动的杠杆。

3）骨杠杆

人体骨杠杆的原理与力学杠杆完全一样。在骨杠杆中，关节是支点，肌肉是力量源泉，肌肉与骨的附着点称为力点，而作用于骨上的阻力（如操纵力、体重等）的作用点称为重点（即阻力点）。人体活动主要由下列骨杠杆形式而定。

（1）平衡骨杠杆。人体支点位于重点与力点之间，类似天平秤的原理，例如通过寰枕关节调节头的姿势的运动，如图3-16a所示。

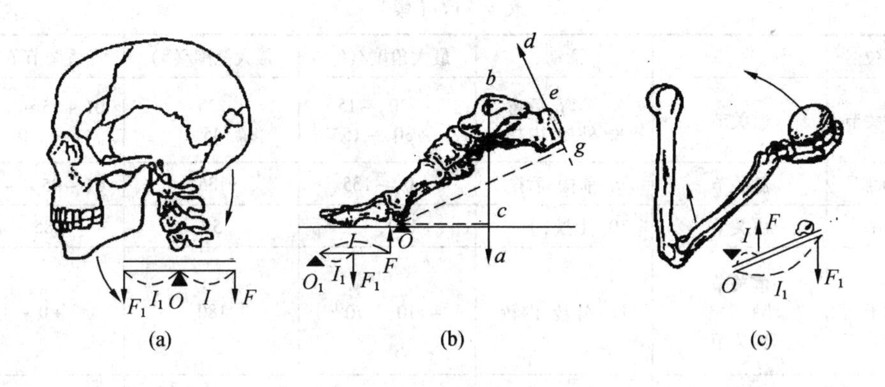

图 3－16　人体骨杠杆

（2）省力骨杠杆。此类骨杠杆的重点位于力点与支点之间，例如足跟踝关节的运动，如图 3－16b 所示。

（3）速度骨杠杆。力点在重点和支点之间，阻力臂大于力臂，例如手执重物时肘的运动，如图 3－16c 所示。此类杠杆的运动在人体中较常见。

众所周知，杠杆原理是省力不省功的原理，若肌肉产生的力量大而运动范围（或幅度）小，即得之于力则失之于速度；反之，若肌肉产生的力量小而运动范围（或幅度）大，即得之于速度则失之于力。由此可见，力量与运动速度（或幅度范围）是互相矛盾的。因此，在人机系统操纵设计时，应充分考虑这一原理。

2. 关节的活动范围

1）关节的连接

（1）直接连接。骨与骨之间借助结缔组织、软骨或骨互相连接，其间不具腔隙，活动范围很小或完全不能活动，故又称为不动关节。

（2）间接连接。两骨之间借助膜性囊互相连接，其间具有腔隙，有较大的活动性，此种骨连接称为关节。

2）关节的作用（表 3－17）

（1）关节的损伤。关节除了有将骨与骨相连的功能之外，并与肌肉和韧带连接在一起，因韧带既可有连接两骨、增加关节的稳定性的作用，还有限制关节运动的作用。这样一来，人体各关节的活动就要受到限制，若超过其限制范围，则会受到损伤。

表 3－17　人体重要活动范围和身体各部舒适姿势调节范围

身体部位	关节	活动	最大角度/(°)	最大范围/(°)	舒适调节范围/(°)
头至躯干	颈关节	1. 低头，仰头	+40，−35[①]	75	+12～25
		2. 左歪，右歪	+55，−55[①]	110	0
		3. 左转，右转	+55，−55[①]	110	0
躯干	胸关节 腰关节	4. 弯，后弯	+100，−50[①]	150	0
		5. 左弯，右弯	+50，−50[①]	100	0
		6. 左转，右转	+50，−50[①]	100	0

表3-17（续）

身体部位	关节	活动	最大角度/(°)	最大范围/(°)	舒适调节范围/(°)
大腿至髋关节	髋关节	7. 前弯,后弯 8. 外拐,内拐	+120, -15 +30, -15	135 45	0(+85 ~ +100)② 0
小腿对大腿	膝关节	9. 前摆,后摆	+0, -135	135	0(-95 ~ -120)②
脚至小腿	脚关节	10. 上摆,下	+110, +55	55	+85 ~ +95
脚至躯干	髋关节 小腿关节 脚关节	11. 外转,内转	+110, -70①	180	+0 ~ +15
上臂至躯干	肩关节(锁骨)	12. 外摆,内摆 13. 上摆,下摆 14. 前摆,后摆	+180, -30① +180, -45① +140, -40①	210 225 180	0 (+15 ~ +35)③ +40 ~ +90
下臂至上臂	肘关节	15. 弯曲,伸展	+145, 0	145	+85 ~ +110
手至下臂	腕关节	16. 外摆,内摆 17. 弯曲,伸展	+30, -20 +75, -60	50 135	0③ 0
手至躯干	肩关节,下臂	18. 左转,右转	+130, -120①④	250	-30 ~ -60

注:给出的最大角度适于一般情况。年纪较高的人大多低于此值。此外,在穿厚衣服时角度要小一些。有多个关节的一串骨骼中若干角度相叠加产生更大的总活动范围(例如低头、弯腰)。①给出关节活动的叠加值;②括号内为坐姿值;③括号内为在身体前方的操作;④开始的姿势为手与躯干侧面平行。

(2) 关节的舒适。当人体处在最大活动范围以内的活动，即处在各种舒适姿势时，相应的关节也会处在舒适范围之中，此时人的活动时间即可持久，而且其活动质量与效率也会高，可靠性与安全性均会高。

3. 人体肌肉力学特性

不论人体骨骼与关节机构怎样完善，如果没有肌肉，就不能做功。所以，人体活动的能力决定于肌肉。肌肉的基本机能是将摄入的化学能转变成机械能或热能再转变成机械功或力，肌肉收缩时所产生的力及其长度改变与改变的速度，反映了肌肉活动的主要生物力学特征。

人体的肌肉依其形状构造、功能、分布等可分为平滑肌、心肌、横纹肌3种。横纹肌大都跨越骨关节，附着于骨骼，故称为骨骼肌；由于骨骼肌的运动要受人的意志支配，故又称随意肌。少数横纹肌附着于皮肤，称为皮肌，由于人体运动主要与横纹肌有关，所以安全人机工程学所讨论的肌肉仅限于横纹肌（简称肌肉）。

人体的横纹肌共有400块，其总重量约占人体体重的40%。每块横纹肌均由众多肌纤维构成，具有一定的形态，占有一定的位置，并有其自身的血管和神经，因此每块肌肉都是一个器官。

肌肉运动的基本特征是收缩与放松，故此肌肉具有展长性和弹性、兴奋性、收缩性的特性。肌肉收缩是产生人的体力的根源。肌肉收缩时其长度缩短，横断面增大，放松时则成相反变化。其机理是因为肌原纤维是由众多肌微丝构成，肌微丝又因其形态和化学成分不同分为肌球蛋白微丝和肌动蛋白微丝；肌球蛋白微丝粗而短；肌动蛋白微丝细而长。肌肉的收缩就是由这两种肌微丝的蛋白之间不断地结合或离解，从而使肌动蛋白微丝在相邻的肌球蛋白微丝之间滑动而向肌节中心靠拢，使肌节缩短；放松时则与此相反。肌肉工作机理示意图如图 3－17 所示。

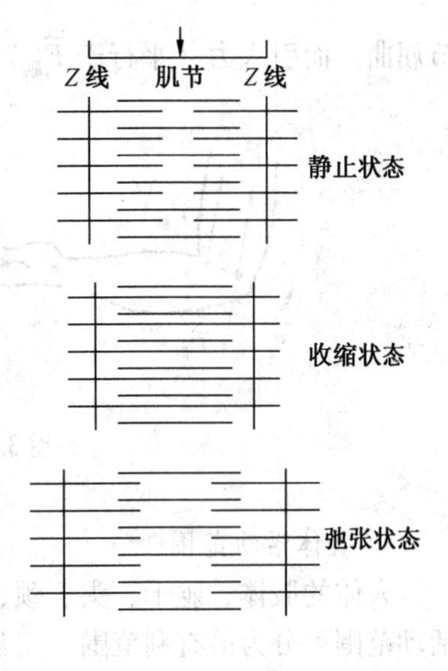

图 3－17 肌肉工作机理示意图

在外界刺激作用下，由神经系统支配的肌肉产生兴奋而引起肌肉收缩或放松，肌肉收缩就会做功，而且在负荷较轻范围内，做功量随负荷的增加而增大。当负荷达到一定限度后，若再加重负荷，肌肉收缩时做的功将减少。在做功的过程中，要克服各种各样的阻力（反作用力），这种阻力可能是肌肉内部所特有的内力；也可能是外力，所以肌肉所做功可区分为内功和外功两种。肌肉收缩时克服肌肉的内摩擦所做的功就属于内功，而提起重物所做的功属于外功。一般肌肉所做的有效功是它所做的外部机械功。

肌肉的收缩和放松均是由神经系统的支配而产生的，两者都是因肌纤维接受刺激后所发生的机械性反应。这种机械性反应有两种表现，一种是肌纤维的长度缩短；另一种是肌纤维张力增加。

肌肉在没有负荷而自由缩短的情况下，肌肉的长度缩短而张力不变的收缩，称为等张收缩。当肌肉在两端被固定或负有不能克服的负荷情况下，肌肉的长度不可能缩短，只能产生张力，这种长度没有改变而张力增加的收缩，称为等长收缩。

人体在正常条件下进行活动时，不会产生单纯的等张收缩或等长收缩，而是既有张力改变又有长短改变的混合性收缩。例如，在无负荷情况下，四肢运动近于等张收缩，但也不是纯粹的等张收缩，因为肢体本身还有一定的自重负荷。又如在试图举起力所不及的重物时，近似等长收缩，但也不是纯粹的等长收缩。因人体是多关节结构，重物虽未举起，而身体本身或多或少发生一些屈曲，肌肉的长度还有所缩短。在动力性运动中，肌肉长度缩短表现得很明显；而在静止用力下，张力的增加表现得很明显。

肌肉放松是指肌肉处于不完全紧张的状态，其变化与收缩过程相反。虽然肌肉收缩产生的肌力保证了各种操作活动的完成，然而肌肉的放松对操作活动的完成也具有重要的意义。如果在操作活动中，能自如地放松那些不直接参加完成操作动作的肌肉，则可以节省体内的物质和能量的消耗；保证动作的准确、协调和有力的完成；有利于减轻疲劳，减少误操作。

4. 人体运动的特征

人体是一个有机的物质系统，身体各个部分的运动都是转动，转动状态的改变则不是取决于力，而是取决于力矩。

力矩是力对物体转动作用的量度，力矩的大小等于力与力臂之积。对于人体生物系统来说，肌肉的张力对相应的关节的轴形成力矩。运动过程中由外部作用于身体的力，一般并不通过身体的质心，因而会产生对于质心的力矩。如图 3－18 中肘关节轴引入力大小和方向均跟前臂肌张力（$\vec{F}_{肌}$）相同，但为了不改变力的作用实际图像，还要附加一个力 $\vec{F}_{附}$（大小与 $\vec{F}_{肌}$ 相等，方向相反），于是肌张力 $\vec{F}_{肌}$ 和 $\vec{F}_{附}$ 形成一个力偶，使前臂绕肘关节屈曲。而引入力（平行于 $\vec{F}_{肌}$）则推动肘关节向上运动。

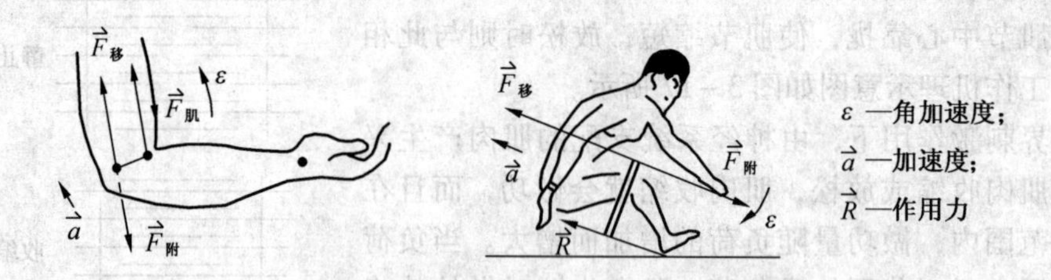

图 3－18　屈前臂时形成的力矩图示

5. 人体活动范围

人体的肢体、躯干、头、颈、手掌、手指、脚掌、脚趾等均有各自的活动范围。人体活动范围可分为最有利范围、正常范围和最大可及范围。

（1）最有利范围：是指可使人在既达到动作目的同时又保证了人的工作轻松、舒适、不疲劳的最佳效果的人体活动范围，也称顺手可及活动范围。因此要求施加的操纵力不大的、使用频率很高的、极重要的操作装置应安装在此范围内。

（2）正常范围：是指人体一般活动均在此活动范围内进行，如上肢相对于不动的肩膀在肘关节弯曲时外切弧的范围。在此活动范围内的活动，要求施加的操纵力较大，但人不感觉到吃力，并且能持久地维持作业姿势、作业能力、作业速度、作业意志，既能保障安全生产，又能保证产品质量和高工效，是理想的作业场所。因此一般常用的又重要的操作装置应安装在此范围内。

（3）最大可及范围：是指肢体长时间处于最大限度伸直状态的活动范围。在最大可及范围内工作时，肌肉之间会产生内力，肌肉的能量主要消耗在为使动作达到不同的准确性时所产生的速度上，因此长时间处于此活动范围内的活动就容易引起疲劳。所以布置操纵机构时，要充分考虑人体的活动范围，尽可能不使人在最大可及范围内工作。但是不常用的费力很大的操作装置应安装在此范围内。

二、人体各部分的操纵力

操纵力是指操作者在操作时为达到操作的目的所付出的一定数量的力。

人的头、躯干、肩膀、四肢、手掌、手指、脚掌、脚趾均可发挥出一定的操纵力。因此在设计人机系统时，为了使操纵者既发挥最大的主观能动性，而又不感到疲劳，既耗费能量最少，同时感到轻松愉快，就必须很好地考虑操纵力的数值和操作者的生理状况是否能够付出所需要的操纵力。

肢体的力量来自肌肉收缩，肌肉收缩时所产生的力称为肌力。肌力的大小取决于以下几个生理因素：单个肌纤维的收缩力；肌肉中肌纤维的数量与体积；肌肉收缩前的初长度；中枢神经系统的机能状态；肌肉对骨骼发生作用的机械条件。研究表明，一条肌纤维能产生 $10^{-3} \sim 2 \times 10^{-3}$N 的力量，若以肌肉生理横断面测算，约为 40 N/cm^2。因而有些肌肉群产生的肌力可达上千牛顿。人体全部肌肉估计约有 2.7×10^8 条肌纤维，若以同一方向施力，至少可产生 25 t 的力。

在操作活动中，肢体所能发挥的力量大小除了取决于上述人体肌肉的生理特征外，还与施力姿势、施力部位、施力方式和施力方向有密切关系。只有在这些综合条件下的肌肉出力的能力和限度才是操纵力设计的依据。图3－19为直立姿势下弯臂时，不同角度所能发挥出的力大小与体重的比值。由图3－19可知，大约在70°处可达最大值，即产生相当于体重的力量。这正是许多操纵机构（例如方向盘）置于人体正前上方的原因所在。

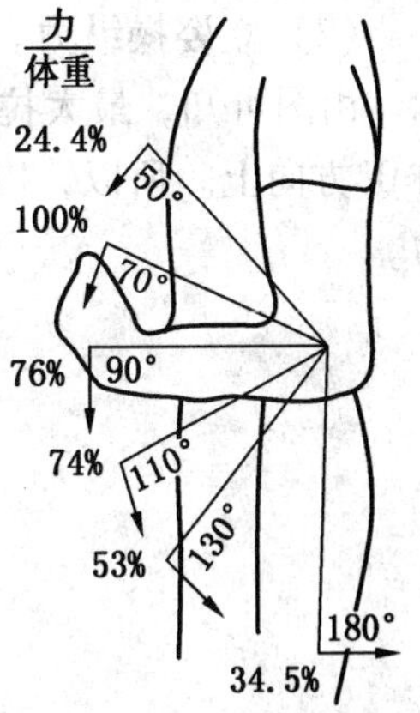

图3－19　立姿弯臂时的力量分布

1. 手的操纵力

（1）坐姿操纵力。坐姿时不同角度上臂力测试如图3－20所示，其测量结果见表3－18。这些数据一般健康男子均可达到，因此根据表3－18中数据设计的操纵装置，可适合绝大多数男子操作。表3－18中还表明：人的左手弱于右手；拉力略大于推力；向下的力略大于向上的力；向内的力大于向外的力；手臂处于侧面下方时，推拉力都较弱，但其向上和向下的力较大。

表3－18　坐姿时手臂在不同方向上的操纵力

手臂角度/(°)	拉力/N		推力/N	
	左手	右手	左手	右手
	向后		向前	
180（向前平伸臂）	230	240	190	230
150	190	250	140	190
120	160	190	120	160
90（垂臂）	150	170	100	160
60	110	120	100	160
	向上		向下	
180	40	60	60	80
150	70	80	80	90
120	80	110	100	120
90	80	90	100	120
60	70	90	80	90
	向内侧		向外侧	
180	60	90	40	60
150	70	90	40	70
120	90	100	50	70
90	70	80	50	70
60	80	90	60	80

（2）立姿操纵力。立姿操作时，手臂在不同角度上的拉力和推力分布如图 3－21 所示。由图可知，最大拉力产生在肩的下方 180°方向上，手臂的最大推力则产生在肩的上方 0°方向上。所以，以推拉形式操纵的控制装置，安装在这两个部位时将得到最大操纵力。

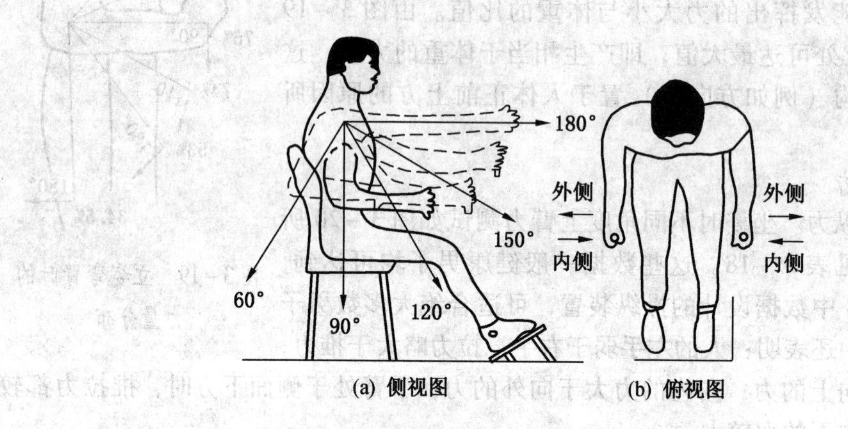

图 3－20　坐姿操纵力侧视图

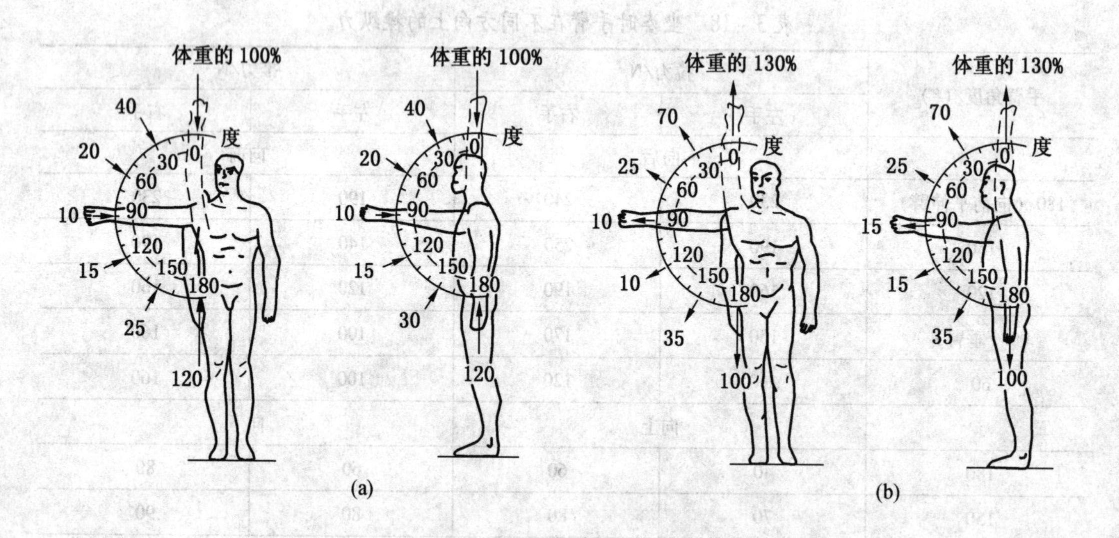

图 3－21　立姿操作时手臂在不同角度上的拉力和推力分布

（3）握力。一般男子的握力相当于自身重力的 47%～58%，女子的握力相当于自身重力的 40%～48%，右手的握力大于左手。一般青年男子右手平均瞬间最大握力约为 550 N；左手为 421 N。保持 1 min 后，右手平均握力降到 274 N，左手降至 244 N。可见，握力与手的姿势和施力持续时间有关。表 3－19 为日本人的右手握力数据。

人们在劳动过程中，免不了要使用各种手持工具进行手工操作，如钳子、镊子、锄头、斧头等，在使用手持工具时，人手和工具组成了统一的整体。因此，所设计工具的把柄必须和手统一起来，手持工具把柄的外形、大小、长短、重量以及制造材料除应满足操作的要求外，还要符合操纵者的生理特点和生物力学特点，以减轻劳动强度，提高劳动效率和劳动质量，在人机系统设计时，其中的手工工具、夹具和操纵机构的设计都要考虑操作者的握紧强度，握紧强度是人能够加在手柄上的最小握力（可用测力计测量）。

表3-19 男女不同年龄段握力

性别	年龄/周岁	握力/N			性别	年龄/周岁	握力/N		
		最小值	最大值	标准值			最小值	最大值	标准值
男	16	274	480	343~441	女	16	202	314	239~276
	18	324	529	392~460		18	211	332	248~285
	20	344	556	418~487		20	218	330	256~293
	23	373	579	442~510		23	226	338	264~301
	25	379	585	448~516		25	230	343	268~305

年龄在30岁以上时，可用下式近似计算手操纵的握紧强度。

$$T_s = 608 - 2.94A \qquad (3-5)$$

式中 T_s——手操纵握紧强度，N；

A——年龄，周岁。

利用手柄操纵时，最适合的操纵力大小与手柄距地面的高度、操纵方向、左右手等因素有关，表3-20给出了各种情况下，手柄操纵时最合适的操纵力的数值。

表3-20 应用手柄操纵时最合适的力

手柄距地高度/mm	左手最适合的用力/N			右手最适合的用力/N		
	向上	向下	向侧方	向上	向下	向侧方
500~650	140	70	40	120	120	30
650~1050	120	120	60	100	100	40
1050~1400	80	80	60	60	60	40
1400~1600	90	140	40	40	60	30

（4）拉力与推力。在立姿手臂水平向前自然伸直的情况下，男子平均瞬时拉力可达689 N，女子平均瞬时拉力为378 N。若手作前后运动时，拉力要比推力大。瞬时最大拉力可达1078 N，连续操作的拉力约为294 N。当手作左右方向运动时，则推力大于拉力，最大推力约为392 N。

（5）扭力和提力。双臂作扭转操作时一般可分为身体直立、双手扭转，身体屈曲、双手扭转和弯腰双手扭转3种不同姿势。其中，身体直立、双手扭转长的把手时，男子的扭力为381±127（N），女子的扭力为200±78（N）；身体屈曲、双手扭转时，男子的扭力为544±244（N），女子的扭力为267±138（N）；有些把手很短，需要弯腰操作，据测量，弯腰双手扭转时，男子的扭力为943±335（N），女子的扭力为416±196（N）。前臂水平前伸，手掌向下，然后往上提物料，平均提力为214 N。

由于手臂弯曲时，手在人的前方活动能发挥出较大的操纵力，所以操纵机构布置在操纵者的正前方可以得到最好的操纵效果，操作者站立时臂伸直的最大拉力产生在180°的位置上，即产生在垂直向上拉的位置上，所以需要向上拉的操纵机构布置在下面能得到最大的操纵力，操作者站立时臂伸直的最大推力产生在0°的位置上，即垂直向上推的位置上。但由于受空间、设备和人的习惯所限，不在此方向布置操纵机构，由图3－22看到，人在伸直前臂时向前推较向侧面推所产生的力大一些，所以推力操纵的机构尽量布置在操作者的前面（即最佳位置）。操作者坐姿时左、右手在不同位置向不同方向所产生的操纵力见表3－18。

一般人在平稳动作时，手臂所产生的最大操纵力可达800 N，人在猛烈瞬间动作时，所产生的最大操纵力可达1000～1100 N，正常情况下用手操纵时，操纵机构所需要的操纵力不应大于127～150 N，否则将不能持久地进行劳动，即易出现疲劳，若在这种情况下，继续坚持劳动，则可能导致事故发生。

2. 脚的操纵力

在生产中，用脚操作的情况很多。最常见的是汽车的离合器踏板和刹车踏板，缝纫机踏板，加工机械（如冲床、蒸汽锤等）的脚踏控制装置等。

脚产生力的大小与下肢的位置、姿势和方向有关。下肢伸直时脚所产生的力大于下肢弯曲时脚产生的力。坐姿有靠背支持时，脚可产生最大的力；立姿时，脚的用力比坐姿时用力大。一般坐姿时，右腿最大蹬力平均可达2568 N，左腿可达2362 N。据测定膝部伸展角在130°～150°或160°～180°之间时，腿的出力最大，脚产生的操纵力一般都是以压力的形式出现，压力的大小随着脚离开人体中心对称线向外偏转的程度有关，图3－22为脚在各个角度时出力及其比值。

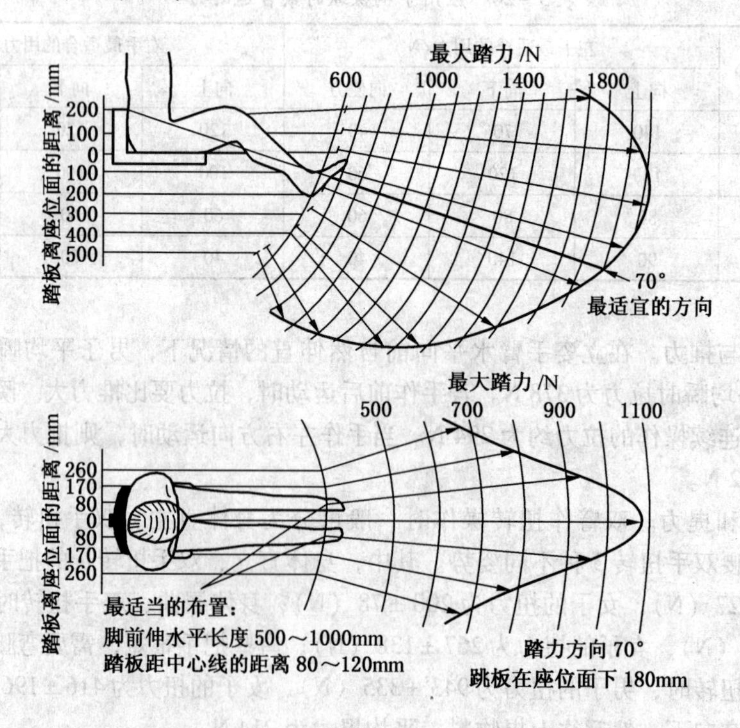

图3－22　不同体位下脚的蹬力及在各个角度时的压力比值

一般地说，在坐姿的情况下，脚的伸展力大于屈曲力；右脚的操纵力大于左脚的操纵力；男的脚力大于女的脚力。表3-21为脚的操纵力比较。脚力控制器的操纵力最好不超过264 N，否则易引起疲劳。对于需要快速操纵的踏板，用力应不超过20 N。

右脚用力的大小、速度和准确性都优于左脚。操纵频繁的作业应考虑双脚交替操作。在操纵力较大（大于50 N）时，宜用脚掌着力；此时脚掌与脚趾同时起作用：对于操纵力较小（小于50 N）或需连续、快速操作时，宜用脚趾操作。

需要注意的是，肢体所有力量的大小都与持续时间有关。随着时间的延续，人的力量很快衰减。例如，拉力经4 min后即衰减到最大值的1/4，而且任何人力量衰减一半时所需要的持续时间都是差不多的。

表3-21　脚的操纵力比较　N

脚别	屈曲力		伸展力	
	男	女	男	女
右脚	326	234	478	344
左脚	299	209	421	299

三、人体动作的速度与准确度

1. 肢体的动作速度

肢体动作速度的大小，基本上决定于肢体肌肉收缩的速度。不同的肌肉，收缩速度也不同，如慢肌纤维收缩速度慢些，快肌纤维收缩速度快些。通常一块肌肉中既有慢肌纤维也含快肌纤维。中枢神经系统根据需要时而使慢肌纤维收缩，时而使快肌纤维收缩，从而改变肌肉的收缩速度。收缩速度还决定于肌肉收缩时所发挥的力量和阻力的大小。发挥的力量越大，外部阻力越小，则收缩速度越快。

对于操作动作速度，还取决于动作方向和动作轨迹等特征。另外，不同的动作特点对动作速度影响十分显著，因此合理地设计操作动作可明显提高工效。

人的无条件反应时间为0.1~0.15 s，听觉反应为0.1~0.2 s，手指叩击速度为1.5~5次/s，判断时间为1~5 s。

人体从事快而准确的直线运动，其运动的平均速度和最大速度随移动距离的增加而增加（研究中的最大距离为406.4 mm），动作准确度的误差率，以短距离时最大，也就是说随距离的增加而减小。以又快又准的要求做一种动作时，距离为25 mm、100 mm及400 mm时的平均最大速度分别为330 mm/s、960 mm/s及2420 mm/s较为适宜，用右手从左到右的运动要略快于从右到左的运动，以优势手完成运动的时间略短于两手运动，在准确度上却又存在差别。

在准确度及运动距离有一定限制的条件下，测定工业劳动中的手动速度，其结果与原来所述类似，即203 mm、406 mm、609 mm距离时，手动速度分别为850 mm/s、1600 mm/s及2210 mm/s，这些数据提示，若运动距离限制在600 mm左右以下，而且若运动范围及准确度不加限制，而只是强调速度，则速度可超过6000 mm/s。

使用转动型控制器时，操作者在能与指针运动相协调的连续操作中转动手轮的最大速度为250～300 r/min，大号手轮摩擦系数增加，不适合的体位以及把手的不称手等均可使该速度降低，不同操作情况的最适合速度区（即误差率最低速度范围）不同，一般认为180 r/min的速度是大多数操纵者的最适范围。

有的操作常常需要不用眼睛观察而迅速准确地操纵控制器，如司机开大油门的操作，这就需要控制设计得使操作者能准确迅速安全地连续操作，如果把控制器安排在便于精确和快速调节的位置上就可以提高操作者的准确性，避免一些事故的发生。

对于那些要求身体做较大范围动作的操纵工作，重要的问题是如何合理地选择使操作者具有灵活动作的轨迹，动作灵活性包括动作速度和频率。

动作速度取决于工作的动作方向和动作轨迹的特征。在操纵工作时，连续和突然改变的曲线式动作，它们的速度是不相同的，故要分别考虑。

一直向前的操作动作的速度要比旋转时的速度大1.5～2倍左右。

水平操纵动作的速度大于垂直操纵动作的速度，顺时针动作比逆时针动作要快。

2. 人体动作的频率

动作频率是指在一定时间内动作所重复的次数。

同理，肢体的动作频率也取决于动作部位和动作方式。表3－22为人体各部位动作速度与频率的限度。在操作系统设计时，对操作速度和频率的要求不得超出肢体动作速度和频率的能力限度。表3－23、表3－24列出了人体某些部位的频率及其最大值。

表3－22　人体各部位动作速度与频率限度

动 作 部 位	动作速度或频率	
	数 值	单 位
手的运动	35	$cm \cdot s^{-1}$
控制操纵杆位移	8.8～17	$cm \cdot s^{-1}$
手指敲击的最大频率	3～5	次 $\cdot s^{-1}$
旋转把手或驾驶盘	9.42～29.46	$r \cdot s^{-1}$
身体转动	0.72～1.62	次 $\cdot s^{-1}$
手控制的最大谐振截止频率	0.8	Hz
手的弯曲与伸直	1.0～1.2	次 $\cdot s^{-1}$
脚掌与脚的运动	0.36～0.72	次 $\cdot s^{-1}$

表3－23　动 作 速 度 表

动作部位	动作特点		动作一次最少的平均时间/s
手	抓取动作	直线的	0.07
		曲线的	0.22
	旋转动作	克服阻力	0.72
		不克服阻力	0.22

表3-23（续）

动作部位	动作特点	动作一次最少的平均时间/s
脚	直线的	0.36
	克服阻力的	0.72
腿	直线的	0.36
	脚向侧面	0.72～1.45
躯干	弯曲	0.72～1.62
	倾斜	1.26

表3-24　人体各部分动作的最大频率

动作部位	动作的最大频率/(次·min^{-1})	动作部位	动作的最大频率/(次·min^{-1})
手	204～406	臂	99～344
手指	360～431	腿	300～373
前臂	160～292	脚	330～400

3. 人体动作的灵活性

在操纵时产生突然或平稳的改变方向时，圆形轨迹比直线轨迹灵活。

手向着身体动作比离开身体的动作灵活而准确，向前后往复动作比向左右的往复动作的速度大。

人体较短部位的动作比较长部位的动作灵活；人体较轻部位的动作比较重部位的动作灵活；人体体积较小部位的动作比较大部位的动作灵活。

因此，在考虑动作灵活性时，应按生物力学特征进行人体惯性特点的比较和估算，利用这些特点，可以研究和模拟人体各部位的运动状态。

总之，在进行安全人机系统设计时，为了使动作速度、频率和准确性、灵活性很好地结合，必须遵循下面的规律：

(1) 人体劳动时，不论长时间或短时间的连续动作，都应在最有利的位置开始和结束。

(2) 操作者沿曲线的、直线的或不规则轨迹的动作，都应该让操作者的动作从容不迫。

(3) 具有急剧改变方向的曲线或直线的动作，应该尽量采用流畅而连续的动作。

(4) 手在水平内动作比在垂直面内的动作要准确。

(5) 人在工作时动作的次数应尽量减少，频率应降低。

(6) 一些重要的作业尽可能由一个人的动作完成。

(7) 最重要的和常用的装置或工具应当放在最有利范围之内。

(8) 操纵者的操纵动作，按适宜的半径作圆周运动比沿直线运动好。

(9) 从一个操纵位置到另一个操纵位置的动作应当平稳，不允许有跳跃式动作。

(10) 如果操作者不可避免地按不正确的轨迹动作时，应当考虑改变手的动作，这时采用直线形式的轨迹要灵活些。

四、影响人体作用力的因素

1. 体重

体重对人体作用力的发挥存在着有利和不利的两个方面。例如，在提取地上重物时，身体及头部随重物的被提起而向上移动（抗重力），体重提高了力的使用效率，将物体放置在地面上（向下用力），站姿比坐姿更好。

操作时应尽量避免将力耗费在不合理的动作和身体的运动上，图 3－23 就说明了这一点。

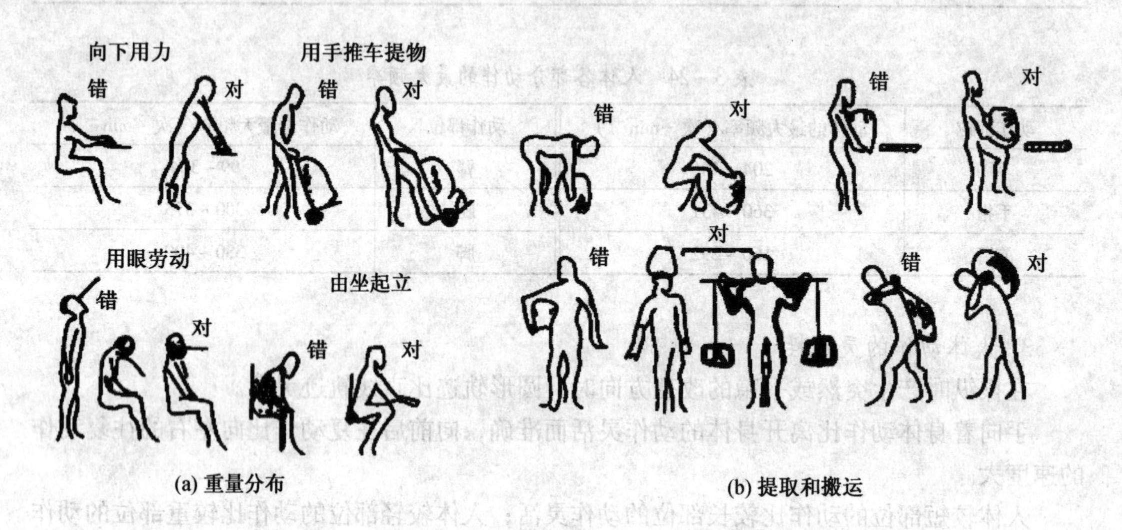

图 3－23　力的应用

作业中动作要对称，避免因用力过度而破坏身体的稳定性；动作要有节奏，防止肢体过度减速而浪费能量；动作要自然，力求在最合适的肌肉和位置、最自然的关节，采取相应姿势尽量使体重发挥作用。

有些工作要求人的各种动作必须连续、准确、有力、及时，并使动作协调才能安全地完成一次，而由于运动速度不适，力量不够而造成事故是常有的事。

控制器应能承受静止肢体的重量，这一点对防止意外启动，保证安全和消除肢体静态作业非常重要。例如，汽车的足控蹬板应能承受驾驶员下肢的静止重量，不同人群（包括体格和性别）的身体各部分的重量是不同的，其中以躯干和大腿的重量差别最大。

当然控制器所承受的只是人体重量的一部分，如操作者的脚放在蹬板上，该蹬板所承受的重量是脚、小腿的重量和大部分大腿的重量。一般认为，大腿、小腿与上臂、前臂及手的重心在距离各肢体上端的该肢体长度的 45% 处，而脚的重心则是从足跟算起，为全足长度的 1/3 处。

2. 体位

操作者的体位（立位、坐位、躺位）、躯干的稳定性对人体的作用也有一定的影响。

人体的作用力对人体体位的依赖关系，由以下两个原因决定：

（1）随着关节姿势的改变，肌肉的长度发生变化，而肌肉表现出来的最大力同它的长度的减少量的二次方成正比下降，肌肉收缩最大时张力值最小。

（2）肌张力相对于转轴的力矩发生变化。力学中把转轴到力的作用线的最短距离（垂直距离）叫做力臂。人体运动的特点是肌肉附丽点到转轴的距离很近，因而在大多数运动中赢得速度和路程，但却费力。例如在肘关节角90°时，它的屈肌（特别是肱二头肌）费力约达10倍；跟腱部足蹬地时超负荷约达3倍之多。关节角改变时，肌张力的力臂变化，结果使它们的转动矩改变。例如，肱二头肌的长头力臂与关节角的关系，见表3－25。

表3－25　肱二头肌的长头力臂与关节角的关系

关节角/(°)	80	60	140	120	100	60	80
肌张力/mm	11.5	6.8	26.9	37.4	43.5	45.5	39.2

由此可见，力臂有3倍的变化。所以，肌张力不变时，角度变化则作用力可增大或减少3倍。

由上面两个原因可知，肌肉长度变化和肌张力力臂变化趋势，决定了对于每一个单关节运动关节角同最大用力之间都存在着一定的关系。如果多关节肌参与运动，情况就复杂了。因为这些肌肉的长度跟相邻各关节的位置有关。例如，膝关节屈曲的最大作用力，不仅取决于膝关节角还跟髋关节有关。

不同姿势的相对肌肉活动量。当用这种方法测定作业姿势的能量消耗和对作业者身心的影响程度时，采用了用肌电仪测全身21个项目的肌电，再综合成全身肌肉活动量的指标的做法。图3－24列出了27种姿势，这些姿势的名称见表3－26。其中某些姿势所造成的肌肉活动量，以挺胸紧张站立为100，求得其相对比值，从表3－26中可以看到，躺卧姿势的相对肌肉活动量仅为3%（端立的3%）；而同一姿势，在紧张与放松两种状态下，肌肉活动量可相差几倍。

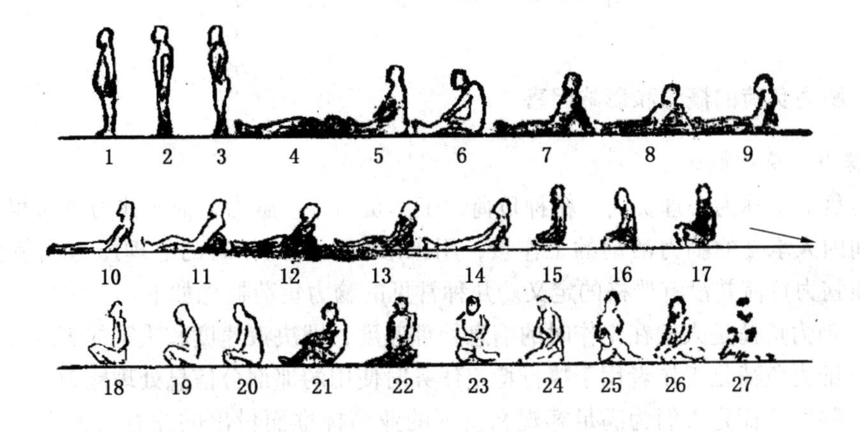

图3－24　27种不同姿势

表3-26 不同姿势相对肌肉活动量

姿势编号	姿势名称	与紧张直立姿势相比的相对肌肉活动量	姿势编号	姿势名称	与紧张直立姿势相比的相对肌肉活动量
1	紧张直立	100	9	支撑肩胛骨下部靠坐	9
5	上半身紧张直坐	74	16	放松跪坐	9
3	放松直立	31	24	放松侧坐	8.5
18	紧张盘腿坐	29.5	14	支撑肩胛骨中部靠坐	8
15	紧张跪坐	29	20	放松盘腿坐	6.5
22	紧张侧坐	23.5	4	仰卧	3
6	上半身放松坐	19			

操作者立位作业可以经常改变姿势的操作，活动范围也大，站立时易于用力，但单调作业会引起生理性和心理性疲劳，立位可适当地走动，有助于维持工作能力，但立位又不易进行精确而细致的工作，不易转换操作，而且肌肉要做更多的功用以维持体重，易引起疲劳。

坐位则可以进行较长时间地精确而细致的工作，可以手足并用，但是坐位作业则不易改变姿势，用力受限制，工作范围受局限，久坐会导致生理性疲劳。

躺位操作易疲劳，如汽车修理工修理汽车时，有时必须仰躺着工作。

在设计人机系统时，应综合考虑操作者的工作体位、姿势的改变等。体位正确可减少静态疲劳，有利于身体健康和保证工作质量，提高劳动生产效率和保证安全。

3. 个体因素

不同人的力量相差很大，强壮的人的力量是虚弱的人的力量的6~8倍。影响人体力量的因素有基因、人的尺寸、训练、动机、年龄和性别等。人在25~35周岁时，力量达到最大值，在此以后，随着年龄的增长人体力量开始下降。

第四节 脑力负荷

一、脑力负荷的概念和影响因素

1. 脑力负荷的概念

脑力负荷也称为心理负荷、精神负荷、工作负荷等。脑力负荷与体力负荷相对应，指单位时间内人承受的脑力活动的工作量，用来形容人在工作时的心理压力或信息处理能力。目前脑力负荷并没有严格的定义。几种常见的脑力负荷概念如下：

（1）脑力负荷是人们在工作时的信息处理速度，即决策速度和决策的困难程度。

（2）脑力负荷是工作者用于执行特定任务时使用的那部分信息处理能力。

（3）脑力负荷是人们为满足客观和主观的业绩标准而付出的注意力大小，它与任务需求、社会支持和个体的经历有关。

（4）脑力负荷是衡量人的信息处理系统工作时被使用情况的一个指标，并与人的闲置未用的信息处理能力成反比，人的闲置未用的信息处理能力越大，脑力负荷越低；反之，人的闲置未用的信息处理能力越小，脑力负荷则越大。

（5）脑力负荷可以用两个因素概括表示：一个是时间占有率，一个是信息处理强度。时间占有率是指在给定的时间内，人的信息处理系统为了完成给定的任务不得不工作的时间。时间占有率越低，脑力负荷越轻；时间占有率越高，脑力负荷越重。信息处理强度是指在单位时间内需要处理的信息或处理信息的复杂程度，信息处理强度越大，脑力负荷越重；反之，脑力负荷越轻。

2. 脑力负荷的影响因素

脑力负荷的影响因素很多，主要包括 3 个方面：工作内容、人的能力和努力程度。

工作内容直接影响脑力负荷，表现为工作内容越多、越复杂，工作者的脑力负荷就越高。时间压力、工作内容的困难程度和工作强度等都属于工作内容的细分因素，这些都会影响脑力负荷。时间压力指工作者在完成任务时对时间的紧迫感，时间越近，人的脑力负荷越大。工作内容的难度指工作者完成任务的困难程度，工作难度越大，脑力负荷也越大。工作强度指单位时间内的工作需求，在单位时间内完成的工作越多，脑力负荷越大。

人的能力表现出个体差异，在其他条件不变的情况下，完成相同的任务时，能力越大的人，脑力负荷越小。人的能力也会受到其他因素的影响，如人格、年龄、情绪、健康状况以及外在工作环境的影响。此外，过知识技能的培训也能提升人的特定能力。

人在完成任务时的努力程度也会影响脑力负荷。努力程度是指人们为了达到一定的目标而进行的一系列活动的程度。一般来说，当人们努力工作时，脑力负荷增加。但努力程度对脑力负荷的影响也有例外，例如，当工作者更努力时，自己的工作能力可能会增加，脑力负荷反而下降。

二、脑力负荷的测量方法

1. 主观评价法

脑力负荷主观评价法是一种重要的系统评估工具，在评估被试脑力负荷领域有十分广泛的应用。这是目前最简单，也是最流行的脑力负荷测量方法。此方法要求工作者判断并报告某项任务对他们造成的脑力负荷，或根据脑力负荷体验对操作活动和工作任务进行难度顺序的排列。研究者普遍发现，脑力负荷的主观测量法可以与任务表现剥离开来。主观测量法在实际应用上具有很多优势，比如容易实施、不需仪器及敏感性较强，这种方法的理论基础与人们的能力和他们能够精确报告的个人努力程度是相关的。

主观评价法中比较常见的测量方法是库柏－哈柏（Cooper－Harper）评价法、主观负荷评价法（SWAT 量表）和 NASA－TLX 主观评价法。

1）库柏－哈柏评价法

库柏－哈柏评价法是在 1969 年由库柏（Cooper）和哈柏（Harper）提出的，主要目的是用于评价飞机驾驶的难易程度。该方法将飞机驾驶的难易程度分为 10 个等级，飞机驾驶员在驾驶飞机之后，根据自己的感觉，对照各种困难程度的定义，给出自己对这种飞机操纵特性的评价。Cooper－Harper 法的分级方法，见表 3－27。

表3－27 Cooper－Harper 法的分级方法

飞机的特性	对驾驶员的要求	评价等级
优良，人们所希望的	脑力负荷不是在驾驶中应考虑的	1
很好，有可忽略的缺点	脑力负荷不是在驾驶中应考虑的	2
不错，只有轻度的不足	为驾驶飞机需驾驶员稍加努力	3
小，但令人不愉快的不足	需要驾驶员一定的努力	4
中度的、客观的不足	为了达到要求需要相当的努力	5
非常明显，但可忍的不足	为达到合格的驾驶需非常大努力	6
严重的缺陷	要达到合格的驾驶，需要驾驶员最大的努力，飞机是否可控不是问题	7
严重的缺陷	为控制飞机就需要相当大的努力	8
严重的缺陷	为了控制飞机需要非常大的努力	9
严重的缺陷	如不改进，飞机驾驶时可能失控	10

2）主观负荷评价法（SWAT 量表）

主观负荷评价法（Subjective Workload Assessment Technique，简称 SWAT 法）是由美国空军开发的，由 Reid 等人建立。Reid 等人对脑力负荷的影响因素进行了系统的调查，经过必要的归纳和整理，认为脑力负荷可以看做是时间负荷、压力负荷和努力程度 3 个要素的结合。时间负荷是指操作者有没有足够的时间来完成任务。努力程度是指在工作时人需要付出的努力等，具体的它是指人在工作时，大脑中计算、决策、注意力资源的应用情况。压力负荷主要涉及脑力负荷或与脑力负荷有关的心理上的负担。每个因素又被分为 1 级、2 级、3 级，SWAT 描述的变量及水平见表 3－28。

表3－28 脑力负荷 SWAT 评价量表

维度水平	时间负荷	努力程度	压力负荷
1 级	经常有空余时间，各项活动之间很少有冲突或相互干扰	很少意识到心理努力，活动几乎是自动的，很少或不需注意力	很少出现慌乱、危险、挫折或焦虑，工作容易适应
2 级	偶尔有空余时间，各项活动之间经常出现冲突或相互干扰	需要一定的努力或集中注意力。由于不确定性，不可预见性或对工作任务不熟悉，工作中有些复杂	由于慌乱、挫折和焦虑而产生中等程度的压力，增加了负荷。为了保持适当的业绩，需要相当的努力
3 级	几乎从未有空余时间，各项活动之间冲突不断	需要十分努力和聚精会神。工作内容十分复杂，要求集中注意力	由于慌乱、挫折和焦虑而产生相当高的压力，需要极高的自我控制能力和坚定性

在 SWAT 评价量表中，3 个因素及每个因素的 3 个状态，共形成 $3 \times 3 \times 3 = 27$ 个脑力负荷水平。这 27 个脑力负荷水平被定义为在 0～100 之间。在 3 个因素都为 1 时，其脑力

负荷对应的水平为0，当3个因素都为3时，脑力负荷水平为100。其他情况下的脑力负荷的确定方法为：用27张卡片分别代表27种情况，操作人员首先对这27张卡片根据自己的主观观点进行排序，然后研究人员根据数学中的合成分析方法把这27种情况分别与0~100之间的某一点对应起来，如（1，1，1）对应于0；（1，2，1）对应于15.2等。操作人员完成某一任务后给出这项任务的时间负荷、努力程度、压力负荷的程度，根据这3个指标就可以确定脑力负荷的状态，然后根据前面确定的对应表查出脑力负荷的对应值。

3）NASA－TLX主观评价法

该方法是由美国航空和宇宙航行局下属AMES研究中心的Hart等人建立起来的。他们认为脑力负荷是一个多维的概念。Hart等对飞行员进行调查，拟从中找出脑力负荷的影响因素。经过大量调查研究之后，确定了6个影响脑力负荷的因素：脑力需求、体力需求、时间要求、努力程度、操作成绩、挫折水平。

脑力需求指这项工作是简单还是复杂，容易还是要求很高，完成工作需要多少脑力或知觉方面的活动（如思考、决策、计算、记忆、寻找等)。体力需求指该工作需要多少体力类型的活动（推、拉、转身、控制活动等)，这项工作是容易还是要求很高，是快还是慢，悠闲还是费力。时间需求指工作速度使人感到多大的时间压力，工作任务中的速度是快还是慢，悠闲还是紧张。努力程度指在完成这项任务时，你在脑力和体力方面做出了多大的努力。业绩水平指操作者认为在完成这项任务是多么成功，对自己业绩的满意度如何。受挫程度指在工作时操作者感到是没有保障还是有保障，很泄气还是劲头十足，恼火还是满意，有压力还是放松。这6个影响因素在脑力负荷形成中的权数不同，且随着情境的变化而显示出差异。

NASA－TLX法的使用过程分3步：

(1）确定因素权重。采用两两比较法，对每个因素在脑力负荷形成中的相对重要性进行评定。6个因素的权数之和等于1。在对权数进行评估时，自相矛盾的评估（即A比B重要，B比C重要，C比A重要）是允许的，这种情况出现时，说明被评估的因素的重要性非常接近。

(2）针对实际操作情境，对6个因素的状况分别进行评定。NASA－TLX主观评价方法要求操作人员在完成了某一项任务之后，根据脑力负荷的6个因素在0~100之间给出自己的评价。除业绩这一因素之外，其他5个因素都是感觉越高，给分值也越高；而对业绩，感觉到自己的业绩越好，则所给的分值越低。

(3）确定了各个因素的权数和评估值之后，进行加权平均就可以求出脑力负荷。

2. 主任务测量法

主任务测量法是通过对操作者在工作中的表现结果来推算这一工作强加于操作者的脑力负荷。这种方法假定：当脑力负荷增加时，这增加的对操作者能力的要求将改变操作者在系统中的表现。主任务测量法可以分为两类：单指标测量法和多指标测量法。

(1）单指标测量法是用一个业绩指标来推断脑力负荷。其优点是结果比较简单明了；缺点是有时候不够准确。例如，利用考试成绩评价考试的难易。

(2）多指标测量法是用多个业绩指标来测量脑力负荷。其优点是结果更准确；缺点是数据比较难处理。例如，利用考试成绩和交卷时间评价考试的难易。

3. 辅助任务测量法

辅助任务测量法的原理是：应用辅助任务测量法时，操作人员被要求同时做两件工作。操作人员把主要精力放在主任务上，当他有多余的能力时，尽量做辅助任务。在这种方法中，主任务的脑力负荷是通过辅助任务的表现来进行的。主任务脑力负荷越大，剩余资源越少，操作者从事辅助任务的能力就越弱。

用辅助任务法测量脑力负荷步骤如下：第一步，测量单独做辅助任务时的业绩指标；第二步，在做主任务的同时，在不影响主任务的情况下尽量做辅助任务。测出此时做辅助任务时的业绩指标。用主任务的业绩指标和辅助任务的业绩指标的差来决定脑力负荷，差越大脑力负荷越大，反之脑力负荷就越小。

辅助任务测量法是建立在某些假设的基础上的。第一，人的能力是一定的，就像一个瓶子的容积一样；第二，人的能力是单一的，即不同的任务使用相同的资源。不同的任务使用不同的资源，因而使可使用的辅助任务也有很大的不同，下面是 7 种常用的辅助任务：

（1）选择反应。选择反应时间一般是向操作者在一定的时间间隔或不相等的时间间隔显示一个信号，操作者要根据信号的不同做出不同反应。选择反应时间有两个业绩指标，一个是反应时间，另一个是反应率。在主任务的脑力负荷较轻时，反应时间要可靠些。当主任务的脑力负荷较高时，反应率能更好地反映出来。

（2）追踪。在用辅助任务测量法测量脑力负荷时，追踪是经常用到的辅助任务。显然，在单独做追踪时，临界值会高些，当与主任务一起做这项任务时，临界值会下降。通过临界值的变化就可以了解主任务的脑力负荷。

（3）监视。监视任务一般要求操作者判断某一信号是否已经出现，绩效指标是信号侦探率。在单独完成监视任务时，信号侦探率会等于 1 或接近于 1。当操作者在完成主任务之后，监视任务的信号侦探率就会下降，下降的幅度就是大脑被占用的情况，即主任务的脑力负荷。

（4）记忆。用记忆作为辅助任务来测量脑力负荷的情况中大都使用短期记忆任务。值得注意的是，记忆任务本身脑力负荷较高，这可能会影响主任务的业绩或人对主任务困难程度的判断。

（5）脑力计算。简单的加法运算、乘法和除法被用来作为测量脑力负荷的辅助任务。

（6）复述。复述任务要求操作者重复他所见到或听到的某一个词或数字。通常不要求被试者对听到的内容进行转换。

（7）时间估计。时间估计辅助任务就是在完成主任务的同时，对时间进行估计。一般采用等时间间隔法，这种方法是让操作者每隔一固定时间就做出一个反映。

4. 生理测量法

生理测量法是通过人在做某一项脑力类型的工作时某一个或某一些生理指标的变化来判断脑力负荷的大小。许多不同的生理指标，如心跳、呼吸、瞳仁、EMG（Electromyography 肌电图）、EEG（Electroencephalography 脑电图记录）等被推荐用来测量脑力负荷。当前，这些指标中的两项，即心跳变化率和脑电图中的 P300 被认为是最可能有用的指标。

正常情况下，人的心率是不规则的。当人承受脑力负荷时（采用每分钟 40 个信号和 70 个信号两种情况），两种情况的心率平均值没有很大提高，但心率变异明显下降，而且随着负荷强度（所处理的信号数）增加，心率变异越来越小，曲线趋于平直。

瞳孔直径也可以表征脑力负荷，因为瞳孔直径会随着任务加工的需求而变化，对感知、认知、加工需求相关的响应表现敏感。任务的难度越大，瞳孔直径越大。

脑电 EEG 是指人脑细胞时刻进行的自发性、纪律性、综合性的电位活动，按频率可划分为δ、θ、α、β、γ共5种节律波。其中，α节律的变化会随任务难度变化，当任务难度增大，α波功率减少，β波功率增大。

大脑诱发电位的变化也可以反应脑力活动的负荷,其中 P300(指刺激呈现后约 300 ms 时出现的一个正向电位波动）尤为敏感。随着脑力负荷增大，由外界刺激诱发的大脑电位中的 P300 振幅持续减少，说明 P300 与人处理信息量有关，因而与脑力负荷有关。

第五节　疲劳与恢复

一、疲劳的概念

1. 疲劳的定义

疲劳的概念是一个很难准确回答的问题，由于它涉及许多现象，迄今尚无统一的确切定义，但随着对疲劳的研究不断深入，对疲劳本质的认识也在不断深化，其定义有以下两种说法。一种定义为:“所谓疲劳，就是在人体发生可以概括为失去功能或打乱这样的变化，引起生理活动的变化也就是发生机能变化、物质变化、自觉疲劳和效率变化的现象。”另一种种定义为:“所谓疲劳就是人体内的分解代谢和合成代谢平衡不能维持，换言之，当高位与低位的代谢反应平衡不正常时叫疲劳。”由上述定义可以看出，对疲劳问题研究早期，是以物质代谢为重点的生理学的疲劳，后来才发展为考虑了功能的综合作用和社会影响，在概念上是一个扩展。

2. 疲劳的特点

疲劳是体力和脑力效能暂时的减弱。作业者在作业中，作业机能衰退，作业能力下降，并伴有疲倦感等主观症状。疲劳也可理解为一种状态：原来可轻松完成的工作，现在却要花费较大精力，且取得的效果不佳。疲劳具有以下特征：

（1）疲劳可能是将身体的一部分过度使用之后发生的，但并不是只发生在身体的这一部分，可能出

现在整个身体上。通常，疲劳所产生的症状，不仅在局部有疲劳、倦累的感觉，而且也会带来全身筋疲力尽的感觉和不愉快，之后出现疲劳自觉症状。由于疲劳引起全身症状，因而也表现出大脑疲劳，这种大脑与疲劳有关的现象，乃是人身疲劳的最大特征。

（2）疲劳不但是作业能力降低，同时也有作业意志减弱的迹象，这种现象主要是人体自动无意识限值和对休息的需要而产生的。这种限制过渡的劳动以减少疲劳的发生，可以说具有防护身体安全的作用。

（3）人体疲劳后，具有恢复原状的能力，而不会留下损伤痕迹。这种现象与机械不同，当机械疲劳达到破坏程度时，并不能再自动恢复原状，而身体疲劳后，却能够自动恢复原状。而人体与机械的疲劳形态是有相同之处的，即都是一种累积的形态。越是过度作业，疲劳出现得越早越严重。反之越是轻松而短暂的工作，越不易发生疲劳，或疲劳现象

发生得越晚。

(4) 有一种疲劳状态是由作业内容和环境变化太少引起的，当作业内容和环境改变时，疲劳可以减弱或消失。

(5) 从有疲倦感到精疲力竭，感觉和疲劳有时并不一定同步发生，当人们对作业不感兴趣、缺乏动力时，已有疲劳感觉，但机体并未到达疲劳状态。当人们过于关注自己的工作、责任心很强、积极性很高时，会发生机体已过度疲劳，但主官并未感觉疲劳。

二、疲劳的分类和产生机理

1. 疲劳的分类

疲劳的分类，并无统一方法，主要是根据研究的目的和方法进行分类。

1）按疲劳的原因来分类

(1) 生理性疲劳。主要是新陈代谢平衡遭到破坏所致。

(2) 心理性疲劳。主要是受大脑边缘之感情形成中枢的影响所产生的疲劳。

2）按疲劳所发生的部位分类

按疲劳所产生的部位可分为精神疲劳、肌肉疲劳和神经疲劳。这 3 种疲劳，是由规定的作业内容引起的，精神作业引起第一种，肌肉作业产生第二种，神经作业产生第三种。经常是 3 种作业混合的，按其比重较大的来确定。

3）按疲劳的程度分类

(1) 一般疲劳。产生在机体的任何体力和心理劳累之后。

(2) 过度疲劳。是在连续和过长的工作中形成的，它影响到思维的精确性，而且对神经系统有不良的作用，使人厌倦工作。

(3) 重度疲劳。这种疲劳在程度上已接近于病态，它有造成创伤的危险性。

另外，根据疲劳产生的时间长短不同可分为急性疲劳和慢性疲劳。按作业方式，可分为动态作业疲劳和静态作业疲劳。根据中心器官还是外周器官的功能发生变化，分为中心性疲劳和外周性疲劳等。

2. 疲劳产生的机理

1）疲劳物质累积机理

作业者短时间内从事大强度体力劳动，消耗较多能量，能量代谢需要的氧供应不充分，产生无氧代谢，乳酸在肌肉和血液中储积，使人感到身体不适，即产生疲劳感。

2）力源耗竭机理

作业者从事轻或中等劳动强度作业，由于时间较长，造成肝糖原耗竭，使人产生全身不适，即产生全身性疲劳。

3）中枢变化机理与生化变化机理

苏联学者认为，全身或中枢性疲劳是强烈或单调的劳动刺激引起大脑皮层细胞存储的能源迅速消耗，这种消耗引起恢复过程的加强，当消耗占优势时，会出现保护性抑制，以避免神经细胞进一步损耗并加速其恢复过程，这一机理称为中枢变化机理。

美、英学者认为全身性疲劳是由于作业及其环境所引起的体内平衡紊乱，引起紊乱的原因除包含局部肌肉疲劳外，还有其他许多原因，如血糖水平下降、肝糖原耗竭、体液丧失、体温升高等，此机理称为生化变化机理。

4）局部血流阻断机理

静态作业时，肌肉收缩，肌肉变得坚硬，其内压增大，可达几十千帕，引起部分或全部血流阻断。能量代谢在缺氧或无氧状态下进行。血液中产生乳酸堆积，产生局部疲劳感。

一般认为机体疲劳是上述4种机理共同作用的结果。

三、影响作业疲劳的因素

人的疲劳，往往与各种形式的劳动（体力和脑力）速度、强度和持续时间等因素有关。劳动速度快、强度大，疲劳出现越早；持续时间越长，疲劳越容易发生。

生理性疲劳除与劳动方式、速度、强度和执行时间、身心活动简单的因素有关外，还与照明、气候、温度、湿度等工作环境因素有关。因为这些环境条件都能对大脑皮层产生刺激作用，一旦超限，就出现疲劳。比如在昏暗灯光下看书学习，视觉易疲劳；在较高分贝（如60 dB(A）以上）的噪声环境中，身心已感到疲劳；在温度高、湿度大的生产环境中，肌体易疲劳；因家务事多，子女淘气，与同事口角，受领导批评等易精神疲劳。此外疲劳的产生还与年龄、健康状况有关，如青年易感疲劳，身体有病易疲劳。

人的大脑皮层，有一种保护自己的能力。当一个区域经过太久的兴奋过程后，兴奋区就会进入抑制状态引起整个机体失调，在血液和肌肉及其他许多器官中，产生一系列复杂的生理变化而达到保护大脑的作用。所以，疲劳是人所共有的现象，它是提醒人们应该休息，告诫人们不可过于劳累而影响身体健康。

心理性疲劳受环境的影响很大，周围环境稍有改变就会产生不同的效果。精神面貌和工作动机对心理性疲劳的影响更为明显。竞争中（或战争和体育比赛）胜负双方的疲劳感觉截然不同就是明显的例子。

劳动内容单调极易引起心理性疲劳，而所做工作的效率如何，对疲劳的出现也有一定的影响。有人研究的工人在8 h内工作效率的变化规律，发现随着工作时间的推移，工人的工作效率逐渐下降；但在工作日结束前的短时间内，工人的工作效率又一次出现回升，这一现象证明人具有短时间掩盖疲劳的能力。造成下班前工作效率短时间回升的原因，或者是工人想赶着完成当天的任务，或者是受到即将回家的鼓舞，提高劳动积极性，这同样说明心理因素在疲劳问题上的重要地位。

国外心理学家还发现，性格差异和智能水平的高低使人们在工作中产生厌倦和疲劳的程度是不同的。比如智商高于140的人，就不易分派去做单调、重复的工作，像流水线的作业等。因为智商水平越高的人，对单调重复的事容易感到不满足而产生厌倦疲劳之感；智商水平低的人则不易有那样的情绪。生性好动的人，在工作中易感疲劳；性格沉静安分的人，在工作中不易感疲劳。

四、疲劳的改善与消除

由于疲劳不仅会降低工作效率，甚至会酿成事故，因此研究减轻疲劳的问题是非常必要的。对实际工作的研究表明，劳动生产率、工伤事故与疲劳密切相关。当人感到疲劳时，就意味着生产效率即将下降和工伤事故的潜伏存在。

疲劳对一切工作在数量上、质量上和伤害程度上有相当影响。要完全消除疲劳是困难的，但减轻疲劳程度和由疲劳引起的伤害是可能的，也是大有潜力可挖的。

病态疲劳出现，首先要查明原因对症治疗。而心理性疲劳，则应树立正确人生观，眼光放远，不拘于个人圈子之中，注意个人情绪的陶冶，特别是那些健康向上的美妙音乐，多能促进良好情绪的发展，减少疲劳的发生。

自己感觉疲劳和客观行为之间并无直接联系。一个工人可能觉得已经疲劳，但其工作表现并没有改变；正好相反，有时工人的工作表现已经弱化，但本人却还是干劲十足，不觉疲劳。这和工人的劳动态度、精神境界有密切关系；不同性格人对疲劳反应也不一样，有的人变得格外兴奋以致晚上难以入睡，另一些人则表现为精神不振，懒于行动。

体力劳动以不快不慢的速度进行，维持时间最长久，不易疲劳。重体力劳动因节律太快，消耗体力太多，无法维持高速度的工作，为了减轻疲劳，只能以较低的速度工作。这种情况与马拉松比赛相似，运动员必须把力量均匀地使用，这样才能有效地跑完全程。

工间休息是减轻体力劳动者疲劳的行之有效的方法。经验表明，工间休息应该在劳动者感到疲劳前开始，并且劳动者越感劳累，工间休息时间就相应长一些。合理的膳食也可以减少疲劳。过重的体力活动要消耗大量的蛋白质和糖，饮食中应该注意加以补充；再结合保健按摩欣赏音乐和其他形式的文艺活动，疲劳将消除得更快。

坚持正常的作息时间，安排好合理的休息时间，即是人体生物节律的要求，也能减轻人体的生理紧张。例如，长期在噪声环境下工作，让工人在工作中有适当的短期休息时间和做工间操，设立安静的休息室为工间休息场所和午休等，可防治听觉疲劳，积极预防职业性耳聋。又例如让操作风动工具等强振动环境中的工人，进行工间休息，可减少事故发生率。且振动的频率越高，休息次数和时间相应地增加和延长。若风动工具振动频率每分钟1200次时，工作1 h应休息10 min，若振动频率达每分钟5000次，则应休息30 min。有人对化铁炉操作工人进行的研究结果表明，用工作1 h的方法来安排工作，把全班分成4段，中间穿插4次休息时间，实行这种“一小时休息制”以后，平均心律恢复曲线在上午有所降低，但下午曲线的水平就显著降低。若工作半小时后，休息30 min，把整个班分为8个，中间穿插8次休息，实现这种“半小时定期休息制”，能够得到满意的心血管反应。

脑力疲劳一般指人体肌肉工作强度不大，但由于神经系统紧张程度过高或长时间从事单调、厌烦的工作而引起的第二信号系统活动能力减退，大脑神经活动处于抑制状态的现象。脑力疲劳的产生与高脑力负荷、单调作业和操作者对工作的态度、期望、动机及情绪状态有关。为了消除脑力疲劳，可以重新设计操作顺序，减少工作任务的单调感；经常变换操作，用一种操作代替另一种操作；突出工作的目的性，从而激励和鼓励操作者；让操作者动态报告作业完成情况，激发操作者的工作热情和持续注意力；推行弹性工作法，为操作者提供弹性工作间歇，保证操作者的正常休息，减少脑力疲劳；利用音乐消除单调感觉，减轻操作者的厌烦感。此外还可以通过体育锻炼来消除脑力疲劳，尤以放松式运动项目最佳，如太极拳、气功、散步、健身跑、冷水浴等，这些活动促进大脑营养状况的改善，调节其功能，有助于大脑的镇静与放松。

改进工作环境条件是减轻人疲劳的有效方法之一。目前国外有的地方为提高工作效率和产品质量，为防止工作人员疲劳带来的安全事故，已开始模拟某种自然环境。如在苏联的一些工厂车间里，布置一种“人造天空”。早晨在车间的天棚上呈现蓝色；随着时间的推移天棚慢慢变成白天的颜色；下班时，天空上出现一片夕阳西下的景象。这对减轻工人的疲劳很有效。又如在美国的一些工作车间，当劳动者感到疲劳的时候，便开动阴离子发生器，向车间输送类似瀑布、山林和海滨空气的“人工电气候”。因为这些地方的空气中含有较多的阴离子，这种离子能净化空气、除尘，也能消除人的生理性疲劳。经长期的观察证明，阴离子对人体生理的作用是多方面的，它可以调节中枢神经系统的兴奋和抑制；可改善大脑皮层的功能状态；可刺激造血系统功能，使异常血液成分趋于正常；改善肺的换气功能，促进机体的新陈代谢，增强机体的免疫能力。人的健康水平显著提高，专心工作程度加强，操作错误减少。

注意休息能改善疲劳，工作过程中，连续工作时间最好不要太长，太长能使工作效率降低更多、伤害事故的可能性大大增加。例如，在英国有一个兵工厂，当每周工作由 58 h 减至 50 h 的工作，每小时产量增加 39%，每周总产量增加 21%，为什么 58 h 工作，竟比不上 50 h 的工作，其余 8 h 效率哪里去了？答案很简单，被疲劳“吞食”了。

意大利人马慈拉研究发现，工作间隙中，多次短期积极休息，比一次长的休息好处更多。工作时间适度或适当减少，能使工人聚精会神，努力工作，产量反而提高。所以，在工作过程中，当疲劳发生的时候，就应考虑适当的休息，以减轻、消除疲劳，从提高劳动效率和减少工伤事故。

复习思考题

1. 何谓人的感觉适应性、感觉有效刺激及感觉相互作用？对上述特性的研究对安全工作有什么作用？
2. 人的视觉、听觉各有哪些特征？
3. 何谓人的反应时间？如何能缩短人的反应时间？
4. 如何能提高人的信息处理能力？
5. 何谓注意？有哪些特征？
6. 由非理智行为而发生违章操作的心理因素有哪些表现？
7. 如何应用能力的个体差异搞好安全工作？
8. 色彩对人有哪些生理、心理影响？作业场所和工作面色彩选择应注意哪些问题。
9. 声音对人的心理作用主要体现在哪些方面？
10. 人体活动范围可分为哪几类？如何根据作业特点确定适宜的作业范围？
11. 人体四肢操纵力有哪些特点？对操纵器布置有哪些影响？
12. 在进行安全人机系统设计时，为了使动作速度、频率和准确性、灵活性很好结合，必须遵循哪些规律？
13. 影响人体作用力的因素有哪些？
14. 疲劳对人来讲有何积极和消极的作用？对安全生产有何影响？
15. 如何能减少或改善作业人员的疲劳？

第四章　安全人机功能匹配

任何一个人机系统都必须首先做到要机宜人，再要人适机，使人机之间达到最佳匹配。为了达到这一目的，就必须研究人的功能与机的功能；研究人机系统中人与机如何合理分工，密切配合；研究机器系统的安全特性与人的操作特性相互协调，使它们“配套成龙”，达到人机系统工作效率最优化，人身最安全。

第一节　人机系统的基本概念

一、人机系统的类型

在人机系统中，由于人与机器所处地位和作用不同，可将人机系统分为以下几种类型。

1. 按有无反馈分类

1）开环人机系统

开环人机系统是指系统中没有反馈回路，或输出过程也可提供反馈的信息，但无法用这些信息进一步直接控制操作，即系统的输出对系统的控制作用没有直接影响。如操纵普通车床加工工件，就属于开环系统。

2）闭环人机系统

闭环人机系统是指系统有封闭的反馈回路，输出对控制作用有直接影响。若由人来观察和控制信息的输入、输出和反馈，如在普通车床加工工件，再配上质量检测机构反馈，则称为人工闭环人机系统；若由自动控制装置来代替人的工作，如利用自动车床加工工件，人只起监督作用，则称为自动闭环人机系统。

2. 按系统自动化程度分类

1）人工操作人机系统

这类系统包括人和一些辅助机械及手工工具。由人提供作业动力，并作为生产过程的控制者。如图4－1所示，人直接把输入转变为输出，系统的效率主要取决于人。

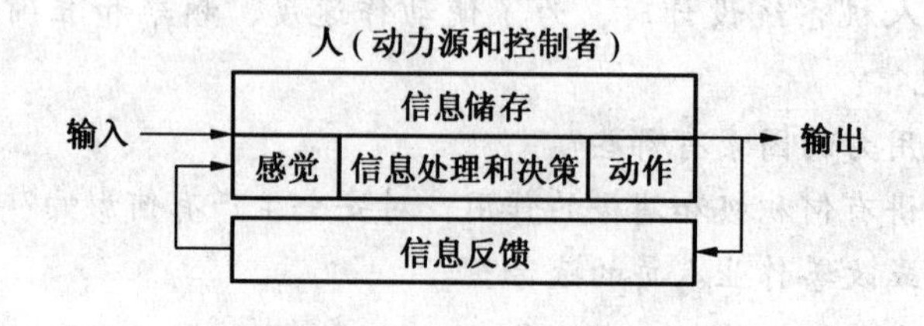

图4－1　人工操作人机系统

2）半自动化（机械化）人机系统

这类系统由人和机器设备或办自动化机器设备构成，人控制具有动力的机器设备，人也可能为系统提供少量的动力，对系统做某些调整或简单操作。这种系统中，人与机器之间信息交换频繁、复杂。人通过感知生产过程中来自机器、产品的信息，经人的处理成为进一步操纵机器的依据，如图4－2所示。这样不断地反复调整，保证人机系统得以正常运行。

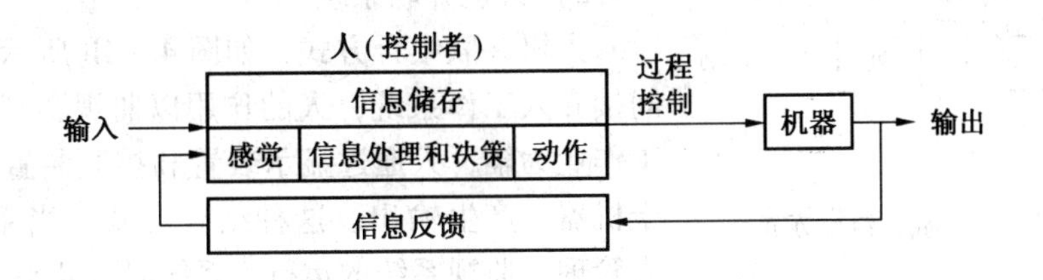

图4－2　半自动化人机系统

3）自动化人机系统

这类系统由人和自动化机器设备构成，如图4－3所示。系统中信息的接受、储存、处理和执行等工作全部由机器完成，机器本身就是一个闭环系统，人只起管理和监督作用，只有发生意外情况，人才采取强制措施。系统的能源从外部获得，人的具体功能是启动、制动、编程、维修和调试等。为了安全运行，系统必须对可能产生的意外情况设有预报及应急处理的功能。值得注意的是，不应脱离现实的技术、经济条件过分追求自动化，把本来一些适合于人操作的功能也自动化了，其结果引起系统的可靠性和安全性下降，人与机器不相协调。

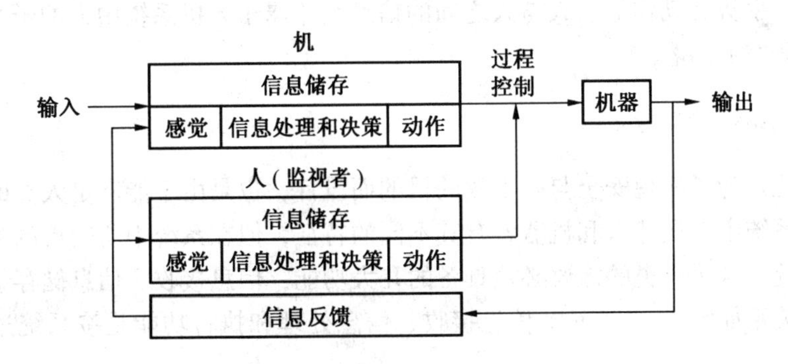

图4－3　自动化人机系统

3. 按人机结合方式分类

按人机结合方式可分为人机串联，人机并联和人与机串并混联3种类型，如图4－4所示。

1）人机串联系统

人机串联结合方式，如图4－4a所示。作业时人直接介入工作系统、操纵工具和机器，人通过机器的作用产生输出，这种人机结合使人的长处和作用增大，但是也存在人机

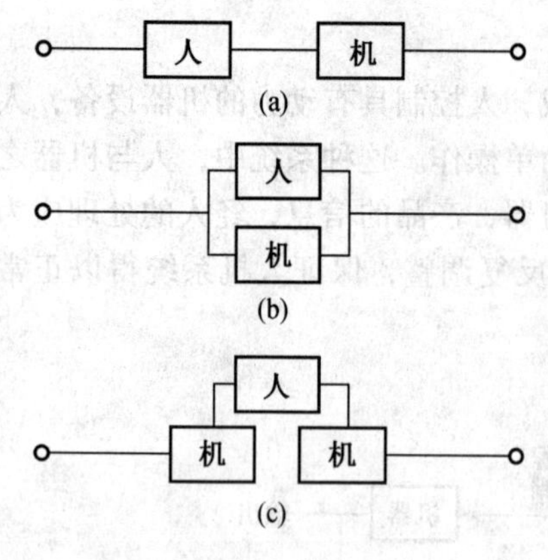

图4－4　人与机的结合方式

特性互相干扰的一面。由于受人的能力特性的制约，机器特长不能充分发挥，而且还会出现种种问题。例如，当人的能力下降时，机器的效率也随之降低，甚至由于人的失误而发生事故。所以，采用串联系统时，必须进行人机功能的合理分配，使人成为控制主体，并尽量提高人的可靠性。

2）人机并联系统

人机并联结合方式，如图4－4b所示。作业时人间接介入工作系统，人的作用以监视、管理为主，手工作业为辅，人通过显示装置和控制装置间接地作用于机器，产生输出。这种结合方式，当系统正常时，人管理、监视系统的运行，系统对人几乎无操作要求，人与机的功能有互相补充的作用，如机器的自动化运转可弥补人的能力特性的不足。但是人与机结合不可能是恒常的，当系统正常时机器以自动运转为主，人不受系统的约束；当系统出现异常时，机器由自动变为手动，人必须直接介入到系统中，人机结合从并联变为串联，要求人迅速而正确地判断和操作。

3）人与机串并混联系统

人与机串并联又称混合结合方式，也是最常用的结合方式，如图4－4c所示。这种结合方式有多种多样，实际上都是人机串联和人机并联的两种方式的综合，往往同时兼有这两种方式的基本特性。

在人机系统中，无论是单人单机、单人多机、单机多人，还是多机多人，人与机之间的联系都发生在人机界面上。而人与人之间的联系主要是通过语言、文字、文件、电信、标志、符号、手势和动作等。人与人之间的信息交流属于人机系统中人的子系统范畴，也是人机界面研究的内容。

二、人机系统的功能

人机系统是为了实现安全与高工效的目的而设计，也是由于能满足人类的需要而存在的。在人机系统中，虽然人和机器各有其不同的特征，但在系统中所表现的功能却是类似的。人机系统为满足人类的需要必须具备的几大功能：信息接收、信息储存、信息处理和执行等，其关系如图4－5所示。信息接收、信息处理和执行功能是按系统过程的先后顺

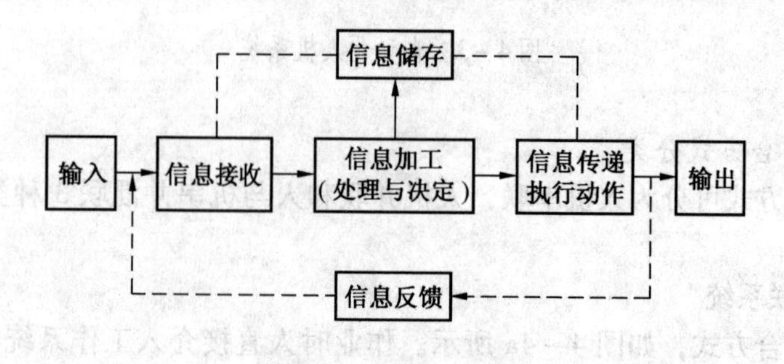

图4－5　人机系统的功能

序发生的。而信息储存与其他功能均有联系，都表示在其他机能之上，并与其主要过程相联系。

第二节　机械的安全特性

一、机械的组成及在各状态的安全问题

《机械安全　设计通则　风险评估与风险减少》(GB/T 15706—2012) 给出了机械(machinery)/机器 (machine) 的定义，即机械/机器是指“由若干个零部件组合而成，其中至少有一个零件是可运动的，并且有适当的机器致动机构、控制和动力系统等。它们的组合具有一定应用目的，如物料的加工、处理、搬运或包装等”。“机械这一术语也包括为了同一个应用目的，将其安排、控制得像一台完整机器那样发挥它们功能的若干台机器的组合”。

1. 机械的组成

机器的种类繁多，形状大小差别很大，应用目的也各不相同。从机器最基本的特征入手，把握机器组成的基本规律后可以发现，从最简单的千斤顶到复杂的现代化机床，机器组成的一般规律是：由原动机将各种形式的动力能变为机械能输入，经过传动机构转换为适宜的力或速度后传递给执行机构，通过执行机构与物料直接作用，完成作业或服务任务，而组成机械的各部分借助支承装置连接成一个整体，其组成结构如图 4-6 所示。

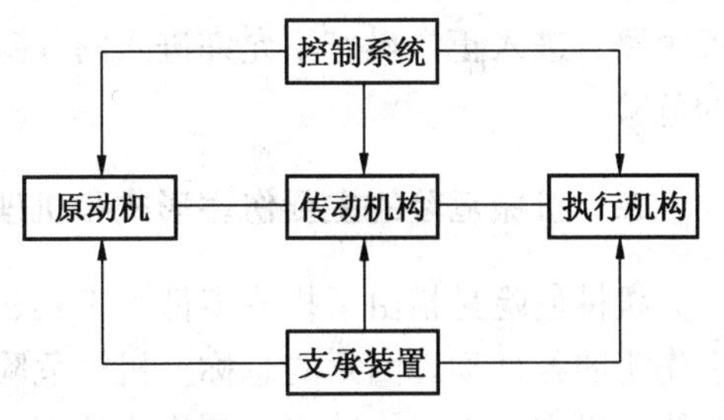

图 4-6　机器的组成

2. 机械在各种状态的安全问题

1）正常工作状态

在机器完好的情况下，机器完成预定功能的正常运转过程中，存在着各种不可避免的但却是执行预定功能所必须具备的运动要素，有些可能产生危害后果。例如，大量形状各异的零部件的相互运动、刀具锋刃的切削、起吊重物、机械运转的噪声等，在机械正常工作状态下就存在着碰撞、切割、重物坠落、使环境恶化等对人身安全不利的危险因素。对这些在机器正常工作时产生危险的某种功能，人们称为危险的机器功能。

2）非正常工作状态

在机器运转过程中，由于各种原因（可能是人员的操作失误，也可能是动力突然丧失或来自外界的干扰等）引起的意外状态。例如，意外启动、运动或速度变化失控，外界磁场干扰使信号失灵，瞬时大风造成起重机倾覆倒地等。机械的非正常工作状态往往没有先兆，会直接导致或轻或重的事故危害。

3）故障状态

故障状态是指机械设备（系统）或零部件丧失了规定功能的状态。设备的故障，哪怕是局部故障，有时都会造成整个设备的停转，甚至整个流水线、整个自动化车间的停

产，给企业带来经济损失。而故障对安全的影响可能会有两种结果。有些故障的出现，对所涉及的安全功能影响很小，不会出现大的危险。例如，当机器的动力源或某零部件发生故障时，使机器停止运转，处于故障保护状态。有些故障的出现，会导致某种危险状态。例如，由于电气开关故障，会产生不能停机的危险；砂轮轴的断裂，会导致砂轮飞甩的危险；速度或压力控制系统出现故障，会导致速度或压力失控的危险等。

4）非工作状态

机器停止运转处于静止状态时，在正常情况下，机械基本是安全的；但不排除由于环境照度不够，导致人员与机械悬凸结构的碰撞；结构垮塌；室外机械在风力作用下的滑移或倾覆；堆放的易燃易爆原材料的燃烧爆炸等。

5）检修保养状态

检修保养状态是指对机器进行维护和修理作业时（包括保养、修理、改装、翻建、检查、状态监控和防腐润滑等）机器的状态。尽管检修保养一般在停机状态下进行，但其作业的特殊性往往迫使检修人员采用一些超常规的做法。例如，攀高、钻坑、将安全装置短路、进入正常操作不允许进入的危险区等，使维护或修理容易出现在正常操作不存在的危险。

二、机械危险的主要伤害形式和机理

机械危险是指由于机器零件、工具、工件或飞溅的固体、流体物质的机械作用可能产生伤害的各种物理因素的总称。机械危险的基本形式主要有：挤压、剪切、切割或切断、缠绕、吸入或卷入、冲击、刺伤或扎穿、摩擦或磨损、高压流体喷射等。机械的危险可能来自机械自身、机械的作用对象、人对机器的操作以及机械所在的场所等。有些危险是显现的，有些是潜在的；有些是单一的，有些交错在一起，表现为复杂、动态、随机的特点。因此，必须把人、机、环境这个机械加工系统作为一个整体研究对象，用安全系统的观点和方法，识别和描述机械在使用过程中可能产生的各种危险、危险状态以及预测可能发生的危险事件，为机器的安全设计以及制定有关机械安全标准和对机械系统进行安全风险评价提供依据。

机械危险的伤害实质，是机械能（动能和势能）的非正常做功、流动或转化，导致对人员的接触性伤害。无论机械危险以什么形式存在，总是与质量、位置、不同运动形式、速度和力等物理量有关。

1. 机器零件（或工件）产生机械危险的条件

由机器零件（或工件）产生的机械危险是有条件的，主要由以下因素产生：

（1）形状。切割要素、锐边、角形部分，即使它们是静止的。

（2）相对位置。机器零件运动时可能产生挤压、剪切、缠绕等区域的相对位置。

（3）质量和稳定性。在重力的影响下可能运动的零部件的位能。

（4）质量和速度。可控或不可控运动中的零部件的动能。

（5）加速度。

（6）机械强度不够。可能产生危险的断裂或破裂。

（7）弹性元件（弹簧）的位能或在压力或真空下的液体或气体的位能。

2. 机械伤害的基本类型

（1）卷绕和绞缠。引起这类伤害的是作回转运动的机械部件（如轴类零件），包括联轴节、主轴、丝杠等；回转件上的凸出物和开口，例如轴上的凸出键、调整螺栓或销、圆轮形状零件（链轮、齿轮、皮带轮）的轮辐、手轮上的手柄等，在运动情况下，将人的头发、饰物（如项链）、肥大衣袖或下摆卷缠引起的伤害。

（2）卷入和碾压。引起这类伤害的主要危险是相互配合的运动副，如相互啮合的齿轮之间以及齿轮与齿条之间，皮带与皮带轮、链与链轮进入啮合部位的夹紧点，两个作相对回转运动的辊子之间的夹口引发的卷入；滚动的旋转件引发的碾压，如轮子与轨道、车轮与路面等。

（3）挤压、剪切和冲撞。引起这类伤害的是作往复直线运动的零部件，诸如相对运动的两部件之间，运动部件与静止部分之间由于安全距离不够产生的夹挤，做直线运动部件的冲撞等。直线运动有横向运动（例如，大型机床的移动工作台、牛头刨床的滑枕、运转中的带链等部件的运动）和垂直运动（例如，剪切机的压料装置和刀片、压力机的滑块、大型机床的升降台等部件的运动）。

（4）飞出物打击。由于发生断裂、松动、脱落或弹性位能等机械能释放，使失控的物件飞甩或反弹出去，对人造成伤害。例如：轴的破坏引起装配在其上的皮带轮、飞轮、齿轮或其他运动零部件坠落或飞出；螺栓的松动或脱落引起被它紧固的运动零部件脱落或飞出；高速运动的零件破裂碎块甩出；切削废屑的崩甩等。另外还有，弹性元件的位能引起的弹射，如弹簧、皮带等的断裂；在压力、真空下的液体或气体位能引起的高压流体喷射等。

（5）物体坠落打击。处于高位置的物体具有势能，当它们意外坠落时，势能转化为动能，造成伤害。例如，高处掉下的零件、工具或其他物体（哪怕是很小的）；悬挂物体的吊挂零件破坏或夹具夹持不牢引起物体坠落；由于质量分布不均衡，重心不稳，在外力作用下发生倾翻、滚落；运动部件运行超行程脱轨导致的伤害等。

（6）切割和擦伤。切削刀具的锋刃，零件表面的毛刺，工件或废屑的锋利飞边，机械设备的尖棱、利角和锐边；粗糙的表面（如砂轮、毛坯）等，无论物体的状态是运动的还是静止的，这些由于形状产生的危险都会构成伤害。

（7）碰撞和剐蹭。机械结构上的凸出、悬挂部分（例如起重机的支腿、吊杆，机床的手柄等），长、大加工件伸出机床的部分等。这些物件无论是静止的还是运动的，都可能产生危险。

（8）跌倒、坠落。由于地面堆物无序或地面凸凹不平导致的磕绊跌伤，接触面摩擦力过小（光滑、油污、冰雪等）造成打滑、跌倒。假如由于跌倒引起二次伤害，那么后果将会更严重。

机械危险大多表现为人员与可运动物件的接触伤害，各种形式的机械危险、机械危险与其他非机械危险往往交织在一起。在进行危险识别时，应该从机械系统的整体出发，考虑机器的不同状态、同一危险的不同表现方式、不同危险因素之间的联系和作用，以及显现或潜在的不同形态等。

三、机械安全设计的要求

机械设计不合理、未满足安全人机工程学要求、计算错误、安全系数不够、对使用条件估计不足等，均容易留下事故隐患，导致事故甚至伤害。机械设备安全应考虑其“寿命”的各阶段，包括设计、制造、安装、调整、使用（设定、示教、编程或过程转换、运转、清理）、查找故障和维修、拆卸及处理；还应考虑机器的各种状态，包括正常作业状态、非正常状态和其他一切可能的状态。无论是机器预定功能的设计还是安全防护的设计，都应该遵循以下两个基本途径：选用适当的设计结构，尽可能避免危险或减小风险；通过减少对操作者涉入危险区的需要，限制人们面临危险。所以，决定机械产品安全性的关键是设计（机械产品设计和制造工艺设计）阶段采用安全措施，还要通过使用阶段采用安全措施来最大限度地减小风险。机械安全设计应该考虑以下6个因素。

1. 合理设计机械设备的结构型式

机械设备的结构型式一定要与其执行的预定功能相适宜，不能因结构设计不合理而造成机械正常运行时的障碍、卡塞或松脱；不能因元件或软件的瑕疵而引起微机数据的丢失或死机；不能发生任何能够预计到的与机械设备的设计不合理的有关事件。

通过选用适当的设计结构尽可能避免或减少危险，是指在机器的设计阶段，从零件材料到零部件的合理形状和相对位置，从限制操纵力、运动件的质量与速度到减少噪声和振动，采用本质安全技术与动力源，应用零部件间的强制机械作用原理，履行安全人机工程学原则等多项措施，通过选用适当的设计结构，尽可能避免或减小危险；也可以通过提高设备的可靠性、操作机械化或自动化，以及实行在危险区之外的调整、维修等措施。

通过实现机器预定功能的设计不能避免、限制或充分减小的某些风险，在利用机械进行生产活动的过程中，特别是在各个生产要素处于动态作用的情况下，可能对人员造成伤害事故和职业危害。因此，在机械的设计阶段就应加以考虑，不是为了加强机器预定生产功能，而是从人的安全需要出发，针对防止危险导致的伤害而采用一些技术措施或增加配套设施。特别是对一些危险性较大的机械设备以及事故频繁发生的机器部位，更要进行专门的研究。

2. 足够的抗破坏能力及环境适应能力

1）足够的抗破坏能力

机械的各组承受力零部件及其连接，应满足完成预定最大载荷的足够强度、刚度和构件稳定性，在正常作业期间不应发生由于应力或工作循环次数产生断裂破碎或疲劳破坏、过度变形或垮塌；还必须考虑，在此前提下机械设备的整体抗倾覆或防风抗滑的稳定性，特别是那些由于有预期载荷作用或自身质量分布不均的机械及那些可在轨道或路面行驶的机械，应保证在运输、运行、振动或有外力作用下不致发生倾覆，防止由于运行失控而产生不应有的位移。

2）足够的环境适应能力

机械设备必须对其使用环境（如温度、湿度、气压、风载、雨雪、振动、负载、静电、磁场和电场、辐射、粉尘、微生物、动物、腐蚀介质等）具有足够的适应能力，特别是抗腐蚀或空蚀，耐老化磨损，抗干扰的能力，不致由于电气元件产生绝缘破坏，使控制系统零部件临时或永久失效，或由于物理性、化学性、生物性的影响而造成事故。

3. 尽可能使机器设备达到本质安全

通过机器的设计和制造，把实现机器的预定功能与实现机器使用安全的目标结合起来，以达到机械本质安全的目的。机器设备的本质安全，是指利用技术手段进行机器预定功能的设计和制造，不需要采用其他安全防护措施，就可以在预定条件下执行机器的预定功能时能够满足机器自身安全的要求。机器设备的本质安全主要从以下几个方面着手：

（1）在不影响预定使用功能前提下，机械设备及其零部件应尽量避免设计成会引起损伤的锐边、尖角、粗糙的、凸凹不平的表面和较突出的部分。金属薄片的棱边应倒钝、折边或修圆。可能引起刮伤的开口端应包覆。

（2）利用安全距离防止人体触及危险部位或进入危险区，是减小或消除机械风险的一种方法。在规定安全距离时，必须考虑使用机器时可能出现的各种状态、有关人体的测量数据、技术和应用等因素。

（3）在不影响使用功能的情况下，根据各类机械的不同特点，限制某些可能引起危险的物理量值来减小危险。例如，将操纵力限制到最低值，使操作件不会因破坏而产生机械危险；限制运动件的质量或速度，以减小运动件的动能；限制噪声和振动等。

（4）对预定在爆炸气氛中使用的机器，应采用全气动或全液压控制系统和操纵机构，或“本质安全”电气装置，也可采用电压低于“功能特低电压”的电源，以及在机器的液压装置中使用阻燃和无毒液体。

（5）应采用对人无害的材料和物质（包括机械自身的各种材料、加工原材料、中间或最终产品、添加物、润滑剂、清洗剂，以及与工作介质或环境介质反应的生成物及废弃物）。对不可避免的毒害物（例如粉尘、有毒物、辐射、放射性、腐蚀等），应在设计时考虑采取密闭、排放（或吸收）、隔离、净化等措施。在人员合理暴露的场所，其成分、浓度应低于产品安全卫生标准的规定，不得构成对人体健康的有害作用，也不得对环境造成污染。

（6）机械产生的噪声、振动、过热和过低温度等指标，都必须控制在低于产品安全标准中规定的允许指标，防止危害到人的心理及生理。

（7）有可燃气体、液体、蒸汽、粉尘或其他易燃易爆或发火性物质的机械生产设备，应在设计时考虑防止跑、冒、滴、漏，根据具体情况配置监测报警、防爆泄压装置及消防安全设施，避免或消除摩擦撞击、电火花和静电积聚等，防止由此造成火灾或爆炸危险。

4. 符合安全人机工程学的要求

显示装置、控制（操纵）装置、人的作业空间和位置以及作业环境，是人机要求集中体现之处，应满足人体测量参数、人体的结构特性和机能特性以及生理和心理条件。在机械设计中，通过合理分配人机功能、适应人体特性、人机界面设计、作业空间的布置等方面履行安全人机工程学原则，提高机器的操作性能和可靠性，使操作者的体力消耗和心理压力尽量降到最低,从而减小操作差错。因此机械设计时应考虑安全人机工程学要求如下：

（1）合理分配人机功能。在机械的整体设计阶段，要分析、比较人和机的各自特性，合理分配人机功能。在可能的条件下，尽量通过实现机械化、自动化，减少操作者干预或介入危险的机会。随着微电子技术的发展，人机功能分配出现向机器转移，人从直接劳动者向监控或监视转变的趋势，向安全化生产迈进。

（2）适应人体特性。在确定机器的有关尺寸和运动时，应考虑人体测量参数、人的感知反应特性以及人在工作中的心理特征，避免干扰、紧张、生理或心理上的危险。

（3）友好的人机界面设计。人、机相互作用的所有要素，如操纵器、信号装置和显示装置，都应使操作者和机器之间的相互作用尽可能清楚、明确，信息沟通快捷、顺畅。

（4）作业空间的布置。这是指显示装置和操纵装置的位置，以及确定合适的作业面。它对操作者的心理和行为可产生直接影响。作业空间布置应遵从重要性原则、使用顺序原则、使用频率原则、使用功能原则。其中，重要性原则是第一位的，首先应考虑对安全关系重大的、对实现系统目标有重要影响的操纵器和显示器，即使使用频率不高，也要将其布置在操作者操作和视野的最佳位置，这样可以防止或减少因误判断、误操作而引起的意外伤害事故。

5. 可靠有效的安全防护

任何机械都有这样那样的危险，当机械设备投入使用时，生产对象（各种物料）、环境条件以及操作人员处于动态结合情况下的危险性就更大。只要存在危险，即使操作者受过良好的技术培训和安全教育，有完善的规程，也不能完全避免发生机械伤害事故的风险。因此，必须建立可靠的物质屏障，即在机械上配置一种或多种专门用于保护人的安全的防护装置、安全装置或采取其他安全措施。当设备或操作的某些环节出现问题时，靠机械自身的各种安全技术措施避免事故的发生，保障人员和设备安全。危险性大或事故率高的生产设备，必须在出厂时配备好安全防护装置。

6. 机械的可维修性及维修作业的安全

1）机械的可维修性

机器出现故障后，在规定的条件下，按规定程序或手段实施维修，可以保持或恢复其执行预定功能状态，这就是机器的可维修性。因此，在设计机器时，应尽量考虑将一些易损而需经常更换的零部件设计得便于拆装和更换。设备的故障会造成机器预定功能丧失，给工作带来损失，而危险故障还会引发事故。从这个意义上讲，解决了危险故障，恢复安全功能，就等于消除了安全隐患。

2）维修作业的安全

在按规定程序实施维修时，应能保证人员的安全。由于维修作业是不同于正常操作的特殊作业，往往采用一些超常规的做法，如移开防护装置，或是使安全装置不起作用。为了避免或减少维修伤害事故，应在控制系统设置维修操作模式；从检查和维修角度，在结构设计上考虑内部零件的可接近性；必要时，应随设备提供专用检查、维修工具或装置；在较笨重的零部件上，还应考虑方便吊装的设计。

第三节　人机功能匹配

在人机系统中，人和机器各自担负着不同的功能，在某些人机系统中还通过控制器和显示器联系起来，共同完成系统所担负的任务。为使整个人机系统高效、可靠、安全以及操纵方便，就必须了解人和机的功能特点、长处和短处并进行合理的功能分配，使人机系统的功能匹配。

一、人的主要功能

人在人机系统的操纵过程中所起的作用，可通过心理学提出的带有普通意义的公式：刺激（S）→意识（O）→反应（R）来加以描述，即在信息输入、信息处理和行为输出 3 个过程中体现出人在操作活动中的基本功能（图 4－7）。

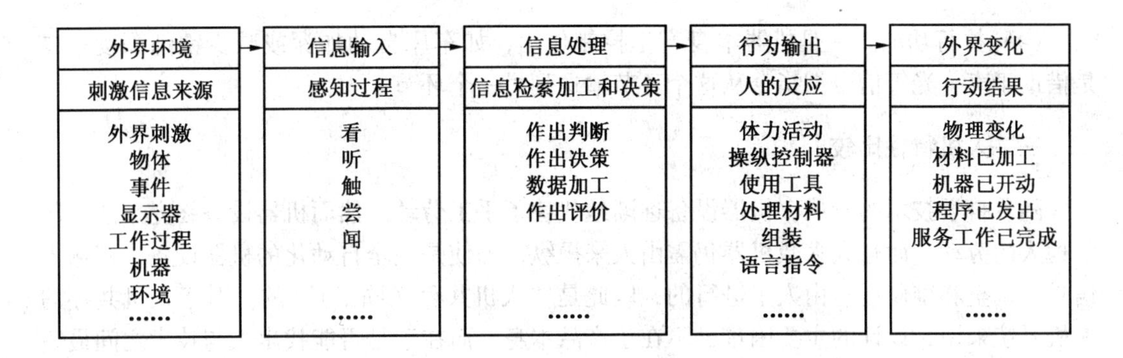

图4－7　人在操作活动中的基本功能示意图

从图4－7可知，人在人机系统中主要有3种功能：

（1）人的第一种功能——传感器。人在人机系统中首先是感觉功能，或叫信息发现器。通过感觉器官接受信息，即用感觉器官作为联系渠道，通常指的是声和光、味的传递、感知工作情况和机的使用情况，这时感觉器官便成了联系人机之间的枢纽和信息接受者。

（2）人的第二种功能——信息处理器。关于人作为信息处理器，现正在进行大量的研究工作。

人的判断可分为相对判断和绝对判断。相对判断即有条件的判断，是在已有的两种或两种以上事物中进行比较后作出的。绝对判断是在没有任何标准或比较对象的情况下作出的。据估计，在相对判断的基础上，大多数人可以分辨出1万～30万种不同的颜色，而绝对判断仅能有11～15种，因此一个系统总是利用相对判断。

（3）人的第三种功能——操纵器。即通过机器的控制器进行操纵，控制器的设计就像显示器的设计一样，让使用它的人使用方便和少出差错。

在人机系统中，控制器的作用被认为是对能得到的刺激的一种反应。任何显示反应，如果要求违反原有的习惯，很可能出现差错。不论在什么特殊情况，设计人员总要求操作者改变其已成为习惯的行为方式，都是错误的。

二、机的主要功能

本书所指的机是广义的，但为了说明问题，此处的机侧重于机器。机器是按人的某种目的和要求而设计的，机器虽然与人相比有其不同的特征，但在人机系统工作中所表现的功能都是类似的，尤其是自动化的机器更是如此，具有接受信息、储存信息、处理信息和执行等主要功能。

（1）接受信息。对机器来说，信息的接受是通过机器的感觉装置，如电子、光学或机械的传感装置来完成。当某种信息从外界输入系统时，系统内部对信息进行加工处理，这些加工处理的信息可能被储存或被输出，也可能反馈回到输入端而被重新输入，使人或机器接受新的反馈信息。接受的信息也可不经处理，而直接存储起来。

（2）储存信息。机器一般要靠磁盘、磁带、磁鼓、打孔卡、凸轮、模板等储存系统来储存信息。

（3）处理信息。对接受的信息或储存信息，通过某种过程进行处理。

（4）执行功能。一是机器本身产生控制作用，如车床自动加深或减少铣削深度；二是借助于声、光等信号把指令从这个环节输送到另一个环节。

三、人机特性比较

随着科学技术的发展，机器设备逐渐地代替了手工劳动。然而机器设备终究不能全部承担人的劳动。而且大多数机器仍需由人来操纵，即使是完全自动化的机器设备，其输入信号、调整和维修也是由人来进行的，因此是“人机共存（同工）”的。对于人机共存的人机系统来说，设计的主要困难已不在于产品本身，而在于是否能找出人与技术之间最适宜的相互联系的途径与手段，在于是否能全面考虑到操作者在人机系统中的功能作用特点和机器与人的特性相吻合的程度。因此，设计者对人机特性比较的重视是至关重要的。

从科学的观点来看，人与机的不同性质应从相当多的方面加以区别（表4－1）。

表4－1　人与机的优缺点比较

项　目	机　　器	人
速度	占优势	时间延时为1 s
逻辑推理	擅长于演绎而不易改变其演绎程序	擅长于归纳，容易改变其推理程序
计算	快且精确，但不善于修正误差	慢且易产生误差，但善于修正误差
可靠性	按照恰当设计制造的机器，在完成规定的作业中可靠性很高，而且保持恒定，不能处理意外的事态。在超负荷条件下可靠性突降	就人脑而言，其可靠性远远超过机械，但在极度疲劳与紧急事态下，很可能变成极不可靠，人的技术水平、经验以及生理和心理状况对可靠性有较大影响，可处理意外紧急事态
连续性	能长期连续工作，适应单调专业，需要适当维护	容易疲劳，不能长时间连续工作，且受性别、年龄和健康状态等影响，不适应单调作业
灵活性	如果是专用机械，不经调整则不能改作其他用途	通过教育训练，可具有多方面的适应能力
输入灵敏度	具有某些超人的感觉，如有感觉电离辐射的能力	在较宽的能量范围内承受刺激因素，支配感受器适应刺激因素的变化，如眼睛能感受各种位置、运动和颜色，善于鉴别图像，能够从高噪声中分辨信号，易受（超过规定限度的）热、冷、噪声和振动的影响
智力	无（智能机例外）	能应付意外事件和不可能预测事件，并能采取预防措施
操作处理能力	操纵力、速度、精密度、操作量、操作范围等均优于人的能力。在处理液体、气体、固体方面比人强，但对柔软物体的处理能力比人差	可进行各种控制，手具有非常大的自由度，能极巧妙地进行各种操作。从视觉、听觉、变位和重量感觉上得到的信息可以完全反馈给控制器
功率输出	恒定——不论大的、固定的或标准的	1471 kW的功率输出只能维持10 s，367.75 kW的功率输出可维持几分钟，150 kW以下的功率输出能持续1 d
综合能力	多种途径	单一手段
记忆	最适用于文字的再现和长期存储	可存储大量信息，并进行多种途径的存取，擅长于对原则和策略的记忆

由此可见，人和机各有自己的能力和长处，归纳起来各表现在 4 个方面：人的功能限度是准确性、体力、速度和知觉能力；机的功能限度是性能维持能力、正常动作、判断能力、造价及运营费用。

四、人机功能分配

1. 人机功能分配的含义

从人机的特性机能比较中可以知道，人与机相差甚远。机器虽然有比人有利的方面，但即使在高度自动化的系统中，也必须是人控制机。因此不管自动化程度多高的系统，都是与人相关的。这样，就需要合理地分配人与机器的功能，使人体特性与机器特性做到合理匹配和互补。

对人和机的特性进行权衡分析，将系统的不同功能恰当地分配给人或机，称为人机的功能分配。人机功能分配就是通过合理的功能分配，将人与机器的优点结合起来，取长补短，从而构成高效与安全的人机系统。从人机特性比较可以看出人机各有所长，根据两者特性利弊进行分析，将系统的不同功能合理地分配给人或机器，是提高人机系统效率的关键，同时也是确保安全的有效途径之一。

人与机器的结合形式，依复杂程度不同可分为劳动者——工具，操作者——机器，监控者——自动化机器，监督者——智能机器等几种。机器的自动化与智能化使操纵复杂程度提高，因而对操纵者提出了严格要求。同时操纵者的功能限制也对机器设计提出特殊要求。人机结合的原则改变了传统的只考虑机器设计的思想，提出了同时考虑人与机器两方面因素，即在机器设计的同时把人看成是有知觉有技术的控制机、能量转换机、信息处理机。凡需要由感官指导的间歇操作，要留出足够间歇时间；机器设计中，要使操纵要求低于人的反应速度，这便是获得最佳效果的设计思想。在这种思想指导下，机器设计（应为广义机器）就与工作设计（含人员培训、岗位设计、动作设计等）结合起来了。

根据机器要求选拔与培训操纵者学习和掌握机器的构造、性能及操作要领，并创造客观环境，使操纵者熟练地掌管机器，反复适应环境要求，熟练操纵。由于熟练可以提高操作者的反应能力，熟练的过程是人与机器默契合作程度（协调性）提高的过程，也是改变人们旧习惯，建立新的习惯、提高适应能力的过程。例如：初学者对按钮反应，每秒钟只能反应 1.5 个，经几个月训练后可达每秒钟 3 个，而熟练的钢琴家可达每秒 22 ~ 23 个。

从安全的角度出发，人机匹配主要解决以下问题：①信息由机器的显示器传递到人，选择适宜的信息通道，避免信息通道过载而失误，以及显示器的设计如何符合安全人机工程学原则。②信息从人的运动器官传递给机器，如何考虑人的极限能力和操作范围，控制器如何设计得高效、安全、可靠、灵敏。③如何充分运用人和机各自的优势。④怎样使人机界面的通道数和传递频率不超过人的能力，以及机如何适合大多数人的应用。

2. 人机功能分配的一般原则

美国人机学家 E · F 麦科米克总结出：

人能完成并能胜过机器的工作有：发觉微量的光和声，接受和组织声、光的形式，随机应变和应变程度，长时间大量储存信息并能回忆有关的情节，进行归纳推理和判断并形成概念和创造方法等。

目前机器能完成并胜过人的工作有：对控制信号迅速做出反应，平稳而准确地产生

“巨大力量，做重复的和规律性的工作，短暂地储存信息然后废除这些信息，快速运算，同一时间执行多种不同的功能。

采用机器或人时，各有其有利点，见表4－2。

表4－2 采用人机时有利点

序号	采用机器时的有利点	采用人时的有利点
1	重复性的操作、计算，大量的情报资料存储	由于各种干扰，需要判断信息时
2	迅速施加大的物理力时	在图形变化情况下，要求判断图形时
3	大量的数据处理	要求判断各种各样的输入时
4	根据某一特定范围，多次重复作出判断	对发生频率非常低时的事态需要进行判断时
5	由于环境约束，对人有危险或操作容易犯错误时	解决问题需要归纳、判断时
6	当调节、操作速度非常重要，具有决定意义时	预测不测事件的发生时
7	控制力的施加要求非常严格时	
8	必须长时间地施加控制力时	

人机功能分配是一个复杂问题，要在功能分析的基础上依据人机特性进行分配，其一般原则为：笨重的、快速的、精细的、规律性的、单调的、高阶运算的、支付大功率的、操作复杂的、环境条件恶劣的作业以及检测人不能识别的物理信号的作业，应分配给机器承担；而指令和程序的安排，图形的辨认或多种信息输入时，机器系统的监控、维修、设计、创造、故障处理及应付突然事件等工作，则由人承担。

3. 人机功能分配对人机系统的影响

过去，由于不明确人与机的匹配关系特性，使机的设计与人的功能不适应而造成的失误很多，如作战飞机的高度计等仪表的设计与人的视觉不适应是造成飞机失事的主要原因，这给人们的教训很深刻。过去的设计，总是把人和机器分开，当作彼此毫不相关的个体。事实上，机器给人以很大的影响，而人又操纵机器，相互之间是一个紧密联系的整体，不能把它们分割开来考虑。因此，我们首先必须掌握人体的各种特性，同时也应明了机的特性，然后才能设计出与此适应的机器。否则，人机作为一个整体（系统）就不可能安全、高效、持续而又协调地进行运转。

随着现代化的发展，操作者的工作负荷已成为一个突出的问题。在工作负荷过高的情况下，人往往出现应激反应（即生理紧张），导致重大事故的发生。芬兰有一锯木厂，机械化程度较高。但有些工序如裁边，还须靠手工劳动。工人对每块木块作出选择和判断的时间仅为4 s，不仅要考虑木板的尺寸、形状，而且要考虑加工质量。这种工作对工人来说，不论是体力还是精神负担都较重。每个工作班到了最后一个阶段，不仅时常出现废品，而且易诱发人身事故。后来把选择和判断的时间从4 s又缩短到2 s，问题就更加突出。之后重新考虑人机之间的匹配关系，重新设计，终于造出了一台全新的自动裁边机。

在设备（机器）的设计中，必须考虑人的因素，如果不考虑人与机器的适应，那么人既不舒适也不会高效工作，图4－8就说明了这个问题。

进行合理的人机功能分配，也就是使人机结合面布置得恰当，就需要从安全人机工程

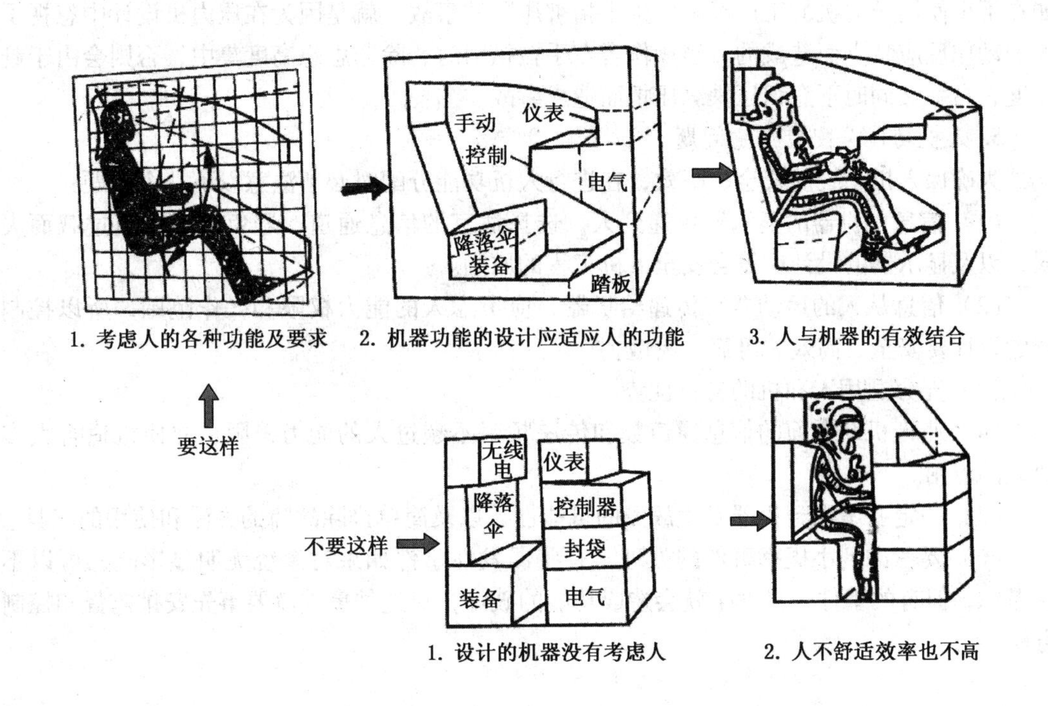

图4-8　设备设计中人的因素工程

学的观点出发，分析人机结合面失调导致工伤事故的原因，进而采取改进对策。

在企业工伤事故原因分析中发现，不少的事故是人为失误造成的，特别是违章操作，而违章操作的主要原因，有相当一部分是因为人机结合面不协调，即人机系统失调、失控而导致事故发生。如一位操作者操作辊矫直机时，在违背正常操作程序的情况下，擅自打反车，也未与操作台人员联络好应急措施，用手将 ϕ11 的钢筋送入矫直辊时竟连手臂也被带入矫直辊之中，造成手臂截断的事故。此事故证明，操作者一方面出自贪多图快急于完成任务的心理状态，不仅违章打反车，而且双方联系脱节，连人的子系统关系也未处理得当。另一方面存在人机协调性差，人机结合面失调，操作姿势不当，手握钢条位置与机器距离过近，导致来不及脱手，致使手臂连同钢条一并卷入。再一方面，操纵器、显示器、报警器设计上存在问题，未能达到最佳的人机匹配要求。针对这种情况应该特别对人机结合面加以考虑，提出改进措施，以防同类事故重现，最好的办法是建立安全保护系统，如触电保安器的应用等。

4. 人机功能分配不合理的表现

（1）可以由人很好执行的功能分配给机器，而把设备能更有效地执行的功能分配给人。如在公路行驶的汽车驾驶员应由人去执行，但要求人同时记下汽车跑过的公里数，则是不恰当的，这项工作应由机械去执行。

（2）让人承担超过其能力所能承担的负荷或速度。如德国某工厂安装了一台缝纫机，尽管其外形、色彩十分美观，但由于操作速度太快（一分钟可缝6000针），超出大多数人的极限，结果80名女工，只有一个能坚持到底，因此其实际效率是不高的。

（3）不能根据人执行功能的特点而找出人机之间最适宜的相互联系的途径与手段。

如在不少使用压力机的工厂经常发生手指被压断的事故，就是因为在压力机设计中忽视了人的动作反应特点而造成的。当操作者左手在扒料时，除非思想高度集中，否则会由于赶速度，右手又同时下意识压操纵压把而造成事故。

5. 人机功能分配应注意问题

为确保人机系统的安全、高效，在进行人机功能分配时必须注意以下几个问题：

（1）信息由机器的显示器传递到人，选择适宜的信息通道，避免信息通道过载而失误，以及显示器的设计应符合安全人机工程的原则。

（2）信息从人的运动器官传递给机器，应考虑人的能力权限和操作范围，所以控制器的设计要安全、高效、可靠、灵敏。

（3）充分适用人和机的各自优势。

（4）使人机结合面的信息通道数和传递频率不超过人的能力极限，并使机适合大多数人的应用。

（5）一定要考虑到机器发生故障的可能性，以及简单排除故障的方法和使用的工具。

（6）要考虑到小概率事件的处理，有些偶发性事件如果对系统无明显影响，可以不必考虑，但有的事件一旦发生就会造成功能的破坏，对这种事件就要事先安排监督和控制方法。

复习思考题

1. 何为开环与闭环人机系统？
2. 举例说明机械设备的危险部位。
3. 常见的机械事故有哪些？
4. 机器设备的本质安全从哪几个方面着手？
5. 机械设计需要考虑哪些安全人机工程学要求？
6. 何谓“人机功能分配”？为何要对人与机进行功能分配？
7. 人、机各有哪些优势和劣势？如何合理分配其功能？
8. 人机功能分配的原则是什么？
9. 举例说明人机功能分配不当造成的危害。
10. 举例说明人与机的不同特点。

第五章　人机系统的安全设计与评价

传统的产品设计以实现产品的功能为主要目标，虽然或多或少地涉及了人的因素，但主要是考虑如何让人适应机，而不是机宜人。而人机系统的安全设计不仅要让机宜人，而且还要考虑人机之间的相互协调性、安全性等。就人机系统所发生的事故而言，大体可以分为两类：一类是不可预料的，一类是可以预料的。不可预料的事故大多是客观原因占支配地位，人类主观及科学技术发展还达不到有效预测和控制程度（如山崩、滑坡、地震、海啸、台风等）；可以预料的事故大多是人的因素诱发的，或者可以避免而未能避免，主观原因占支配地位，而这类事故是完全可以预测、防范的。

无论生活中还是生产（工作）中所发生的事故可以预测和防范的是绝大多数。这就给我们提出一个课题，要减少事故发生，就需要从设计开始重视安全，对人机系统进行安全设计。人机系统的安全设计主要包括人机界面的安全设计、作业环境设计、安全防护装置设计以及人机系统的安全可靠性设计等内容。

第一节　概　　述

一、人机系统安全设计原则

人机系统构成复杂、形式繁多、功能各异，但各种各样的人机系统设计，其总体目标都是一致的，必须考虑系统的目标，即系统功能实现。早期的产品设计以实现产品的功能为主要目标，虽然或多或少地涉及了人的因素，但主要是考虑如何让人适应机，而不是机适应人的需求。而现代对产品设计注重产品中的人机关系的设计，其设计不仅要让机适应人，而且还要考虑人机之间的相互协调性、安全性等，也就是人机系统的安全设计。就所使用设备、生产过程中发生的事故而言，事故大多是人为因素诱发的，误操作、误判断或者使用者疏忽、遗忘等非意向行为导致事故发生，而这类事故是可以通过对人机系统的合理设计予以防范。人机系统安全设计目的是分析系统中的人机关系，依据人的生理、心理、认知规律等特性，对系统中的人机信息交互、人机匹配、人与机之间相互影响的动态变化等进行人机分析，设计符合人操作的控制器、符合人机信息交互的人机界面、防止机对人的影响和防止人对机器影响的安全措施，并设定人机系统的环境条件等设计内容，使整个人机系统保持可靠、安全、高效和舒适的目的，人机系统安全设计遵循如下两个原则。

（一）以人为本的设计原则

人机系统设计存在两种设计思想：

（1）以机器为本设计思想。面向机器和技术，把人看做机器系统的一部分，其着眼点是力学、电学、热力学等工程技术方面的原理。解决人机关系问题上采取选择、培训操作者，即人适机，忽略操作者行为特点、知觉、认知、动作特性等人与机器的本质区别。

（2）以人为本的设计思想。面向人的设计，为人的需要而设计，以人为中心，其着眼点考虑人的生理、心理、行为特点等，在建立行为模型、生理模型、人社会学模型等基础上设计机，使机适应于人，从而减少人的体力负担、职业病、降低人的误操作等。

显然，人机系统设计必须有以人为本的思想，遵循以人为本的原则。在人机系统的设计中，充分考虑系统要符合人的生理、心理、生物力学及人机学参数要求，使人和机在整个系统中都能充分发挥各自的作用并协调工作，达到最佳匹配，降低人的误认知、误操作等，从而降低事故发生概率。

（二）安全思想贯穿于全过程的原则

在人机系统设计或产品设计时除了考虑产品功能以外，还要考虑制造、安装、调试、运行、维修等后续阶段可能涉及人机关系部分，能否保证在系统整个生命周期中人机关系的和谐、匹配，保障使用产品时人的安全、舒适乃至享受。同时还要考虑系统使用环境对人的影响，包括人机系统的空间与布置、照明、噪声、温度、湿度、色彩等环境因素。主动设计出能制约机器系统和环境因素的安全防御系统，从高层次上去解决人机结合面上的安全问题，使之具有保障系统安全的功能。

二、人机系统安全设计内容

人机系统设计对象是指有人参与的系统或设备或产品，其研究内容包括3个方面：从安全的角度对系统中的人机关系进行设计或评价，即人与机之间信息交换、人机关系匹配、人与机形成系统后之间相互影响3个方面的人机关系进行设计或评价（图5－1），以达到以人为本，安全设计的目的。

对人机系统设计之前需了解人体结构特性、认知特性、生理心理特性、功能特性、行为规律等，这些内容在前面章节都已阐述。人机系统安全设计主要内容如下：

（1）人机系统或设备的人机交互设计。考虑人体静态动态结构参数，结合作业性质与作业姿势，以人体视听觉功能特性、动作肌力与作业疲劳等特性为依据，对系统或设备的人机界面或人机交互进行设计与评价，包括显示器、控制器、安全标志与信号等交互信息呈现方式及布局设计，要求显示器与人的信息通道特性的匹配，控制器与人体运动特性的匹配，显示器与控制器之间的匹配。

（2）作业环境设计。考虑作业微气候环境以及作业环境中的物理、化学和生物学的条件对人的职业健康影响，保证环境与操作者适应性的匹配，从而利于工作及健康。

（3）作业过程中的安全设计。作业过程中的安全设计考虑作业流程、动作顺序、动作频率等作业内容和作业方法是否符合人的行为特性、认知习惯。还应在了解作业者的行为特性基础上，为避免作业过程中因单调、超载、疲劳等因素所导致的行为失误而进行的安全措施设计，以保护作业者的健康和安全。本书重点是了解作业过程中诱发行为失误的原因、规律，为人机系统设计或设备设计应采取哪些安全措施提供方向，作业过程设计方法请参考人机工程相关书籍。

三、人机系统安全设计步骤

（一）人机系统设计步骤

人机系统安全设计思路可根据产品设计流程图，以安全为目标，每一环节考虑人的特

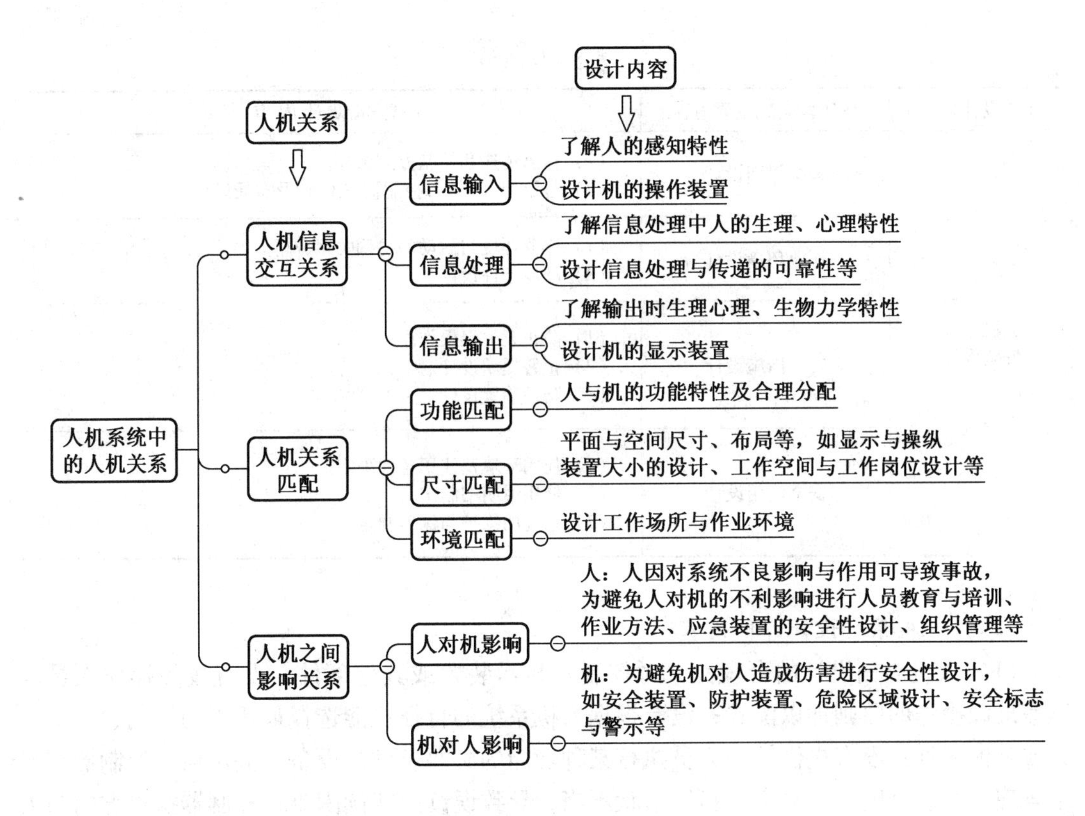

图5－1　人机关系及人机系统安全设计内容

性、人在系统中功能实现的条件及特性，以及人与机之间相互影响因素。人机系统进行设计时，首先要确定系统的设计目标和功能，分析系统功能实现过程中人机关系及与人的特性匹配要求，包括人进行作业的必要条件、必须信息、操作行为及判断等，使人和机关系达到和谐、匹配效果。人机系统设计步骤及内容见表5－1。

表5－1　人机系统的设计步骤

系统设计阶段	各阶段完成主要内容	具体设计内容
前期调研	系统人机关系	（1）确定人机系统设计项目功能。 （2）功能实现中的人机关系
	调查分析	（1）限制条件分析。 （2）使用者生理心理特征、动作特征、使用环境特征等调查
初步设计	功能分配	（1）制订人机功能分配方案。 （2）方案可行性分析
	作业程序设计	（1）确定作业流程、作业任务。 （2）分析作业每一阶段的绩效和作业舒适性
	信息交互方式设计	（1）人机信息交互的内容及呈现方式。 （2）信息交互、信息数量与人的感知通道匹配。 （3）信息交互可靠性分析

表5-1（续）

系统设计阶段	各阶段完成主要内容	具体设计内容
人机系统安全设计	人机界面设计	（1）信息传递和控制方式选择。 （2）显示器（屏）、控制器（台）及布局设计
	作业环境设计	（1）作业环境与活动的协调关系分析。 （2）环境条件设计
	安全措施设计	（1）防止人失误操作设计。 （2）预警提示设计。 （3）防护装置设计
	安全使用设计	（1）使用环境及使用条件限定。 （2）使用说明书制定。 （3）系统的维护与保养制定

（二）人机系统设计评价内容

（1）人机界面设计的合理性。对控制-显示装置或其他部件，没有按照操作人员能迅速准确操作的原则加以配置；没有根据人机系统的特征机能选择最适当的控制、显示装置或其他部件；没有提供操作人员执行某种功能的必要条件。设备中显示器、控制器布局不合理；仪表分度线、数字、指针形状不当，导致误读或认读困难；控制器操纵方向与人们的习惯不符；控制器结构及造型与人体尺寸不匹配，导致操作范围不便或容易疲劳等。

（2）人的操作行为特性对系统的影响性。由于人失职的错误、失误的错误、遗漏或遗忘疏忽、协同作业失调（多人操作，双手配合）等因素，造成未按规范要求操作，或无意识动作等设计规定之外的行为出现，人机系统中未设计相应的防范对策或安全措施应对可能出现的状况，因而易导致事故发生。例如正在驾驶中的司机当听到手机响起时会本能地分心，或去接听电话，在高速公路上驾驶危险性更大，而对驾驶员这一不安全行为的控制难以有效，可通过设计不用手动操作就可以接听的方式，这样就可避免这类交通事故发生。

（3）人机系统或设备的危区防护设计的有效性。对于伸手可触及危险区域，包括伸手向上时的危险区域、手伸入容器的危险区域、手伸过挡板顶部时的危区、伸手从侧面绕过挡板时的危区、挡板上有孔口时的危区等安全措施的有效性考虑不足。

（4）作业环境的适宜性。工作场所的热条件、声音采光照明作业环境等导致作业者识读错误、操作失误、疲劳等。

（5）认知负荷评估。随着人机系统现代化程度的提高，数字化系统的增加，脑力作业及心理紧张性作业的负荷加重，数字化系统环境下的作业人员行为特征、认知规律及人误模式与影响因子已成为人机系统设计关注的主要问题。

（三）人机系统评估方法

产品人机系统评估方法多种多样，不同的方法一般能针对某一项或某几项人机系统设计效果或性能进行评估，各种方法所采用的工具存在很大的差异，所提供的分析数据也多种多样，在人机工效综合分析之前，必须充分了解各方法所提供的数据形式。通常来讲产品的人机系统评估主要有虚拟仿真法、模拟实验法、真实环境实验法等，如图 5－2 所示。

虚拟仿真法可构造虚拟人体模型，并与驾驶舱模型、机器设备、作业场景等组成虚拟环境，模拟分析虚拟人的可视域、可达域、舒适性、疲劳特性等，该类型的工具主要有 JACK、CATIA、DELMIA、RAMSIS 等。还有一类是在虚拟环境中搭建光源与驾驶舱模型的环境，针对灯光、照明、光谱、眩光等因素虚拟仿真，此类方法所用到的工具主要有 LightTools、Lightscape、SPEOS CAA、Litestar 4D 等。

模拟实验法是搭建部分真实系统，寻找不同参数的人群样本模拟真实操作情景，并利用相关设备采集人体相关数据，加以分析总结得出评估结论的方法。模拟实验评估法所采用的实验仪器主要有眼动追踪系统、压力分布测量系统、运动捕捉系统、肌电图仪、生理多导仪等。

真实环境实验法与模拟实验法的实验方法与工具大致相同，但通常情况下，实际的照度、光谱等分析与评估需在真实环境中进行。通过照度计与光谱仪在真实的环境中测量不同光照下不同位置的照度与光谱数据。

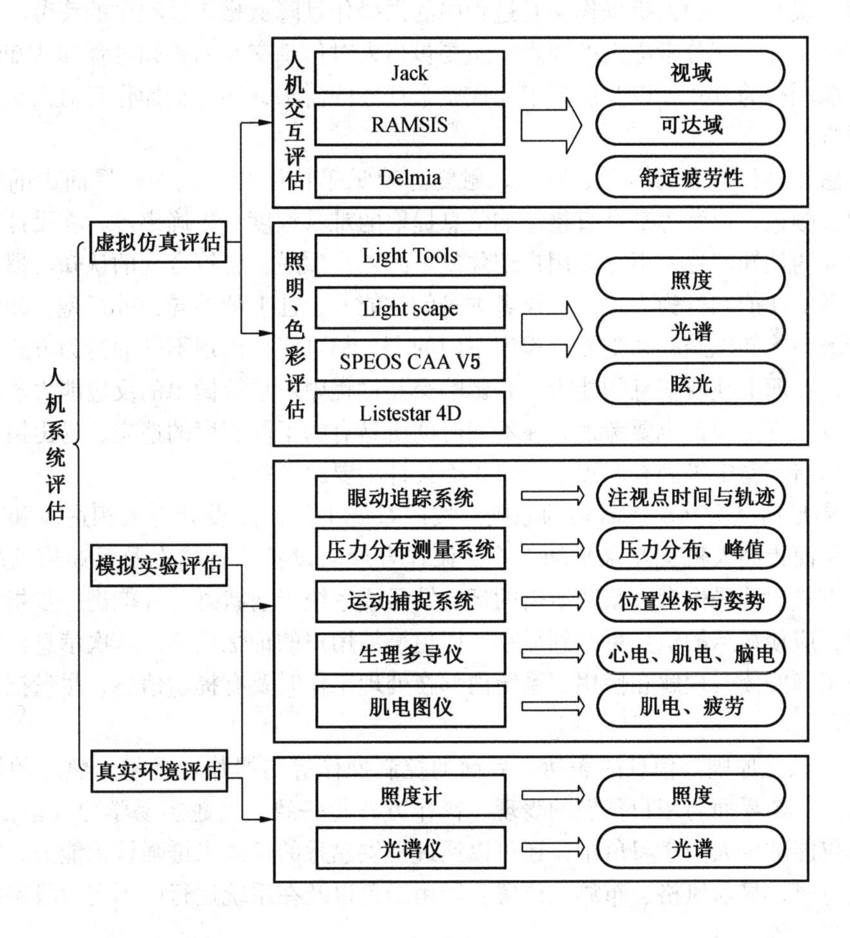

图 5－2　人机系统评估方法

第二节　人机界面的安全设计

人机界面是人和机器进行信息传递、人对机器进行控制的界面，它包括显示器、控制器以及报警系统等，是将人和机械系统联系为一个整体的纽带。人机界面设计的好坏将直接影响到人机系统的整体性能、影响到人机之间的信息交互。在工业领域，人们发现许多重大的事故都源于人机界面匹配设计不当。因此，对人机界面的安全设计非常重要。大量的经验和教训表明，设计良好的人机界面不仅能够提高系统的整体安全、可靠性能，而且能够提高运行人员操作的准确度、舒适性，减少由于长期在特定环境、特定工况下工作引起的职业病的发生，减少重大操作事故和对操作人员造成的生理或心理上的伤害。

一、人机界面设计原则

人机界面设计的目的是：在实现人机之间交互功能的同时，避免信息交互时误读、误认、误解、误判，减少人机操作交互过程中的误操作且降低操作过程中的疲劳。因此，人机界面安全设计应充分考虑人的因素，主要包括人对信息交互的感知过程和认知特性，操作者的技能和行为方式，以及所要求完成整个任务的需求，还包括操作者对人机界面部分的特殊要求。

人的感知过程与人的视觉、听觉、触觉、嗅觉等特性相关，人机界面中的字体、大小、位置、颜色、形状等都会直接影响信息提取的难易程度、正确率等。在设计人机界面时，考虑人的认知特性，不需要用户记住复杂的操作顺序，应符合人的认知习惯和经验。

操作者的技能和行为方式，操作者本身的技能、个性上的差异，外行型、初学型、熟练型、专家型等知识经验和受教育程度不同的人，都可能会出现不同的行为方式，能直接影响从人机界面上获取信息的能力，并影响交互过程中对系统做出的反应能力。

人机界面安全设计也要考虑人在不同时期所具有的不同程度的遗忘、易出错、注意力不集中、情绪不稳定等固有弱点。人机界面设计主要原则如下：

（1）满足信息交互功能需求的原则。按照系统工作性质设计与人相适应和友好的人机界面，从而提高人机交互水平和效率。设计合理的设备运行状态及反馈信息的输出内容、输出方式，使操作者能获取所需的运行结果或系统当前状态，并能进一步指导继续操作。同时，应使显示的信息量减到最小，以免增加用户的记忆负担。其次信息内容及呈现方式能被正确阅读、理解和使用。系统内部在处理工作时要有提示信息，尽量把主动权让给作业者。

（2）一致性原则。信息的表达，界面的控制操作等与操作者理解、熟悉的模式尽量保持一致，一个界面与用户预想的表现、操作方式越一致，就越容易学习、记忆和使用。一致性不仅能减少人的学习负担，还可以通过提供熟悉的模式来增强认识能力，如显示相同类型信息时，显示风格、布局、位置、所用颜色以及在系统运行的不同阶段保持一致的相似方式显示等。

（3）简洁性原则。界面的信息内容应该表达意思准确、简洁。如系统运行结果输出信息重点是要对其值作详细分析或获取准确数据，那么选用字符、数字式显示，如果要了解数据总特性或变化趋势，那么使用图形方式更有效。使用黑体字、加下划线、加大亮度、闪烁、不同颜色等给出强调的信息显示，引起操作者的注意。

（4）适当性原则。屏幕显示和布局应美观、清楚、合理，改善反馈信息的可阅读性、可理解性，并使用户能快速查找到有用信息，如显示逻辑顺序合理、显示内容恰当、空行及空格区分等。

（5）结构性原则。界面设计应是结构化的，以减少复杂度，增强有序性，减少认知负荷。按照使用顺序、习惯用法顺序、功能分区、信息的重要度与频度等合理安排信息呈现及布局。

二、显示器设计

人机系统中，显示器是指专门用来向人传达机器或设备的性能参数、运转状态、工作指令以及其他信息的装置。其目的就是将机的运行状态转化为可视化、量化形式表达出来，提供给机的操纵人员，作为控制机器的依据。其设计目的是保障人机信息的有效传递，运行人员能否正确把握系统的信息，做出准确、及时的控制行为的关键性第一步就是显示器设计是否合理，是否符合人的认知特性和满足系统的快速性和精确度。理想的显示器除了要准确反映“机”的状态外，还应根据人的感觉器官的生理特征来确定其结构，使得人与机充分协调。由于视觉和听觉是主要感觉通道，故显示器设计在考虑人的视觉和听觉的特性基础上，考虑使用环境、作业性质等限制条件下，对传递信息的内容和呈现方式、传递信息的目的或功能、信息显示装置类型等进行设计。其包括设计显示器形状、大小、颜色、标度、刻度、空间布置、响度、亮度、频率、照明、背景、距离、信息呈现方式等都必须适合人的生理、心理特征，使操作者对显示器信息辨认速度快、可靠性高、误读率少，并减轻精神紧张和身体疲劳。

（一）显示器的性能要求

对显示器性能有以下基本要求：

（1）用简单明了的方式传达信息，使传递信息的形式尽量能直接表达信息的内容，以减少译码的错误。

（2）显示精度要适当，保证最少的认读时间，避免因精度超过需要，反而使阅读困难和误差增大。

（3）显示形式要符合操作者的习惯及操作能力极限，易于了解，避免换算，减少训练时间，减少受习惯干扰造成解释不一致的差错。

（4）根据作业条件（如照明、速度、振动、操作者的位置、运动的约束等），运用最有效的显示技术和显示方法，要使显示变化速度与操作者的反应能力相适应，不要让显示速度超过人的反应速度。

（二）显示器设计的基本原则

显示器设计的基本原则包括以下 8 个方面：

（1）明显度高。使之醒目，消除背景干扰、提高区别能力。

（2）可见度高。对观察距离、观察角度、显示符号的大小，给以最佳处理。

（3）可读性好。形状、图案等与底板间的分辨率高，颜色和明亮度反差恰当，显示器的大小、形状不会因照明而发生畸变，认读时无幻影等。

（4）阐明力强。在所处环境中显示的意义明确，推断准确可靠，掌握容易。

(5) 简单明了。尽量减少装饰，不用易引起误解的装饰，一切装饰都必须以有利于认读、减少差错、提高效率为目的。

(6) 确保安全。对重要的显示器，为表明显示器是否动作正常，应设置仪表失效警告装置（光、声等）以免肇事。

(7) 使视力有缺陷者（如视弱、色弱者）也不会误认。

(8) 显示器的显示方式和操作者的思维过程应当和谐一致。

(三) 视觉显示器的设计

1. 指针式仪表的设计

指针显示装置是依靠指针与刻度盘的相对运动显示信息的装置。依刻度盘的形状，指针显示器可分为圆形、弧形和直线形（表5-2）。

在人机系统中，人对机实施控制必须掌握机的运行状态，机的运行状态通过显示装置间接取得信息。在机械化程度较高的系统中，这种要求尤其突出，各种显示装置必须尽可能无误地传递信息。对于指针式仪表，要使人能迅速而准确地接受信息，必须使刻度盘、指针、字符和色彩匹配的设计与选择适合于人的生理和心理特性。分析飞行员对仪表的错误反应分析表明：真正由于仪表故障引起失误不到10%，不少失误是由于仪表设计不当引起的。例如使用多针式指示仪表，表面上看似乎减少了仪表个数，实际上指针不止一个，增加了误读的可能性，其失误超过10%。因此，设计指针式仪表时应考虑安全人机工程学的问题有：①指针式仪表的大小与观察距离是否比例适当；②刻度盘的形状与大小是否合理；③刻度盘的刻度划分、数字和字母的形状、大小以及刻度盘色彩对比是否便于监控者能迅速而准确地识读；④根据监控者所处的位置，指针式仪表是否布置在最佳视区范围内。

表5-2　指针显示器的刻度盘分类

类别	圆形指示器			弧形指示器	
度盘	圆形	半圆形	偏心圆形	水平弧形	竖起弧形
简图					
类别	直线指示器			说　明	
度盘	水平直线	竖起直线	开窗式		
简图				开窗式的刻度盘，也可以是其他形状	

1）刻度盘的设计

其主要从刻度盘的形状、大小两个方面进行设计。

(1) 刻度盘的形状：主要取决于仪表的功能和人的视觉运动规律。实验研究表明，不同形式刻度盘的误读率不同（表5-3）。开窗式刻度盘优于其他形式，因为开窗显露的刻度少、识读范围小、视线集中、识读时眼睛移动的路线也短，所以误读率低。设计开窗式仪表时，要求刻度盘无论转至任何位置，都能在观察窗口内至少可以看到相邻两个刻有数字的刻度线，否则会引起混淆。圆形和半圆形刻度盘的识读效果优于直线形刻度盘，因为眼睛对圆形、半圆形的扫描路线短，视线也较为集中。水平直线优于竖直直线形的原因，主要是水平直线形更符合眼睛的运动规律，即眼睛水平运动比垂直运动快，准确度高。

表5－3　5种显示器读数准确度的比较（圆形仪表为100%）

显示器类型	最大可见度盘尺寸/mm	读数错误率/%
开窗式	42.3	45
圆形	54.0	100
半圆形	110.0	153
水平直线形	180.0	252
竖直直线形	180.0	325

（2）刻度盘的大小：取决于盘上标记的数量和观察距离。以圆形刻度为例，当盘上标记数量多时，为了提高清晰度，须相应增大刻度盘。但是，这必将增加眼睛的扫描路线和仪表占用面积。而缩小刻度盘又会使标记密集不清晰，从而影响认读速度和准确度。刻度盘的最佳直径与监控者的视角有关，实验证明，最佳视角为2.5°～5°。因此，由最佳直径和最佳视角便可确定最佳视距，或已知视距和最佳视角便可推算出仪表刻度盘的最佳直径。怀特（W. J. White）等人对圆形刻度盘最优直径做过实验，将仪表安装在仪表盘上，然后测试反应速度和误读率。结果表明，圆形刻度盘的最优直径是44 mm（表5－4）。关于圆形刻度盘的直径、观察距离和标记数量的推荐值见表5－5。

表5－4　认读速度和准确度与直径大小的关系（视距750 mm）

圆形度盘直径/mm	观察时间/s	平均反应时间/s	误读率/%
25	0.82	0.76	6
44	0.72	0.72	4
70	0.75	0.73	12

表5－5　观察距离和标记数量与刻度盘直径的关系

刻度标记的数量	刻度盘的最小允许直径/mm	
	观察距离500 mm时	观察距离900 mm时
38	25.4	25.4
50	25.4	32.5
70	25.4	45.5
100	36.4	64.3
150	54.4	98.0
200	72.8	129.6
300	109.0	196.0

2）刻度与刻度线的设计

识读速度、识读准确性还与刻度的大小、刻度线的类型、刻度线的宽度和刻度线的长短有关。

（1）刻度的大小。刻度盘上最小刻度线间的距离称为刻度。刻度的大小可根据人眼的最小分辨能力和刻度盘的材料性质及视距而确定。人眼直接读识刻度时，刻度的最小尺寸不应小于0.6～1 mm。当刻度小于1 mm时，误读率急剧增加。因此，刻度的最小尺寸一般在1～2.5 mm之间选取，必要时也可采用4～8 mm。采用放大镜读数时，刻度的大小一般取1/*X* mm（*X*为放大镜放大倍数）。

刻度线最小值还受所用材料限制，钢和铝的最小刻度为1 mm；黄铜和锌白铜为0.5 mm。

（2）刻度的类型。常见的刻度类型有单刻度线、双刻度线和递增式刻度线，如图5－3所示。递增式刻度线的形象特征可以减少识读误差。

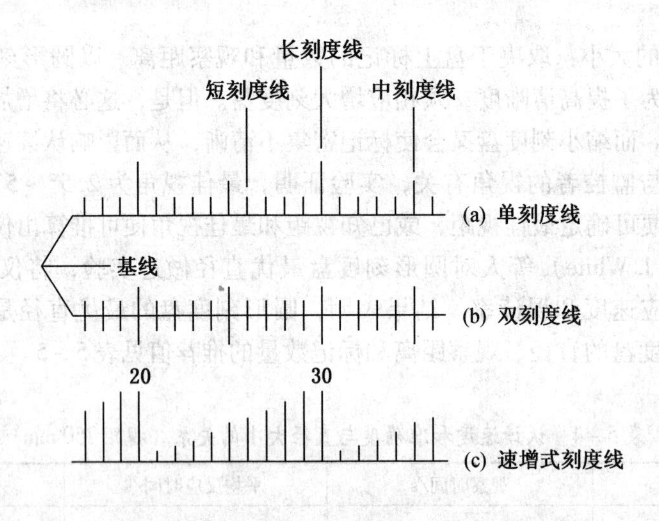

图5－3　刻度线

（3）刻度线宽度（即刻度线粗细）。刻度线宽度取决于刻度的大小，当刻度线宽度为刻度的10%左右时，读数的误差最小。因此，刻度线宽度一般取刻度的5%～15%，普通刻度线通常取（0.1±0.02）mm；远距离观察时，可取0.6～0.8 mm，精度高的测量刻度线取0.0015～0.1 mm。

（4）刻度线长度。刻度线长度选择合适与否，对识读准确性影响很大。刻度线长度受照明条件和视距的限制。当视距为*L*时，刻度线最小长度为：长刻度线长度为*L*/90；中刻度线长度为*L*/125；短刻度线长度为*L*/200；刻度线间距为*L*/600。

刻度线长度还受刻度大小的影响，不同刻度范围的刻度线长度按表5－6选取。

（5）刻度方向。刻度盘上刻度值的递增顺序称为刻度方向。刻度方向必须遵循视觉规律，水平直线型应从左至右；竖直直线型应从下到上；圆形刻度应按顺时针方向安排刻度值。

（6）数字累进法。一个刻度所代表的被测值称为单位值。每一刻度线上所标度的数字的累进方法对提高判读效率、减少误读也有非常重要的作用。数字累进法的一般原则见表5-7，这是美国海军的研究成果。

表5-6 刻度线长度选择表 mm

刻度线	刻度大小								
	0.15~0.3	>0.3~0.5	>0.5~0.8	>0.8~1.2	>1.2~2	>2~3	>3~5	>5~8	>8
	长度								
L_1	1.0	1.2	1.5	1.8	2.0	2.5	3.0	4.0	$0.5\Delta L$
L_2	1.4	1.7	2.2	2.6	3.0	4.5	4.5	6.0	$0.75\Delta L$
L_3	1.8	2.2	2.8	3.3	4.0	6.0	6.0	8.0	ΔL

注：1. L_1、L_2、L_3 分别代表短、中、长3种刻度线，ΔL 为刻度大小。

2. 只有两种刻度线的情况下取 L_1 和 L_2，只有一种刻度线的情况取 L_3。

3. 三度划分时：$L_1:L_2:L_3=1:1.5:2$ 或 $1:1.3:1.7$。

4. 二度划分时：$L_2:L_3=1:1.5$ 或 $1:2$。

表5-7 数字累进法

优					可					差			
1	2	3	4	5	2	4	6	8	10	3	6	9	12
5	10	15	20	25	20	40	60	80	100	4	8	12	16
10	20	30	40	50	200	400	600	800	1000	1.25	2.5	5	7.5
50	100	150	200	250						15	30	45	60

一般应采取上表中“优”的累进法，只是在不得已的情况下才使用“可”，而绝对不能使用“差”的累进法。人最易读取自然增加的数字。

（7）刻度设计注意事项。包括：不要以点代替刻度线；刻度线的基线用细实线为好，图5-4中采用的粗线不利于识读；刻度线不可很长而且很挤（图5-5）；不要设计成间距不均匀的刻度（图5-6）。

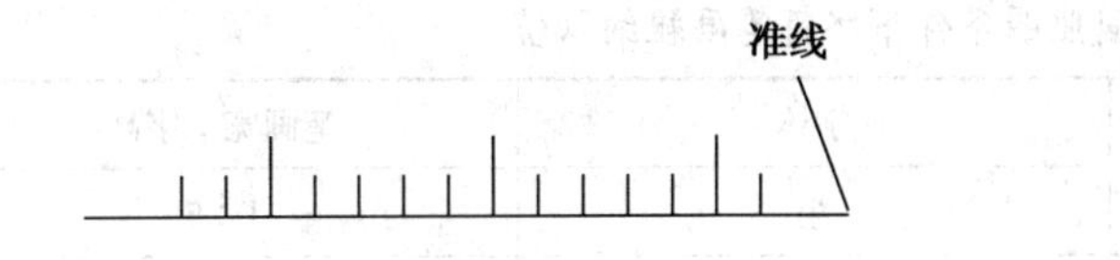

图5-4 准线太粗

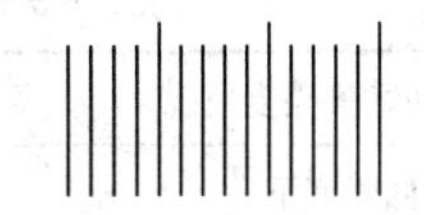

图5-5 刻度线太长，排得太挤

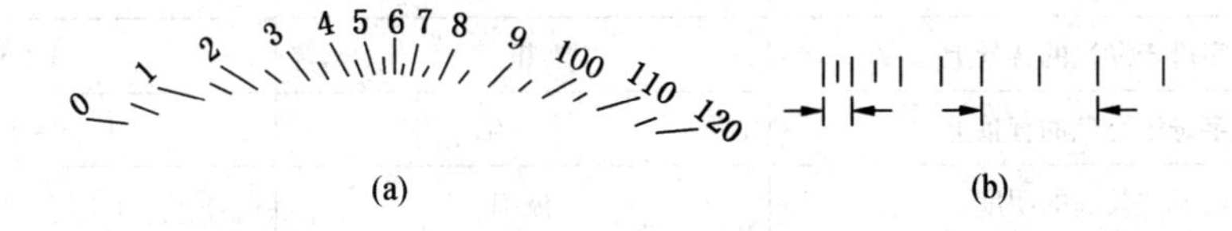

图5-6 不均匀刻度举例

3）字符设计

仪表刻度盘上印刻的数字、字母、汉字和一些专用的符号，统称为字符。由于刻度的功能通过字符加以完备，字符的形状、大小和立位又直接影响识读效率，因此字符的设计应力求能清晰地显示信息，给人以深刻的印象。

（1）字符的形体。字符形体设计时，为了使字符形体简明醒目，必须加强各字符的特有笔画，突出“形”的特征，避免字体的相似性。

（2）字符的大小。在刻度大小已定的条件下，为了便于识读，字符应尽量大一些。字符的高度通常取为 $L/200$，也可按近似公式计算：

$$H = \frac{L}{3600}\theta \tag{5-1}$$

式中 H——字符高度，mm；

L——视距，mm；

θ——最小视角，（′），θ 一般由实验决定，通常取 10′～30′。

对于安装在仪表盘上的仪表，视距为 710 mm 时，其字符高度可参考表 5－8；若视距不等于 710 mm 时，需将表 5－8 列数值乘以变化比率加以修正，即

$$变化比率 = \frac{实际视距(mm)}{710(mm)} \tag{5-2}$$

表 5－8　仪表盘上仪表的字符高度　　mm

字母或数字的性质	低亮度下（约 0.103 cd/m²）	高亮度下（约 3.43 cd/m²）
重要的（位置可变）	5.1～7.6	3.0～5.1
重要的（位置固定）	3.6～7.6	2.5～5.1
不重要的	0.2～5.1	0.2～5.1

字符的宽度与高度之比一般取 0.6～0.8，笔画宽与字高之比一般取 0.12～0.16。笔画宽与字高之比还受照明条件的影响，笔画宽与字高比值的推荐值见表 5－9。

表 5－9　不同照明条件下字符笔画粗细取值

照明和背景亮度情况	字体	笔画宽：字高
低照度下	粗	1：5
字母与背景的亮度对比比较低时	粗	1：5
亮度对比值大于 1：12（白底黑字）	中粗～中	1：6～1：8
亮度对比值大于 1：12（黑底白字）	中～细	1：6～1：8
黑色字母于发光的背景上	粗	1：5
发光字母于黑色的背景上	中～细	1：8～1：10
字母具有较高的明度	极细	1：12～1：20
视距较大而字母较小的情况下	粗～中粗	1：5～1：6

（3）标度数字的原则。刻度线上标度数字应遵守下述原则：指针运动盘面固定的仪表标度的数字应直排（正立位）；盘面运动指针固定的仪表标度的数字应辐射定向安排；最小刻度可不标度数字，最大刻度必须标度数字；指针在仪表面内时，如果仪表盘面空间足够大，则数字应在刻度的外侧，以避免被指针挡住；指针在仪表外侧时，数字应标在刻度的内侧；开窗式仪表的窗口应能显示出被指出的数字及上下相邻的两个数字，标数应顺时针辐射定向安排。为了不干扰对显示信息的识读，刻度盘上除了刻度线和必要的字符外，一般不加任何附加装饰；一些说明仪表使用环境、精度的字符应安排在不显眼的地方。

4）指针设计

指针是仪表不可缺少的组成部分。其功能是用于指示所要显示的信息。为了使监控人员能准确而迅速地获得信息，指针的大小、宽窄、长短和色彩配置等必须符合监控人员的生理与心理特性。

指针的形状要尽可能简单、指针明确、不附加装饰，应以头部尖、尾部平、中间等或狭长三角形为好。指针尖宽度应与最短的刻度针等宽，或取刻度大小的 10^{-n} 倍。如果针尖的宽度小于或大于最短刻度线宽度，当指针在刻度线上摆动时，则易产生读数误差。为了减少双眼视差和双眼视觉的不对称等因素的影响，指针与刻度盘的配合应尽量贴近。对高精度的仪表，指针与刻度盘必须装配在同一平面内。指针的长度要合适，指针长会覆盖刻度标记，指针过短会离开刻度，从而给准确判读带来困难。一般认为指针尖距刻度 1.6 mm 左右为宜。

5）零点标志的最优位置

圆形满刻度仪表指针的零点位置大都置于 12 点的位置，刻度不满一周或全量程不满一周的圆形仪表，零点放在表盘左下侧，终点放在相对称的表盘右下侧；半圆形或水平带式仪表的零点位于表盘左端；垂直带式仪表的零点一般位于表盘的下端。

6）盘面结构与字符数码的立位

字符与数码的上下朝向称为立位，字符与数字的立位选择与指针盘面的相对运动有关：

（1）表盘固定指针运动的仪表，数字应位于刻度外侧，且应垂直向下，即采用图 5－7a，而不宜采用图 5－7b。

（2）表盘运动指针固定的圆形仪表，数字应标在刻度内侧，数字的方位采用图 5－7c，而不宜采用图 5－7d；若为水平窗式仪表，数字应标在刻度的下侧；若为垂直窗式仪表，则数字应标在刻度右侧，但数字方位宜采用图 5－7g，而不宜采用图 5－7h。

（3）指针固定的水平带式仪表，指针位于刻度上（下）侧时，数字应位于刻度下（上）侧；指针固定的垂直带式仪表，若指针位于刻度左（右）侧时，数字应位于刻度右（左）侧。

7）指针式仪表的色彩匹配

为了精确地判读，指针、刻度线和字符的颜色应有鲜明的对比，避免模糊的配色。研究表明，墨绿色和淡黄色仪表面分别配上白色和黑色的刻度时，其误读率最小。而黑色和灰黄色仪表面分别配上白色刻度线时，其误读率最大，不宜采用。此外，大刻度线和小刻度线的颜色不同，则较容易读取。

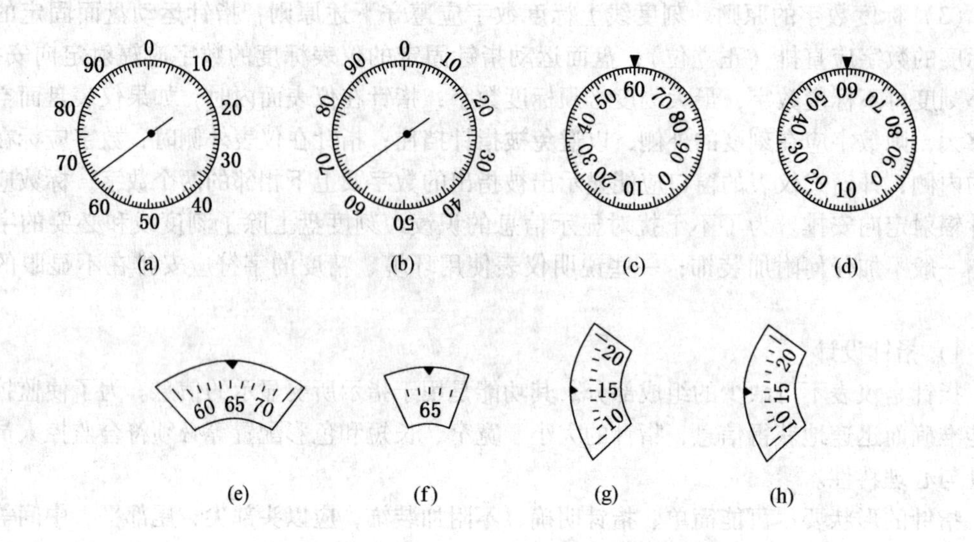

图5-7 指针式仪表表盘、数字、指针与刻度的相对位置图

2. 数字显示器的设计

数字显示是直接用数字和字符等显示参数或状态的仪表，除了少量机械式数字显示器外，显示器几乎全是电子显示器，其基本形式有两种：一种是以显示数字为主并有少量字符的显示器，多数为开窗式，如液晶显示器、数码管显示器等；一种是以显示参数、表格、模拟曲线或图形，以及数量较多的各种字符为主的显示器，多数为屏幕式，如各种监视器、计算机显示器等。

（1）机械式数字显示器设计。机械式数字显示的字符变化装置常用的有两种：一种是把字符印制在卷筒上，用转动卷筒的办法变化字符显示，这种方法结构简单，但难以用检索的方法控制显示；另一种是将字符印制在可翻转的薄金属片上，这种方法使用较方便，可以准确地控制显示。不论哪种方法前后显示两组数字的时间间隔都不能少于0.5 s，否则将无法连续认读。机械显示器缺点是容易出现卡住或在窗口显出上下各半个字符等现象。

（2）电子数字显示器设计。常用的电子显示装置有液晶显示（LCD）和发光二极管显示（LED）。

电子显示的主要问题有两个：一是因字型由直线段组成，因而失去常态的曲线，带来认读的不方便；二是各字间隔会因字的不同而变化，忽大忽小，如图5-8所示。

实验表明，由亮小圆点阵来构造字符（图5-9），认读性好，使混淆的可能性大为减小。发光二极管多用于机床数显、仪器、计算机等需远距离认读或光照不很好的条件下；液晶较为经济，且光线扩散的条件下认读性也很好，多用于小型设备或近读的显示器。

3. 信号灯设计

信号灯通常用于指示状态或表达要求，有时也用于传递信息，信号灯设计的原则为：

（1）清晰、醒目和必要的视距。例如驾驶室的信号灯要保证能被看清，又不致眩目，否则影响司机夜间对室外的观察。

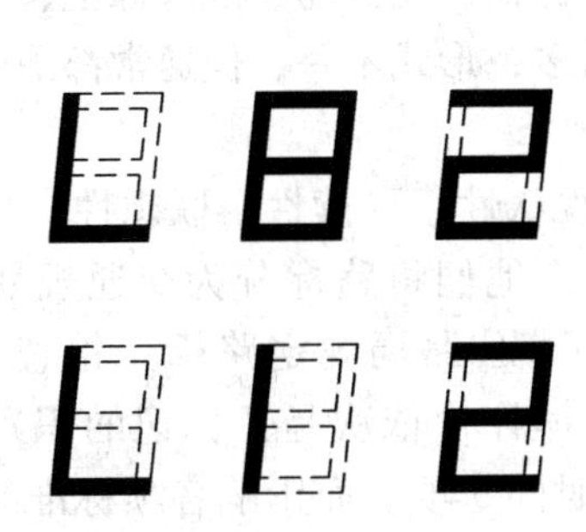
图5-8　电子数码显示

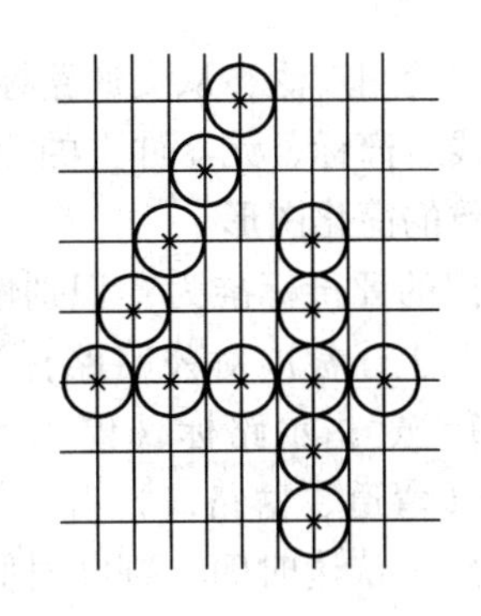
图5-9　圆点阵显示

（2）合乎使用目的。各种情况的指示灯应当用不同颜色，信号灯很多时，不但在颜色上，还要在形状、标记上加以区别，而形状、标记应与其所代表的意义有逻辑联系，如“→”指向，“×”示禁，“!”示警，慢闪光表示慢速等。为引起注意，可用强光和闪光信号，闪光频率为0.67～1.67 Hz。闪光方式可为明灭、明暗、似动（并列两灯交替明灭）等，但闪光信号会造成分心，不宜滥用。

（3）按信号性质设计。重要的信号（危险信号等）为引起注意，可考虑采用听觉、触觉显示方式，或者采用多重显示（视听、视触），以引起不随意注意。

（4）信号灯位置与颜色的选择。重要信号灯与重要仪表一样，必须安置在最佳视区（视野中心3°范围）。一般信号灯在20°内，极次要的信号灯才安排在离视野中心60°～80°外，但仍需在不必转头即能看到。常用的10种信号灯编码颜色的不易混淆次序为：黄、紫、橙、浅蓝、红、浅黄、绿、紫红、蓝、黄粉。但在单个信号灯情况下，以蓝绿色最为清晰。

（5）信号灯与操纵杆和其他显示器的配合。信号显示如与操纵或其他显示有关时，应与有关器件位置靠近，组成排列，而且信号灯的指示方向与操作方向保持一致，例如开关向上，上方灯亮等。

信号灯的使用与改进意义很大，例如飞机着陆事故和汽车咬尾事故占总事故的一半以上，通过改进汽车尾灯设计和采用信号灯辅导着陆，可以大大降低事故率。

交叉路口信号由红转绿时，往往发生“抢行”，所以采用简单来减弱对信号变换的敏感。为了防止色盲、色弱、色觉异常者（多为红绿色盲）对交通信号的误认，有的城市采用如图5-10所示的信号灯。

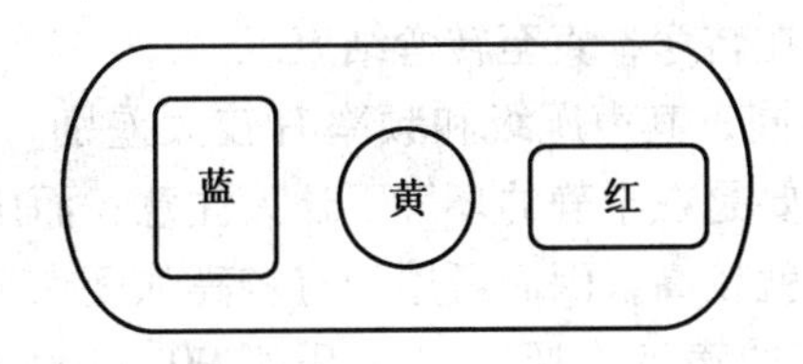

图5-10　改进的交通信号灯

4. 符号标记设计

符号标记使用广泛，从交通路标、航标、气象标记，到毒物、危险标记、工程图、地图、电子路线、商标、元器件上的标记等，种类繁多，形式不一，但通常都采用与其指示的含义相一致的简化图形。

符号标记的评价标准为：识别性、注目性、视认性、可读性、联想性。日本公路路标调查会按照上述标准对公路路标进行分析研究，他们将路标分为交通规划路标（禁止通行、单行）、指示路标（停车处、人行横道）、公路局规定路标（检查口、限载）和警戒路标（弯道、岔路口）等。认为路标的具体评价依次是：标记的识别距离、文字的识认距离、认读时间、判断时间和对应动作时间5 项。而影响各项标准的因素有以下5 种。

（1）影响标记识别的因素：视力、天气、交通条件、环境以及标记的位置、底色、色彩、大小、照明等。

（2）影响文字识认的因素：知识、动视力、行驶速度、对方来车、明度对比、静视力、紧张程度、汽车前灯照度以及文字的种类大小、复杂程度、与底色的对比，与标记的相配性。

（3）影响认读的因素：行驶速度、注视角度、对文字内容的关心程度以及文字的信息量、数量、地名数量、字节数、复杂性、标志位置、知识和眼力情况。

（4）影响判断的因素：身心疲劳情况、行动点、标记消失点以及选择标准、复杂性、熟练程度。

（5）影响反应的因素：运动能力、运动特性以及汽车性能、操作装置、操作量。

广告、霓虹灯对于路标的辨认会有干扰。

（四）听觉显示器的设计

在人机系统中，也利用声音这一媒介来显示、传递人与机之间的信息。所以在工业生产和日常生活中听觉显示器在仪表中也占一定位置。各种音响报警装置、扬声器和医生的听诊器均属听觉传示装置（听觉显示器），而超声探测器、水声测深器等则是声学装置，不属听觉传示装置。

1. 音响及报警装置的设计

1）音响和报警装置的类型及特点

（1）蜂鸣器。它是音响装置中声压级最低、频率也较低的装置。蜂鸣器发出的声音柔和，不会使人紧张或惊恐，适合于较宁静的环境，常配合信号灯一起使用，作为提示性听觉显示装置，提示操作者注意，或提示操作者去完成某种操作，也可用于指示某种操作正在进行。例如，汽车驾驶员在操纵汽车转弯时，驾驶室的显示仪表板上就有信号灯闪亮和蜂鸣器鸣笛，显示汽车正在转弯，直至转弯结束。

（2）铃。铃因其用途不同，其声压级和频率有较大差别。例如，电话铃声的声压级和频率只稍大于蜂鸣器，主要是在宁静的环境下让人注意；而用作指示上下班的铃声和报警器的铃声，其声压和频率就较高，因而可用于有较高强度噪声的环境中。

（3）角笛和汽笛。角笛的声音有吼声（声压级 90 ~ 100 dB(A)、低频）和尖叫声（高声强、高频）两种。常用作高噪声环境中的报警装置。汽笛声频率高，声强也高，较适合于紧急状态的音响报警装置。

（4）警报器。警报器的声音强度大，可传播很远，频率由低到高，发出的声调富有上升和下降的变化，可以抵抗其他噪声的干扰，特别能引起人们的注意，并强调性地使人们接受，它主要用作危急状态报警，如防空、救火报警等。

一般音响、报警装置的强度和频率参数见表5－10，可供设计时参考。

表5－10　一般音响显示和报警装置的强度和频率参数

使用范围	装置类型	平均声压级/dB(A)		可听到的主要频率/Hz	应用举例
		距装置2.5 m处	距装置1 m处		
用于较大区域（或高噪声场所）	4英寸铃	65～67	75～83	1000	用于工厂、学校、机关上下班的信号以及报警的信号
	6英寸铃	74～83	84～94	600	
	10英寸铃	85～90	95～100	300	
	角笛	90～100	100～110	5000	主要用于报警
	汽笛	100～110	110～121	7000	
用于较小区域（或低噪声场所）	低音蜂鸣器	50～60	70	200	用作指示性信号
	高音蜂鸣器	60～70	70～80	400～1000	可作报警用
	1英寸铃	60	70	1100	用于提醒人注意的场合，如电话、门铃，也可用于小范围内的报警信号
	2英寸铃	62	72	1000	
	3英寸铃	63	73	650	
	钟	69	78	500～1000	用作报时

注：1英寸＝25.4 mm。

2）音响和报警装置的设计原则

（1）音响信号必须保证使位于信号接收范围内的人员能够识别并按照规定的方式做出反应。因此，音响信号的声级必须超过听阈，最好能在一个或多个倍频程范围内超过听阈10 dB(A）以上。

（2）音响信号必须易于识别，特别是有噪声干扰时，音响信号必须能够明显地听到并可与其他噪声和信号区别。因此，音响和报警装置的频率选择应在噪声掩蔽效应最小的范围内。例如，报警信号的频率应在500～600 Hz之间。其最高倍频带声级的中心频率同干扰声中心频率的区别越大，该报警信号就越容易识别。当噪声声级超过110 dB(A）时，最好不用声信号做报警信号。

（3）为引起人注意，可采用时间上均匀变化的脉冲声信号，其脉冲声信号频率不低于0.2 Hz和不高于5 Hz，其脉冲持续时间和脉冲重复频率不能与随时间周期性起伏的干扰声脉冲的持续时间和脉冲重复频率重合。

（4）报警装置最好采用变频的方式，使音调有上升和下降的变化。例如，紧急信号的音频应在1 s内由最高频（1200 Hz）降低到最低频（500 Hz），然后听不见，再突然上升，以便再次从最高频降低到最低频。这种变频声可使信号变得特别刺耳，可明显地与环境噪声和其他声信号相区别。

（5）显示重要信号的音响装置和报警装置，最好与光信号同时作用，组成“视听”双重报警信号，以防信号遗漏。

2. 语言传示装置的设计

人与机之间也可用语言来传递信息。传递和显示语言信号的装置称为语言传示装置，如麦克风、扬声器就是语言传示装置。经常使用的语言传示系统有：无线电广播、电视、电话、报话器和对话器及其他录音、放音的电声装置等。

用语言作为信息载体，可使传递和显示的信号含义准确、接受迅速、信息量大，不受方向和光照的影响，缺点是易受噪声的干扰。

（1）语言的清晰度。所谓语言的清晰度，是指人耳通过语言传达能听清的语言（音节、词或语句）的百分数。语言清晰度可用标准的语句表通过听觉显示器来测量。例如，若听清的语句或单词占总数的20%，则该听觉传示器的语言清晰度就是20%。对于听对和未听对的记分方法有专门的规定，此处不作论述。表5－11是语言清晰度（室内）与主观感觉的关系，可见设计一个语言传示装置，其语言的清晰度必须在75%以上，才能正确传示信息。

表5－11 语言清晰度的评价

语言清晰度百分率×100	人的主观感觉	语言清晰度百分率×100	人的主观感觉
65以下	不满意	85～96	很满意
65～75	语言可以听懂，但非常费劲	96以上	完全满意
75～85	满意		

（2）语言的强度。据研究表明，当语言强度接近120 dB(A)时，受话者将有不舒服的感觉；当达到130 dB(A)时，受话者耳中有发痒的感觉，再高便达到痛阈，将有损耳朵的机能。因此，语言传示装置的语言强度最好在60～80 dB(A)之间。

（3）噪声对语言传示的影响。当语言传示装置在噪声环境中工作时，噪声将影响语言传示的清晰度。据研究表明，当噪声声压级大于40 dB(A)时，这时噪声对语言信号有掩蔽作用，从而影响语言传示的效果。

（五）仪表盘总体布局设计

一个控制室内有多块仪表盘，而每一块仪表盘上又装有许多仪表时，则仪表盘和仪表布置得是否合理，是否适合人的生理和心理特性，关系到识读效果、巡检时间、工作效率和安全。

1. 仪表盘的识读特点与最佳识读区

人眼的分辨能力随视区而异。以视中心线为基准，在其上下各15°的区域内误读概率最小，视角增大差错率增高（表5－12）。若仪表盘上的仪表布局为：4只仪表位于监控者中心视线15°角区域内，5只仪表位于15°～30°角区域内，1只仪表位于30°～45°角区域内，则各仪表识读一次均不发生误读的概率为$(1-0.0001)^4\times(1-0.001)^5\times(1-0.0015)=0.99312$。

当视距为800 mm时，若眼球不动，水平视野20°范围为最佳识读范围，其正确识读时间为1 s。当水平视野超过24°以外范围的仪表时，需通过头部区域，然后再观察右部区域，所以24°角以外区域的左半部正确识读时间比右半部正确识读时间短。

表 5-12　不同视线角度的误读概率

视线上下的角度区域/(°)	误读概率	视线上下的角度区域/(°)	误读概率
0~15	0.0001~0.0005	45~60	0.0020
15~30	0.0010	60~75	0.0025
30~45	0.0015	75~90	0.0030

视线与盘面垂直，可以减少视觉误差。当人坐在控制台前时，头部一般略向前倾，所以仪表盘面应相应后仰15°~30°，以保证视线与盘面垂直。

2. 仪表盘的总体设计

如果许多块仪表一字排开，结果是盘面增大，眼睛至盘面上各点的视距不一样。盘面的中心部位视距最短，在其他条件相同的情况下，识读效率最高，盘面的边沿部位由于视距延长，因而识读效率最差。虽然可以通过监控者的移动、眼球或头部的运动改善，终不如中心部位的识读效率高，而且人体的运动也会加速疲劳。

为保证工效和减少疲劳，一目了然地看清全部仪表，一般可根据仪表盘的数量选择一字形、弧形、弯折形布置形式。

一字开布置的结构简单，安装方便，适用于仪表盘较少的小型控制室。弧形布置的结构比较复杂，它既可以是整体弧形，也可以是组合弧形，这种弧形结构改善了视距变化较大的缺点，常用于10块盘以上的中型控制室。弯折式布置由多个一字形构成，其结构比弧形式简单，又使视距变化较大的缺点得到克服。因此，该种布置形式常用于大中型控制室。

3. 仪表盘的垂直立面布置

盘面安装的仪表，按用途大体可分为生产管理仪表、过程控制仪表和操纵监视仪表三大类。按其作用、重要程度与操纵要求，其合理布置如图5-11所示。

在A区域可布置反映全局性，对生产过程有指导意义的生产管理仪表。如总电压表、总电流表、物料总流量表及紧急警装置等，它们的位置应在人的身高以上比较醒目的地方。

在B区域布置监控者需要经常观察的各类指示仪表和记录仪。

在D区域布置指示调节器和记录及其操纵部件。

E区域是仪表盘附带的操纵台，可布置启动和停止按钮、显示转换键和电话等辅助装置。

图中x是监控者眼睛高度（约为1.5 m），y是监控者俯位（约为1.3 m）。无论监控者的视距为2 m，还是0.6 m处，均能保证各类仪表在监控者的良好视区内。

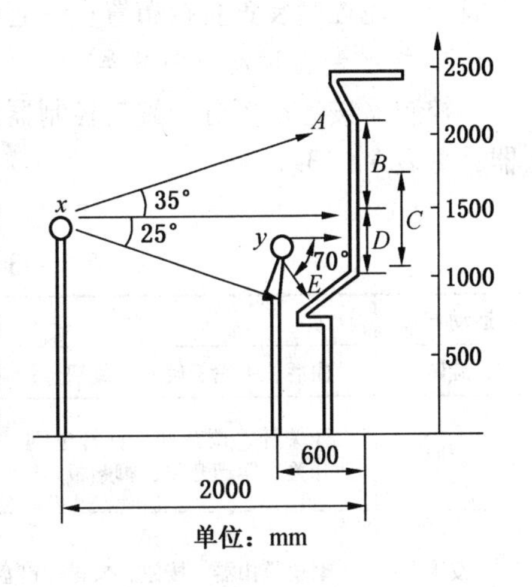

图5-11　盘面上的仪表布置

三、控制器设计

控制器是操作者用以控制机器运行状态的装置

或部件，是联系人和机的重要部件之一，生产中的许多事故是因控制器的设计未能充分考虑人的因素所致。因此，在控制器设计中，重视人的因素，保证操作者能方便、准确、迅速、安全可靠地实施连续控制，也是人机系统安全设计的一个重要方面。

人在操纵控制器中，出现差错的现象是不少的。在生产过程中，由于操作失误所引起的事故，几乎与机器或生产系统的故障所引起的事故占同样高的比例。生产中许多事故，从表面看起来是操作人员缺乏训练或思想不集中所引起，但若进一步分析就会发现，许多操作错误的发生，其实是因为在设计控制装置时，没有充分考虑到人的因素而造成的。

费茨（P. M. Fitts）和琼斯（R. E. Jones）1947 年在分析飞行驾驶中出现的460 个操作失误中，发现其中68% 的错误是由于控制器设计不当引起的。这足以说明控制器设计的重要性。如果把控制器设计成符合生物力学规律并布置在便于准确和迅速操纵的位置上，也许这些事故就不会发生。因此，设计和制造控制器时，不仅要考虑其性能、寿命、可靠性、经济性和外观造型等问题，还应考虑其安全性。

（一）控制器的类型

1. 按操纵的动力装置分类

（1）手控装置。如按钮、开关、选择器、旋钮、曲柄、杠杆及手轮等。

（2）脚控装置。如脚踏板、脚踏钮等。

（3）其他。如声控开关。

2. 按控制器的功能分类

（1）开关控制器。只采取开或关就能实现启动或停止的控制装置，如常用的按钮、踏板、手柄、钮子开关等。

（2）转换控制装置。用来把一种工作状态转到另一种工作状态的控制装置，常用的有手柄选择开关、选择按钮、操纵盘等。

（3）调整控制装置。利用这种控制装置，可以使系统的工作参数稳定地增加或减小。常用的有手柄、按钮、操纵盘和旋钮等。

（4）紧急停车控制装置。此种控制装置要求在最短的时间内产生效果。启动要十分灵敏，具有“一触即发”的特点。此类控制装置，无论是在仪表上还是在控制台上，都不宜与其他控制装置直接布置在一起，以免紧急操作时发生错误或误触。

3. 按控制器运动方向分类

控制器按运动可分为旋转控制器、摆动控制器、按压控制器、滑动控制器和牵引控制器，见表5－13。

表5－13 控制器的分类与特点

运动方式	示例	特点
旋转	曲柄、手轮、旋塞、旋钮、钥匙	受力后绕轴旋转运动，也可反向倒转或继续旋转至起始位置
摆动	开关杆、调节杆、杠杆电键、拨动开关、摆动开关、脚踏板	受力后绕旋转点或轴运动，或者摆动到一个或数个位置，通过反向调节可返至起始位置摆动
按压	钢丝脱扣器、按钮、按键、键盘	受力后在一个方向运动，在施力解除之前，停留在被压位置上，通过反弹力可回到起始位置

表5-13（续）

运动方式	示　例	特　点
滑动	手闸、指拨形状滑块、指拨摩擦滑块	受力后在一个方向运动，并停留在运动后的位置上，只有在相同方向上继续向前推或改变力的方向，才可使其做返回运动
牵拉	拉环、拉手、拉圈、拉钮	受力后在一个方向运动，回弹力可使其返回起始位置，或者用手使其在相反方向上运动

4. 新型控制器

随着计算机技术、网络技术、传感技术、人机交互等技术发展，使得人机交流可以更加直观、易于理解的方式进行，采用语音、眼睛、脑电波控制越来越成熟。

1）语音控制器

让机器听懂人类在说什么，并能按照语音指令工作，是工程师长期以来梦寐以求的事情。近年来，随着计算机技术、互联网、大数据等技术的发展，推动了语音识别技术的飞速发展。语音识别技术，通过对语音信号处理、模式识别，将声音信号转变为相应的指令，驱动机器执行，实现机器理解人类的语言。语音控制作为一种新型的人机交互方式，正越来越受到产业界的重视。相比于传统操作方式，语音控制器具有输入快速、无须动手、即时操作的特性，在某些应用场景具有独特的优势。比如，在驾驶车辆时手、脚都不方便去触控按钮，这时只需说出几个简单的词语，车载声控系统可智能识别语音指令，轻松开启导航、接听电话、切换歌曲、调节空调等各项功能。

语音控制在机器人外科手术系统中也有成功应用。computer motion 公司开发的第二代 Zeus 系统，可进行微创手术，该系统由 3 只机械臂、医生操作台、计算机控制器组成。手术时，医生坐在操作台前，观察二维或三维手术图像，其中 1 个机械臂可通过声控交互方式操纵腔镜，另外两个机器臂则在医生控制下操作手术器械。

iPhone 手机中的语音助手 siri 提供的语音交互方式，让人们使用电子产品的难度再次降低，一些残疾人、老人、孩子也可以借助 siri 来使用手机。

2）眼动控制技术

眼动控制是基于眼球运动追踪技术的一种新型的人机交互方式，其原理是使用红外线照射用户眼睛，利用摄像传感器捕捉图像，根据图像数据确定瞳孔的位置，计算诸如注视点、注视时间和次数、眼跳距离、瞳孔大小等数据，以此来跟踪视线方向、判断眼部动作，从而实现控制机器的目的。

与传统的接触式控制方式相比，眼动控制具有非接触、低干扰等优点，尤其适用于噪声、低温等特殊环境以及行动不变的特定人群。同时，眼球运动与人的生理状态、心理活动有着直接或间接的关系，可以反映出操作者注意力、疲劳等状态。眼动控制在智能工厂的设备控制、智能家居控制领域，有着广阔的应用前景。

美国 LC 公司开发的一款头盔式眼动仪产品 Eye - Gase Communication System，可帮助残障人士和不能用手操作键盘的病人用眼睛操作计算机，实现人机交互，为这类肢体不便人群的工作、生活提供了更多选择。

瑞典眼动仪制造公司 Tobii 将研发的眼球追踪技术应用于金属铸造企业的工人，通过监控工人的眼球移动，可以加快员工培训上岗速度，提升工人的工作效率以及安全警觉性。具体做法是通过眼球仪追踪工人眼球，对工人在熔融金属时的整个工作流程进行近距离记录，可以了解机械铸造过程中眼睛受到了何种程度的影响，也为新员工深入了解工作流程提供了全新的视角。在此基础上构建培训计划，制作特殊视角的培训视频，为新员工提供了每一个工作步骤的详细分析，使整个金属熔融浇筑工作流程变得更加安全、更加高效。同时，眼球追踪技术还发现很多经验丰富的金属铸造工人在工作时，视觉注意力并不是非常集中，可能是因为对工作流程已经非常熟悉了。应用眼球追踪技术，按一定频率上提醒工人遵守正确的操作规范，让其保持警惕性，可有效避免安全生产事故的发生。

在工程设计中经常要考虑人自身生理因素的制约，比如视觉信息搜索的速度、范围等，通过记录眼动指标，可以评估人机交互中视觉信息提取及视觉控制问题，使设计符合人的生理心理特点，实现人机环之间的最佳结合，让人们更加舒适、安全、高效地工作。

3）脑电波控制器

脑电波控制器是指利用人的意念控制机器的系统。这是一种新型的人机交互方式，其原理是通过脑电波（Electroencephalogram，EEG）提取技术的进步，将人心理活动产生的微弱脑电信号捕捉并破译脑电波，由非侵入式脑机接口（Brain - machine Interface，BMI）转化为具体的控制指令，实现对机器的控制。

脑电波控制技术在医疗、交通等领域具有大量的潜在需求。在康复医疗领域，研究人员应用脑电波控制器对脑卒中偏瘫患者进行康复训练。首先用肢体运动画面刺激患者进行运动想象，提取、识别并放大有关运动脑电波，通过虚拟现实技术进行视觉反馈，从而促进运动神经康复。日本大阪大学的研究人员利用安装在运动麻痹患者脑部表面的电极，成功读取患者希望手、胳膊运动时的特征脑电波，推测其运动意图，从而驱动智能义肢动作，可实现弯曲肘部、抓东西等动作，相关研究成果发布在美国《神经学年鉴》(Annals of Neurology）期刊上。

自动驾驶技术是科技界的研究热点之一,将脑电波控制技术与自动驾驶技术整合,将会进一步提高自动驾驶的安全性和实用性。日产汽车公司正在研发一项名为 Brian - to - Vehicle 的技术,通过预测动作,减少反应时间,让汽车反应变得更加灵敏,提高驾驶舒适性。

该技术由脑电波监测头套记录驾驶员的大脑活动，然后将信息传输给汽车自动驾驶系统，及时调整驾驶策略。比如，脑电波监测系统识别出驾驶员想踩油门或刹车，此时驾驶辅助系统就能给出更快的反应，可将反应时间减少 0.2 ~ 0.5 s，避免由于慌乱误操作，提高了驾驶安全性。脑电波监测系统还可以检测到驾驶员担心转弯太快或是跟前车的安全距离不足，系统则会自动调节，选择更加谨慎的驾驶模式。

4）体感控制器

体感控制器是一种智能运动感应设备，采用动作捕捉技术，识别、跟踪、记录人体的真实运动状态，触发相应的机器控制功能。

体感控制器最早、最成熟的应用在娱乐领域。2006 年任天堂公司推出的游戏机 Wii，在手柄上装有一个重力传感器，用来探测手部三轴向的加速度，辅以一个红外线传感器感应电视屏幕前方的红外线发射器讯号，用来探测手部在垂直及水平方向的位移，以此来操控游戏。2010 年，微软公司推出的 Xbox360 体感控制器——Kinect，该控制器同时使用激光、摄像头来获取人体 3D 全身影像，不受任何灯光环境限制，无须体感手柄、摇杆等控制器，仅靠身体动作就能对游戏进行操作。

在游戏领域的成功应用，也使得体感控制器进入了实用化阶段，在虚拟现实、人体工程学研究、动画制作、模拟训练等领域有着广阔的应用前景。例如无人机的控制，用户佩戴具有体感控制器的飞行眼镜，只需转动头部，就可操控飞行器完成某些角度的位移及航向，实现盘旋或滑翔的逼真飞行动作。Leap Motion 公司的手势识别技术能让人通过手指直接控制电脑，完成图片缩放、移动、旋转、指令操作、精准控制、隔空书写等动作。手势识别技术与虚拟现实、增强现实、3D 打印等技术结合后，对很多传统的产业都有重大的影响。比如，机械工程师可以利用该技术完成虚拟的模具开发，然后在通过 3D 打印技术把实物打印出来；医生可利用该技术更精确地控制机器手臂完成微创手术等。

（二）控制器设计的一般原则

1. 控制器设计的一般要求

控制器类型很多，从安全人机工程学的角度提出以下几个共同要求：

（1）控制器设计要适应人体运动的特征，考虑操作者的人体尺寸和体力。对要求速度快且准确的操作，应采取用手动控制或指动控制器，例如按钮、扳动开关或转动式开关等；对用力较大的操作，则应设计为手臂或下肢操作的控制器，例如手柄、曲柄或转轮等。所有设计都应考虑人体的生物力学特性，按操作人员的中下限能力进行设计，使控制器能适合大多数人的操作能力。表 5－14 为一些手动控制器能允许的最大用力；表 5－15 为人的操作部位不同时，平稳转动控制器的最大用力。

表 5－14　常用手动控制器能允许的最大用力

操纵结构的形式	允许的最大用力/N	操纵结构的形式	允许的最大用力/N
轻型按钮	5	前后动作的杠杆	150
重型按钮	30	左右动作的杠杆	130
脚踏按钮	20～90	手轮	150
轻型转换开关	4.5	方向盘	150
重型转换开关	20		

表 5－15　平稳转动控制器的最大用力

操 作 特 征	最大用力/N	操 作 特 征	最大用力/N
用手操纵的转动机构	＜10	用手以最高速度旋转的机构	8.8～19
用手和前臂操纵的转动机构	19～38	在精确安装时的转动工作	19～29
用手和上肢操纵的转动机构	78～98		

（2）控制器操纵方向应与预期的功能方向和机器设备的被控制方向一致。从功能角度认为，向上扳或顺时针方向转动意味着向上或加强；从被控设备角度则认为设备运动方向将向上运动或向右运动。例如，铲车的升降控制器是上下操纵的，如果是左右操纵，就容易发生差错。

（3）控制器要利于辨认和记忆。控制器除了在外形、大小和颜色上进行区别外，还应有明显的标志，并力求与其功能有逻辑上的联系。这样，控制器无论数量多少，排列布置及操作顺序如何，都要求每个控制器能明确地被操作者辨认出来。

(4) 尽量利用控制器的结构特点进行控制（如弹簧等）或借助操作者体位的重力（如脚踏开关）进行控制。对重复性连续性的控制操作，不应集中某一部位的力，以防疲劳和产生单调感。

(5) 尽量设计多功能控制器，并把显示器与之有机结合，如带指示灯的按钮等。

2. 设计控制器时应考虑的因素

设计控制器时应考虑以下 4 个方面的因素。

1) 控制信息的反馈

人在操纵控制器时，有两类反馈信息：一类是来自人体自身的反馈信息；一类是来自机的反馈信息。来自人体自身反馈信息的部位有：眼睛观察手脚的位移；手、臂、肩或脚、腿、臀感受的位移或压力信息。机反馈的信息主要有：仪表显示、音响显示、振动变化及操纵阻力 4 种形式。

音响显示有两种：一种是机器运行噪声的变化，如发动机加速时噪声变大，机器运行异常时噪声也会有变化。可以从研究噪声变化的规律中找出诊断机器运行状态的方法。简单的做法是凭经验判断，精确的方法可以装设噪声诊断系统。另一种是在控制器上设置到位音响，这种音响常可以由控制器定位机构自动发出，也可装设专门的联动音响装置。

振动变化，可以反映在控制器上，也可以反应在体觉上（如机动车辆）。振动也常常转化为噪声传递给操作者，影响操作精度。

操作阻力是设计控制器的重要参数。过小的阻力会使操纵者感觉不到反馈信息而对操作情况心中无数，过大的阻力又会使控制器动作不灵敏而难以驾驭，而且会使操纵者提前产生疲劳。

操纵阻力主要有静摩擦力、弹性力、黏滞力、惯性力 4 种形式。其特点见表 5－16。

表 5－16 摩擦、弹性、黏滞性、惯性等控制器的阻力特性

阻力类型	举例	特性	优点	缺点	用途
摩擦力	1. 开关 2. 闸刀	开始时阻力大，开关滑动时阻力下降	因阻力大可减少意外动作	控制准确度低	宜作不连续控制
弹力	弹簧作用等	阻力随控制器移动距离加长而增大	1. 控制准确度高 2. 控制器能自动归回空位	控制器移到中间位置要定位时，需设定位装置	可作连续控制
黏滞力	活塞作用等	阻力与控制器移动速度相对应	1. 控制准确度高 2. 运动速度均匀 3. 稳定性好	造价高	宜作连续控制
惯性力	起重机的摇把等	阻力由多级结构的惯性产生，一般较大	1. 允许平滑移动 2. 因需较大作用力故减少了意外移动的可能	1. 操作疲劳 2. 移动准确性差	可用于不精确控制

阻力大小与控制器的类型、位置、移动的距离、操作频率、力的方向等有关。一般操纵力必须控制在该施力方向的最佳施力范围内，而最小阻力应大于操纵者手脚的最小敏感压力。表5－17列出了不同控制器的最小阻力。

表5－17　不同控制器所要求的最小阻力

控制器类型	所需最小阻力/N	控制器类型	所需最小阻力/N
手动按钮	2.8	旋钮	0～1.7
扳动开关	2.8	摇柄	9～22
旋转选择开关	3.3	手轮	22
脚动按钮	5.6（如果脚停留在控制器上） 17.8（如果脚不停留在控制器上）	脚踏板	44.5（如果脚停留在控制器上） 17.8（如果脚不停留在控制器上）
手柄	9		

控制器操纵到位时应使阻力发生一种变化作为反馈信息作用于操纵者。这种变化有两种情况：一种是操纵到位时操纵阻力突然变小，另一种是操纵到位时操纵阻力突然增大。如果是多挡位控制器，每个挡位都应该有这种阻力变化信息传递给操纵者。

此外，还有一种按钮显示，将按钮做成透明体，内设小灯，当按钮到位时即发光。此种装置不但可以显示操作到位，还可以显示按钮的位置状态，并提示操作者注意。

2）控制器的运动

控制器的运动方向应与人们在社会上与心理上的固定概念一致。如向上扳、顺时针方向转意味着接通或加强。运动方向还应符合控制器的其他特征，如朝某一方向时，产生最大力量，朝另一方向时，则速度起变化。另外，控制器的移动范围不能超过操作者可能的活动范围，并要给操作者留出足够的自由空间。

3）控制器上手或脚的使用部位的尺寸和结构

手或脚操作的控制器尺寸，首先取决于控制器上手或脚使用部位的尺寸，其次需根据操作时是否戴手套，或作业时鞋的形式来决定放宽的尺寸。显然对不同的控制器，由于压或握的用力方式不同，操纵件尺寸和形状也不同。

手或脚使用的部位还决定于控制器的重量分配。必须在保证空位时操纵者可以离开控制器自由活动，工作位时，不会因负担控制器的重量而引起疲劳。

如果是手用工具，却不利用重力工作的，就应尽量使工作的重心落在手握的部位上，以免手腕肌肉承担较大的静力负荷而引起疲劳。

握把部位不宜太光滑或太粗糙，若过于光滑，操纵时不易抓稳或握住，特别是手上有油或水的情况下更加不利，易发生失手事故，或因长时间过大的静力负荷而使手疲劳，故一般选用无光泽的软纹皮包层为宜。

手柄的形状应尽量使手腕保持自然状态，使手与小臂处于一条直线上，如果使手腕向某一方向弯曲，就会使骨骼肌产生静力疲劳。因此设计原则是“宁肯弯曲手柄也不要使手臂弯曲”。对手动工具也是这样，更需要使握力充分发挥出来。影响握力的主要因素是手柄直径，手柄直径为50 mm时欧洲人握力最大，对亚洲人而言手柄直径可取40～50 mm之间。

由于脚对动作和压力的敏感度均较低，因此脚用按钮或踏板应有足够大的行程，以减小误踏时产生误动作的可能。脚用按钮还应有足够大的接触平面，以便于寻找和踩稳。脚踏板应有增加摩擦力的网纹。

4）控制器的编码

将控制器进行合理编码，使每个控制器都有自己的特征，以便于操作者确认不误，是减少差错的有效措施之一。控制器编码一般有 6 种方式：形状、位置、大小、操作方法、色彩和文字符号编码。可根据需要，采用一种或几种方式的编码组合。

(1) 形状编码。对各种不同用途的控制器，设计成不同的形状，不仅人的视觉可以识别，有的触觉也能辨别。形状编码应按控制器的性质设计成不同的形状，并能与控制器的功能有逻辑上的联系，这样不仅利于记忆，而且在紧急情况下也不容易出现错误。此外，控制器的形状应当便于使用操纵，方便用力。图 5－12 给出了常用旋钮的形状编码实例。

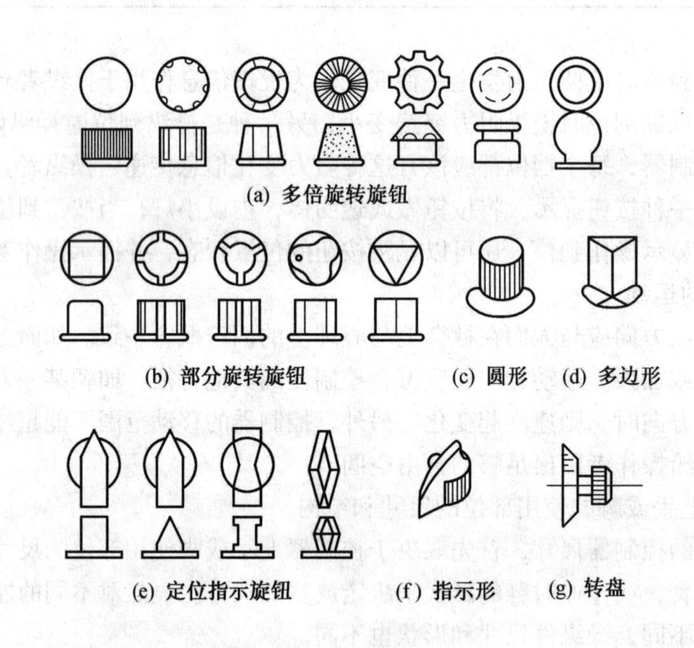

图 5－12　旋钮的形状编码

(2) 大小编码。根据控制器的功能，也可采用大小编码，但大小编码不如形状编码好，只凭尺寸不同操作者往往难以识别。当小号旋钮的尺寸为大号的 5/6 或更小时才有识别把握。例如按钮、开关等小型控制器的大小编码都有类似情况，所以大小编码形式的使用是有限的，一般都与形状编码组合使用。

(3) 位置编码。利用安装位置的不同来区分控制器，称为位置编码。这种编码操作者较容易识别。若实现位置编码的标准化，操作者可不必注视操作对象，就能正确地进行操作。

(4) 操作方法编码。操作方法编码是根据特定控制器的不同操作方法进行编码。为了有效地使用编码，应当使控制器在动作方向、变化量、阻力等方面有明显区别。例如。

可用按、拔、旋等操作方法对控制钮进行编码。

（5）色彩编码。利用色彩的不同来区分控制器称为“色彩编码”。色彩只能靠视觉辨认，并且需要较好的照明条件，才不致被误认，因此此种编码常与形状编码或大小编码组合使用。有时色彩种类过多，反而难以辨清，因此色彩编码的使用范围也受到一定限制，一般局限于红、橙、黄、绿、蓝5种色彩。

（6）文字、符号编码。用文字或符号来区分控制器称为符号编码或标号编码。此种编码一目了然，操作者不需特殊训练，但文字写得好坏对工作效率有决定性影响。一般可在控制器的上面或旁侧标上文字或符号以示区别。这些符号应力求简单，形象能表达控制器的作用。当用文字来说明控制器的控制内容时，须注意说明文字应写在距控制器最近的位置，文字简单明了，通俗易懂，清楚地反映控制器控制的内容；尽可能采用人们都能理解的，尤其是通用的缩写；避免采用生僻的专业用语；应采用常用而清晰的字体；在说明文字部位应有良好的照明。

（三）传统控制器的设计

1. 手动控制器设计

手的操作功能有数十种之多。影响眼—脑—手之间配合的因素也十分复杂，既有生理因素，也有心理因素。因此，如何科学地开发手的功能，设计出高效、可靠的控制器，是安全人机工程中一项极为重要的课题。手动控制器设计不仅涉及人体测量学与人体生物力学两方面因素，而且要考虑习惯、风俗等民族特点以及技术审美要求等，是一种较为细致的工作。本书重点是从人体尺寸及力学性能两方面进行研究。

1）旋钮

旋钮是供单手操纵的控制器，根据功能要求，旋钮可以旋转一圈、多圈或不满一圈，可以连续多次旋转，也可以定位旋转。根据旋钮的形状，可分为圆形旋钮、多边形旋钮、指针形旋钮和手动转盘等。旋钮的大小应根据操作时使用手指和手的不同部位而定，其直径以能够保证动作的速度和准确性为前提。实验表明，对于单旋钮，直径以50 mm为最佳。多层旋钮必须使之在旋转某一层旋钮时不会无意中触动其他层旋钮。三层旋钮的中间一层旋钮直径取50 mm时，最上面的小旋钮直径应小于25 mm，最下面的一个大旋钮直径80 mm左右为宜。各层旋钮之间应不相接触，多层旋钮应有足够的旋动阻力，才能保证不会发生相互影响。为了使手操纵旋钮时不打滑，常把钮帽部分做成各种齿纹或多边形，以增强手的握持力。

2）按钮

按钮有两种结构：一种是揿则下降，松则弹起，这是单作用按钮；还有一种揿下之后可以锁住，再揿时才弹回，这是具有保持位的双作用按钮。按钮有3个主要参数：直径、作用力及移动距离。

（1）按钮直径。按钮尺寸主要按成人手指端的尺寸和操作要求而定。一般圆弧形按钮直径以8～18 mm为宜，矩形按钮以10 mm×10 mm、10 mm×15 mm或15 mm×20 mm为宜，按钮应高出盘面5～12 mm，行程为38～6 mm，按钮间距一般为12.5～25 mm，最小不得小于6 mm。

按钮直径大于15 mm时，可将顶部做成球面线凹坑，以便于手感定位，当按钮布置在暗处时应在其内部装一小灯泡，按钮用透明材料制作，以保证快速操作。

若按钮的关系重大，为防止疏忽，可将按钮设置在一凹坑中。这时按钮直径应不小于25 mm，若需戴手套操作，则按钮直径不应小于50 mm。对于发生疏忽会产生严重事故的按钮，则应加防护装置。防护装置种类很多，例如可以加装小盖和防护栏。

（2）按钮阻力。对于单指按钮的阻力，大拇指按钮可取2.94 ~ 19.6 N，其他手指按钮可取为1.47 ~ 5.89 N，按钮阻力不宜太小，以免稍有误蹭就会起作用，造成事故。

按钮开关一般用声响（如卡塔声）或以阻力的变化作为到位的反馈信息，如果配备指示灯作为反馈信息时，也应有声响或阻力变化信息。因为指示灯有时也会因未注意而被忽略。不宜用声响长时间地鸣叫作为提示信号，因为这样会增加噪声，污染环境。

3）按键

随着科学技术的发展，在现代工业品和日用品中，按键用得日益广泛，如计算机的键盘、打字机、传真机、电话机、家用电器等，都大量使用按键。使用按键的好处是节省空间，便于操作，便于记忆，使用成熟后，不用视觉也能迅速操作。从操纵情况来看，按键有机械式、机电式和光电式，各种形式的按键设计都应符合人的使用。

按键的尺寸应按手指的尺寸和指端弧形设计，方能操作舒适。图5－13a为外凸弧形按键，操作时手的触感不适，只适用于小负荷而操作频率低的场合。按键的端面形式以中凹的图5－13d形为优，它可增强手指的触感，便于操作，这种按键适用于较大操作力的场合。按键应凸出面板一定的高度，过平不易感觉位置是否正确，如图5－13b所示；各按键之间应有一定间距，否则容易同时按着两个键，如图5－13c所示；按键适宜的尺寸可参考图5－13e。对于排列密集的按键，宜做成图5－13f的形式，使手指端面之间相互保持一定的距离；纵向的排列多采用阶梯式，如图5－13g所示。

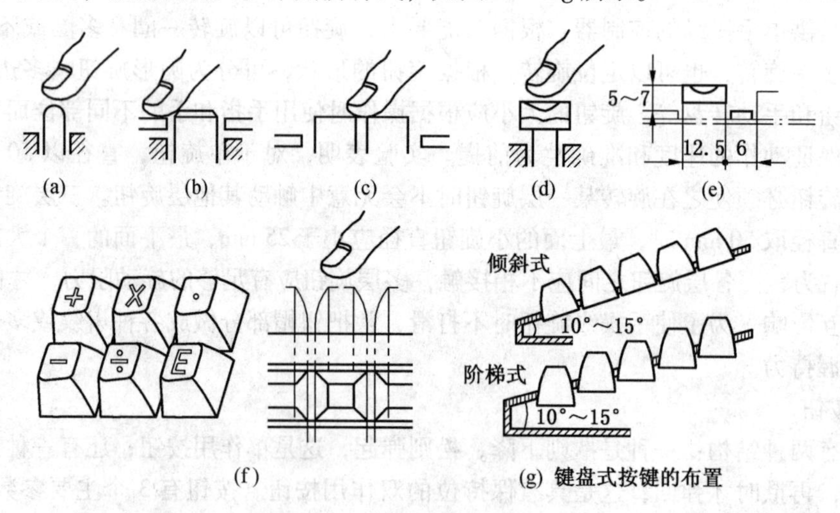

图5－13　按键的形式和尺寸

4）扳动开关

扳动开关只有开和关两种功能。常见的有钮子开关、扳动开关、滑动开关、船形开关和推拉开关（图5－14）。其中以船形开关翻转速度最快，推拉开关和滑动开关由于行程和阻力的原因，动作时间较长。总之，扳动开关具有操作简便、动作迅速的优点。

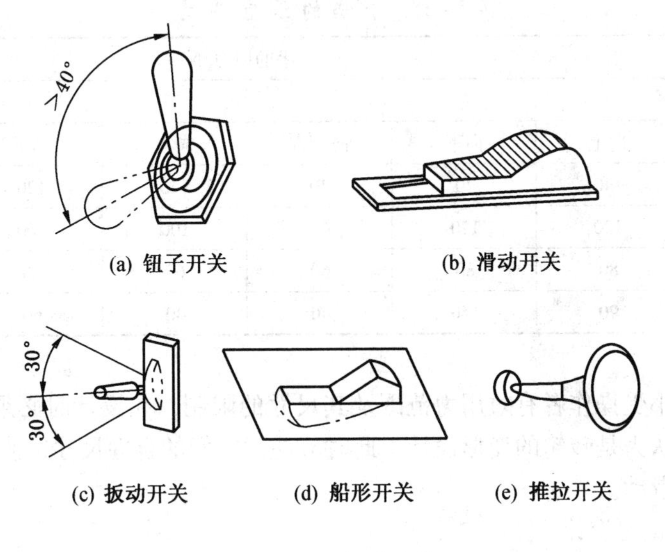

图 5－14　扳动开关

5）杠杆

杠杆控制器通常用于机械操作，具有前、后、左、右、进、退、上、下、出、入的控制功能，其操纵角度通常为 30°～60°，如汽车变速杆就是常见的杠杆控制器。操纵角也有超过 90°的，如开关柜上刀闸操纵杆。杠杆操纵器虽然多数操纵角度有限，但可以实现盲目定位操作是它的突出优点。操纵用力与操纵功能有关，前后操纵用力比左右操纵用力大，右手推拉力比左手推拉力大，因此杠杆控制器通常安置在右侧。操纵杆的用力还与体位和姿势有关。

6）转轮、手柄和曲柄

转轮、手柄和曲柄控制器的功能与旋钮相当，用于需要较大操作扭矩的条件下。转轮可以单手或双手操作，并可自由地连续旋转操作，因此操作时没有明确的定位值（图 5－15）。利用手柄操纵时最适合的操纵力大小与手柄距地面的高度、操纵方向以及左、右手等因素有关，操纵手柄时的合适操纵力的数值见表 5－18。

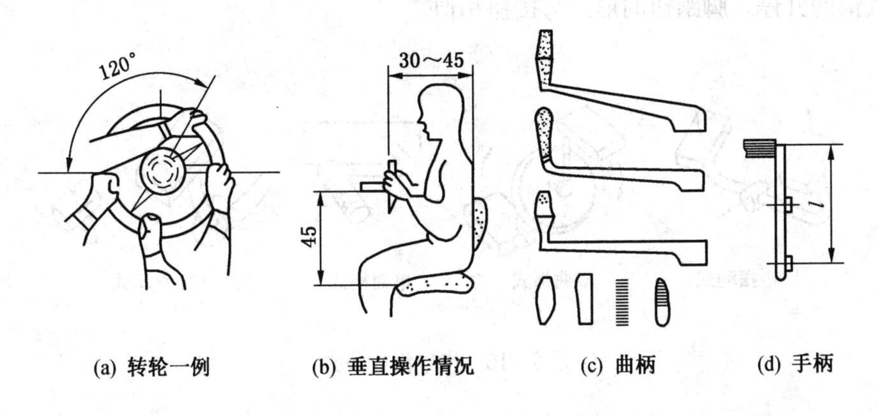

图 5－15　转轮、曲柄、手柄

表5-18 手柄的适宜用力

手柄距地面的高度/mm	手的用力/N					
	左			右		
	向上	向下	向侧方	向上	向下	向侧方
500~650	140	70	40	120	120	30
650~1050	120	120	60	100	100	40
1050~1400	80	80	60	60	60	40
1400~1600	90	140	40	40	60	30

控制器的大小受操作者有效用力范围及其尺寸的限制，在设计时必须给以充分考虑。手柄和曲柄可以认为是转轮的变形设计，此时应注意它们的合理尺寸，使之握持舒适，用力有效，不产生滑动。

2. 脚动控制器的设计

当用手操作不方便，或用手操作工作量大难以完成任务，或操纵力超过50~150 N时可以采用脚动控制器。

1）脚动控制器的形式

脚动控制器主要有两种形式：脚踏板和脚踏钮，它们是常见的脚踏开关。脚踏开关可用于替代手动控制，特别是在双手都很忙的时候，脚踏开关显得特别有用。使用脚踏开关也可节省工作台上的空间。然而，脚踏开关经常要求操作者保持某个特定的姿势，因此限制了操作者的活动，这对于立姿操作者是十分关键的。用一只脚反复踩踏脚踏开关可引起单侧身体劳损，可能导致背痛。劳动者从正常工作位置不易看到脚踏开关，应特别小心预防绊倒或出现无意启动动作。

脚踏板的形式又有直动式、摆动式和回转式（包括单曲柄和双曲柄），如图5-16所示。自行车上用双曲柄式脚踏板，它能连续转动，且省力。单曲柄式脚踏板可用于摩托车的启动等。由于使用脚踏板能施加较大的操纵力，且操作也方便，因而在无法用手操作的场合，脚踏板得到了广泛的应用，如汽车的加速器（油门）和制动器。图5-17为几种形式脚踏板操作效率的比较。而脚踏板则多用于操作力较小，但需要经常动作的场合，如控制空气锤的开停。脚踏钮的形式与按钮相似。

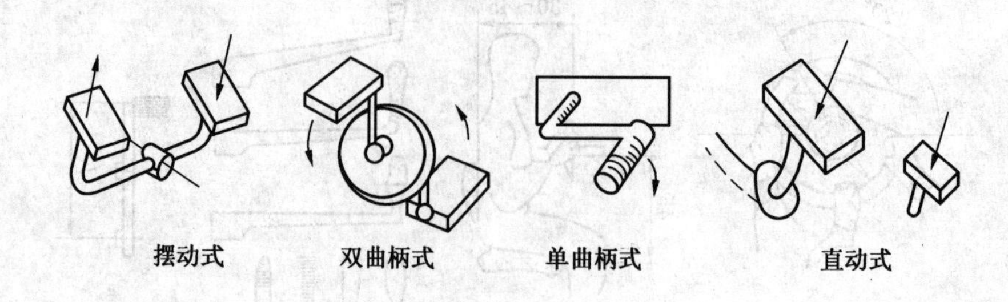

图5-16 脚踏板的形式

由于脚动控制器的功能特征、式样和布置的位置不同，脚的操纵方式也不相同。对于

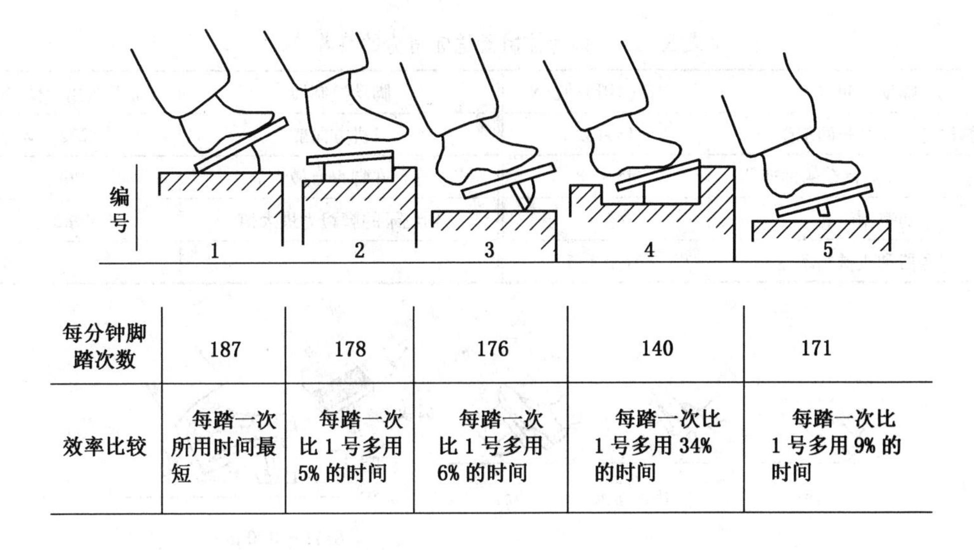

每分钟脚踏次数	187	178	176	140	171
效率比较	每踏一次所用时间最短	每踏一次比1号多用5%的时间	每踏一次比1号多用6%的时间	每踏一次比1号多用34%的时间	每踏一次比1号多用9%的时间

图5-17　几种踏板效率比较

用力大、速度快和准确性高的操作，宜用右脚。但对于操作频繁、容易疲劳，且不是很重要的操作，应考虑两脚能交替进行。

即使同一只脚，用脚掌和脚趾或脚跟去控制脚动控制器，其控制效果也有差异，见表5-19。因此，应根据具体的操纵要求来选择合适的脚动控制器和操纵方式，才能保证操纵的舒适性和效率。

表5-19　脚踏板与操纵方式

操纵方式	操　纵　特　征
整个踏板	操纵力较大（大于50 N），操纵频率较低，适用于紧急制动器的踏板
脚掌踏	操纵力在50 N左右，操纵频率较高，适用于启动、机床刹车的脚踏板
脚掌或脚跟踏	操纵力小于50 N，操纵迅速，可连续操纵，适用于动作频繁的踏板

2）脚动控制器的适宜用力

一般的脚动控制器都采用坐姿操作，只有少数操纵力较小（小于50 N）才允许采用站姿操作。在坐姿下脚的操纵力远大于手。一般的脚蹬（或脚踏板）采用14 N/cm^{2}的阻力为好。当脚瞪用力小于227 N时，腿的屈折角应以107°为宜。当脚瞪用力大于227 N时，腿的屈折角应以130°为宜。用脚的前端进行操纵时，脚踏板上允许的用力不超过60 N，用脚和腿同时操作时可达1200 N，对于需要快速动作的脚踏板，用力应减少到20 N。脚动控制器适宜用力的推荐值见表5-20。

操纵过程中，脚往往都是放在脚动控制器上的，为防止脚动控制器被无意碰移或误操作，脚动控制器应有一个起动阻力，它至少应超过脚休息时脚动控制器的承受力。

3）脚动控制器的设计

为便于脚施力，脚踏板多采用矩形和椭圆形平面板，而脚踏钮有矩形也有圆形，图5-18是几种设计较好的脚踏板和相关尺寸。

表5-20 脚动控制器适宜用力的推荐值

脚动控制器	推荐的用力值/N	脚动控制器	推荐的用力值/N
脚休息时脚踏板的承受力	18 ~ 32	飞机方向舵	272
悬挂的脚蹬（如汽车的加速器）	45 ~ 68	可允许脚蹬力最大值	2268
功率制动器	直至68	创纪录的脚蹬力最大值	4082
离合器和机械制动器	直至136		

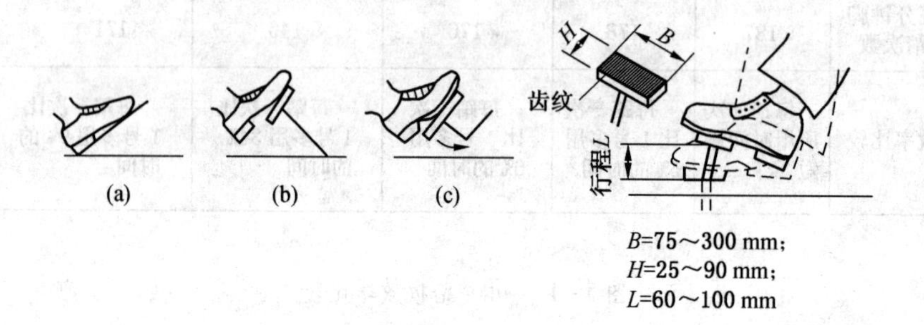

图5-18 脚踏板尺寸

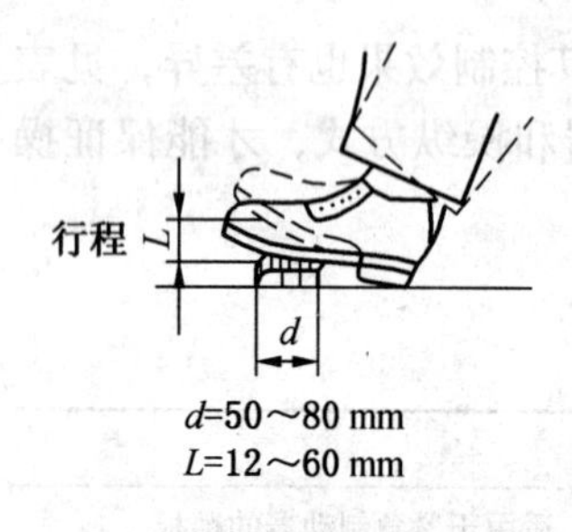

图5-19 脚踏钮尺寸

图5-19是常用脚踏钮的设计尺寸，可供参考。脚踏板和脚踏钮的表面都应设计成齿纹状，以避免脚在用力时滑脱。

脚操纵器的空间位置直接影响脚的施力和操纵效率。对于蹬力要求较大的脚操纵器，其空间位置应考虑到施力的方便性，即使脚和整个腿在操作时形成一个施力单元。为此，大、小腿间的夹角应在105°~135°范围内，以120°为最佳，这种姿势下脚的蹬力可达2250 N，如图5-20所示。

对于蹬力要求较小的脚操纵器，考虑坐姿时脚的施力方便，大、小腿夹角以105°~110°为宜，如图5-21a为脚踏钮的布置情况，图5-21b为蹬力要求较小的脚踏板空间布置，可供设计时参考。

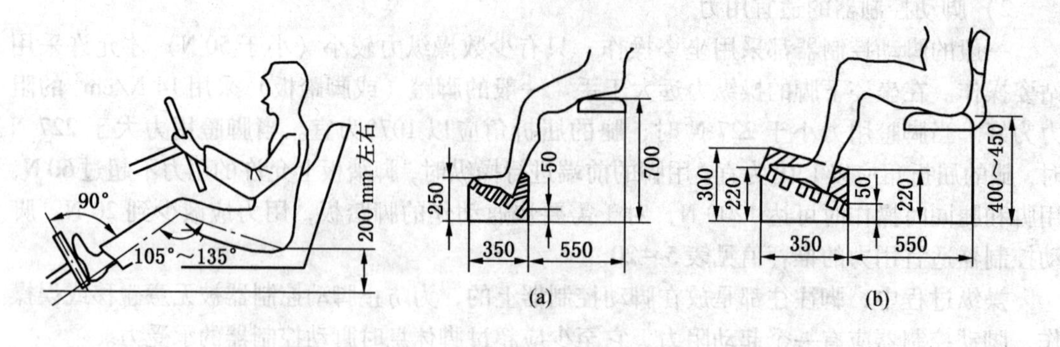

图5-20 小汽车驾驶室脚踏板的空间布置

图5-21 脚操纵器的空间布置

（四）控制器的选择

控制装置的选择主要以功能和操作要求为依据。表5－21为各种控制装置的使用功能示例，表5－22为在不同情况下，对控制装置的选择的建议，可供选择控制器时参考。

表5－21　各种控制装置的使用功能和使用情况

操纵装置名称	使用功能					使用情况					
	启动制动	不连续调节	定量调节	连续控制	输入数据	性能	视觉辨别位置	触觉辨别位置	多个类似操纵器的检查	多个类似操纵器的操作	复合控制
按钮	△					好	一般	差	差	好	好
钮子开关	△	△			△	较好	好	好	好	好	好
旋钮选择开关		△				好	好	好	好	差	较好
旋钮		△	△	△		好	好	一般	好	差	好
踏钮	△					差	差	一般	差	差	差
踏板			△	△		差	差	较好	差	差	差
曲柄			△	△		较好	一般	一般	差	差	差
手轮			△	△		较好	较好	较好	差	差	好
操纵杆			△	△		好	好	较好	好	好	好
键盘					△	好	较好	差	一般	好	差

表5－22　不同工作情况下选择控制器的建议

工　作　情　况		建议使用的控制器
操纵力较小情况	2个分开的装置	按钮、踏钮、拨动开关、摇动开关
	4个分开的装置	按钮、拨动开关、旋钮、选择开关
	4～24个分开的装置	同心成层旋钮、键盘、拨动开关、旋转选择开关
	25个以上分开的装置	键盘
	小区域的连续装置	旋钮
	较大区域的连续装置	曲柄
操纵力较大情况	2个分开的装置	扳手、杠杆、大按钮、踏钮
	3～24个分开的装置	扳手、杠杆
	小区域连续装置	手轮、踏板、杠杆
	大区域连续装置	大曲柄

正确选择控制装置的类型对于安全生产，提高工作效率极为重要。一般来说，选择的原则如下：

（1）快速而精确的操作主要采用手控或手指控制装置；用力的操作则采用手臂及下肢控制。

（2）手控装置应安排在肘、肩高度之间而容易接触到的距离处，并易于看到。

（3）手指控制装置之间的间距可为15 mm，手控装置之间的间距则为50 mm。

（4）手揿按钮、钮子开关或旋钮开关适用于用力小，移动幅度不大及高精度的阶梯式或连续式调节。

（5）长臂杠杆、曲柄、手轮及踏板则适合于用力、移动幅度大和低精度的操作。

在操作过程中，只有在用脚动控制器优于用手动控制器时才选用脚动控制器。一般在下列情况时考虑选用脚动控制器：①需要进行连续操作，而用手操作又不方便的场合；②无论是连续性控制还是间歇性控制，其操纵力超过50～150 N的情况；③手的工作控制量太大，不足以完成控制任务时。当操纵力超过50～150 N，或操纵力小于50～150 N，但需要连续操作时，宜选用脚踏板。对于操纵力较小，且不需连续控制时，宜选用脚踏钮或脚踏开关。

（五）控制器布局设计

控制器布局主要考虑两个问题：一是控制器的布局方便操纵，且与相关显示装置匹配；二是防止控制器之间相互干扰，意外误操作。控制器布局设计主要包括3个方面：控制器编码、控制器空间布局以及防误操控。

1. 控制器编码设计

控制器编码设计目的是确保不同的控制器容易区分。如果控制器看上去类似，操作者就容易出错，而错误地启动控制器则可能导致事故。如果操纵目标控制器容易快速发现，将节约时间和减少操作者失误。但仅通过控制器安置位置不同来区分还是不够的，应通过增加另外一些特征，如颜色、尺寸、形状或标签等，使控制器之间更容易相互区分。这被称之为控制器“编码”。

（1）不同的开关和其他控制器使用不同的颜色、尺寸和形状。①空间不同控制器使用不同颜色；②使用不同尺寸的控制器；但控制器的尺寸不要多于3种，辨识3种以上效率降低。③使用不同形状的控制器。

对控制器进行编码（通过颜色、尺寸、形状、标识和位置），既可预防操作失误，又能减少操作时间。例如应急开关，采用红色、蘑菇状、突出控制面板等方式，使其醒目、易于操纵。

（2）给控制器张贴标识。警示标识应醒目、用词简练，使用当地文字书写。可张贴在控制器的上下或者左右，要醒目、清晰明了。

（3）对类似机器的常见控制器的设置采取标准化方式。例如，按易于识别的顺序布置控制器，或是将控制器布置在易于识别出某种控制器与某种显示器相对应的位置上（如将热控制器直接布置在温度表盘下面等）。类似机器上的控制面板应按相似的方式设计，可有助于减少操作中的失误。

2. 控制器运动方向与认知习惯协调设计

按照人的认知习惯设计控制器的运动方向，见表5－23。

表5－23　控制器运动方向与认知习惯

序号	期望动作	控制器预期启动方向	序号	期望动作	控制器预期启动方向
1	开	向右、向前、顺时针或向下	7	缩回来	往回拉或往上拉
2	关	向左、向后、逆时针或向上	8	伸出去	往前推或向下推
3	右移	向右或顺时针	9	增大	向上、向右或顺时针
4	左移	向左或逆时针	10	减少	向下、向左或逆时针
5	上升	向上、向后	11	打开阀	逆时针
6	下降	向下、向前	12	关闭阀	顺时针

控制器布局在不同作业平面时，其运动方向与习惯认知相符，如图5－22所示。

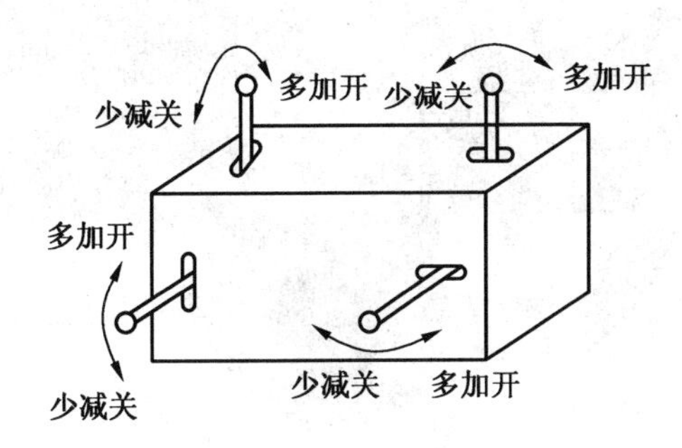

图5－22　开关控制器动作方向与功能习惯认知匹配关系

3. 控制器的空间布置

1）控制器平面布局设计

首先应按操作程序及其功能逻辑关系进行合理安排；其次在此基础上把经常反复使用和重要程度高的控制器安排在手脚最灵敏、识别程度最高、反应速度最快、用力最适当的区域和方位上；再次把功能相互联系的控制器进行功能分区集合，对各功能区按联系程度依次就近定位，以减少错误操作。将最常用的或使用频率最多的控制器放置在操作者操作舒适区域，使其能在肘关节高度水平上下，无须弯腰或扭曲身体，既省时又省力，也可避免偏离人的舒适操作范围、扭曲身体等不良操作姿势。

2）控制器垂直面布局设计

控制器放置过高会导致肩部、手臂等疲劳或疼痛，放置过低则易导致腰背疲劳。控制器位置如果太高，使用一个平台将作业者操作时站或坐的地板垫高；如果控制器位置太低，设法通过将其重新设置或通过在机器或工作台下放置一个平台将其升高。当安装新工作台或新设备时，操纵界面应与操作者身高相适应，或其工作台或控制器高度可按劳动者的身高进行调节。大多数操作高度最好设置在作业者肘关节水平。这一“肘关节原则”可用于确定作业者操作时手的正确高度。

3）手工流水线操控平面布局设计

控制器手的主要活动范围是在肘关节水平身体前150～400 mm之间和侧面400 mm之内。手的次要活动范围超出主要范围，是体侧肘关节水平600 mm以内。识别出这些范围很有用，应将主要控制器和其他主要物件（如手持工具、零件等）放置在手的主要活动范围之内，次要控制器和其他次要物件放置在手的次要活动范围内，如图5－23所示。确保控制器放置在能与其他物件（如工具、待拿零件、待放置到工作台的半成品、工具箱等）进行有效组合的位置上。结合操作者建议，设法组织好所有这些物件的布局。

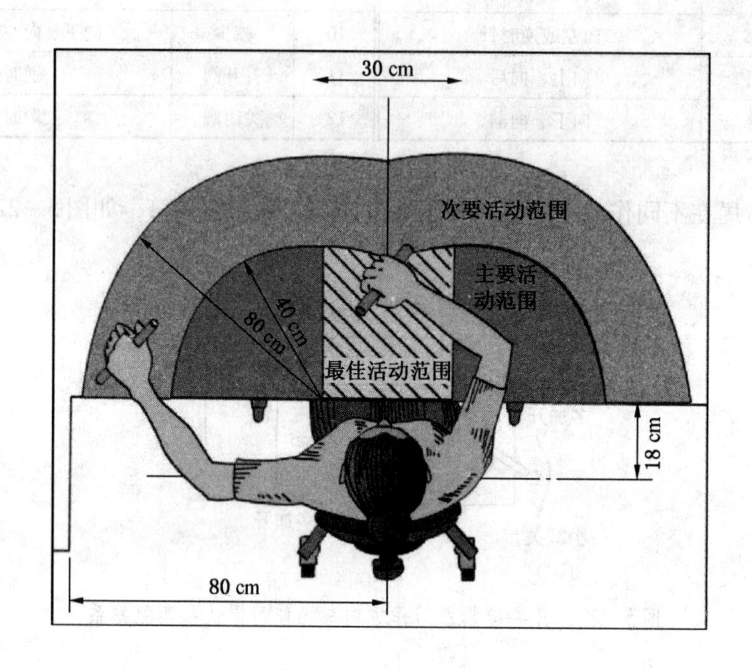

图5－23　工作台上控制器布局范围

4. 防止误操作布局设计

1）防止误触碰间距设计

控制器布置的位置除应遵守时间顺序、功能顺序、使用频率与重要性、操控运动方向、控制器编码等原则进行整体布局之外，还要考虑控制器之间的间隔，间隔小时可以排得紧凑，但过小间隔会明显地增加误操作率。控制器的间距取决于控制器的形式、操作顺序和是否需要防护等因素。几种控制器的适当间距见表5－24，控制器布置时内侧间距要求，见表5－25。

表5－24　各种控制器的适当间距

mm

间距＼操作器具 操作方法	手指		手			脚	
	按钮	扳动开关	杠杆	曲柄	旋钮	踏板之间	中心距
同时操作			125	125	125		
单肢顺序操作	25	25				100	200
单肢随机操作	50	50	100	100	50	150	250
不同的手指操作	10	15					

表5-25 几种操纵器布置时内侧间距要求

操纵器型式	操纵方式	间隔距离 d/mm	
		最小	推荐
扳钮开关	单（食）指操作	20	50
	单指依次连续操作	12	25
	各个手指都操作	15	20
按钮	单（食）指操作	12	50
	单指依次连续操作	6	25
	各个手指都用	12	12
旋钮	单手操作	25	50
	双手同时操作	75	125
手轮曲柄 操纵杆	双手同时操作	75	125
	单手随意操作	50	100
踏板	单脚随意操作	100	150
	单脚依次连续操作	50	100

2）防止误操控

即使控制器的间隔和位置都设计得合适，也还有发生误操作的可能。为避免重要的控制器发生误操作，可以采取以下的措施：

（1）采用隔离或提供一个屏障，以限制接触控制器；将按钮或旋钮设置在凹入的底座之中或加装栏杆等。

（2）使操作手在越过此控制时，手的运动方向与该控制器的运动方向不一致，例如，如果操作时手是以铅直方向越过某杠杆，这时可以将此杠杆的动作方向设计成水平的，即使无意中被经过的手碰到也不会产生误动作。如果人们有可能通过靠或压的方式无意地启动控制器，就应选择拉动方式启动控制器。

（3）在控制器上加盖或加锁；将有可能无意启动或关闭的控制器“罩”起来。

（4）按固定顺序操作的控制器，可以设计成联锁的形式，使之必须依次操作才能动作。

（5）增加操作阻力，使较小外力不起作用。对于重要控制器为防止误启动，甚至需要专业工具才能启动，以保证作业过程中的安全。

（6）防止无意启动控制器的设计包括：凸式控制器、凹式控制器、双作用控制器（如先向操作者方向拉，再向地面方向拉）或联锁控制器。

四、显示器和控制器的配置设计

显示器和控制器的配置设计主要是考虑其兼容性。即控制器与显示器的关系与人们对它们的预测关系相一致，符合人们的习惯定型。其主要考虑以下5个方面。

1. 运动相合性

一般来说，人对显示器和控制器运动有一定的习惯定型。例如，顺时针旋转或自下而上，人们自然认为是增加的方向。顺时针旋转收音机的开关旋钮，其音量增大。汽车的方向盘顺时针旋转，汽车向右转弯，反时针旋转，汽车左转弯，即右旋右转，左旋左转，控制器的运动与系统或显示器的运动有一定的兼容性。因此，在控制器和显示器的运动关系上的设计要考虑其兼容性。如图 5-24 所示。

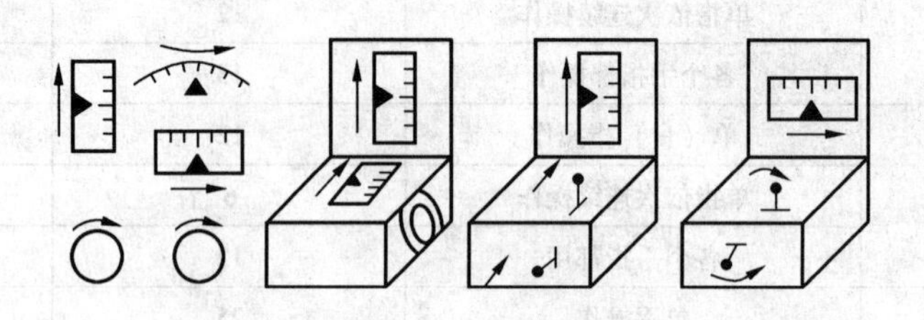

图 5-24　控制器与显示器的运动关系

2. 空间相合性

控制器和显示器配合使用时，控制器应该与其相联系的显示器紧密布置在一起。最好布置在显示器的下方或右方（右手操作）。当布置的空间受到限制的时候，控制器和显示器的布置在空间位置上应有逻辑关系。例如，左上角的显示器用左下角的控制器去操作；右上角的显示器用右下角的控制器去操作；中间的控制器用中间的显示器表达其控制量等。如图 5-25 列出控制器和显示器的空间安排。图 5-25a 所示，由于空间限制，两个显示器的控制钮左右排列。左边的控制器与下面的显示器的控制钮左右排列。左边的控制器与下面的显示器相关联，右边的控制器与上面的显示器相关联。这种安排就违背了人们的空间习惯定型。因此，在使用控制器时就很容易造成相互混淆。如果空间限制，不可能有其他的安排方法，图 5-25b 安排比较可取，左边的控制器与上面的显示器相关联，右边的控制器与下面的显示器相关联，但是也应尽量避免这种布置。图 5-25c 的安排就完全符合人们的空间习惯。图 5-25d 的安排，控制器和显示器的空间关系就更为清晰，这种安排很少发生混淆的现象，当然控制器与显示器的空间位置如果违反人们的习惯，经过一定的培训，在正常情况下也是可以安全操作的。但如果遇到紧急、危险的情况时，就要恢复到原有的习惯去操纵，这样就极易发生误操作的事故。

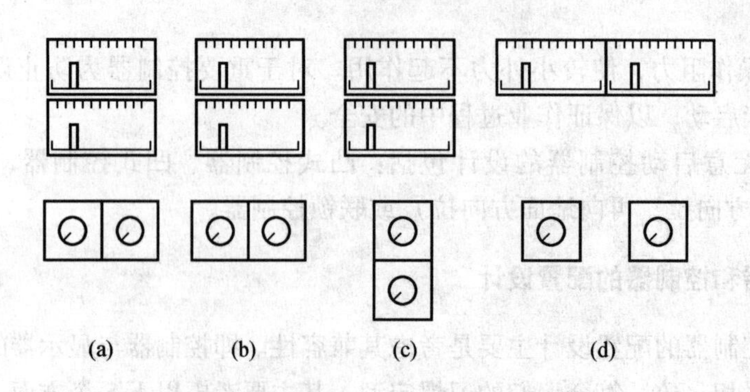

图 5-25　控制器与显示器的空间关系

3. 概念兼容性

在日常生活中，人们对许多事物赋予各种不同的意义。例如，绿色表示安全、无危险，红色是表示危险等。因此，对控制器和显示器功能和用途编码应与人们所形成的习惯相一致，使操作者看到某种代码，就能联想到其功能和用途。

4. 控制—显示比

在操作中，通过控制装置对设备进行定量调节或连续控制，控制量则通过显示装置（也可以是设备本身。例如，方向盘的转动与车身转弯程度）来反映。控制—显示比就是控制器和显示器移动量之比，即 *C/D* 比。这个移动量可以是直线距离（如直线型刻度盘的显示量，操纵杆的移动量），也可以是旋转的角度和圈数（如圆形刻度盘的显示量，旋钮的旋转量等等）。*C/D* 比是反映控制—显示系统的灵敏度高低：*C/D* 比高，说明控制—显示系统灵敏度低；*C/D* 比低，灵敏度高，如图 5－26 所示。

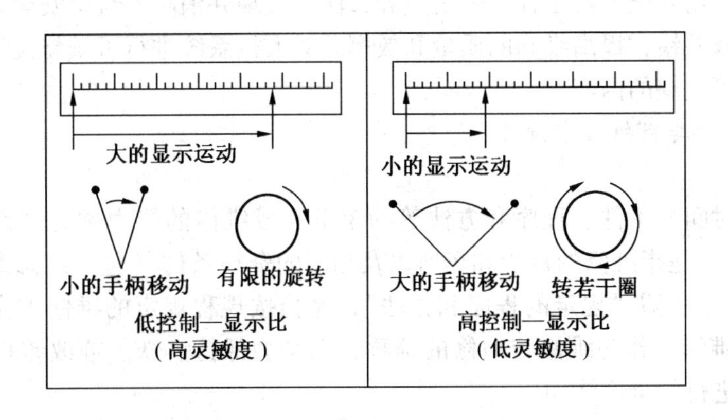

图 5－26　*C/D* 比与控制—显示的灵敏度

一般来说，设备上的控制—显示系统具有粗调和细调两种功能。*C/D* 比的选择则考虑精调时间和粗调时间，而不是简单地选择高 *C/D* 比，还是低 *C/D* 比。最佳的 *C/D* 比则是两种调节时间曲线相交处。这样可以使总的调节时间降低最低，如图 5－27 所示。

最佳的 *C/D* 比选择还要受到许多因素的影响。例如，显示器的大小、控制器的类型、观测距离以及调节误差的允许范围等。最佳 *C/D* 比选择往往是通过实验获得的，而没有一个理想的计算公式。国外曾有人经过实验得出：旋钮的最佳 *C/D* 比范围为 0.2～0.8，对于有操纵杆或手柄则为 2.5～4.0 之间较为理想。

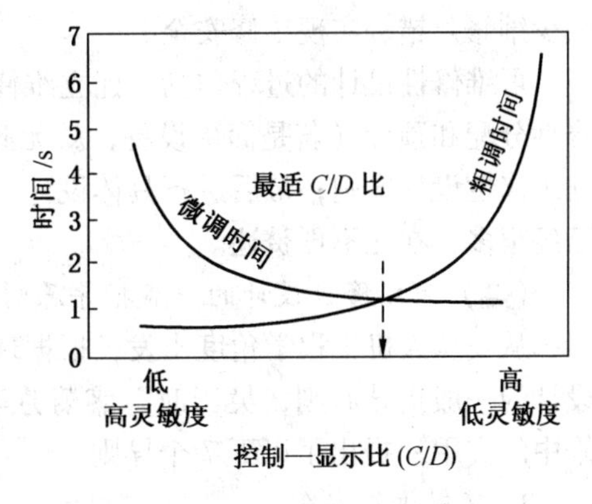

图 5－27　*C/D* 比与调节时间

5. 避免操作对显示的干扰

控制操作对显示的干扰主要有两种情况：

（1）操纵控制器时肢体遮挡了某些显示器，特别是有些控制器使用频率较高或一次使用时间较长时，因肢体遮挡了操纵者自己的视线，会漏掉某些信息而造成事故。发生这种情况的主要原因是设计显示—控制系统时，既缺乏对原有类似设备上人机系统足够的统计资料，又没有做好新设计系统的模拟实验。

（2）显示器受控制器的照明灯干扰，特别是操纵过程中，手臂灯影的不断变化影响显示效果。克服的方法，一方面是安排较柔和的照明，以减少灯影；另一方面是处理好灯光照明的角度，尽量不让照明灯光直射到仪表区，以免把身手的影子打在仪表板上。

五、可维修性设计

在各行各业中，维修的质量都与设备的可用率、系统的运行安全信息相关，维修的速度则直接影响企业的经济效益，因此为了保证维修工作的质量与效率，保证维修工作的安全，必须在设施或设备设计时就考虑其可维修性；而对现成设施或设备进行维修作业时，则应考虑如何应用安全人机工程学的观点和方法，发现并消除不符合安全人机工程学的缺陷，以减少维修差错，提高维修的质量和效率。对人机系统进行可维修性设计正是人机界面安全设计不可或缺的内容。

（一）维修性与可维修性设计

1. 维修性

在规定的时间、条件、程序和方法等约束下完成维修的能力称为维修性。所谓“规定的条件”，主要是指维修的机构和场所以及相应的资料条件（包括维修人员、设施、设备技术资料等）。所谓“规定的程序和方法”，是指按规程规定的维修工作类型、步骤和方法等。而“维修”作为维修与检修的统称，则是为保持、恢复或改善设施或设备的规定技术状态而进行的全部活动。

2. 可维修性设计

可维修性设计就是在产品（包括系统、设施或设备）设计中除了满足其他设计要求外，还要使设施或设备具有实现“安全、及时、快速、有效、经济”的维修能力。其任务是：一旦设施或设备发生故障，要保证能安全地尽快修理好，甚至能在未出故障前就已经采取措施来消除故障产生的条件。从安全人机工程学的角度考虑维修性设计，从“便利于人维修”和“安全地维修”出发来进行设计，这就是可维修性设计的主要要求，它使维修工作系统中“人—机—环境系统”整体协调，以有利于提高人的维修工作绩效、减少维修差错、实现维修安全。

可维修性设计的过程包括：建立维修性模型（若是简单设备，就无此需要）；进行维修性分配和预计（若是简单设备，就无此需要）、故障模式和影响分析、维修性分析；建立维修性设计准则；最后进行具体设计、维修性试验与评定等工作。这方面的书籍和资料已经很多，在此不再赘述。

（二）可维修性设计的一般指导原则

从安全人机工程学角度出发，根据现代维修的特点和维修性要求，可以得出可维修性设计的一般指导原则，吴当时、盛菊芳等编著的《以人为本的维修——人类工效学在维修中的应用》提出了以下 7 个导则。

1. 确保维修安全

一般来说，为了保证维修安全，避免维修人员伤亡或设备损坏，在今后需要维修的任何系统、设施或设备的设计中，都应遵守以下导则：

（1）设备、机具、零部件等的设计，应保证其储存、运输、使用和维修时的人身安全，从根本上防止储存、运输、使用和维修中的伤亡事故。

（2）在可能发生危险的部位上，应提供醒目的标志或声、光警告设施等预防手段，提醒维修人员不要接近。

（3）在严重危及安全的部位上，应有自动防护措施，杜绝人身伤害。

（4）不将损坏后容易发生严重后果的部分布置在易被损坏的地方（如表面），以免伤人。

（5）凡与维修操作安全有关的地方，都应在维修技术文件（如维修规程、维修程序、维修手册等）中提出注意事项。

（6）对于装有高压流体以及装有弹簧、带有高电压等储备很大能量且维修时需要拆卸的装置，应设置释放能量的结构并备有安全可靠的拆装机具或设备，以保证拆装安全。

2. 尽可能简化以减轻维修人员负担

过于复杂的系统结构和设备结构必然增加维修难度，增加维修人员负担，影响维修性。为此应遵守以下导则：

（1）尽可能简化系统、设施或设备的功能，增强兼容性，去掉不必要的功能。

（2）合并设备功能，如把执行相似功能的硬件适当集中，以便维修人员一次完成几项维修任务。

（3）采用最简单的设备结构和外形，采用简单、可靠和耐久的设备或零部件。

（4）将设备结构设计成很少需要预防性维修的。如设置自动检测、自动报警装置，改善润滑、密封装置，防止锈蚀，减缓磨损等。

（5）尽可能减少复杂的维修操作步骤和修理工艺要求（如采用换件修理或其他简易检修等），设备拆装方便、机动灵活，维修工具尽量少而简单。

（6）尽量减少零部件的品种和数量，使相似零部件、材料和备件具有互换性。

（7）采用简单而有效的维修规程和维修程序。

（8）维修职能岗位和维修工作分配要合理有序。

3. 改善维修和检测时的可达性

可达性是指对系统、设施或设备进行维修或检测时，维修人员能接近维修部位的难易程度，包括视觉可达（看得见）、实体可达（够得着）和有足够的操作空间。合理的结构设计是提高设施或设备可达性的途径。可达性设计的主要原则是“统筹安排、合理布局”，具体设计导则分述如下：

（1）把故障率高或维修空间需求大的部件尽可能安排在设备的外部或容易接近的地方。

（2）为避免各部分同时维修、交叉作业与干扰，可采用专舱、专柜或其他适用的形式布局。

（3）尽量做到在维修任何部分时，不拆卸、不移动或少拆卸、少移动其他部分。

（4）设备各部分（特别是易损件和常用件）的拆卸、安装要简单，拆装时零部件进出路线最好是直线或平缓的曲线，不要使拆下的部件拐弯或颠倒后再移出。

（5）设施或设备的检查点、测试点、润滑点、添加口以及燃油、液压、气动等子系统的维修点，都应布局在便于接近的位置上。

（6）需要维修的机件周围，要有足够的空间以便进行测试或拆装（例如，螺栓、螺母的安排应留有扳手余隙）。

（7）维修通道口的设计应使维修操作尽可能方便简单。

（8）维修时，一般应能看见内部的操作，其通道除了能容纳维修人员的手和臂外，还应留有适当的余隙以供观察。

（9）在不降低设施或设备性能的条件下，可采用无遮盖的观察孔。需遮盖的观察孔应采用透明窗或快速开启的盖板。

4. 尽量采用模块化

模块是一种具有相对独立功能和整体结构，能从装配件上整个拆下来的部件。设计具有这种模块或由这类模块组成的设备，是提高维修效率的一个办法。因为维修这类设备时，只需找出发生故障的模块，直接更换模块即可，不必在小的零部件这一级上进行，使拆装作业大大简化，从而缩短诊断时间和拆装时间，并且可提高维修质量，降低对维修人员的技能要求。模块化的设计导则是：

（1）根据设备功能的分割，尽可能将设备设计成由若干个能够置换的模块组成的整套设备。

（2）每个模块都便于单独进行测试。

（3）模块安装后，一般应不需要进行调整；若必须调整，则应能单独进行。

（4）成本低的器件可制成弃件式的模块，并加标志。

（5）模块的大小与质量一般应便于拆装、携带或搬运。质量超过 5 kg 不便握持的模块，应设有人力搬运的把手。必须用机械提升的模块，应设有便于装卸的吊孔或吊环。

5. 尽量实行标准化和通用化

从简化维修的角度，应优先选用符合国际标准、国家标准或专业标准的硬件和软件，尽量减少元器件、零部件的品种和规格。提高互换性和通用化程度的设计导则是：

（1）最大限度地采用通用的零部件，并尽量减少其品种。

（2）必须使故障率高、容易损坏、关键性的零部件具有良好的互换性和必要的通用性。

（3）使具有安装互换性的项目具有功能互换性；当需要互换的项目仅具有功能互换性时，可采用连接装置来解决安装互换性。

（4）使设备上功能相同而且对称安装的部件、组件或零部件尽量是可互换的或通用的。

（5）修改零部件设计时，不任意更改安装的结构要素，以免破坏互换性而造成整个设备或系统不配套。

（6）对设备作某些更改或改进时，尽量做到新老设备之间能够互换使用。

6. 增强易识别性和防错容错能力

维修工作中，难免会发生漏装、错装或其他操作错误，轻则延误工作，重则危及安全。因此，应当从设备结构上采取措施消除发生维修差错的可能性，或者具有容许差错的能力。也就是说，设计时就考虑在结构上只允许装对了才能装得上，装错了就装不上；或者，发生差错，就能立即发觉并纠正；或者即使出了差错，也不会造成严重后果。具体的设计导则如下：

（1）对于外形相近而功能不同的零部件、重要的连接部件、安装时容易出错的零部件，应从结构上加以区别或有明显的定位标志。例如，只允许一个方向插入的插头或元器件，可采取加定位销、使各插脚粗细不一或不对称等办法，防止插错。

（2）设备或零部件上应设置必要的防止差错，提高维修效率的标志。例如：①设备与其他有关设备连接的接头、插头和检测点，均应标明名称或用途以及其他必要的数据；②需要进行保养的部位，应设置永久性标志（如注油孔可用与底色不同的颜色显示），必要时设置标牌；③操作时可能出错的装置，应有操作顺序标志、不许触动部件标志等醒目的防错标志；④间隙较小、周围机件较多、安装定位困难的组合件或零部件等，应有安装位置的标志（如刻线、箭头等）。

（3）标志应根据设备或零部件的特点和维修需要，按照有关标准的规定以文字、数据、形象图案、符号、数码、颜色等不同的编码方法，予以表示。

（4）标志的大小、位置要适当，鲜明醒目，容易看到和辨认，而且要能经久保存。要尽量避免含混不清的维修标志和编码。

（5）采用能减轻故障后果的故障保险机构。

（6）考虑设备寿命周期内使用和磨损的“最坏情况”，采用相应的技术和容限进行设计。

（7）设计中对于“故障”或“性能退化”难以被检测出的情况，尽量减少或避免。

（8）设计中采取能避免疏忽、滥用或误用的措施。例如，维修规程中易于疏忽、滥用或误用的地方及时给予警示，在设备的易于疏忽、滥用或误用的地方设置醒目的标志等。

7. 尽可能采用有效的综合诊断手段

一个系统、设施或设备不可能总是工作在正常状态，必须经常进行监控、检查和测试，以判断其有无故障或何处发生了故障，查出故障原因，确定修理范围，这就是故障诊断。能否准确、快速、简便地对故障做出诊断以及故障诊断的难易程度对维修活动有重大影响。因此，应当与主设备同步研制、选配故障诊断系统。通过专门设计使预测或检测故障（或性能退化）、故障定位、识别测试点、隔离到修理范围等维修环节迅速可靠，最好使设备具有自我故障诊断功能，向维修人员适时提供足够的信息。可采用以下设计导则：

（1）尽量采取原位（在线、实时与非实时）检测方式。对危险征兆能自动显示、自动报警。

（2）对复杂设备系统，可视情况联合采用机内测试、外部自动测试、人工测试等以形成有效的综合诊断能力。

（3）测试与诊断设备应体积小、重量轻，可靠性高，操作方便，维修简单，最好是通用化、多功能化。

（4）故障诊断系统的错误告警（包括：虚警，故障识别错误，有故障而未发现）的概率应小于1%，因为错误告警概率高会大大增加维修人员的心理负担。

（5）人工测试点应让人易于接近，并避免设置在高压、高温或运动部位；测试点应尽可能采用简单可靠的结构，并有明确标记，以保证正确使用，节省检测时间。

对于某种系统、设施或设备的具体设计而言，为了便于指导设计人员进行可维修性设计，便于系统工程师进行设计评审，应确定更有针对性的、操作性强的可维修性导则和实施细则。

这时最基本的依据应是该系统、设施或设备的维修方案和维修性要求，针对具体系统、设施或设备的功能、结构，运行或使用、维修条件等特点，参考以上的一般导则，制订出专用的维修性安全人机工程学设计导则和实施细则。在制订和实施导则和细则的过程中，还可同时参照适用的人类工效学设计标准和设计手册，参照类似系统、设施或设备的维修实践经验和他们的维修性人类工效学设计导则和细则。

第三节　作业环境设计

人机系统与它所处的作业环境息息相关，相互影响。环境常影响着人们的生理、心理特性和机器的状态，而人和机器的状态又会影响环境。合理的环境设计可使人机系统发挥最大的效能。

安全人机工程学涉及的环境问题有两种，一是创造舒适的生活环境，二是改善生产的作业环境。后者的目标是形成一个良好、安全的作业环境，在此环境中，应不损害人的作业功能，既能迅速、正确地完成任务，又能在连续工作中无疲劳感，并且在长期工作中，其作业环境对人体健康无不良影响。

一、温度环境

（一）工厂车间内作业区的空气温度和湿度标准

我国《工业企业设计卫生标准》(GBZ 1—2010）根据作业性质、劳动强度，以气温为主制定了有关气象条件，见表5-26。

表5-26　工厂车间内作业区的空气温度和湿度标准

车间和作业的特征			冬季		夏季	
			温度/℃	相对湿度/%	温度/℃	相对湿度/%
主要放散对流热的车间	散热量不大的	轻作业	14~20	不规定	不超过室外温度3℃	不规定
		中等作业	12~17			
		重作业	10~15			
	散热量大的	轻作业	16~25	不规定	不超过室外温度5℃	不规定
		中等作业	13~22			
		重作业	10~20			
	需要人工调节温度和湿度的	轻作业	20~23	≤80~75	31	≤70
		中等作业	22~25	≤70~65	32	≤70~60
		重作业	24~27	≤60~55	33	≤60~50
放散大量辐射热和对流热的车间（辐射强度大于2.5×10^5 J·h^{-1}·m^{-2}）			8~15	不规定	不超过室外温度5℃	不规定

表5-26（续）

车间和作业的特征			冬季		夏季	
			温度/℃	相对湿度/%	温度/℃	相对湿度/%
放散大量湿气的车间	散热量不大的	轻作业	16~20	≤80	不超过室外温度3℃	不规定
		中等作业	13~17			
		重作业	10~15			
	散热量大的	轻作业	18~23	≤80	不超过室外温度5℃	不规定
		中等作业	17~21			
		重作业	16~19			

（二）高温环境

高温环境是指在生产劳动过程中，其工作地点平均“三球温度指数”（也称“湿球黑球温度”，Wet Bulb Globe Tndex，WBGT）指数大于或等于25℃的作业。高温作业可分为3种类型：①高温、强辐射型作业，如冶金工业的炼焦、炼铁、铸造、锻造、火力发电的锅炉间等；②高温、高湿型作业，如造纸、印染等行业；③夏季露天作业，如南方夏季筑路、架桥作业等。

1. 高温作业的危害

高温作业时人体可出现一系列生理性改变，主要为体温调节、水盐代谢、循环系统、消化系统、神经系统、泌尿系统等方面的改变。其表现为：脉搏加快，体温升高，头晕、头痛，恶心，极度疲劳等症状。

中暑是高温环境下发生的急性疾病，按发病机理可分为热射病、日射病、热衰竭和热痉挛。根据症状将中暑分为先兆中暑、轻症中暑和重症中暑。①先兆中暑。在高温作业过程中出现头晕、头痛、眼花、耳鸣、心悸恶心、四肢无力、注意力不集中、动作不协调等症状，体温正常或略有升高，尚能坚持工作。②轻症中暑。有前述症状，而一度被迫停止工作，但经短时休息，症状消失，并能恢复工作。③重症中暑。有前述中暑症状，被迫停止工作，或在工作中突然晕倒，皮肤干燥无汗，体温在40℃以上或发生热痉挛。

2. 高温作业环境的设计

1）遵循国家标准的要求

为加强对高温作业的管理，国家颁布了《工作场所职业病危害作业分级　第3部分：高温》（GBZ/T 229.3—2010），该标准按照工作地点WBGT指数和接触高温作业的时间将高温作业分为四级（表5-27），级别越高，热强度越大。凡工作地点定向辐射热强度平均值等于或大于2 kW/m^2 的高温作业，应在本标准的基础上相应提高一个等级，但最高不超过Ⅳ级。

高温作业分级表明，分级越高，发生热相关疾病的危险度越高。应该根据不同等级的高温作业进行不同的卫生学监督和管理，其原则见表5-28。

2）合理设计高温作业环境

从生产工艺和技术、保健措施、生产组织等几个方面入手，合理设计高温作业环境。

表5-27 高温作业分级表

劳动强度	接触高温作业时间/min	WBGT 指数/℃						
		29~30 (28~29)①	31~32 (29~30)	33~34 (31~32)	35~36 (33~34)	37~38 (35~36)	39~40 (37~38)	41~ (39~40)
Ⅰ（轻劳动）	60~120	Ⅰ	Ⅰ	Ⅱ	Ⅱ	Ⅲ	Ⅲ	Ⅳ
	121~240	Ⅰ	Ⅱ	Ⅱ	Ⅲ	Ⅲ	Ⅳ	Ⅳ
	241~360	Ⅱ	Ⅱ	Ⅲ	Ⅲ	Ⅳ	Ⅳ	Ⅳ
	361~	Ⅱ	Ⅲ	Ⅲ	Ⅳ	Ⅳ	Ⅳ	Ⅵ
Ⅱ（中劳动）	60~120	Ⅰ	Ⅱ	Ⅱ	Ⅲ	Ⅲ	Ⅵ	Ⅳ
	121~240	Ⅱ	Ⅱ	Ⅲ	Ⅲ	Ⅳ	Ⅳ	Ⅳ
	241~360	Ⅱ	Ⅲ	Ⅲ	Ⅳ	Ⅳ	Ⅳ	Ⅵ
	361~	Ⅲ	Ⅲ	Ⅳ	Ⅳ	Ⅳ	Ⅵ	Ⅵ
Ⅲ（重劳动）	60~120	Ⅱ	Ⅱ	Ⅲ	Ⅲ	Ⅵ	Ⅵ	Ⅳ
	121~240	Ⅱ	Ⅲ	Ⅲ	Ⅳ	Ⅳ	Ⅳ	Ⅳ
	241~360	Ⅲ	Ⅲ	Ⅳ	Ⅳ	Ⅳ	Ⅳ	Ⅵ
	361~	Ⅲ	Ⅵ	Ⅳ	Ⅳ	Ⅵ	Ⅵ	Ⅵ
Ⅳ（极重劳动）	60~120	Ⅱ	Ⅲ	Ⅲ	Ⅵ	Ⅵ	Ⅵ	Ⅳ
	121~240	Ⅲ	Ⅲ	Ⅳ	Ⅳ	Ⅳ	Ⅳ	Ⅳ
	241~360	Ⅲ	Ⅵ	Ⅳ	Ⅳ	Ⅳ	Ⅳ	Ⅵ
	361~	Ⅵ	Ⅵ	Ⅳ	Ⅵ	Ⅵ	Ⅵ	Ⅵ

注：① 括号内 WBGT 指数适用于未产生热适应和热习服的劳动者。余同。

表5-28 高温作业分级管理原则

等级	管理原则
轻度危害作业（Ⅰ）	在目前的劳动条件下，可能对劳动者的健康产生不良影响，应改善工作环境，对劳动者进行职业卫生培训，采取职业健康监护和防暑降温防护措施，保持劳动者的热平衡
中度危害作业（Ⅱ）	在目前的劳动条件下，可能引起劳动者的健康危害，在采取上述措施的同时，强化职业健康监护和防暑降温等防护措施，调整高温作业劳动—休息制度，降低劳动者热应激反应及接触热环境的单位时间比率
重度危害作业（Ⅲ）	在目前的劳动条件下很可能引起劳动者的健康危害，产生热损伤。在采取上述措施的同时强调进行热应激监测，通过调整高温作业劳动休息制度，进一步降低劳动者接触热环境的单位时间比率
极重度危害作业（Ⅳ）	在目前的劳动条件下，极有可能引起劳动者的健康危害，产生严重的热损伤，在采取上述措施的同时，严格进行热应急监测和热损伤防护措施，通过调整高温作业劳动休息制度，严格限制劳动者接触热环境的时间比率

（1）生产工艺和技术措施方面，包括：

① 合理设计生产工艺过程。应尽量将热源布置在车间外部，使作业人员远离热源，

否则热源应设置在天窗下或夏季主导风向的下风，或热源周围设置挡板，防止热量扩散。

② 屏蔽热源。在有大量热辐射的车间，应采用屏蔽辐射热的措施。屏蔽方法有：直接在热辐射源表面铺上泡沫类物质；在人与热源中间设置屏风或空气幕；给作业者穿上热反射服装。生产车间常用循环水炉门、瀑布水幕、铁纱水幕、钢板流水型隔热屏风以及屏蔽热辐射为主的屏风，既可以屏蔽热辐射又不影响作业者观察和控制生产过程。

③ 降低湿度。人体对高温环境的不舒适反应，很大程度上受湿度的影响，当相对湿度超过50%时，人体通过蒸发汗的散热功能显著降低。作业场所控制湿度的唯一方法是在通风口设置去湿器。

④ 增加气流速度。通过门窗进行自然通风换气，可以增加空气的新鲜感，有利于工效的提高。高温车间仅靠自然通风换气常常达不到要求的标准，除了合理布置必要的自然通风的进风口和排风口外，还需采取强制性机械通风措施。当干球温度在25～32 ℃之间时，增加工作场所的气流速度，可以提高人体的对流散热量和蒸发散热量。但当气温高于35 ℃时，增加气流速度对人体散热作用不大，当相对湿度大于70%时增加气流速度对人体散热量的作用会更小。高温环境下，气流速度的增加与人体散热量的关系是非线性的，在中等以上工作负荷，气流速度大于2 m/s时，增加气流速度，对人体散热几乎没有影响。因此，盲目地增加气流速度是无益的。

（2）保健措施方面，包括：

① 合理供给饮料和补充营养。高温作业时作业者出汗量大，应补充与出汗量相等的水分和盐分，否则会引起脱水和盐代谢紊乱。另外还要注意补充适量的蛋白质和维生素A、B1、B2、C和钙等元素。

② 合理使用劳保用品。高温作业的工作服，应具有耐热、导热系数小、透气性好的特点。

③ 进行职业适应性检查。每一个人的热适应能力有差别，有的人对高温条件反应敏感；有的耐热能力强。因此，在就业前应进行职业适应性检查。凡高血压、溃疡病、肺、肝、肾等病患的人都不适应于高温作业。

（3）生产组织措施方面，包括：

在生产组织上合理安排作业负荷，合理安排休息场所，对于离开高温作业环境较长时间又重新从事高温作业者，给予更长的休息时间，使其逐步适应高温环境。高温作业应采取集体作业，能及时发现热昏迷者，一旦出现头晕、恶心，及时离开高温现场。

（三）低温环境

1. 低温作业环境对人体的影响

工作地点平均气温等于或低于5 ℃的作业称为低温作业。在低温环境下工作时间过长，超过人体适应能力，体温调节能力发生障碍，则体温下降，从而影响机体功能，可能出现神经兴奋与传导能力减弱，出现痛觉迟钝和嗜睡状态。长时间低温作业可导致循环血量、白细胞和血小板减少，而引起凝血时间延长，出现协调功能降低。低温作业还可引起人体全身和局部过冷。全身过冷会出现皮肤苍白、脉搏呼吸减弱、血压下降。局部过冷最常见的是手、足、耳及面颊等外露部位发生冻伤，严重的可导致肢体坏死。

低温环境对人体功能的影响及其影响程度与作业温度、暴露时间紧密相关。低温作业分级是以工作环境温度和低温作业时间率为依据。根据《低温作业分级》(GB/T 14440—1993)，低温作业共分为四级（表5-29），级别越高，说明冷强度越大，工人冷感越强，机体受影响越大。

表5-29 低温作业分级表

冷水作业时间率/%	温度范围/℃					
	≤5~0	≤0~-5	≤-5~-10	≤-10~-15	≤-15~-20	<-20
≤25	Ⅰ	Ⅰ	Ⅰ	Ⅱ	Ⅱ	Ⅲ
>25~50	Ⅰ	Ⅰ	Ⅱ	Ⅱ	Ⅲ	Ⅲ
>50~75	Ⅰ	Ⅱ	Ⅱ	Ⅲ	Ⅲ	Ⅳ
>75	Ⅱ	Ⅱ	Ⅲ	Ⅲ	Ⅳ	Ⅳ

凡低温作业地点空气相对湿度大于或等于80%的工种，应在本标准的基础上提高一级。

2. 低温作业环境设计应考虑的因素

(1) 应按照《工业企业设计卫生标准》和《工作企业采暖、通风和空气调节设计规范》的规定，设置必要的采暖设备。调节后的温度要均匀恒定。有的作业需要和外界发生联系，外界的冷风吹在作业者身上很不舒适，应设置挡风板，减缓冷风的作用。

(2) 提高作业负荷。增加作业负荷，可以使作业者降低寒冷感，但以不使作业者工作时出汗为限。

(3) 个体保护。低温作业车间或冬季室外作业者，应穿御寒服装，御寒服装应采用热阻值大、吸汗和透气性强的衣料。衣服尺寸合适，不宜过紧。

(4) 采用热辐射取暖。室外作业，若采用个体防护方法，厚厚的衣服影响作业者操作的灵活性，而且有些部位又不能被保护起来，这时采用热辐射的方法御寒最为有效。

二、光环境

(一) 照度标准

照度标准是照明设计和管理的重要依据。我国的照度标准是采用间接法制定的，即从保证一定的视觉功能来选择最低照度值，同时进行大量的调查、实测，并且考虑了我国当前的电力生产和消费水平。而直接法则主要是根据劳动生产率及单位产品成本来选择照度标准。自2014年6月1日开始实施的《建筑照明设计标准》(GB 50034—2013)，将照明标准值按照0.5 lx、1 lx、3 lx、5 lx、10 lx、15 lx、20 lx、30 lx、50 lx、75 lx、100 lx、150 lx、200 lx、300 lx、500 lx、750 lx、1000 lx、1500 lx、2000 lx、3000 lx、5000 lx分级。该标准对住宅建筑居住、图书馆、办公室、商店、观演（影院、剧场、音乐厅、排演厅、化妆室）、旅馆、医疗、教育、博览（美术馆、科技馆、博物馆）、会展、交通、体育等建筑的照明标准进行了规定。

(二) 照明设计

照明设计主要从照明方式、光源选择、照度均匀度、照度标准值、亮度分布、照明的稳定性、避免眩光等几个方面着手，照明设计应满足《建筑照明设计标准》(GB 50034—2013）的要求。

1. 照明方式

环境照明设计，在任何时候都应遵循人机工程学原则。自然光是任何人工光源所不能比拟的，在设计时应最大限度地利用自然光，尽量防止眩光，增加照度的稳定性和分布的均匀性、协调性等。工业企业建筑物照明，通常采用3种形式，即自然照明、人工照明和二者同时并用的混合照明。人工照明按灯光照射范围和效果又分为：一般照明，为照亮整个场所而设置的均匀照明；局部照明，是特定视觉工作用的、为照亮某个局部而设置的照明；混合照明，由一般照明与局部照明组成的照明；应急照明，因正常照明的电源失效而启用的照明，它包括疏散照明、安全照明和备用照明。

2. 光源选择

室内采用自然光照明是最理想的。因为自然光明亮柔和，光谱中的紫外线对人体生理机能还有良好的影响。因此在设计中应最大限度地利用自然光。但是，自然光受昼夜、季节和不同射条件的限制，因此在生产环境中常常要用人工光源做补充照明。

选择人工光源时，应注意其光谱成分，使其尽可能接近自然光。在人工照明中荧光灯的光谱近似日光，而且与普通白炽灯相比，具有发光效率高（比白炽灯高4倍左右）、光线柔和、亮度分布均匀及热辐射量小等优点。但是，为消除光流波动，应采用多管装置为宜。照明不宜选择有色光源，因为有色光源会使视力效能降低。

3. 避免眩光

当视野内出现的亮度过高及对比度过大，感到刺眼并降低观察能力，这种刺眼的光线叫做眩光。眩光视觉效应的危害，主要是破坏视觉的暗适应，产生视觉后像，使工作区的视觉效率降低，产生视觉不舒适感和分散注意力，造成视觉疲劳。研究表明，做精细工作时眩光在20 min内就会使差错明显，工效显著降低，眩光源对视觉效率的影响程度与视线和眩光源的相对位置有关。

为了防止和控制眩光应采取如下措施：

（1）限制光源亮度。当光源亮度大于1.6×10^5 cd/m^{2}时，无论亮度对比如何，都会产生严重的眩光。如普通白炽灯灯丝亮度达到3.0×10^6 cd/m^{2}以上，应考虑用氟酸进行化学处理使玻壳内表面变成内磨砂，或在玻壳内表面涂以白色无机粉末，以提高光的漫射性能，使灯光柔和。

（2）合理分布光源。一种方法是尽可能将光源布置在视线外的微弱刺激区，例如，采用适当的悬挂高度，使光源在视线45°以上时眩光就不明显了。另一种方法是采用不透明材料将光源挡住，使灯罩边沿至灯丝连线和水平线构成一定保护角，此角度以45°为宜，至少不应小于30°。

（3）改变光源或工作面的位置。对于反射眩光，通过改变光源与工作面的相对位置，使反射眩光不处于视线内；或在可能的条件下，改变反射物表面的材质或涂料，降低射系数，以求避免反射眩光。

（4）合理的照度。要取得合理的照度，需进行照度计算。根据所需要的照度值及其他已知条件（如照明装置型式及布置、房间各个面的反射条件及照明灯具污染等情况），来确定光源的容量或数量。在可能的条件下，适当提高照明亮度，减少亮度对比。

4. 照度均匀度

照明均匀度（Au）是指被照场内最大照度与最小照度之差与平均照度的比值。公共建筑的工作房间和工业建筑作业区域内的一般照明均匀度不应小于0.7；而作业面邻近周围的照度均匀度不应小于0.5；房屋或场所内的通道和其他非作业区域的一般照明均匀度不宜低于作业区域一般照明照度值的1/3。

5. 亮度分布

如果把所有空间都搞成一样的亮度，不仅耗电量多，而且全产生音调感和漫不经心。因此，要求视野内有适当的亮度分布，使工作对象和周围环境存在着必要的反差，柔和的阴影会使心理上产生主体感。既能造成工作处有中心感的效果，有利于正确评定信息，又使工作环境协调，富有层次和愉快的气氛。

在集体作业的情况下，需要亮度均匀的照明，以保持每个作业者都有良好的视觉条件。从事单独作业的情况下，并不一定每个作业者都需要同样的亮度分布，工作面明亮些，周围空间稍暗些也可以。

6. 照明的稳定性

照明的稳定性是指照度保持一定值，不产生波动，光源不产生闪烁频闪效应。照度稳定与否直接影响照明质量的提高。为此，应使照明电源的电压稳定，并且在设计上要保证在使用过程中照度不低于标准值，就要考虑到光源老化、房间和灯具受到污染等因素，适当增加光源功率，采取避免光源闪烁的措施等。

三、色彩环境

（一）色彩设计

1. 色彩设计分类

（1）环境色彩。包括厂房、商店、建筑物、室内环境等色彩设计。

（2）物品配色。包括机床设备、家具、纺织品、包装等。

（3）标志管理用色。有安全标志、管理卡片、报表、证件、票卷等。

2. 色彩设计的方法与步骤

1）设计方法

可用计算机色彩模拟来分析配色。用模拟系统可以改变、分析、评价各种色彩的组合，确定某一设计的色彩。环境色彩设计时，还可以把有代表性的四季景象的协调对比确定建筑物的最佳配色，也可参考已有的设计院经验，或用绘画的方式进行评价。

2）设计步骤

一般设计步骤为：①根据造型、用途确定色彩设计原则；②按以上原则指出各种设计方案；③进行模拟；④制定评价标准，确定理想配色的条件，分析、评价所提出的各种设计方案，从中选出最佳方案。

对于环境配色，首先要确定总体色调，以达到给人庄重或活泼热闹或沉静的感觉，其次要根据不同的要求、不同的使用目的，对重点配色、平衡配色、渐变配色、对比配色、调和配色、背景与图形进行选择。例如，厂房或工作间配色，总的要求是：明亮、和谐、美观、舒适。除了色彩富有一定的代表意义外，还要考虑光线的反衬，提高照明的效果。室内以白、乳白、浅黄、天蓝为主色调较好。这样的色彩环境给人宁静、舒适的感觉。机器设备配色的基本要求是：属于同一色彩要有利于识别，要鲜明、醒目，避免发生差错。例如，在按钮色的选用上，红色也主要用于停止按钮，启动和接通按钮主要用绿色。如果用错色彩，就会造成重大事故。

（二）色彩调节及应用

选择适当的色彩，利用色彩的效果，构成良好的色彩环境，称为色彩调节。工作场所具有良好的色彩环境可以得到以下效果：①增加明亮程度，提高照明效果；②标志明确，识别迅速，便于管理；③注意力集中，减少差错和事故，提高工作质量；④舒适愉快，减少疲劳；⑤环境整洁，层次分明，明朗美观。

1. 工作房间的色彩调节

工作房间的配色，取决于工作特点，一般要考虑色彩的含义、色彩对人们生理和心理的影响及工作环境的需要。希望环境明亮、和谐、美观、舒适，突出或掩盖工作房间的特征，改变人们对工作房间的不良印象或感觉。

工作房间配色尽可能不要色调单一，否则会加速视觉疲劳或引起单调感。

工作房间配色的明度不应太高和相差悬殊，否则也会因为视觉适应性而促使视觉疲劳。工作房间配色的饱和度也不应太高，不然较强的刺激不仅会分散注意力，而且也容易加速视觉疲劳。

2. 机器设备和工作面的色彩调节

机器设备主要包括主机、辅机和动力设备，以及控制、显示和操纵装置，其配色应主要考虑：色彩与设备的功能相适应；设备配色与环境色彩相协调；危险与示警部位的配色要醒目；操纵装置的配色要重点突出，避免误操作；显示装置要与背景有一定对比，以引人注意，同时也有利于视觉认读。

工作面的涂色，明度不宜过大，反射率不宜过高，选用恰当的色彩对比，可以适当提高对细小零件的分辨力。但色彩对比不可过大，否则会直接造成视觉疲劳提早出现。如果可能，长时间加工同一色彩的零件时，应该在作业者的视野内安排另一种色彩，以便使眼睛得到休息。

3. 安全标志色彩应用

用色彩传递安全和技术信息，早已为世界各国所采用。《图形符号　安全色和安全标志　第1部分：安全标志和安全标记的设计原则》（GB/T 2893.1—2013）规定了传递安全信息的颜色，目的是使人们能够迅速发现或分辨安全标志和提醒人们注意，以防事故发生。安全色是指表达安全信息含义的颜色。该标准中规定红、蓝、黄、绿4种颜色为安全色，其含义和应用见表5-30。

表5-30　安全标志的几何形状、安全色和对比色

几何形状	含义	安全色	安全色的对比色	图形符号色	应用示例
带有斜杠的圆形	禁止	红色	白色	黑色	禁止吸烟 禁止饮用 禁止触摸

表 5-30（续）

几何形状	含义	安全色	安全色的对比色	图形符号色	应用示例
圆形	指令	蓝色	白色	白色	必须戴防护眼镜 必须穿防护衣 必须洗手
带有弧形转角的等边三角形	警告	黄色	黑色	黑色	当心烫伤 当心腐蚀 当心触电
正方形	安全状况	绿色	白色	白色	急救点 紧急出口 避险处
正方形	消防设施	红色	白色	白色	火警电话 消防梯 灭火器

色彩也应用于技术标志中，表示材料、设备设施或包装物等。色彩还常用作运行技术信息的载体，如红色表示紧急、禁止、停止、事故或操作错误等；黄色用作示警信号；绿色表示工作正常、允许进行等；蓝色表示整机工作正常；白色表示电源接通、预热或准备运行等。色彩还用于某些管道标志，见表 5-31。

表 5-31　八种基本识别色和颜色标准编号

物质种类	基本识别色	颜色标准编号	物质种类	基本识别色	颜色标准编号
水	艳绿	G03	酸或碱	紫	P02
水蒸气	大红	R03	可燃液体	棕	YR05
空气	淡灰	B03	其他液体	黑	
气体	中黄	Y07	氧	淡蓝	PB06

四、尘、毒作业环境

（一）尘、毒作业环境对人体的影响

1. 粉尘作业环境

粉尘是指能悬浮于空气中的固体微粒，在工业生产中产生的粉尘叫做工业粉尘。对工

业粉尘如果不加以控制，它将破坏作业环境、危害工人身体健康和损坏机器设备及影响产品质量，还会污染大气环境。

粉尘对人体的侵害途径主要有：呼吸道、眼睛、皮肤等，以呼吸道为主要途径。含尘气流进入呼吸道后，主要通过撞击、重力沉积、布朗运动、静电沉积、截流而沉降。沉积在呼吸道的粉尘通过人体各种清除功能，排出进入呼吸道97% ~99% 的粉尘。只有1% ~3% 粉尘沉积在体内。长期吸入粉尘可削弱人体清除功能，导致粉尘过量沉积，酿成肺组织病变，引起疾病。

1）尘肺

尘肺是指在生产劳动过程中吸入呼吸性粉尘引起的肺组织纤维化为主的疾病。由于吸入粉尘的质、量和形态的不同而产生不同程度危害。无机粉尘引起的肺部病变有两大类：一类由于粉尘在肺腑沉着称为粉尘沉着症。另一类由于致纤维化粉尘（如石英）所致肺部弥漫性纤维化。纤维化程度与粉尘中游离二氧化硅含量有关，当含量大于70% 可引起矽肺；小于10% 可引起其他尘肺，如煤肺；10% ~70% 以混合型形式出现。如煤工尘肺、石墨尘肺、炭黑尘肺、石棉肺、滑石肺、水泥肺、云母肺、陶土尘肺、铝尘肺、电焊混合尘肺、铸工尘肺等职业病。尘肺的发病一般比较缓慢，多在接尘15 ~20 年以上，也有个别发病迅速，接尘1 ~2 年就发生尘肺病。尘肺的发生和发病与从事接尘作业的工龄、粉尘中游离二氧化硅含量及类型、生产场所粉尘浓度、粉尘的特性、防护措施以及个体条件等有关。

2）局部作用

粉尘作用于呼吸道黏膜可导致萎缩性病变；可形成咽炎、喉炎、气管炎等；作用于皮肤可形成粉刺、毛囊炎、脓皮病等，金属和磨料粉尘可引起角膜损伤、导致角膜感觉迟钝和角膜混浊；沥青烟尘在日光照射下可引起光感性皮炎。

3）中毒作用

吸入铅、砷、锰等有毒粉尘，能引起中毒现象。

2. 工业生产中的毒物及其对人体的影响

1）工业生产中的毒物及中毒

凡少量化学物质进入人体后，与人体组织发生化学或物理化学作用，并在一定条件下破坏机体的正常生理机能，致使某些器官或组织发生暂时或永久性病变，这些物质称为化学毒物。在生产过程中使用或产生的毒物称为生产性毒物。在生产劳动中接触过量的毒物会损害工人身体健康，一次大量吸入或经皮肤吸收可引起急性中毒；多次接触较高浓度毒物会引起亚急性中毒，长期过量接触毒物也可引起慢性中毒。

接触生产性毒物的行业和工种很多，如：化工、农药、制药、油漆、颜料塑料、合成橡胶、合成纤维等行业生产过程中跑冒滴漏的毒气；有色金属矿及化工矿的开采、熔炼；冶金、蓄电池印刷业的熔铸铅；仪表温度计、制镜行业使用的汞喷漆等作业接触的苯和烯料。

工业生产中常见的毒物，按其存在的形态、用途、化学结构，可分为以下几类：

（1）金属与类金属毒物，如铅、汞、锰等。

（2）刺激性气体，如二氧化硫、氯化氢、光气等。

（3）窒息性气体，如一氧化碳、硫化氢等。

（4）有机溶剂，如苯、二甲苯、汽油等。

（5）苯的氨基和硝基化合物，如苯胺等。

（6）高分子化合物生产中的毒物，如氯乙烯等。

（7）农药，如杀虫剂、除草剂。

在生产中毒物主要经呼吸道吸收进入人体，气体、蒸汽及气溶胶形式的毒物均可经呼吸道进入人体。由于肺泡呼吸膜极薄，无机膜的扩散面积很大，故可迅速通过，且直接进入人体。因此，其毒作用发生较快。大部分生产性毒物中毒都由此途径进入人体；其次为经皮肤侵入，有些毒物如芳香族的氨基、硝基化合物等通过完整的皮肤进入体内而引起中毒。经皮肤吸收的毒物也直接进入大循环。毒物的浓度和黏稠度，接触皮肤的部位和面积，生产环境中的温度和湿度，溶剂的种类等，均可影响毒物经皮肤吸收。在生产过程中，经消化道摄入毒物所致的职业中毒甚为少见，常见于意外事故。但有时由于个人卫生习惯不良或毒物污染食物时，毒物也可由消化道进入人体。

2）生产中常见毒物对人体的影响

有毒物质通过呼吸道、皮肤、消化道被人体吸收、储积，造成对人体的危害，随物质种类不同、摄入量不同、侵入方式不同对人体危害程度不同。

（1）一氧化碳。CO 是无味、无色的气体，主要来源于工业生产中的炼钢、炼铁，煤气发生炉，交通运输中的汽车尾气，日常生活中的烧煤取暖等。CO 主要危害人的神经和血液系统，随 CO 浓度和接触时间不同对人体的影响不同，见表 5－32。

表 5－32　一氧化碳对人体影响与浓度的关系

浓度（1×10^{-6}）	对人体产生的影响	浓度（1×10^{-6}）	对人体产生的影响
100	数小时对人体无影响	1000～1200	1 h 后会引起不快感
400～500	1 h 内无影响	1500～2000	1 h 后会有危险
600～700	1 h 后有时会引起不快感	4000 以上	1 h 内即有危险

（2）二氧化碳。一天 8 min 工作的工作地点，CO_2 浓度最多不能超过 0.5%。CO_2 的容许浓度与气压有关，在一个大气压下，其浓度、接触时间与人体中毒症状的关系见表 5－33。

表 5－33　二氧化碳对人体影响与浓度的关系

接触时间/min	浓度/%	人体中毒症状
10	2.0	轻度精神紧张，感觉变化，轻度听力减退，呼吸频率增高
40	1.6	
80	1.4	
10	3.5	恶心，头晕，呼吸急促，视觉辨别能力下降
40	2.8	
80	2.4	
10	7.9	昏迷，严重意识丧失
40	6.8	
80	6.1	

（3）二氧化硫。SO_2 在工业生产中也称为亚硫酸酐，是污染大气的主要污染物。SO_2 的主要来自含硫燃料的燃烧（如煤或石油的燃烧）和采用各种含硫原料的生产工艺过程中。SO_2 是无色、有刺激性的气体，属于窒息性气体。SO_2 对人体的危害很大，当其浓度达到 $(0.3\sim1)\times10^{-6}$（体积百万分比率），人可通过嗅觉感知。达到 $(6\sim12)\times10^{-6}$ 时，对呼吸道有强烈刺激，达到 $(400\sim500)\times10^{-6}$ 时，可立即危及生命。SO_2 在空气中常与飘尘结合进入人体，加剧了粉尘的毒害作用，SO_2 在大气中遇水形成硫酸烟雾，其毒性比 SO_2 大 10 倍。

（4）氮氧化物。包括 N_2O、NO、NO_2、NO_3、N_2O_4、N_2O_5 等多种氮的氧化物。生产中接触到的主要是 NO_2，系红棕色气体，较难溶于水，具有刺激性气味。其主要来源于各种矿物的燃烧过程，生产和使用硝酸，制造硝基化合物，焊接、气割，汽车、内燃机排放尾气，硝铵炸药的爆炸，存放谷物的仓库缺氧发酵等。

NO_2 对呼吸道的刺激较弱，主要是引起肺损害。当氮氧化物中 NO 占主要成分时高铁血红蛋白血症和中枢神经系统损害明显。氮氧化物和碳氢化物在阳光中紫外线照射下，形成光化学氧化剂，与二氧化硫形成的硫酸烟雾结合，形成危害更大的光化学烟雾。

（5）氯气。氯为黄绿色、具有强烈刺激性的气体。低浓度氯刺激上呼吸道、皮肤和眼睛，对局部黏膜有烧灼和刺激作用。高浓度和接触时间过长，可引起支气管痉挛，呼吸道深部病变甚至肺水肿。吸入高浓度氯气还可引起迷走神经反射性心跳骤停，出现电击样死亡。接触氯气的机会主要是制造各种含氯化合物，如四氯化碳、漂白粉、聚乙烯等、颜料、造纸、印染等工业，水的消毒等。氯对人的急性中毒反应见表 5－34。

表 5－34　氯对人的急性中毒反应

浓　度		人　体　反　应
mg/m^3	$\times10^{-6}$	
0.06	0.02	嗅觉阈浓度
1.5	0.05	有气味
3～9	1～3	有明显气味，刺激眼、鼻
18	6	刺激咽喉致咳
90	30	引起剧咳
120～180	40～60	接触 30～60 min，可能引起严重损害
300	100	可能造成致命损害
3000	1000	可危及生命

（6）铅。铅是一种质地较软、具有易锻性的蓝灰色金属。当加热至 400～500 ℃时，将有大量铅蒸气逸出，在空气中氧化成氧化亚铅，并凝聚为铅烟。随着温度进一步升高，还可逐步生成氧化铅、三氧化二铅等。接触铅作业的工种主要为铅矿开采及冶炼，熔铅作业如制造铅丝、铅皮，印刷，制造焊接用的焊锡。铅化合物如铅氧化物，常用于制造蓄电池、玻璃、搪瓷等。铅的其他化合物，如醋酸铅用于制药、化工工业。摄入大量铅化合物

引起急性铅中毒，多表现为胃肠道症状，如恶心、呕吐、腹绞痛，少数出现中毒性脑病。但职业性急性铅中毒较为少见，铅中毒基本上为慢性中毒，早期表现为乏力、关节肌肉酸痛，随着接触的增加病情主要表现为神经系统疾病，如类神经症、外周神经炎。消化系统疾病表现为食欲不振、恶心、腹痛等。血液及造血系统表现为轻度贫血。口腔卫生不好者，在牙龈与牙齿交界边沿上可出现由硫化铅颗粒形成的暗蓝色线。

（7）汞。俗称水银，为银白色液态金属，其表面张力大，降落地面后即形成很多小汞珠，可被泥土、地面缝隙、衣物等吸收。接触的机会主要为汞矿开采，电工器材、仪器仪表制造和维修。化工生产中烧碱和氯气用汞作阴极电解食盐，塑料原料供应，生产含汞药物及试剂，用汞齐法提取金银等贵金属。金属汞主要以蒸气形式经呼吸道进入体内。由于汞蒸气具有脂溶性，可迅速弥散，透过肺泡壁被吸收，吸收率可达70%以上。吸入高浓度汞蒸气和摄入可溶性汞盐可致急性中毒，症状主要为咳嗽、呼吸困难、口腔和胃肠道症状，继之可发生化学性肺炎伴有发绀、气促、肺水肿等。慢性汞中毒较常见，主要引起神经系统障碍表现为神经系统疾病，神经毒性的早期症状开始为细微震颤，多在休息时发生，进一步发展成意向性粗大震颤，后期可出现幻觉和痴呆。

（8）熏烟对人体的影响。熏烟是由于气体和蒸汽凝结而成的微粒、固体微粒和气体形成的，它悬浮于空气中。某些金属气体凝集物与空气中的氧化合形成的氧化物，具有高度毒性，会导致人体患金属热症，如铅、锌、锰和镁等的氧化物均是金属热症的引发症。

（9）雾滴对人体的影响。雾滴是由气体凝聚或由机械方法形成而悬浮于空气中的微小液滴。如电镀中含有铬酸盐雾，防腐剂中的酸、碱盐雾等，都是具有高度毒性的物质，可以通过呼吸道进入人体使人中毒。

（二）尘、毒环境的卫生标准

1. 工业粉尘的卫生标准和管理标准

在我国，车间空气中有害物质的最高容许浓度是指工作地点空气中任何一次有代表性的采样测定均不得超过的浓度。工作地点是指工人为管理生产过程而经常和定时停留的地点。若生产操作在车间内许多不同地点进行，则整个车间均算为工作地点。车间空气中有害物质的最高容许浓度的制定依据一般为：有害物质的物理和化学特性资料；动物试验和人体毒理学资料的现场劳动卫生学调查资料；流行病学调查资料。研究空气中有害物质的最高容许浓度，是从质和量两方面深入研究该有害物质与机体之间的相互关系，最终目的是确定一个合理而安全的界限。即人体生理承受危害程度的最低限度。换言之，就是在充分掌握有害物质作用性质的基础上，阐明其作用量与机体反应性质、程度和受损害个体在特定群体中所占比例之间的关系，即接触水平 - 反应关系。接触水平 - 反应关系资料是制定最高容许浓度的重要依据。车间空气中有害物质的最高容许浓度，是指工人在该浓度下长期进行生产劳动，不引起急性或慢性职业危害的浓度。

从我国实际情况出发，按各类粉尘实际危害情况，采用几项主要危害指标，综合起来进行危害程度的排队，以便将超过国家卫生标准的生产性粉尘作业，分出轻重缓急，区别对待，抓住主要矛盾，采取相应的劳动保护措施和其他政治措施，逐步减轻职业危害，以便最终达到粉尘最高容许浓度的要求。为此国家颁布了《粉尘作业场所危害程度分级》（GB/T 5817—2009），该标准采用超标倍数作为粉尘作业场所危害程度的分级指标。超标倍数的计算公式为

$$B = \frac{C_{TWA}}{C_{PC-TWA}} - 1 \quad (5-3)$$

式中　　B——超标倍数；

C_{TWA}——8 h 工作日接触粉尘的时间加权平均浓度，mg/m^3；

C_{PC-TWA}——作业场所空气中粉尘容许浓度值，mg/m^3。

对规定了呼吸性粉尘容许浓度的粉尘，使用粉尘的呼吸性粉尘时间加权平均浓度计算 B 值。对只规定了总粉尘容许浓度的粉尘，使用粉尘的总粉尘时间加权平均浓度计算 B 值。采用个体采样方法，采样仪器能够满足全工作日连续一次性采样时，C_{TWA} 按照式（5-4）计算：

$$C_{TWA} = \frac{m_2 - m_1}{F \times 480} \times 1000 \quad (5-4)$$

式中　m_2——采样后的滤膜质量数值，mg；

m_1——采样前的滤膜质量数值，mg；

F——采样流量数值，L/min；

480——时间加权平均容许浓度（规定的以 8 h 计），min。

采用定点采样方法，C_{TWA} 按照式（5-5）计算：

$$C_{TWA} = \frac{c_1 T_1 + c_2 T_2 + \cdots + c_n T_n}{8} \quad (5-5)$$

式中　　8——一个工作日的工作时间（工作时间不足 8 h 者，仍以 8 h 计），h；

c_1、c_2、…、c_n——T_1、T_2、…、T_n 时间段接触的相应浓度；

T_1、T_2、…、T_n——c_1、c_2、…、c_n 浓度下相应的持续时间。

根据作业场所粉尘的超标倍数，按表 5-35 划分粉尘作业场所危害程度等级。

表 5-35　粉尘作业场所危害程度分级表

超标倍数	危害程度等级	备　注
$B \leq 0$	0	达标
$0 < B \leq 3$	Ⅰ	超标
$B > 3$	Ⅱ	严重超标

2. 工业毒物的卫生标准和管理标准

1）卫生标准

车间空气中工业毒物卫生标准中一般规定的容许浓度有 3 种类型：最高容许浓度；时间加权平均容许浓度；短时间接触容许浓度。最高容许浓度的含义如前所述。时间加权平均容许浓度是按 8 h 工作日的时间加权平均浓度规定的容许浓度。短时间接触容许浓度的含义为在一个工作日的任何时间不得超过 15 min 时间加权平均接触限制。每天接触不得超过 4 次，且前后两次接触时间至少要间隔 60 min。同时当日的时间加权平均阈限值也不得超过。卫生标准中各种毒物的最高容许浓度可参见《工业企业设计卫生标准》（GBZ 1—2010）。

2）毒物分级标准

工业生产中有毒作业众多，其危害程度很不一致。要全面消除危害因素，需要花费很大的人力和物力。因而应抓住主要矛盾首先对接触面广、危害大的行业采取治理措施，就需要对毒害种类多、危害程度不一的有毒作业加以分析排队，按照轻重缓急，确定主攻方向，针对不同的职业危害、采取不同措施。依据毒物的危害程度，选用了急性毒性、急性中毒发病状况、慢性中毒发病状况、慢性中毒后果、致癌和最高容许浓度等指标，对我国职业接触面广、危害大的56种毒物进行分级，见表5-36。

表5-36　56种毒物危害级别

危害级别	毒物名称
Ⅰ级（极度危害）	汞及其化合物、苯、砷及其无机化合物、氯乙烯、铬酸盐重铬酸盐、黄磷、铍及其化合物、对硫磷、羰基镍、八氟异丁烯、氯甲醚、锰及其无机化合物、氰化物、三硝基甲苯
Ⅱ级（高度危害）	铅及其化合物、二硫化碳、氯、丙烯青、四氯化碳、硫化氢、甲醛苯胺氟化氢、五氯酚及其钠盐、镉及其化合物、敌百虫、氯丙烯、钒及其化合物、溴甲烷、硫酸二甲酯镍、甲苯二异氰酸酯、环氧氯丙烷、砷化氢、敌敌畏、光气、氯丁二烯、一氧化碳、硝基苯
Ⅲ级（中度危害）	苯乙烯甲醇、硝酸、硫酸、盐酸、甲苯、二甲苯、三氯乙烯、二甲基酰胺、六氟丙烯、苯酚、氮氧化物
Ⅳ级（轻度危害）	溶剂汽油、丙酮、氢氧化钠四氯乙烯、氨

3）有毒作业管理标准

毒物种类不同、接触毒物时间不同、毒物浓度不同则对人体的危害程度不同，为加强对有毒作业环境的管理，国家颁布了《有毒作业分级》(GB/T 12331—1990）和《职业性接触毒物危害程度分级》(GBZ 230—2010)。依据毒物危害级别确定毒物危害权重系数（表5-37)、有毒作业劳动时间（表5-38)、毒物浓度超标倍数（见式5-6）计算有毒作业分级指数（见式5-7)，由分级指数确定分级级别（表5-39)，共分为5级：0级（安全作业)；一级（轻度危害作业)；二级（中度危害作业)；三级（重度危害作业)；四级（极度危害作业)。

表5-37　毒物危害权重系数

毒物危害程度级别	D	毒物危害程度级别	D
Ⅰ级（极度危害）	8	Ⅲ级（中度危害）	2
Ⅱ级（高度危害）	4	Ⅳ级（轻度危害）	1

有毒作业劳动时间权数 L 以有毒作业劳动时间为计算依据，见表5-38。

表5-38　有毒作业劳动时间权数

有毒作业劳动时间/h	L	有毒作业劳动时间/h	L
≤2	1	>5	3
>2~5	2		

毒物浓度超标倍数用 B 表示，其表达式为

$$B=\frac{M_C}{M_S}-1 \tag{5-6}$$

式中 M_C——测定的毒物浓度均值，mg/m^3；

M_S——该种毒物在国家规定的最高容许浓度，mg/m^3。

由 D、L、B 可计算出分级指数 C，即

$$C=D\times B\times L \tag{5-7}$$

根据 C 值进行分级，分级级别见表5－39。

表5－39 有毒作业分级表

指数范围	级别	指数范围	级别
$C\leqslant 0$	0级（安全作业）	$24<C\leqslant 96$	三级（重度危害作业）
$0<C\leqslant 6$	一级（轻度危害作业）	$C>96$	四级（极度危害作业）
$6<C\leqslant 24$	二级（中度危害作业）		

(三) 尘、害作业危害的防治

1. 对空气污染的防治

（1）选择无硫或低硫燃料，或采取预处理法去硫。改善燃料方法，使燃料充分燃烧，减少一氧化碳和氮氧化合物。

（2）排烟净化。从排烟中除去 SiO_2 和 NO_x。

（3）控制交通废气。改进发动机的燃烧设计，采取废气过滤等措施。

（4）减少毒源。尽量采用低毒或无毒的原材料。

（5）降低作业场所毒物浓度，如加强通风、实行湿式凿岩等。

（6）实现设备、管道或加工环节的密闭化，防止跑、冒、滴、漏，使毒源与操作者隔开。

（7）改革工艺，使生产过程机械化、自动化。

（8）对于废气、废水、废渣在排放要先行处理或回收，最好能综合利用，变废为宝。

（9）加强个体防护。如用防毒面具、胶靴、手套、防护眼镜、耳塞、工作帽，或在皮肤暴露部位涂以防护油膏。

（10）包装及容器要有一定强度，经得起运输过程中正常的冲撞、振动、挤压和摩擦，以防毒物外泄，封口要严且不易松脱。

（11）厂房要合理布局，加强绿化。据测定，10 m^2 的林木，一天约吸收 1 kg 二氧化碳，放出 0.7 kg 氧气；10000 m^2（1 hm^2）柳杉树，每年可吸收二氧化硫 720 kg。刺槐每平方米叶面可滞尘 6 kg 多，榆树滞尘高达 20 kg 等。

2. 防尘途径

上面介绍的改进工艺、加强通风、密封操作、水式作业等都是防尘的有效方法。此外，还可设置高效除尘、除毒装置以及实行遥控操作。

五、噪声与振动环境

（一）噪声环境

1. 噪声及其对人体的影响

噪声是各种不同频率和不同强度的声音无规律的杂乱组合，波形呈无规则变化，听起来使人厌烦的声音。随着工业的发展，噪声对人体的危害日趋严重。人们在强噪声环境中暴露一段时间，引起听力下降，离开噪声环境后，听力可以恢复，称为听觉疲劳。在强噪声环境中如不采取保护措施，听觉疲劳继续发展，可导致听力下降或永久听力损失。噪声除影响听觉系统外，还影响神经系统、心血管系统、消化系统、内分泌及免疫系统等，造成植物性神经系统功能紊乱、血压不稳、肠胃功能紊乱等。

影响噪声对机体作用的因素很多，主要有：

（1）噪声的强度和频率。噪声强度大、频率高，对人体影响大，据调查，接触噪声作业的工人耳鸣、神经衰弱等症状的检出率随噪声强度增大而提高。例如，接触 80 dB(A) 噪声，耳鸣检出率为 28.3%，接触 100 dB(A) 噪声，耳鸣检出率为 77.6%。

（2）接触时间。同样强度噪声，接触时间越长，对人体影响越大。例如，接触 100 dB(A) 噪声，工龄 10 年，噪声性耳聋检出率为 1.08% ~5.06%，工龄 30 年，噪声性耳聋检出率为 12.83% ~30.43%。

（3）噪声的性质。脉冲声比稳态声危害大。据调查，接触脉冲噪声的工人耳聋、高血压及中枢神经调节功能等的异常改变的检出率均较接触稳态噪声的人要高。

（4）其他有害因素的共同作用。振动、高温、寒冷或毒物等共同作用，会增加噪声的不良作用。

（5）机体健康状态和个人的敏感性对噪声引起的危害也有影响。

噪声污染是一种物理污染，按产生的机制分，作业环境中的噪声可分为：

（1）机械噪声——有机械的撞击、摩擦、传动引起的，如纺织机械、电锯机床、破碎机等发出的噪声。

（2）空气动力噪声——有空气压力变动引起的，如鼓风机、空气压缩机、汽轮机等发出的噪声。

（3）电磁性噪声——有电锯的空隙交变力相互作用而产生的噪声，如发动机、变压器发出的噪声。

噪声可使人产生听觉疲劳，在强噪声环境中如不采取保护措施，听觉疲劳继续发展，可导致听力下降或永久听力损失。噪声除影响听觉系统外，还影响神经系统、心血管系统、消化系统、内分泌及免疫系统等，造成植物性神经系统功能紊乱、血压不稳、肠胃功能紊乱等。

目前影响工人健康，严重污染环境的十大噪声源是：风机、空压机、电机、柴油机、纺织机、冲床、木工圆锯、球磨机、高压放空排气和凿岩机。这些设备产生的噪声可高达 120 ~130 dB(A)。

2. 噪声设计标准

根据《工作场所职业病危害作业分级　第 4 部分噪声》(GBZ/T 229.4—2012)，噪声作业人员的工作日等效连续 A 声级大于 85 dB(A) 时，应对噪声危害程度进行分级评价。噪声作业分级根据噪声作业实测的工作日等效连续 A 声级 $L_{EX,8h}$确定，分为四级，见表 5－40。本方法不适用于脉冲噪声作业。

表 5－40　噪声作业分级级别指数表

级　别	噪声危害程度	指 数 范 围
Ⅰ	轻度危害作业	$85 \leqslant L_{EX,8h} < 90$
Ⅱ	中度危害作业	$90 \leqslant L_{EX,8h} < 94$
Ⅲ	高度危害作业	$95 \leqslant L_{EX,8h} < 100$
Ⅳ	极度危害作业	$L_{EX,8h} \geqslant 100$

对噪声环境的设计，应符合国家标准《工作场所职业病危害作业分级　第 4 部分噪声》(GBZT 229.4—2012) 要求，该标准规定工人工作地点噪声容许标准为 85 dB(A)，对暂时达不到这一标准的现有企业，可以放宽到 90 dB(A)。根据等能量原则，如果接触时间减少一半，容许放宽 3 dB(A) 确定其噪声声级限值（表 5－41），对于每天接触噪声不超过 8 h 的工作，可以根据这一原则将标准相应放宽，但无论接触噪声时间多短，噪声强度不应超过 115 dB(A)。

表 5－41　工作地点噪声声级的卫生限值

日接触噪声时间/h	8	4	2	1	1/2	1/4	1/8
卫生限值/dB(A)	85	88	91	94	97	100	103

对噪声环境的设计还要考虑的 3 个标准：城市区域环境噪声标准（GB 3096—1993）、工业企业厂界噪声标准（GB 12348—1990）、建筑施工厂界噪声限值（GB 12523—1990），其标准值见表 5－42～表 5－44。

表 5－42　城市区域 5 类环境噪声标准值　　等效声级 Leq[dB(A)]

类别	适 用 范 围	昼间	夜间
0	疗养区、高级别墅区、高级宾馆区等	50	40
1	以居住、文教机关为主的区域	55	45
2	居住、商业、工业混杂区	60	50
3	工业区	65	55
4	城市中的道路交通干线道路两侧区域、穿越城区的内河航道两侧区域	70	60

表5-43 各类厂界噪声标准值 等效声级 Leq [dB(A)]

类别	适 用 范 围	昼间	夜间
Ⅰ	以居住、文教机关为主的区域	55	45
Ⅱ	居住、商业、工业混杂区及商业中心区	60	50
Ⅲ	工业区	65	55
Ⅳ	交通干线道路两侧区域	70	55

注：夜间频繁突发的噪声（如排气噪声），其峰值不准超过标准值10 dB(A)；夜间偶尔突发的噪声（如短促鸣笛声），其峰值不准超过标准值15 dB(A)。

表5-44 城市建筑施工期间施工场地噪声限值

等效声级 Leq[dB(A)]

施工阶段	主要噪声源	昼间	夜间
土石方	推土机、挖掘机、装载机等	75	55
打桩	各种打桩机等	85	禁止施工
结构	混凝土搅拌机、振捣棒、电锯等	70	55
装修	吊车、升降机等	65	55

3. 噪声的控制

1）控制声源

工作噪声主要由机械噪声和空气动力噪声两部分构成。因此，声源控制主要从以下两个方面着手：

（1）降低机械噪声。机械性噪声主要由运动部件之间及连接部位的振动、摩擦、撞击引起。这种振动传到机器表面，辐射到空间形成噪声。因此降低机械噪声的措施是：①改进机械产品的设计。一是选用产生噪声小的材料，一般金属材料的内摩擦、内阻尼较小，消耗振动能量的能力小，因而用金属材料制造的机件，振动辐射的噪声较强，而高分子材料或高阻尼合金制造的机件，在同样振动下，辐射的噪声就小得多；二是合理设计传动装置。在传动装置的设计中，尽量采用噪声小的传动方式。对于选定的传动方式，则通过结构设计、材料选用、参数选择、控制运动间隙等一系列办法降低噪声。②改善生产工艺。采用噪声小的工艺，用电火花加工代替切削；用焊接或高强度螺栓代替铆接，用电动机代替内燃机，以压延代替锻造。

（2）降低空气动力性噪声。空气动力性噪声主要由气体涡流、压力急骤变化和高速流动造成。降低空气动力性噪声的主要措施是：①降低气流速度；②减少压力脉冲；③减少涡流。

2）控制噪声的传播

主要措施有以下几种：

（1）全面考虑工厂的总体布局。在总图设计时，要正确估价工厂建成投产后的厂区环境噪声状况，高噪声车间、场所与低噪声车间、生活区距离远些，特别强的噪声源应设在远处或下风处。

（2）调整声源指向。将声源出口指向天空或野外。

（3）利用天然地形。山岗土坡、树丛草坪和已有的建筑障碍阻断一部分噪声的传播，在噪声强度很大的工厂、车间、施工现场、交通道路两旁设置足够高的围墙或屏障，种植树木限制噪声传播。

（4）采用吸声材料和吸声结构。利用吸声材料和结构吸收声能，降低反射声。经吸声处理的房间，可降低噪声 7～15 dB(A)。

（5）采用隔声和声屏装置。采用隔声罩把噪声罩起来或用隔音室把人防护起来，可以降低噪声对人体的危害。

3）加强个体防护

当其他措施不成熟或达不到听力保护标准时，使用耳塞、耳罩等方式进行个体保护是一种经济、有效的方法。在低于 85 dB(A)的低噪声区,耳塞或耳套使人耳对噪声及语言的听觉能力同时下降,所以戴耳塞或耳套更不易听到对方的谈话内容;在高于 85 dB(A)的高噪声区,使用耳塞或耳套可以降低人耳受到的高噪声负荷，而有利于听清对方的谈话内容。

通过调整班次，增加休息次数、轮换作业等也是很好的防护方法。

音乐调节。一般认为，音乐调节是指利用听觉掩蔽效应，在工作场所创造良好的音乐环境，以掩蔽噪声，缓解噪声对人心理的影响，使作业者减少不必要的精神紧张，推迟疲劳的出现，相对提高作业能力的过程。

（二）振动环境

1. 振动及其危害

振动是指物体沿直线或弧线经过某一平衡位置的往复运动。接触振动的作业和振动源有：

（1）使用风动工具的作业，铆接、清砂、锻压、凿岩、造型、捣固、钻探、割据等。其振动源为铆钉机、风锤、电钻、锻锤、电锯、捣固机等。

（2）研磨作业,研磨、抛光、铣、镟等。其振动源为砂轮机、抛光机、铣床、镟床等。

（3）交通运输的振动源有汽车、火车、飞机等。

（4）农业机械的振动源有收割机、脱粒机、拖拉机等。

振动会对人体的多种器官造成影响和危害，从而导致长期接触的人员患多种疾病，尤其是手持风动工具和传动工具的工人，生产性振动对他们健康的影响十分突出。

振动对人体的危害分为局部振动危害和全身振动危害，加在人体的某些个别部位并且只传递到人体某个局部的机械振动称为局部振动。如果只通过手传到人的手臂和肩部，则这种振动称为手传振动。通过支持表面传递到整个人体上的机械振动称作全身振动。比如，振动通过立姿人的脚，坐姿人的臀部和斜躺人的支撑面而传到人体都属于全身振动。强烈的机械振动能造成骨骼肌肉关节和韧带的损伤，当振动频率和人体内脏的固有频率接近时，还会造成内脏损伤。足部长期接触振动时，有时候即使是振动强度不是很大，也可能造成脚痛、麻木或过敏、小腿和脚部肌肉有触痛感、足背动脉搏动减弱、趾甲床毛细血管痉挛等。局部振动对人体的影响是全身性的，末梢机能障碍中最典型的症状是振动性白指的出现。振动性白指的特点是发作性的手指发白。变白部分一般从指尖向近端发展，近而波及手指甚至全手，也称“白蜡病”“死手”。由于振动性白指具有一过性的特点，所以有时医生检查不易被发觉。局部振动还可能造成手部的骨骼、关节、肌肉、韧带不同程度的损伤。振动不但影响工作环境中劳动者的身心健康，而且还会使他们的视觉受到干扰，手的动作受妨碍和精力难以集中等，造成操作速度下降、生产效率降低，并且可能出现质量事故。长期接触强烈的振动，对人的循环系统、消化系统、神经系统、血液循环系统、新陈代谢、呼吸系统都有不同程度影响。

振动的不良影响与频率、强度和振动时间有关。使用振动工具或工件作业，工具、手柄或工件的 4 min 等能量频率计权加速度有效值不得超过 5 m/s，这一标准限值可保护 90% 作业工人工作 20 年，不致发生白指病。如果日接振时间不足或超过 4 h，则按公式计算出 4 h 等能量频率计权加速度有效值。我国颁布了《机械振动与冲击 人体暴露于全身振动的评价》(GB/T 13441—2015) 系列标准，给出了人体暴露于全身振动的量化方法。

2. 振动的控制

在很多情况下，振动是不能全部消除或避免的，对振动的防护主要是如何减少和避免振动对作业者的损害。其采取的主要措施有：

(1) 改进作业工具，对工具的重量、振动频率、振动幅度进行改进和限制。

(2) 人员轮流作业。

(3) 采用合理的防护用品，采用防振垫等，减少对作业者的损害。

(4) 定期体检，做好振动病的早期防治工作。

六、异常气压环境

人们习惯于其居住地区的大气压。同一地区的气压变动较小，对正常人无不良影响；但有时需在异常气压下工作，如高气压下的潜水或潜函（沉箱）作业、低气压下的高空或高原作业。此时气压与正常气压相差甚远，如不注意防护，可影响人体健康。

（一）高气压环境

1. 高气压下进行的作业

1）潜水作业

水下施工、打捞沉船采用潜水作业。日本的海女迄今仍用屏气潜水采珠贝，可下潜至 40 m 深度。潜水员每下沉 10.3 m，可增加 101.33 kPa（1 个大气压），此称附加压；附加压与水面大气压之和为总压，称绝对压。潜水员在水下工作，需穿特制潜水服，并通过一条导管将压缩空气送入潜水服内，使其压力等于从水面到潜水员作业点的绝对压。潜水员下潜和上升到水面时，需随时调节压缩空气的阀门。

2）潜函作业

潜函作业指在地下水位以下深处的潜函内进行的作业。如建桥墩时，所采用的潜函逐渐下沉，到一定深度，为排出潜函内的水需用与水下压力相等或大于水下压力的高气压通入，以保证水不进入潜函内。

2. 高气压对机体的影响

健康人能耐受 303.98 ~405.30 kPa，若超过此限度，则对机体产生影响。在加压过程中，由于外耳道所受到的压力较大，使鼓膜向内凹陷产生内耳充塞感、耳鸣和头晕等症状，甚至可压破鼓膜。在高气压下，则可发生神经系统和循环系统功能改变。在 709.28 kPa 以下时，高的氧分压引起心脏收缩节律和外周血流速度减慢。709.28 kPa 以上时，主要为氮的麻醉作用，如醉酒、意识模糊、幻觉等；对血管运动中枢的刺激，引起心脏活动增强、血压升高和血流速度加快；主要导致减压病，即在高气压下工作一定时间后，在转向正常气压时因减压过速所致的职业病，此时人体的组织和血液中产生气泡，导致血液循环障碍和组织损伤。

其预防措施包括：

（1）技术革新。建桥墩时，采用管柱钻孔法代替潜函，使工人可在江面上工作而不必进入高压环境。

（2）加强安全卫生教育。使潜水员了解发病的原因和预防方法，使其严格遵守减压规则，目前多采用阶段减压法，

（3）切实遵守潜水作业制度。潜水作业的安全，从技术上必须做到潜水技术保证、潜水供气保证和潜水医务保证三者相互密切协调配合的整体。潜水供气包括高压管路系统及装备的检查、维修、保养、配气等。

（4）保健措施。工作前防止过劳，严禁饮酒，加强营养。对潜水员应保证高热量、高蛋白、中等脂肪量饮食，并适当增加各种维生素，如维生素 E 有抑制血小板凝集作用。工作时注意防寒保暖，工作后进热饮料、洗热水澡等。做好就业前全面的体格检查，包括肩髋膝关节及肱骨、股骨和胫骨的检查，合格者才可参加工作；以后每年应做 1 次体格检查，并继续到停止高气压作业后 3 年为止。

（5）职业禁忌证：凡患神经、精神、循环、呼吸、泌尿、血液、运动、内分泌、消化系统的器质性疾病和明显的功能性疾病者；患眼、耳、鼻、喉及前庭器官的器质性疾病者；此外，凡年龄超过 50 岁者、各种传染病未愈者、过敏体质者等也不宜从事此项工作。

（二）低气压环境

1. 低气压下进行的作业

高空、高山与高原均属低气压环境。高山与高原是指海拔在 3000 m 以上的地点，海拔越高，氧分压越低。当海拔达 3000 m 时，气压 70.66 kPa，氧分压 14.67 kPa；而海拔 8000 m 时，气压 35.99 kPa，氧分压仅为 7.47 kPa。后者肺泡气氧分压和动脉血氧饱和度约降为前者的一半。在高山与高原作业，还会遇到强烈的紫外线和红外线，日温差大，温湿度低，气候多变等不利条件。

2. 低气压对机体的影响

在高原低氧环境下，人体为保持正常活动和进行作业，在细胞、组织和器官首先发生功能的适应性变化，逐渐过渡到稳定的适应称为习服，约需 1～3 个月。人对缺氧的适应个体差异很大；一般在海拔 3000 m 以内，能较快适应；3000～5330 m 部分人需较长时间适应，5330 m 为人的适应临界高度。

低气压对机体的影响，主要决定于人体对缺氧适应性的大小及其他影响因素，特别是呼吸和循环系统受到的影响程度更为明显。在高原地区，大气氧分压与肺泡气氧分压之差随高度的增加而缩小，直接影响肺泡气体交换、血液携氧和结合氧在组织内释放的速度，使机体供氧不足，产生缺氧。初期，由于低氧刺激外周化学感受器，大多数人肺通气量增加，心率增加。部分人血压升高，并且血浆和尿中儿茶酚胺水平增高；适应后，心脏脉搏输出量增加，大部分人血压正常。由于肺泡低氧引起肺小动脉和微动脉的收缩，造成肺动脉高压，且随海拔升高而增高，而使右心室肥大。血液中红细胞和血红蛋白有随海拔升高而增多的趋势。红细胞压积的均值、血液比重和血液黏滞性也增加。在组织适应方面，丰富毛细血管和肌球蛋白以促进氧的弥散；还提高线粒体密度和呼吸道的多种酶活力，诸如细胞色素氧化酶活力。此外，初登高山者可因外界低气压，而致腹内气体膨胀，胃肠蠕动

受限，消化液（如唾液、胃液）、胆汁均减少，常见有腹胀、腹泻、上腹疼痛等症状。轻度缺氧可使神经系统兴奋性增高，反射增强；但海拔继续升高，反应性则逐步下降。低气压下作业环境容易导致高原病。高原病又称高山病或高原适应不全症，分为急性高原病和慢性高原病两大类。急性高原病包括急性高原反应、高原肺水肿和高原脑水肿 3 种症状；慢性高原病包括慢性高原反应、高原心脏病、高原红细胞增多症、高原高血压症及高原低血压症 5 种类型。

3. 预防措施

（1）适应性锻炼，实行分段登高，逐步适应。初入高原者应减少体力劳动，以后视适应情况逐步增加劳动量。据调查，人的劳动能力在海拔 3000 m 以上地区较平原下降约 20% ~30%；在 4000 m 以上，则下降 30% ~50%。因此在高海拔地区从事劳动，对劳动定额和劳动强度都应作相应的减少和严格控制。高原环境对矽肺发生有特殊的联合作用，有人提出在 4000 m 高原采矿时，空气中粉尘浓度应为平原标准（2 mg/m^3）的 1/3（约 0.67 mg/m^3）。

（2）需供应高糖，多种维生素和易消化饮食，多饮水，禁止饮酒；注意保暖，防止急性呼吸道感染；注意防寒、防冻伤，雪地防雪盲等。

（3）对进入高原地区的人员，应进行全面体格检查。凡有明显心、肺、肝、肾等疾病，高血压病，严重贫血者，均不宜进入高原地区。

七、辐射环境

辐射按其生物学作用不同可分为电离辐射和非电离辐射。电离辐射是一切能引起物质电离的辐射总称，包括 α、β、γ、X 射线和中子 5 种。非电离辐射包括紫外线、可见光、红外线、激光和射频辐射。

（一）电离辐射

1. 电离辐射的危害

接触电离辐射的机构和工种有：

（1）核工业系统的核原料的勘探、开采、冶炼与精加工，核燃料与反应堆的生产、生育和研究部门以及核电站废料运输与处理部门。

（2）放射性物质及制剂的生产、加工和使用部门。

（3）射线发生器的生产和使用部门，如各种加速器、X 射线发生器、电子显微镜、电子束焊机、彩色电视机显像管及高压电子管等。

电离辐射对人体的照射方式分为外照射和内照射。外照射是指来自人体外的电离辐射对人体的照射；内照射是当放射性物质经食入、吸入、皮肤黏膜或伤口进入人体内造成的照射。人体受到一定剂量的电离辐射照射后，可以产生各种对健康有害的生物效应，造成不同类型的辐射损伤，如辐射致癌、白内障、皮肤损伤和生育能力下降等。

2. 电离辐射作业环境的防护

（1）减少对人体的外照射剂量。尽量缩短照射时间；尽可能离放射源远一些；射线较强时要用屏蔽材料，使人员与放射源隔离。

（2）要严格遵守操作规程，养成良好的卫生习惯，防止放射性物质进入人体形成内照射。

(3）对操作放射性物质的场所要经常测量外照射剂量和空气中、工作面上的放射性强度，超过国家标准的应立即停止工作，采取有效措施进行清理，直至达到国家标准。

(4）严格按照标准规定使用防护用品。做好就业前和定期的身体检查。

（二）非电离辐射

1. 非电离辐射的危害

1）射频辐射

该辐射包括高频电磁场和微波，也称为无线电波。工业上射频辐射场合如高频淬火、塑料制品热合、微波发射和加热设备等。人体在高频率磁场的作用下，能吸收一定的辐射能量，产生致热生理学效应。较大强度的射频辐射可引起中枢神经机能障碍，导致神经衰弱综合症及心血管系统及晶状体的加速老化。其症状表现为早期有头晕、头痛、乏力、记忆力减退、睡眠不佳、白昼嗜睡、心悸、消瘦、脱发等神经衰弱和神经功能紊乱的表现。女工尚有月经周期紊乱现象，症状进一步发展，可出现手足多汗、手足轻微震颤，心动过速或心动过缓，窦性心律不齐，血压偏低。

微波是波长长于红色光,介于红外线与无线电波之间的一种电磁波,波长在 1 ~ 1000 mm 之间，由于其波长长、频率低，量子能量相应也小。大强度微波照射甚至导致白内障。此外，有人报告说微波还会引起性机能障碍。

2）红外辐射

也称为热射线辐射。生产中存在大量的红外辐射源，如加热的金属，熔融的玻璃等。适量的红外线有益于人体健康，过量照射会对人的眼睛、皮肤造成伤害。

3）紫外辐射

物体温度达到1200 ℃以上，辐射光谱中可出现紫外线。接触紫外线的作业如冶炼炉、电焊、探照灯等。紫外线是电磁波中波长为 7.6 ~ 400 mm 的一段。适量的紫外线对人体健康有益，婴儿缺乏紫外线照射可患佝偻病；成人长期缺乏紫外线和照射不足，能使人抵抗力降低，但紫外线的过度照射，又会使人体健康受到损害。生产中人体长期吸收紫外线的皮肤轻则出现红斑，重则发展为皮肤癌。据调查，平炉电炉炼钢和石玻璃烧结等工人中（工龄在6年以上)，受紫外线与红外线联合照射的皮肤上有色素沉着，毛细血管扩张，少数工人皮肤受照射部位较干燥，有轻度萎缩。在高山常年冰雪条件下作业的人员，受照射部位普遍出现色素表露症状。紫外线与其他某些化学物质联合作用辐射引起严重的光感性皮炎。例如：接触煤焦油沥青时，若同时有紫外线照射，则皮肤呈现高度过敏，在体表裸露部分出现红斑及水肿的急性光感性皮炎，并发现头痛、恶心、体温升高等全身症状。强烈的紫外线短时间照射眼睛，即可治病，潜伏期一般在 0.5 ~ 24 h，多数在受照后 4 ~ 12 h 发病。发病时首先出现眼睛高度怕光、流泪、刺痛、异物感、眼眨痉挛，并有头痛及视物模糊等症状，这种急性结膜炎称为电光性眼炎。本病多见于电焊辅助工及在作紫外线灯光无适当防护设备上工作的工人。此外，还见于在积雪地区工作的牧民、勘探队员等户外作业者，以及航空飞行员和航海人员。因此应针对具体情况进行防护，以保护劳动者的健康与安全。

4）激光

激光是由处于激发状态的原子、离子或分子，在光子的作用下形成受激辐射而产生的。激光对人体的危害主要是造成眼睛和皮肤的伤害，如引起角膜损伤、视网膜灼伤。大功率激光可灼伤皮肤或经皮肤使深部器官损伤。我国《作业场所激光辐射卫生标准》规定了眼直视和皮肤照射激光的最大容许照射量。

2. 非电离辐射作业环境的防护

（1）对射频辐射的防护。应根据需要的方式，用铁、铝、铜等金属屏蔽场源；使操作者的作业与休息地与场源尽量远；敷设吸收材料层，吸收辐射能量；穿戴防微波防护服等个人防护用品。

（2）对红外辐射的防护措施。接触红外辐射的操纵者戴护目镜；采用隔热保湿层、反射性屏蔽、吸收性屏蔽及穿戴隔热服。

（3）防止紫外线伤害的措施。主要通过防护屏蔽和保护眼睛、皮肤的个人防护用品，电焊作业地点隔离或单设房间，以防其他人受紫外线照射。

（4）对激光的防护措施。主要采用工业电视、安全观察孔监视的隔离操作，整体光束通路应完全隔离，必要时设置密闭防护罩；严禁用眼直观激光束；作业场所地面墙壁、天花板、门窗、工作台采用暗色不反光材料和毛玻璃；穿戴防护服和防护镜。

第四节　安全防护装置设计

从安全的角度来讲，能从本质上解决安全问题是最好的。在设计时要尽量防止采取不安全的技术路线，避免使用危险物质、工艺和设备，如用低电压代替高电压，用阻燃材料代替可燃材料，强电弱电化等；如果必须使用，可以从设计和工艺上考虑采取控制和防护措施，设计安全防护装置，使系统不发生事故或者最大限度地降低事故发生的严重程度。

安全防护装置是指配置在机械设备上能防止危险因素引起人身伤害，保障人身和设备安全的所有装置。它对人机系统的安全性起着重要作用。因此，科学地设计安全防护装置有着重要的意义。

一、安全防护装置的作用与分类

（一）安全防护装置的作用

安全防护装置的作用是杜绝或减少机械设备在正常或故障状态，甚至在操作者失误情况下发生人身或设备事故。其作用具体表现在以下几个方面。

1. 防止机械设备因超限运行而发生事故

机械设备的超限运行指超载、超速、超位、超温、超压等，当设备处于超限运行状态时，相应的安全防护装置就可以使设备卸载、卸压、降速或自动中断运行，从而避免事故发生。如超载限制器、限速器、限位器、限位开关、安全阀、熔断器等。

2. 通过自动监测与诊断系统排除故障或中断危险

这类安全装置可以通过监测仪器及时发现设备故障，并通过自动调节系统排除故障或中断危险；或通过自动报警装置，提醒操作者注意危险，避免事故发生。如漏电保护器、自动消防灭火装置等。

3. 防止因人的误操作而引发的事故

通过相互制约、干涉对方的运动或动作来避免危险的发生。如电气控制线路中的互锁、联锁等。

4. 防止操作者误入危险区而发生的事故

机器在正常运行时，有时人有意或无意的进入设备运行范围内的危险区域，有接触危险与有害因素而致伤的可能，安全防护装置能阻止人进入危险区或从危险区将人体排出而免遭伤害。如防护罩、防护屏、防护栅栏等。

（二）安全防护装置的分类

安全防护装置的分类方法很多，有按作用不同分类，按控制元件不同分类，按其动能进行分类，本书仅从其安全保护方式不同分类：

（1）当操作者处于危险区或设备处于不安全状态时，安全防护装置能直接起安全保护作用，此时可分为5类：

隔离防护装置。用来将人隔离在危险区之外的装置，如防护罩、防护屏等。

联锁控制防护装置。用来防止同时接通相互干扰的两种运动或安全操作与电源通断等互锁的装置。如防护栅栏的开和关与电气开关的联锁，机床上工件或刀具的夹紧与启动开关的联锁等。

超限保险装置。是防止机械在超出规定的极限参数下进行运行的装置，一旦超限运行，能保证自动中断或排除故障。如过载保险装置、熔断器、保险丝、限位开关、安全离合器和安全联轴器等。

紧急制动装置。用来防止和避免在紧急危险状态下发生人身或设备事故的装置，它可以在即将发生事故的一瞬间使机器迅速制动。如带闸制动器、电力制动装置等。

报警装置。能及时发现机械设备的危险与有害因素及事故预兆，并向人们发出警报信号的装置。如超速报警器、锅炉上的超压报警器和水位报警器等。

（2）当操作者一旦进入危险区，则安全防护装置可以控制机械不能启动或自动停止过程，或将人从危险区排出，或控制人体不能进入危险区，此类安全防护装置称为安全防护控制装置，它对人身安全起间接防护作用。这种装置有双手按钮式开关、光电式安全防护装置等。

二、安全防护装置的设计原则

（1）以保护人身安全为出发点进行设计的原则。设计安全防护装置时，首先要考虑人的因素，确保操作者的人身安全。

（2）安全防护装置必须安全可靠的原则。安全防护装置的设计要充分考虑可能发生的不安全状态，如误操作、意外事件、突发事件等特殊情况，其产品要保证在规定的寿命期内有足够的强度、刚度、稳定性、耐磨性、耐腐蚀和抗疲劳性，从而保证其本身有足够的安全可靠度。

（3）安全防护装置与机械装备配套设计的原则。安全防护装置应在结构设计时就作为设备性能要求的一部分考虑进去；自己设计制造或专门生产安全防护装置的厂家设计出的产品有利于实现“三化”（即系列化、标准化、通用化），便于购置、组装，保证质量，保证供应。绝不允许把安全防护装置的设计制造任务推给用户。因为用户购置的安全防护装置不配套，很难达到安全防护的效果。所以，现在出厂的新产品，都应具备齐全的安全防护装置；否则，不准出厂。

(4) 简单、经济、方便的原则。安全防护装置的结构要简单，布局要合理，费用要经济，操作要方便，不影响产品的质量。

(5) 自组织的设计原则。安全防护装置应具有自动识别错误、自动排除故障、自动纠正错误及自锁、互锁、联锁等功能。

三、典型安全防护装置的设计

(一) 隔离防护安全装置的设计

要解决人机系统的安全问题，首先考虑的是人的安全。隔离防护安全装置就是专为保护人身安全而设置的。该装置有装在机械设备上的防护罩，还有置于机械周围一定距离的防护屏或防护栅栏，它们都是用来防止人进入危险区与外露的高速运动或传动的零件或带电导体等接触受伤害，或飞溅出来的切屑、工件、刀具等外来物伤人。

1. 防护罩

防护罩的作用，一是使人体不能进入危险区，二是阻挡高速飞向人体的外来物。为此，防护罩的设计应满足如下基本要求：

(1) 有足够的强度和刚度，结构和布局合理，而且应牢固地固定在设备或基础上。

(2) 不允许防护罩给生产场所带来新的危险，其本身表面应光滑，不得有毛刺或尖锐棱角。

(3) 防护罩不应影响操作者的视线和正常作业，防护罩与运转零部件之间应留有足够的间隙，以免相互接触，干扰运动或碰坏零件；应便于设备的检查、保养、维修。

根据防护罩的结构特点，分为固定式、可动式和联锁式防护罩：

(1) 固定式防护罩。该防护罩应该用螺栓、螺母或铆接、焊接牢固地固定在机械上。当调整或维修机械时，只有专用工具才能打开。如飞轮、传动带、明齿轮、砂轮等的防护。

防护罩一般采用封闭式结构，但有时由于操作和安全等原因，需要看到危险区内部的工况，这时，应采用网状结构或栅栏结构。在设计和安装防护罩时，应根据国家标准(GB/T 8196—2003 和 GB 12265.2—2000) 来确定开口和安全距离。所谓安全开口或安全间隙是指人体一部分（手指、手掌、上肢、足尖等）不能通过的最大开口尺寸；而安全距离是指人体任何一部分允许接近危险区（如作业点）的最小距离。

(2) 可动式防护罩。这种防护罩主要用来防护需要经常调整和维修的活动部件，以及需要将工件送入工作点或从工作点取出。该防护罩不需要专用工具就能打开，故又称开启防护罩。也可以在固定式防护罩上开设一个可以送取物料的孔，这种孔可以是绞式盖或推拉门。例如锯床上的可调防护罩，大型立式车床上的环形可动式防护罩；钻床钻头上的伸缩式防护罩；车床卡盘上的防护罩等。

(3) 联锁防护罩。前面介绍的可动式防护罩存在着罩未关而进行调整或维修等作业或人体某一部分在危险区内，这时有人去启动机械而引起伤害事故的危险，联锁式防护罩就是为排除这种不安全因素而设置的。其工作原理是防护罩兼起电气开关的作用，即罩不关上，机械就不能启动；另外，一旦防护罩被打开，机械就立即停止运行。

2. 防护屏

防护屏是设置在离机械一定距离的地面上，根据需要可以移动。它主要适用于不需要人进行操作的机械，如用于隔离机械手或工业机器人的活动区域。防护屏一般用金属材料制成，并应有足够的强度，可以采用栅栏结构、网状结构或孔板结构，常见的有围栏、防护屏、栏杆等。在设计防护屏时，其栅栏的横向或竖向间距、网眼或网孔的最大尺寸和防护屏的高度，以及防护屏放置的最小安全距离必须符合国家标准（GB/T 8196—2003）。

防护屏除可以防止机械伤害外，还可以防止由于灼烫、腐蚀、触电等造成的伤害。

（二）联锁防护安全装置的设计

联锁防护安全装置的特点主要体现在"联锁"二字上，它表示既有联系，又相互制约（互锁）的两种运动或两种操纵动作的协调动作，实现安全控制。联锁装置可以通过机械的、电气的或液压、气动的方法使机械的操纵机构相互联锁或操纵机构与电源开关直接联锁。用来防止同时接通两个或两个以上相互干扰的运动。如车床上刀架的纵向与横向运动不允许同时接通，机床的启动或制动不允许同时发生；防止几个运动同时传动某一个执行部件，如车床中的丝杠与光杠不能同时传动刀架；防止颠倒顺序动作，如机床上工件未夹紧，主轴不能起动；防止误操作功能相反的按钮或手柄。它是各类机械用得最多、最理想的一种安全装置。下面介绍几种典型的联锁防护安全装置。

1. 机械式联锁装置

机械式联锁装置是依靠凸块、凸轮、杠杆等的动作来控制相互矛盾的运动。如利用钥匙开关、销子等来控制机械运动。

2. 电气联锁线路

（1）顺序联锁。例如，锅炉的鼓风机和引风机必须按下述程序操作：开机时先开引风机，后开鼓风机，停机时先停鼓风机，后停引风机。如果操作错误，则可造成炉膛火焰喷出，发生伤亡事故，为防止司炉工误操作，在锅炉的控制电路中，设计有引风机和鼓风机的安全程序联锁。

（2）按钮控制的正反转联锁线路。如电动机的正、反转控制电路中的互锁，就是防止同时按下正反向运行按钮时的误操作事故，避免造成相间短路。

（3）欠电压、欠电流联锁保护。如电磁吸盘欠电流保护电路。在平面磨床上工件是靠电磁吸盘固定在工作台上的，若遇电流不足或突然停电，工件有被甩出伤人的危险。所以需要设置欠电流保护电路。

3. 液压（或气动）联锁回路

在自动循环系统中，执行件的动作是按一定顺序进行的，即各执行件之间的动作必须通过联锁环节约束，否则，将会因动作干涉而发生事故。在液压或气动系统中，这种联锁是靠一定油路或气路来实现的，如防护门联锁液压回路。

（三）超限保险安全装置的设计

机械设备在正常运转时，一般都保持一定的输出参数和工作状态参数；当由于某种原因机械发生故障将引起这些参数（振动、噪声、温度、压力、负载、速度、位置等）的变化，而且可能超出规定的极限值，如果不及时采取措施，将可能发生设备或人身事故，超限安全保险装置就是为防止这类事故发生而设置的，它可以自动排除故障并一般能自动恢复运行。根据能量形式和工作特性不同，超限安全装置分为中断能量流、吸收能量、积累能量和排除4类。如中断能量流动装置有破坏式的剪断销和剪断键离合器、电气式的熔断器、继电器等；吸收能量的装置有防冲撞装置、缓冲器等；积累能量的装置有爪式、滚珠式和滚柱式等离合器；排除能量的装置有各类安全阀。

1. 超载安全装置

超载安全装置种类很多，但一般都由感受元件、中间环节和执行机构第三部分组成一个独立的部件。其中，有一种是直接作用的安全装置，另一种是位于保护对象的不同位置间接作用的安全装置。

超载安全装置的作用就是处理设备由于人机匹配失衡造成的多余能量，通过中断能量流、排除能量等措施，达到保护人和设备安全的目的。工作原理有机械式、电气式、电子式、液压式及其组合。

例如，起重量限制器，其型式较多，常用的有杠杆式、弹簧式起重量限制器和数字载荷控制仪，主要用来防止起重量超过起重机的负载能力，以免钢丝绳断裂和起重设备损坏。

电路过载保护和短路保护。电动机工作时，正常的温升是允许的，但是如果电机在过载情况下工作，就会因过度发热造成绝缘材料迅速老化，使电机寿命大大缩短。为了避免这种现象，常采用热继电器作为电机的过载保护。另外，为了防止两相发生短路，导致同一线路上的其他电器元件被烧毁，在线路中设置了熔断器这个薄弱环节，在线路正常工作时，它能承受额定电流，在短路故障发生的瞬间，熔断器首先被熔断而切断电路，从而保护了整个电气设备的安全。

2. 越位安全装置

机械以一定速度运行时，有时需要改变运动速度，或需要停止在指定的位置，即具有一定的行程限度，如果执行件运动时超越规定的行程，可能会发生损坏设备或撞伤人的事故。为此，必须设置行程限位安全装置。这种装置有机电式、液压式等。

例如：起重机械工作时，超载和越位是造成起重事故的两个主要原因，故必须设置相应的安全装置。

3. 超压安全装置

超压安全装置广泛用于锅炉、压力容器（如液化气储存器、反应器、换热器等），因为这些设备若超压运行都可能发生重大事故，如爆炸和泄漏等。超压安全装置主要有安全阀、防爆膜、卸压膜等。按结构及泄压方法不同有阀型、断裂型（即破坏型）、熔化及组合型等。

安全阀是锅炉、气瓶等压力容器中重要的安全装置，它的作用时，当容器中介质压力超过允许压力时，安全阀就自动开启，排汽降压避免超压而引起事故。当介质压力降到允许的工作压力之后，便自动关闭。

根据驱动阀芯（阀瓣）移动的动力不同，有杠杆式、弹簧式等安全阀；按安全阀开启时阀芯提升的高度不同有微启式和全启式安全阀。

(四) 制动装置

制动装置也属于安全装置，除了可以满足工艺要求外，它还可用在机器出现异常现象时（如声音不正常、零部件有松动、振动剧烈，尤其是有人进入危险区等），可能导致设备损坏或造成人身伤害的紧急时刻，立即将运动零部件制动，中断危险事态的发展。例如，在危险位置突然出现人；操作者的衣服被卷入机器或人正在受伤害；运行部件越程与固定件或运动件相撞等紧急情况下，为了防止事故发生或阻止事故继续发展，必须使机器紧急制动。这是在机器上设置制动器的主要目的。常用的制动方式有机械制动和电力制动。

机械制动是靠摩擦力产生的制动力或制动力矩而实现制动的。而电力制动则是使电动机产生一个与转子转向相反的制动转动转矩而实现制动的。机床上常用的电力制动有反接制动和能耗制动。

反接制动这种方法，制动力矩大，制动效果显著，但制动过程中有冲击，且耗能较大。

能耗制动是使三相异步电机停转时，在切除三相电源的同时把定子绕组任意两相接通直流电源，转子绕组就产生一个反向制动转矩。这个转矩方向与电机按惯性旋转的方向相反，所以起到制动作用。这种制动方法是把转子原来“储存”的机械能转变成电能，然后又消耗在转子的制动上，所以称为能耗制动。制动作用的强弱与通入直流电流的大小和电动机转速有关，有同样转速下电流越大制动作用越强，一般取直流电流为电机空载电流的3~4倍左右，过大将使定子过热。直流电流串接的可调电阻是为了调节制动电流的大小。

能耗动比反接制动平稳、制动准确，且能量消耗小，但制动力较弱，且要用直流电源。

(五) 报警装置

报警装置是在机器发生缺陷或故障以及人处于危险区域时，随时有可能发生设备或人身事故的情况下，监测仪器向操作人员或维修人员发出危险警报信号的装置，它可以提醒工作人员注意，并采取相应措施避免事故发生。

根据所监视设备状态信号不同（有载荷、速度、温度和压力等），机械设备有相应的各种报警器，如过载报警器、超速报警器、超压报警器等。报警的方式有机械式、电气式等。但究其作用原理基本是一样的，如图5-28所示。

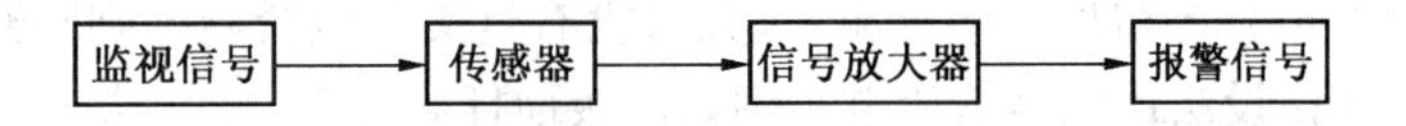

图5-28　机械设备的报警装置作用原理框图

随着监测技术的发展，各种传感器层出不穷，而且灵敏度、可靠性越来越高。如过载报警器使用的测力传感器，温度报警器采用的测温传感器等，它们都是报警器的核心部件。将监视信号（如温度、压力、速度、水位等）转换成电信号，然后以声或光信号发出警报。报警器发出的警报信号主要是音响，其次是光信号。重要的报警器最好利用音响和光组成“视听”双重警报信号。例如，锅炉中的高低水位报警器，它是用来监视锅炉极限水位的报警器。当锅炉水位达到最低或最高极限水位时，即将发生缺水或满水事故时，水位报警器及时发出声响信号，警告运行人员采取措施，防止严重缺水或满水酿成大事故的发生。该报警器利用浮球或浮筒的上下运动感受水位的变化，然后通过传感器装置将信号经信号放大器传送到控制线路，使声光报警器发出声光信号。当缺水严重时，还可以切断引风机、鼓风机和炉排电动机的控制电源，防止缺水事故的扩大。

（六）防触电安全装置

触电是人机系统中造成人身伤亡事故的重要原因之一，所以，为了保证操作人员的安全、机械设备上一定要设置防触电安全装置及安全措施。

电流通过人体是导致人身伤亡的最基本原因，人体触电伤害程度与流过人体的电流大小、持续时间、人体电阻等因素有关。设计防触电安全装置时就应从这些因素去考虑，如没有电流流过人体，可采取绝缘、间距、隔离等措施；缩短电流流过人体的持续时间，可采用漏电保护装置、漏电断路器等。其常用方法有以下 5 种。

1. 断电保险装置

最简单的断电保险装置是联锁开关。当打开设备的某通道口时，操作人员及检修人员从该通道口可以接触到设备内的某些部分，此时这些部分电源在打开通道口的同时被切断。当操作检修完毕封闭通道口时，电源便自动接通。

例如：桥式起重机安装驾驶室门安全联锁装置以及从驾驶室内上到大梁小车入口处（天窗）的安全联锁装置，出入口处的门打开时，电气线路应切断，起重机不能运行，从而可避免某些事故的发生。

焊机空载时自动断电保护装置，可避免焊工更换焊条触及焊钳口时触电事故发生。

2. 漏电保护器

漏电保护器的工作原理是通过检测机构取得异常信号经中间机构的转换，传递给执行机构，检测的信号可能是电压或电流，微弱信号需通过放大环节再传送给执行机构，带动机械脱扣和电磁脱扣装置动作，断开电源。

3. 电容器放电装置

仅用切断电源的办法还不以保证防止触电。设备内部可能有储存大量电荷的电容器，即使切断电源，电容器及其线路放电需要一段时间。如果电容器及其线路不能在切断电源后的两秒钟内放电降到 30 V 以下，则必须带有放电装置。这类放电装置应在操作或检修人员一打开通道口时就自动工作。例如在直流电源各输出端跨接一个电阻就可以很好地保证电容自动放电（但它要增加一些分流）。如果没有这类分流措施，则打开通道口进行操作或检修以前，应该设法让电容器放电，例如用接地杆等。

4. 接地

为了防止人员受高压伤害，必须采取接地措施。

输电线路的安全也应注意。人体的接触、短路或输入线接地都可能引起触电以致着火。例如某些变压器或电机出现故障时，初级供电线路就可能接地。所以在输电线路的两头及所有支路上都应装上保险丝或保险装置。

5. 警告标志与警告信号

警告标志及信号作为一种防触电的辅助措施也是非常必要的。警告标志常用警告文字（如“小心—高压”）或用规定的图形作为警告记号；还有警告标志，在可能发生触电的部位，漆上国家规定的标准警告色。

常用的听视警告信号有警铃、警报、红色警告灯等。在可能引起触电的部位附近安置传感器（例如光电管），当人员接近危险区时，传感器控制警告装置发出警告信号，避免触电。

第五节　人机系统的安全与可靠性

人机系统的安全可靠性既取决于机器设备本身的可靠性，又取决于操作者的可靠性。而机器或人在工作时都会出现预想不到的故障或差错，于是可能引起设备或人身事故，影响人机系统的安全性，这是不可能完全避免的。可见人机系统的安全性与机器和人的可靠性密切相关。为了保证人机系统的安全可靠性，必须提高机器和人的可靠性。机器的可靠性不仅是评价其性能好坏的质量指标，也是衡量人机系统安全性的重要依据，为人机系统安全提供了必要的物质条件；而人的可靠性也直接影响人机系统的安全性，并且往往起主导作用。影响人的可靠性因素很多，如人的生理、心理因素、环境条件、家庭及社会等因素，而且这些因素是变化的。总之，人机系统是由人、机（含环境）等子系统组成，它的可靠性又取决于组成它的各子系统的可靠性。

一、可靠性的定义及其度量

（一）可靠性的定义

可靠性是指研究对象在规定条件下和规定时间内完成规定功能的能力。在可靠性定义中需要阐明以下要点：

（1）规定时间。在人机系统中，由于目的和功能不同，对系统正常工作时间的要求也就不同，没有时间要求，就无法对系统在要求正常工作时间内能否正常工作作出合理判断。因此时间是可靠性指标的核心。

（2）规定的条件。人机系统所处环境包括使用条件、维护条件、环境条件和操作条件。系统能否正常工作与上述各种条件密切相关。条件的改变，会直接改变系统的寿命，有时相差几倍至几十倍。

（3）规定功能。人机系统的规定功能常用各种性能指标来描述，人机系统在规定时间、规定条件下各项指标都能达到，则称系统完成了规定功能。否则称为“故障”或“失效”。因此对失效的判据是重要的，否则无据可依，使可靠性的判断失去依据。

（4）能力。在可靠性定义中的“能力”具有统计意义，如：“平均无故障时间”越长，可靠性就越高。由于人机系统相当广泛，且各有不同，因此度量系统可靠性“能力”的指标也有很多，如“可靠度”“平均寿命”等。

（二）可靠性度量指标

可靠性度量指标是指对系统或产品的可靠程度作出定量表示。常用的基本度量指标有可靠度、不可靠度（或累积故障概率）、故障率（或失效率）、平均无故障工作时间（或平均寿命）、维修度、有效度等。

1. 可靠度

可靠度是可靠性的量化指标，即系统或产品在规定条件和规定时间内完成规定功能的概率。可靠度是时间的函数，称为可靠度函数，常用以 $R(t)$ 表示。

产品出故障的概率是通过多次试验中该产品发生故障的频率来估计的。例如，取 N 个产品进行试验，若在规定时间 t 内共有 $N_f(t)$ 个产品出故障，则该产品可靠度的观测值可近似表示为

$$R(t) \approx \frac{N - N_f(t)}{N} \tag{5-8}$$

当 $t = 0$，$N_f(t) = 0$，则 $R(t) = 1$。随着 t 的增加，出故障的产品数 $N_f(t)$ 也随之增加，则可靠度 $R(t)$ 下降。当 $t \to \infty$，$N_f(t) \to N$，则 $R(t) \to 0$。所以可靠度的变化范围为 $0 \leqslant R(t) \leqslant 1$。

与可靠度相反的一个参数叫不可靠度。它是指系统或产品在规定条件和规定时间内未完成规定功能的概率,即发生故障的概率,所以也称累积故障概率。不可靠度也是时间的函数,常用 $F(t)$ 表示。同样对 N 个产品进行寿命试验,试验到 t 瞬间的故障数为 $N_f(t)$,则当 N 足够大时,产品工作到 t 瞬间的不可靠度的观测值(即累积故障概率)可近似表示为

$$F(t) \approx \frac{N_f(t)}{N} \tag{5-9}$$

可见，$F(t)$ 随 $N_f(t)$ 的增加而增加，且 $F(t)$ 的变化范围约为 $0 \leqslant F(t) \leqslant 1$。

可靠度数值应根据具体产品的要求来确定，一般原则是根据故障发生后导致事故的后果和经济损失而定。例如，易发生灾难性事故的军工产品、航空航天产品、化工机械、起重机械、动力机械等的可靠度应该定得高些，趋近于1；而对一般机械产品则定得低些，常定为0.98～0.99。

2. 故障率（或失效率）

故障和失效这两个概念,其基本含义是一致的,都表示产品在低功能状态下工作或完全丧失功能,只是前者一般用于维修产品,可以修复,后者用于非维修产品,表示不可修复。

产品在工作过程中，由于某种原因使一些零部件发生故障或失效，为反映产品发生故障的快慢，引出故障率参数。

故障率是指工作到 t 时刻尚未发生故障的产品，在该时刻后单位时间内发生故障的概率，故障率也是时间的函数，称为故障率函数，记为 $\lambda(t)$。产品的故障率是一个条件概率，它表示产品在工作到 t 时刻的条件下，单位时间内的故障概率。它反映 t 时刻产品发生故障的速率，称为产品在该时刻的瞬时故障率，习惯称故障率，用 $\lambda(t)$ 表示。

故障率的观测值等于 N 个产品在 t 时刻后单位时间内的故障产品数 $\Delta N_f(t)/\Delta t$ 与在 t 时刻还能正常工作的产品数 $N_s(t)$ 之比，即

$$\lambda(t) = \frac{\Delta N_f(t)}{N_s(t) \cdot \Delta t} \tag{5-10}$$

平均故障率 $\overline{\lambda(t)}$ 是指在某一规定的时间内故障率的平均值。其观测值，对于非维修产品是指在一个规定的时间内失效数 r 与累积工作时间 $\sum t$ 之比；对于维修产品是指它的使用寿命内的某个观测期间一个或多个产品的故障发生次数 r 与累积工作时间之比，即两种情况均可表示为

$$\overline{\lambda(t)} = \frac{r}{\sum t} \tag{5-11}$$

产品在其整个寿命期间内各个时期的故障率是不同的，其故障率随时间变化的曲线称为寿命曲线，也称浴盆曲线，如图5－29所示。

由图5－29可见，产品的失效过程可分为3个阶段，即早期故障期、偶发故障期和磨损故障期。

(1) 早期故障期。产品在使用初期，由于材质的缺陷，设计、制造、安装、调整等环节造成的缺陷，或检验疏忽等原因存在的固有缺陷陆续暴露出来，此期间故障率较高，但经过不断的调试，排除故障，加之相互配合件之间的磨合，使故障率较快地降下来，并逐渐趋于稳定运转。

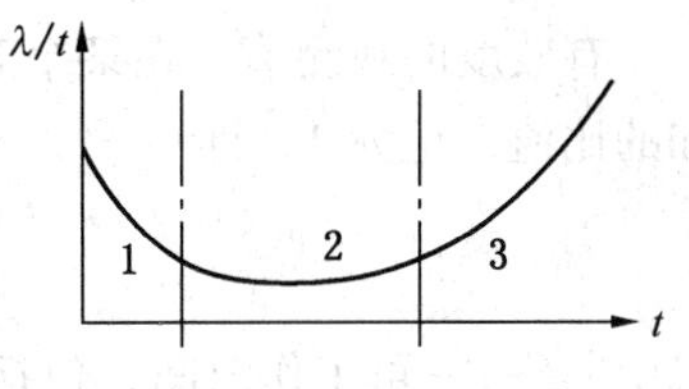

1—早期故障期；2—偶发故障期；3—磨损故障期

图 5-29　产品寿命曲线

(2) 偶发故障期。此期间的故障率降到最低，且趋向常数，表示产品处于正常工作状态。这段时间较长，是产品的最佳工作期。这时发生的故障是随机的，是偶然原因引起应力增加，当应力超过设计规定的额定值时，就可能发生故障。

(3) 磨损故障期。这个时期的故障迅速上升，因为产品经长期使用后，由于磨损、老化，大部分零部件将接近或达到固有寿命期，所以故障率较高。

针对上述特点，为了降低产品的故障率，提高可靠性，应把重点放在早期故障期和磨损故障朝，用现代测试诊断方法及时发现故障，通过调整、修理或更换排除故障，延长产品的使用寿命。

3. 平均寿命（或平均无故障工作时间）

以上讨论的是从产品单位时间内发生故障频率的高低来衡量产品的可靠性；而从产品正常工作时间的长短来衡量其可靠性，即平均寿命或平均故障工作时间，即

$$\bar{t} = \frac{\sum t}{n} \tag{5-12}$$

式中　$\sum t$——总工作时间；

$\bar{t}$——平均寿命或平均故障工作时间；

n——故障（或失效）次数或试验产品数。

4. 维修度

维修度是指维修产品发生故障后，在规定条件（条件储备、维修工具、维修方法及维修技术水平等）和规定时间内能修复的概率，它是维修时间 τ 的函数，称为维修度函数，用 $M(\tau)$ 表示。维修度的观测值为：在 $\tau=0$ 时处于故障状态需要维修的产品数 N 与经过时间 τ 修复的产品数 N_τ 之比，即

$$M(\tau) = \frac{N}{N_\tau} \tag{5-13}$$

由上述可靠度和维修度概念可知，对维修产品来说，可靠性应包括不发生故障的狭义可靠度和发生故障后进行修复的维修度，即必须用这两项指标来评价维修产品的可靠性，这就是下面要介绍的有效度。

5. 有效度

狭义可靠度 $R(t)$ 与维修度 $M(\tau)$ 的综合称为有效度，也称广义可靠度。其定义为：对维修产品，在规定的条件下使用，在规定维修条件下修理，在规定的时间内具有或维持其规定功能处于正常状态的概率。显然，有效度是工作时间 t 与维修时间 τ 的函数，常用 $A(t,\tau)$ 表示，它是对维修产品可靠性的综合评价。$A(t,\tau)$ 可表示为

$$A(t,\tau) = R(t) + F(t)M(\tau) \tag{5-14}$$

有效度的观测值：在某个观测时间内，产品可工作时间与工作时间和不可工作时间之和的比值，记为$\hat{A}$，即

$$\hat{A}=\frac{U}{U+D} \tag{5-15}$$

式中 U——可工作时间，包括任务时间、启动时间和待机时间；

D——不可工作时间，包括停机维护时间、修理时间、延误时间和改装时间。

（三）可靠性特征量之间的关系

1. $F(t)$ 与 $R(t)$ 间的关系

由可靠度与不可靠度的定义可知，它们代表两个互相对立的事件，根据概率的基本知识，两个相互对立事件发生的概率之和等于1，所以 $F(t)$ 与 $R(t)$ 的关系表示为

$$F(t)+R(t)=1 \tag{5-16}$$

2. $F(t)$ 和 $R(t)$ 与故障概率密度函数 $f(t)$ 间的关系

对累知故障概率 $F(t)$ 进行微分就得到故障率密度函数，用 $f(t)$ 表示。$f(t)$ 与 $F(t)$ 的关系式为

$$f(t)=\frac{\mathrm{d}F(t)}{\mathrm{d}t}=F'(t) \quad 或 \quad F(t)=\int_0^t f(t)\,\mathrm{d}t \tag{5-17}$$

$F(t)$ 与 $R(t)$ 的关系：

$$f(t)=\frac{\mathrm{d}F(t)}{\mathrm{d}t}=\frac{\mathrm{d}[(1-R(t)]}{\mathrm{d}t}=-\frac{\mathrm{d}R(t)}{\mathrm{d}t}=-R'(t) \tag{5-18}$$

3. $F(t)$ 与 $\lambda(t)$ 的关系

由式（5-8）、式（5-9）、式（5-10）和式（5-18）得

$$\lambda(t)=\frac{\mathrm{d}N_s(t)}{N_s(t)\cdot\mathrm{d}t}=\frac{N}{N_s(t)}\frac{\mathrm{d}N_s(t)}{N\cdot\mathrm{d}t}=\frac{1}{R(t)}\cdot\frac{\mathrm{d}F(t)}{\mathrm{d}t}=-\frac{1}{R(t)}\frac{\mathrm{d}R(t)}{\mathrm{d}t}=\frac{\mathrm{d}[\ln R(t)]}{\mathrm{d}t}=\frac{f(t)}{R(t)} \tag{5-19}$$

对式（5-19）进行积分得

$$\int_0^t\lambda(t)\,\mathrm{d}t=-\int_0^t\frac{\mathrm{d}[\ln R(t)]}{\mathrm{d}t}\mathrm{d}t=-[\ln R(t)-\ln R(0)]=-\ln R(t)$$

即

$$R(t)=\mathrm{e}^{-\int_0^t\lambda(t)\mathrm{d}t} \tag{5-20}$$

4. $F(t)$ 及 $f(t)$ 与 $\lambda(t)$ 的关系

由式（5-16）和式（5-20）得

$$F(t)=1-\mathrm{e}^{-\int_0^t\lambda(t)\mathrm{d}t} \tag{5-21}$$

对式（5-21）两边求导数得

$$f(t)=\lambda(t)\mathrm{e}^{-\int_0^t\lambda(t)\mathrm{d}t} \tag{5-22}$$

二、人的可靠性问题

人的可靠性在人机系统安全可靠性中占有重要的位置，特别是随着科学技术的发展，机的可靠性有了很大的提高，而人的操作可靠性就显得越来越突出。对人的可靠性分析，其目的就是减少和防止人的失误，以便将人的失误概率减少到人机系统可接受的最小限度，进而提高人机系统的安全性。

（一）影响人的可靠性的因素

在人机功能匹配一节中，从人机功能比较结果可知，人的可靠性不如机器。人具有自由行动的能力，有随机应变的能力，在面临伤害的关键时刻，能避免灾害性事故的发生。然而，也正是由于人有这种自由度，在处理一些事物时，不可避免地会产生失误，这就是人的不稳定性。人的不稳定性因素将直接影响人的操作可靠性。影响人的不稳定因素很多，且十分复杂，归纳起来主要有以下几种：

（1）生理因素。如体力、耐久力、疾病、饥渴、对环境因素承受能力的限度等。

（2）心理因素。因感觉灵敏度变化引起反应速度变化，因某种刺激导致心理特性波动，如情绪低落、发呆或惊慌失措等觉醒水平变化。

（3）管理因素。如不正确的指令，不恰当的指导，人际关系不融洽，工作岗位不称心等。

（4）环境因素。对新环境和作业不适应，由于温度、气压、供氧、照明等环境条件的变化不符合要求，以及振动和噪声的影响，引起操作者生理、心理上的不舒适。

（5）个人素质。训练程度、经验多少、操作熟练程度、技术水平高低、责任心强弱等。

（6）社会因素。家庭不和、人际关系不协调。

（7）操作因素。操作的连续性、操作的反复性、操作时间的长短、操作速度、频率及灵活性等。

在研究人的可靠性问题时，还要特别注意大脑的意识水平影响。人的大脑意识水平的高低表示人的头脑清醒程度，是模糊、清醒，还是过度紧张，可以反映人的各种生理状态，而且这种生理状态受太阳等外界影响，呈有规律的变化。研究大脑的意识水平，对提高工作效率、确保人机系统安全有着十分重要的意义。

日本大学桥本邦卫教授将大脑的觉醒水平划分为5个等级，见第二章表2-2。比较表中Ⅰ与Ⅲ两个觉醒等级的作业可靠度可以看出，状态Ⅲ的可靠度较状态Ⅰ高十万位之多，即Ⅲ级觉醒水平是最佳觉醒状态，工作能力最强，但这种状态只能维持15 min左右。在超常态（Ⅳ级）下，由于过度紧张，造成精神恐慌，失误率也会明显增高。

此外，过低或过高的觉醒水平都会导致工作效能和工作效率的下降。所以，应该尽量使操作者保持在Ⅱ和Ⅲ级觉醒状态，避免Ⅰ和Ⅳ级觉醒状态。低觉醒水平是产生失误、厌烦、反应迟钝、导致事故发生的重要原因之一。例如，节假日后的第一天上班，往往事故较多，就是因为人们还停留在Ⅰ级觉醒阶段的缘故。

人们在进入车间时一般的觉醒水平为Ⅱ级，但一旦出现异常紧急情况时，人们凭着良好的愿望所出现的紧张和兴奋，有可能出色地完成平素办不到的事，这就是Ⅲ级觉醒水平。

在异常情况发生之前，无论人体的状态处于Ⅰ级还是Ⅱ级觉醒水平，只要一意识到情况异常或故障，就立即会紧张起来，能超越间隔，使觉醒水平提高到Ⅲ级。

影响人的觉醒水平的因素很多，疲劳、单调重复的刺激，使注意力涣散，精神不集中，会导致觉醒水平降低；而新奇的刺激，有兴趣的刺激，有一定难度的刺激等均可以提高觉醒水平。

（二）人的失误与人因事故的原因及预防

1. 人的失误分析

1）人的失误与人的非安全行为

人作为人机系统中的要素之一，经统计分析，在人机系统失效中人的失误约占80%。

表5－45给出了美国各类系统人的失误造成系统失效的统计数据。从可靠性工程角度，将人的失误定义为：在规定的时间和条件下，人没有完成分配给它的功能。其基本上是指人未能精确地、恰当地、充分地、可接受地完成其所规定的绩效标准范围内的任务。Swain强调人的失误产生的不期望后果：即生产能力、维修能力、运行能力、绩效、可靠性或系统的安全性的丧失或退化。人的失误被定义为，在系统的正常或异常运行之中，人的某些活动超越了系统的设计功能所能接受的限度。因此，人的失误是一种超越系统容许限度（out－of－tolerance）的活动。

表5－45　人的失误造成系统失效的统计

系统名称	失效类型	统计式样	人的失误
导弹	导弹失效	9枚导弹系统	20% ~53%
	主要系统失效	122次失效	35%
	仪表故障	1425份故障报告	20%
	人初始引入的错误	35000份故障报告	20% ~30%
核武器	检查人员查出生产中的缺陷	23000个缺陷	82%
	检查人员不能查出生产中缺陷	长期生产中的随机抽样	28%
电子系统	人初始引入的错误	1820份故障报告	23% ~45%
各类系统	工程设计中的差错		2% ~42%
飞机	事故		60%
核电站	人的误操作	30次潜在事故	70% ~80%

大多数人的失误是非意向性的（unintended），即漫不经心下的疏忽动作造成的；有些失误是意向性的（intended），即操作者以一套不正确的计划、方案去解决问题，但他相信这是正确的或是更好的方法。人的故意破坏行为不在考虑之内。人的失误的定义取决于人判断一种失误发生的出发点，失误者往往在事后根据各种反馈信号而意识到产生了失误，因此不论是操作者还是局外的观察者都需要一种任务绩效的参照模型以便帮助确定某项计划或动作是否保证正确执行，即一个人的某种行为有没有符合一种内在的或外在的标准或期望目标。

Reason将人的失误拓展为人的非安全行为。他把人的非安全行为划分为基本两类：疏忽（包括遗漏）和错误。疏忽是指执行动作与意向计划之间的技能性偏差。错误是指意向与结果之间的不匹配，错误有规则型错误和知识型错误两种。此外，有意违反（Violation）属于意向错误的特例，包括常规违反和有意破坏。

在考虑人对系统失效的贡献中，Reason又将失误分为两类：激发失误，它对系统产生的影响几乎是立刻和直接的；潜在失误，它可能在系统中潜伏一个较长时间，往往与设计人员、决策人员和维修人员的行为有关。Reason关于人的非安全行为分类框架如图5－30所示。

2）人的失误类型

人的失误归结起来有4种类型：①没有执行分配给他的功能；②错误地执行了分配给

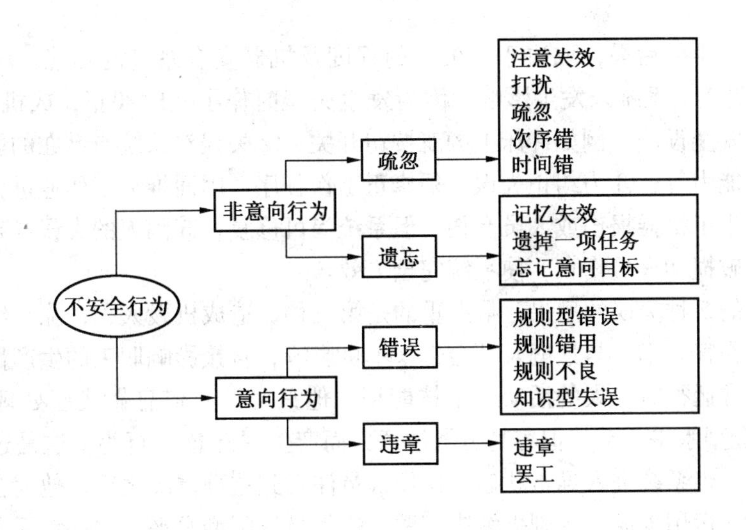

图5－30　人的非安全行为分类框架

他的功能；③按错误的程序或错误的时间执行分配给他的任务；④执行了没有分配给他的功能。

人的失误一般具体表现在操作上的失误，但是究其失误过程，人的失误贯穿在整个生产过程中，从接受信息、处理信息到决策行动等各个阶段都可能产生失误。例如，在操作过程中，各种刺激（信息）不断出现，它们需要操作者接受、辨识、处理反馈，若操作者能给予正确的或恰当反馈，事故可能不会发生，也不会发生伤害；若操作者作出错误的或不恰当的反馈，即出现失误，并且客观上存在着不安全因素或危险因素时，能否造成伤害，还取决于各种随机因素，既可能造成伤害事故，也可能不会造成伤害事故。

造成操作失误的原因，并不能简单地认为就是操作者的责任，也可能是由于机器在设计、制造、组装、检查、维修等方面的失误造成机器或系统的潜在隐患才诱发操作中的各种失误，即系统开发到哪个阶段，人就可能发生哪些失误。归纳起来人的失误的种类主要有：

（1）设计失误。如不恰当的人机功能分配，没有按安全人机工程原理设计，载荷拟定不当，计算用的数学模型错误，选用材料不当，机构或结构形式不妥，计算差错，经验参数选择不当，显示器与控制器距离太远，使操作感到不便等。

（2）制造失误。如使用不合适的工具，采用了不合格的零件或错误的材料，不合理的加工工艺，加工环境与使用环境相差较大，作业场所或车间配置不当，没有按设计要求进行制造等。

（3）组装失误。如错装零件、装错位置、调整错误、接错电线等。

（4）检验失误。如安装了不符合要求的材料、不合格配件及不合理的工艺方法，或允许有违反安全工程要求的情况存在等。

（5）设备的维修保养不正确。

（6）操作失误。操作中除使用程序差错，使用工具不当，记忆或注意失误外，主要是信息的确认、解释、判断和操作动作的失误。

（7）管理失误。管理出现松懈现象。

人的失误产生的后果，取决于人失误的程度及机器安全系统的功能。可归纳为以下5种情况：①失误对系统未发生影响，因为发生失误时作了及时纠正，或机器可靠性高，具有较完善的安全设施，例如冲床上的双按钮开关；②失误对系统有潜在的影响，如削弱了系统的过载能力等；③为纠正失误，须修正工作程序，因而推迟了作业进程；④因失误造成事故，产生了机器损伤或人员受伤，但系统尚可修复；⑤因人的失误导致重大事故发生，造成机器破损和人员伤亡，使系统完全失效。

以上列举的5种失误的后果，最严重的是第五种，造成机毁人亡，除在经济上带来重大损失外，给伤害者本人与家庭及社会带来不良影响，直接影响职工的生产情绪。

在系统正常运行时，人的活动属于技能型，他只对外界信息做浅层处理（即习惯性反应），即技能型水平活动，但容易分散注意力而产生“疏忽”行为，这是这一水平上的重要失误类型。当系统进入异常状态，操作人员注意到这种情况之后，他就会对这些异常信息进行处理，运用现成的规则去解决问题，这就是规则型水平，这一水平上的失误类型为规则型错误。如果发生的异常事故情景十分复杂、从前没有遭遇过，操作人员不得不运用所掌握的系统的基本知识去考虑造成异常工况的原因，并采取相应的措施，这就是知识型的问题解决过程，这一水平上的失误类型为知识型错误。对各个层次上的失误类型的特点和原因进行了详细的分析和讨论，较为客观地反映了人的失误的内在机理，有助于改进人—机界面和防范人的失误。

为了从人的内在认知行为过程分析人失误的机制，基于人的认知行为意图，将人因失误分为偏离（意图正确但行动时失误）和弄错（在行为意图形成阶段的失误）两大类。偏离失误仅可能出现于技能级行为中，对应于操作人员特征中的“监视与控制”。当它发生后，失误的信息能迅速反馈于操作人员，操作人员将此信息与头脑中设想的状态加以比较，容易觉察失误并修正。而弄错失误可能发生于规则级和知识级行为中，对应于整个“监视—确认—决策—控制”过程。尤其是当发生在知识级行为时，系统反馈的信息可能与操作人员头脑中设想的状态相一致，因而操作人员本人很难发觉失误。

综合以上分析，操作人员的失误可细分为技能级偏离、规则级弄错和知识级弄错。其在行为类型、操作模式、注意焦点、失误形式、失误检出几方面的特征归纳于表5-46中。

表5-46 三种失误类型的特征

失误类型	技能级偏离	规则级弄错	知识级弄错
行为类型	常规行动	解决问题	解决问题
操作模式	按照熟知的例行方案 无意识地自动处理	依据选配模型半自动处理	资源制约性的系列意识处理
注意焦点	现在的工作以外	与问题相关联的事项	与问题相关联的事项
失误形式	在行动中	在应用规则中，错误强烈	多种多样
失误自己检出	快速	困难，需他人帮助	困难，需他人帮助

3）人的失误结构模型

通过以上分析可知，人的失误是作业人员感知外界信息、构造相对应的模型与操作过程中产生的，其机制相当复杂，既受到外在因素的影响，又受到人内在失误因素的作用。从全方位来考虑，人的失误结构如图 5－31 所示。

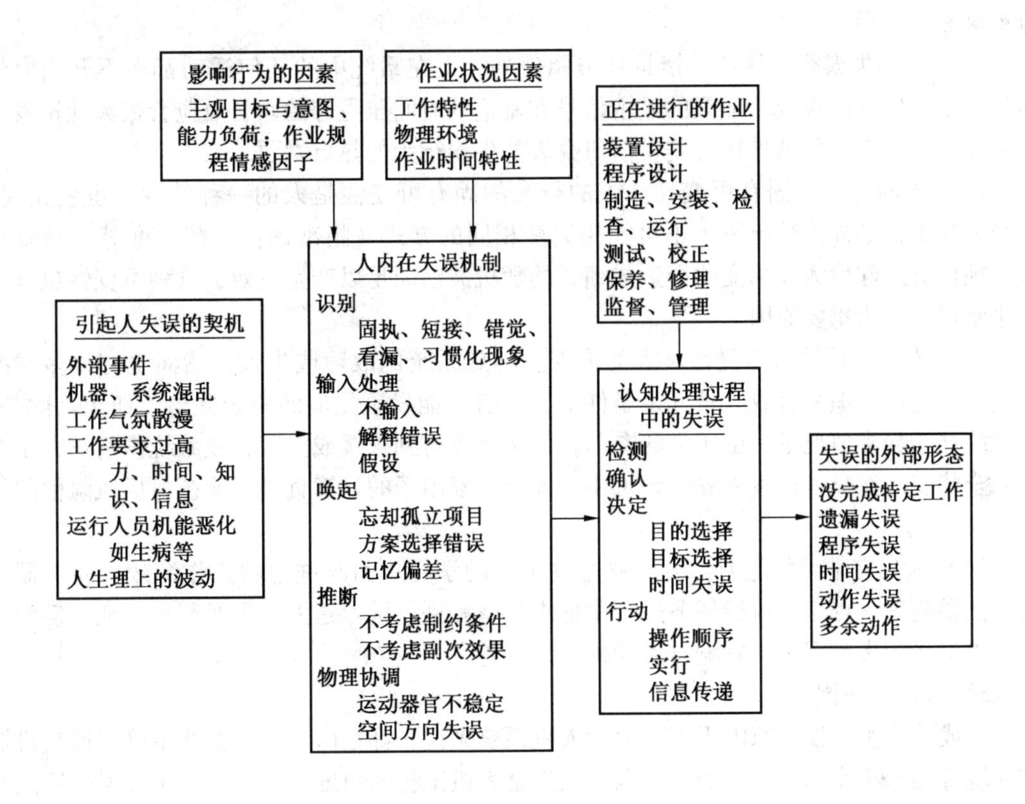

图 5－31　人因失误结构模型

图 5－31 中，最左边的下方框意味着引起人误行为出现的序列，通常始于环境或人内在波动对事件的某些干扰，也是人误的直接原因。这些干扰激发了人心理上的内在失误机制（它表明人误是怎样发生的），进而引发了“人误内部模式”，即在认知处理过程中的失误，这些人误内部模式在操作环境中可能会直接表现出来，而直接观察到的是人误的外部模式。在图上方的“影响行为的因素”“作业状况因素”“正在进行的作业”代表可能提高失误概率的最重要的行为形成因子，它用以解释人误为什么发生。

4）人的失误特点

人与机器，就他们失误的倾向性而言有着某种相似性，这会导致对该两种因素的分析方法的类似性，但人的失误过程又有其自身的独特性。人的失误与人的绩效好似一枚硬币的正反两面，它们都基于相同的心理过程。Ernst Mach（1905）指出“知识和错误都来自同样的精神源泉，只有成功的绩效才能将它们区分开”。人的失误具有以下几大特点：

（1）人的失误的重复性。人的失误常常会在不同甚至相同条件下重复出现，其根本原因之一就是人的能力与外界需求的不匹配。人的失误不可能完全消除，但可以通过有效手段尽可能地避免；而一般的部件或设备，一旦发现失效原因，往往可以通过修改设计而加以克服。

（2）人引发的失效的潜在性和不可逆转性。三哩岛事故发生的原因之一就是维修人员造成的阀门潜在失误而引起的。大量事实说明，这种潜在失误一旦与某种激发条件相结合就会酿成大祸。

（3）人的失误行为往往是情景环境驱使的。人在系统中的任何活动都离不开当时的情景环境。硬件的失效、虚假的显示信号和紧迫的时间压力等的联合效应会极大地诱发人的非安全行为。这种情景环境是目前研究人的失误行为的热点课题。

（4）人的行为的固有可变性。人的行为的固有可变性是人的一种特性，也就是说，一个人在不借助外力情况下，不可能用完全相同的方式（指准确性、精确度等）重复完成一项任务。起伏太大的变化会造成绩效的随机波动而足以产生失效，这种可变性也是人发生错误的行为重要原因。

（5）人的失误的可修复性。人的失误会导致系统的故障或失效，然而也有许多情况说明，在良好反馈装置或人员冗余条件下，人有可能发现先前的失误并给予纠正。此外，当系统处于异常情况下，由于人的参与，往往可以得到减缓或克服，使系统恢复正常工况或安全状态。在核电厂概率安全评价中，人误恢复因子的计算直接影响核电厂风险值的结果。

（6）人具有学习的能力。人能够通过不断的学习从而改进他的工作绩效，而机器一般无法做到这一点。在执行任务过程中适应环境和进行学习是人的重要行为特征，但学习的效果又受到多种因素的影响，如动机、态度等。

5）人误的原因

造成人产生失误的原因很多，但就人机系统来说，都是由于人的机能不确切性与机器或环境等因素相作用而产生的。所以，从安全人机工程的角度，可将人产生失误的原因归纳为以下 3 条：

（1）机器设计时，对人机结合面设计没有很好地进行安全人机工程研究，致使机器系统本身潜藏着操作失误的可能性，如由于显示和操纵控制装置设计不当，不符合安全人机工程要求，不适宜人的生理、心理及人体生物力学特性，产生错觉失误（视错觉、听错觉、触错觉等）；操纵不便，易产生疲劳；作业环境恶劣，如空间不足、温湿度不适、照明不足、振动及噪声过大等，这些都是诱发人产生失误的因素。

（2）由于操作者本身的因素，使之不能与机器系统协调而导致失误。这里包括人的不稳定因素，如疲劳、体质差等生理因素和注意力不集中，情绪不稳定和单调等心理因素，使大脑觉醒水平下降；人的技术素质较低，缺乏实践经验，由于训练不足，操作技术不熟练对设备或工具的性能、特点掌握不充分或不合适等。

（3）安全管理不当也是产生失误的原因之一。如计划不周，决策错误；操作规程不健全，作业管理混乱，相互配合不好；监督检查制度不全，要求不当，信息传达错误，劳动组织不严密，安全教育、培训措施不力等。

应该指出，由于造成人失误的原因十分复杂，而且各原因之间还可能有相互交叉影响的情况，在操作者身上反映出来的失误，都是多种原因影响的综合结果。

2. 人因事故的原因及预防

人因事故分析与预防是安全人机工程学的新课题及一个重要发展方向。人因事故分析可对人—机系统的合理设计给予指导，其指导作用主要体现在人—机功能分配、人—机交互关系、操作人员监督功能等方面。

1）大规模复杂系统中人因事故产生的主要原因

大规模、现代化的人—机系统为我们带来了巨大的经济效益，也深刻地改变了人们的工作方式。然而，这样的系统也随之可能带来两方面的问题：在强调以人为中心的时代，它是否能适合人的特性、满足人的舒适性需求？更为突出的是，相当多这样的系统，一旦发生安全事故，则可能导致社会的巨大灾难，如三里岛核电站事故、印度 Bhopal 化工厂毒气泄漏、切尔诺贝利核电站事故、挑战者航天飞机失事等。造成这两个问题的根源在于，系统的安全与效益不仅取决于它自身的技术水平，还极大地取决于它与人和环境的协调程度。随着科技进步，系统设备（硬件和软件）可靠性不断提高，运行环境得到大的改善，但作为人—机系统极其重要的一方——人，一方面，由于其生理、心理、社会、精神等特性，既存在一些内在弱点，又有极大可塑性和难以控制性；另一方面，尽管系统的自动化程度提高了，但归根结底还要由人来控制操作，要人来设计、制造、组织、维修、训练，要人来决策。因此，随着技术进步，系统的整体安全程度不断得到提高，系统的事故率也呈下降趋势，但系统事故中人因事故所占的比例反而呈上升趋势，即技术的进步并没有使人因事故的相对数量得到减少。而且，目前已经有很多“自动化系统”甚至“智能系统”广泛应用于各行各业，为什么在这些“自动化系统”或“智能系统”中还会出现人因事故呢？究其原因，可以从以下几个方面来说明。

（1）人始终是系统的中心和主宰者。从最初的手工作业系统到现代大规模复杂系统（现代的大规模社会——技术系统），始终是以人为中心来建设的，人是系统最终的决策者，所有的自动化系统、甚至“智能”系统都只是局部替代最终决策的前期动作（人的作用的不可替代性）。以人为中心的系统必然会受到人的失误的影响。系统自动化程度的提高带来了人因失误的迁移，由运行中操作型的直接人误转变为对自动化系统设计、维护、测试、检测、管理等间接人误。系统智能化程度的提高导致失误类型由疏忽等较低层次的认知失误向诊断、判断、决策等较高层次的认知失误类型转变（低层失误大多可由自动化系统、冗余系统纠正）。

（2）人有其内在的弱点。人兼有生理和心理的存在，这既是人的长处，也是人的弱点。这些弱点是人固有的，虽然可以通过教育、培训、改善人—机界面以及组织管理等得到一定程度的弥补，但无法从根本上消除。人的内在弱点主要来自两大方面：一是机体生理界限，包括体力界限、反应速度界限、精度界限、生物节律界限和对外部环境变化的容许界限等。人作为一种现实的机体不可能随心所欲、完美无缺。二是主体的意识界限，包括主体内部意识和动机、期望，实践基础上的感知，在环境条件下的情感，对感知的提炼和把握规律性的能力，以及对自我行为的规划能力等。人作为一种现实的反映意识体，它与机体的生理界限和客观事物的真实性具有相当程度的镶嵌性和背离性，认识上的弱点总是客观的。

人生理、心理的并存，导致了人的复杂性、灵活性、适应性，也决定了人在不同条件下行为的不确定性和随机性，并且其失误机理的复杂性远远超过了机械、电子设备，使得对人因失误的辨识和预防比硬件要困难得多。

（3）复杂社会技术系统的特征及对人因的影响。Reason 总结了近 20 年来复杂社会技术系统发展的 4 个特征，这些特征对系统中人员行为模式产生了极大的影响。

① 系统更加自动化。操作人员的工作由过去以“操作”为主变为监视—决策—控制。人因失误发生的可能性，尤其是后果及影响变得更大了。

② 系统更加复杂和危险。大量地使用计算机使得系统内人与机、各子系统间相互作用更加复杂、耦合更加紧密，同时使得大量的潜在危险集中在较少几人身上（如中央控制人员）。

③ 系统具有更多的防御装置。为了防止技术失效和人误对系统运行安全的威胁，普遍采用了多重、多样专设安全装置。这些装置大大提高了系统的安全性。但另一方面，对这些安全装置的依赖性又降低了操作人员对系统危险性的警觉性。同时，这些安全装置仍可能由于人误而失效，如切尔诺贝利核电站事故（实验过程中关闭安全保护装置），因而它们也就是系统最大的薄弱环节。

④ 系统更加不透明。系统的高度复杂性、耦合性和大量防御装置增加了系统内部行为的模糊性，管理人员、维护人员、操作人员经常不知道系统内正在发生什么，也不理解系统可以做什么。

2）诱发人因事故的主要因素

根据系统工程理论，引起复杂人—机系统操作人员失误的因素必然与人员本身的因素及机械、环境因素有关。通过对大量人因事故的分析，发现诱发大规模复杂人—机系统人因事故的主要原因可归结为7个方面。

（1）操作人员个体的原因：疲劳、不适应、注意力分散、工作意欲低、记忆混乱、期望、固执、心理压力、生物节律影响、技术不熟练、推理判断能力低下、知识不足等。

（2）设计上的原因：操作器/显示器的位置关系、组合匹配、编码与分辨度、操作与应答形式，信息的有效性、易读性、反馈信息的有效性等。

（3）作业上的原因：时间的制约、对人机界面行动的制约、信息不足、超负荷的工作量，环境方面的压力（噪声、照明、温度等）等。

（4）运行程序上的原因：错误规程、指令、不完备或矛盾的规程、含糊不清的指令等。

（5）教育培训上的原因：安全教育不足、现场训练不足（操作训练、创造能力培养训练、危险预测训练等）、基础知识教育不足、专业知识、技能教育不足、应急规程不完备、缺乏应付事故的训练等。

（6）信息沟通方面的原因：信息传递渠道不畅，信息传递不及时等。

（7）组织管理因素：管理混乱，不良的组织文化等。

以上7个方面的原因是相互联系的。在一次事故中，诱发其产生的根源常常是这7个因素的迭加。但是，随着科技的不断现代化，机械、环境系统及人机界面这些作为外部的条件越来越完善。在这种情况下，今后可能诱发人员失误的最主要、最根本的因素或许就是人的内在因素（表5-47）。人既有生理的存在，又有心理的存在；这既是人的长处，又伴随着人的弱点。这些弱点是固有的，虽然可以通过教育、培训、改善人机界面以及工厂管理等得到一定程度的弥补，但无法从根本上消除。

3）人因事故成因模型

依据大规模复杂人—机系统的特征和对人因事故产生机制和途径的分析，可建立大规模复杂人—机系统人因事故成因模型（图5-32）。

表5-47 人的内在弱点

序号	弱　点	序号	弱　点
1	存在误解、错觉	6	易被感情左右
2	因为体力界限，易产生疲劳	7	具有生物节律
3	欠缺机体的恒常性，因为存在不稳定性、转移性；精度界限	8	存在意识水平波动性
4	存在速度界限，如人有0.2 s的反应延迟时间	9	因为信息传递容量的界限，存在信息处理能力界限
5	具有对环境的容许界限	10	知觉能力与规划能力有限

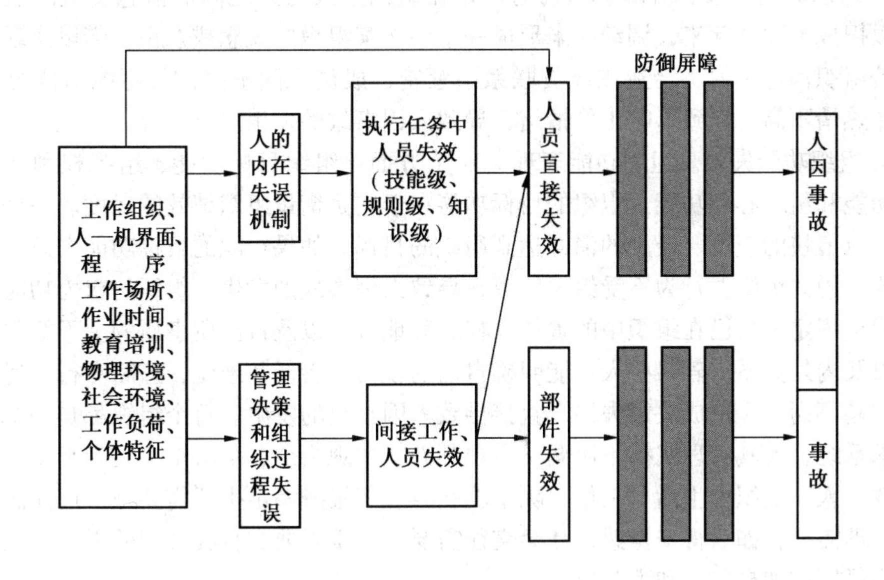

图5-32　人因事故成因模型

4）组织管理因素对人因事故的作用和影响

对人因的认识已经历了几个阶段，最初是“机械中心设计时代”，着重于“人适机”；尔后是要求“机宜人”即“人机界面设计时代”；再后是“人机匹配”。在这些阶段，我们对人因的理解与研究主要着眼于人的生理、心理因素，考虑的重点是作业者个体的行为失误。然而，随着社会、技术的发展，作为人—机（含环境）系统中子系统的人，其行为固然要受到该个体生理、心理因素的影响，受到机械子系统、环境子系统的约束，但对于现代生产系统中的人，并不是以一个孤立的个体（或群体）出现于人—机系统，而是作为组织中的一员而存在的。这个组织贯穿或控制着个体所处的人—机系统，以及外层更大的生产系统。因此，人—机系统实际上是一个社会—技术系统，组织管理对个体有重要作用，人的因素应从个体扩展到“系统、组织中的人”，任何个体造成的失误或对失误的防范都是在该组织综合管理下实现的，组织管理对人因事故的作用主要表现在组织规范、组织沟通、组织功能、组织文化氛围等方面，构成了对人因事故有重要影响的组织管理失效的4种模式。

（1）组织规范失效。所谓规范，就是组织成员共同接受的一些行为标准。任何一个组织都会制定规则、程序、政策以及其他形式的规范来使员工的行为标准化。组织规范让组织成员知道在一定的环境条件下，自己应该做什么，不应该做什么。从个体的角度看，组织规范意味着，在某种情境下组织对个人的行为方式的期望，组织规范被组织成员认可并接受之后，它们成为以最少的外部控制影响群体成员行为的手段。不同的组织，组织规范也不同。组织对员工施加的正式规定越多，组织中工作群体成员的行为就越一致，就越容易预测，人因事故产生的概率就越小。但是有的组织的规范不符合整体利益要求，有的规范反映了落后和错误的思想等。这样，就会对群体成员的行为进行错误导向，使得由于组织规范不当或规范不完备、不全面、不具体而导致人因事故发生。

（2）组织沟通失效。所谓组织沟通，是在组织中人与人之间的信息交流。通过组织沟通可以把成员联系起来，调动起来形成一个同属某组织的观念或意识，借以实现组织的目标。若组织沟通失效，会造成成员联系不紧密，成员之间不团结，不能形成统一的目标，工作热情不高，以致影响工作情绪，导致人因事故的发生。

（3）组织功能失效。组织功能表现为 4 个方面：组织目标功能、组织权利功能、组织协调功能和组织心理功能。组织的目标功能在于它是衡量组织绩效的尺度。一个高效的组织应当以最快的速度、最少的消耗达到组织的目标。如果组织的目标功能失效，就会导致组织成员脱离组织，行为不受组织约束，导致人因事故的发生。组织的权力功能在于它给每个成员规定了自己在组织中的责任、权力和地位，以及自己所隶属的上下级关系、左右关系以及内外关系。若某些人不能明确自己的权力、责任和地位，独断专行，遇事不请示，不和同事商量，造成决策失误，直接导致人因事故的发生。每个组织都是一个复杂的社会技术系统，若其管理机构不协调、主观判断、主观指令、不科学决策等都将导致协调功能失效。人在组织中生活、工作，除了能获得经济报酬满足生活需要外，还能满足人们的各种心理需要，如获得安全感，社会交往需要、尊重需要和自我实现的需要。人们在好的组织中可以增加自信心和力量感。

（4）组织文化失效。文化在组织中具有多种功能：首先，它起着分界线的作用，即它使不同的组织相互区别开来；其次，它表达了组织成员对组织的认同感；再次，它使组织成员不仅注重自我利益，更考虑到组织利益。组织文化失效将致使组织的安全文化水平低下，不能保证良好安全制度的建立及其实施。安全文化是在组织的行为、决策和过程中表现出来的该组织信念和态度影响组织的安全行为。人员的安全素质不是抽象的，它表现在人的系统安全知识和经验，人的安全决策能力和安全机制、人的安全行为和安全心理活动。人掌握安全科学技术的能力，表现在系统中每个人和组织的工作态度、思维习惯和工作作风，而这些用一个新的术语来概括，就是人员的安全文化水平。由于安全文化特别是与个人有关，更因为许多人承担着安全责任，所以安全文化除了要求严格地执行良好的工作方法之外，还要求工作人员具有高度的警惕性、科学性见解、丰富的知识、准确无误的判断能力和强烈的责任感来正确地履行所有的安全职责。因此，安全文化是实现企业安全的基础，完善安全管理体制的动力，规范安全行为的准则，是企业安全管理的灵魂。也正是由于在某些组织中未能建立良好的组织安全文化，真正提高组织和个人乃至全社会的安全文化素质，因而导致了人因事故的大量涌现。

5）人因事故纵深防御系统

以往对人因事故的防范与管理基本上立足于技术方面，如使系统尽可能自动应急，提供良好的信息显示、操作规程和训练方法，以便为运行人员提供有效支持。这对大部分可预测的工厂事故效果很好，但却不能对日常运行中的人误问题管理提供充分、广泛、完整的研究。如“驻在病原体”及潜在的组织失误仅用技术手段是不可能从根本上解决问题的。技术方法必须由安全文化、减少失误活动中员工自愿参与的程度、企业的所有方针都关注到失误及其预防等途径得到补充。因此，应将技术手段与组织手段、文化手段相结合，从管理决策、组织、技术、事故分析与减少、反馈等过程和层面构建主动型人因事故纵深防御系统（图5－33）。

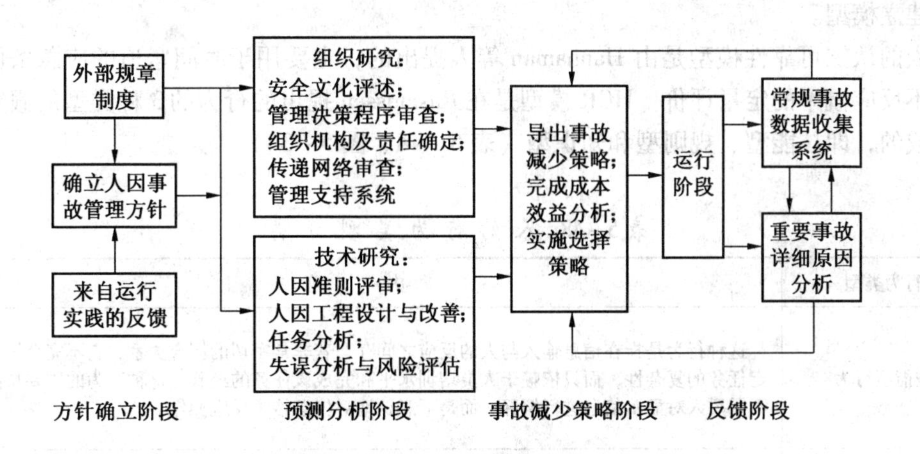

图5－33　主动型人因事故纵深防御系统模型

3. 人的可靠性分析方法

人的可靠性分析方法有20余种，其中最主要的有人的失误率预测技术、人的认知可靠性预测法、操作员动作树分析法、人误分析技术和认知可靠性与失误分析方法等。这里主要介绍人的失误率预测技术（THERP）和人的认知可靠性模型（HCR）。

1）人的差错概率预测技术

人的失误率预测技术，又称人的差错概率预测技术，它的基本指导思想是将人的行为事先分解为一系列由系统功能或规程所规定的子任务或步骤，并分别对其给出专家判断的人误概率值（HEP），同时考虑使用行为形成因子（PSFs）进行修正，进而计算完成整个任务失效的概率。其主要用于评估与某些因素有关的人的差错引起系统变坏的结果，如人的动作、操作程序和设备的可靠性。基本量度方法是：一个差错或一组差错所引起的系统故障的概率和一种操作引起的高级差错的概率。其步骤是：

（1）调查被分析的系统和操作程序。

（2）研究人员可能导致差错的事件。

（3）把整个操作程序分解成各个操作步骤和单个动作。

（4）建造人的可靠性分析事件树。

（5）根据经验或实验得出每个动作的可靠度。

(6) 求出各个动作和各个操作步骤的可靠度，如果每个动作中事件相容，则按概率计算。

(7) 求出这个操作程序的不可靠度，即人的差错概率。

在人的失误率预测方法中，需要用事件树分析方法进行分析，关于事件树分析方法详见《安全系统工程》有关章节。

2）人的认知可靠性预测法

人的认知过程是人脑反映客观事物的特性与联系，并揭露事物对人的意义与作用的复杂的心理活动。人的认知可靠性模型在分析人的可靠性时，以认知心理学为基础，着重研究人在应激情景下的动态认知过程，包括探查、诊断、决策等意向行为，探究人的失误机理并建立模型。

人的认知可靠性模型是由 Hannaman 等人提出的，主要用于时间紧迫的应急条件下操作者不反应概率的定量评价。HCR 模型是在 Rasmussen 提出的行为的 3 种类型的假定基础上形成的，即技能型、规则型和知识型（表 5-48、图 5-34）。

表 5-48 人的行为类型分类

行为类型	内容
技能型行为	这种行为是指在信息输入与人的反应之间存在着非常密切的耦合关系，它不完全依赖于给定任务的复杂性，而只依赖于人员培训水平和完成该任务的经验。这种行为的重要特点是它不需要人对显示信息进行解释，而是下意识地对信息给予反应操作
规则型行为	这种行为是由一组规则或程序所控制和支配的。它与技能行为的主要不同点是来自对实践的了解或者掌握的程度。如果规则没有很好地经过实践检验，那么人们就不得不对每项规则进行重复和校对。在这种情况下，人的反应就可能由于时间短、认知过程慢、对规则理解差等而产生失误
知识型行为	这种行为是发生在当前情景症状不清楚，目标状态出现矛盾或者完全未遭遇过的新环境下，操作人员必须依靠自己的知识经验进行分析诊断和制定决策。这种知识型行为的失误概率很大，在当今的人为失误研究中占据重要的地位

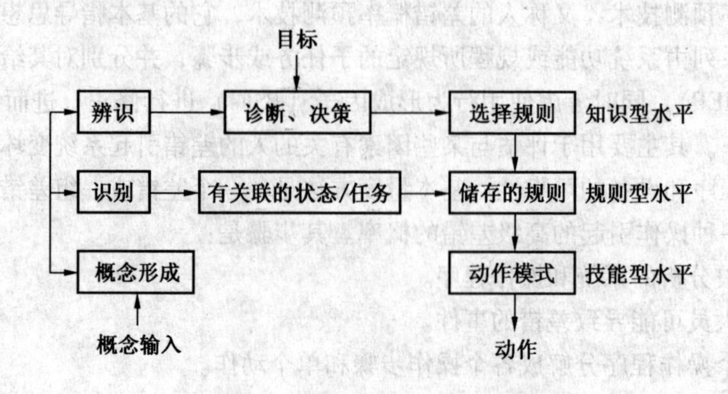

图 5-34 人行为的 3 种认知水平

每一行为类型的失误概率仅与允许时间 t 和执行时间 $T_{1/2}$ 的比值有关，且遵从三参数的威布尔分布：

$$p = e^{-\left\{\frac{\frac{t}{T_{1/2}}-\gamma}{\alpha}\right\}^{\beta}}$$

$$T_{1/2} = T_{1/2,n} \cdot (1+K_1) \cdot (1+K_2) \cdot (1+K_3) \quad (5-23)$$

式中 t——允许操纵员进行响应的时间；

$T_{1/2}$——操纵员执行时间；

$T_{1/2,n}$——一般状况的执行时间；

K_1——操作经验；

K_2——心理压力；

K_3——人机界面；

α、β、γ——操作人员行为类型参数。

有关参数 K_1、K_2、K_3 和 α、β、γ 的选取见表 5－49 和表 5－50。

表 5－49 参数 α、β、γ 选取表

行为类型	α	β	γ
熟练	0.407	1.2	0.7
规则	0.601	0.9	0.6
知识	0.791	0.8	0.5

表 5－50 HCR 模型的行为形成因子及其取值

操作员经验（K_1）		4. 低度应激/放松情况	0.28
1. 专家，受过很好训练	－0.22	人机界面（K_3）	
2. 平均训练水平	0.00	1. 优秀	－0.22
3. 新手，最小训练水平	0.44	2. 良好	0.00
心理压力（K_2）		3. 中等（一般）	0.44
1. 严重应激情景	0.44	4. 较差	0.78
2. 潜在应激情景/高工作负荷	0.28	5. 极差	0.92
3. 最佳应激情况/正常	0.00		

三、机械的可靠性问题

为简便起见，假设环境因素宜人，对机械设备不造成危害，则研究机的可靠性就转化为主要研究机械设备的可靠性问题。

一般情况，产品可靠性指标都与该产品的故障分布类型有关。若已知产品的故障分布函数,就可以求出其可靠度 $R(t)$、故障率 $\lambda(t)$ 及其他可靠性指标,若不知道具体的故障分布函数,但知道故障分布类型,也可以通过参数估计的方法求得某些可靠性指标的估计值。

（一）指数分布

1. 指数分布的定义。当代表产品寿命的随机变量 T 的分布密度函数为

$$f(t)=\lambda e^{-\lambda_t} \quad (t \geqslant 0) \tag{5-24}$$

式中　λ_t——常数。

则称该随机变量 T 服从指数分布。其累积分布函数为

$$F(t)=\int_0^t \lambda e^{-\lambda_t} dt = 1-e^{-\lambda_t} \quad (0 \leqslant t \leqslant \infty) \tag{5-25}$$

2. 指数分布的部分可靠性指标

（1）可靠度函数为

$$R(t)=1-F(t)=e^{-\lambda_t} \quad (t \geqslant 0) \tag{5-26}$$

（2）故障率函数为

$$\lambda(t)=\frac{f(t)}{R(t)}=\frac{\lambda e^{-\lambda_t}}{e^{-\lambda_t}}=\lambda \quad (t \geqslant 0) \tag{5-27}$$

式中　λ——常数。

（3）平均寿命为

$$\bar{t}=\frac{1}{\lambda} \tag{5-28}$$

指数分布是可靠性技术中最常用的分布之一，它描述故障率为常数的故障分布规律，即描述产品寿命曲线中偶发故障期。而多数机械产品、电子元器件及连续运行的复杂系统都是在偶发故障期正常工作的。所以用指数分布函数描述机械、电子产品在正常工作期的故障或失效规律是比较符合工程实际情况的。因此，指数分布在机械、电子产品的可靠性研究及计算中得到广泛应用。

（二）正态分布

正态分布又称高斯分布，它是数理统计中最基本、最常用的分布类型。正态分布是研究在测量中许多偶然因素所引起的误差而得到的一种分布。机械中常遇到的零件尺寸、材料强度、金属磨损、作用载荷等由许多微小，且相互独立的偶然因素引起的随机变量都服从正态分布，所以，在可靠性技术中常用正态分布来描述机械产品由于磨损或退化而发生故障或失效的规律。

1. 正态分布的定义

若随机变量 T 的密度函数为

$$f(t)=\frac{1}{\sigma\sqrt{2\pi}}e^{-\frac{1}{2}[(t-\mu)/\sigma]^2} \quad (-\infty < t < +\infty) \tag{5-29}$$

则称 T 服从均值为 μ 和标准差为 σ 的正态分布，记为 $T \sim N(\mu,\ \sigma^2)$。其中 $N(\mu,\ \sigma^2)$ 表示参数为 μ 和 σ 的正态分布，μ 是位置参数；σ 是尺度参数。

正态分布的累积分布函数为

$$F(t)=\int_{-\infty}^t f(t)dt=\frac{1}{\sigma\sqrt{2\pi}}\int_{-\infty}^t e^{-\frac{1}{2}[(t-\mu)/\sigma]^2}dt \tag{5-30}$$

当 $\mu=0$，$\sigma=1$ 时，称为标准正态分布，记为 $X \sim N(0,\ 1)$，X 为随机变量，这时分布密度函数为

$$\varphi(x)=\frac{1}{\sqrt{2\pi}}e^{-\frac{x^2}{2}} \tag{5-31}$$

标准正态分布的累积分布函数以 $\Phi(X)$ 表示，即

$$\Phi(x)=\int_{-\infty}^{t}\frac{1}{\sqrt{2\pi}}e^{-\frac{x^2}{2}}dx \tag{5-32}$$

标准正态分布函数已做成数表，在概率统计书的附录和各种数学手册中都可查到。将式（5－32）积分得式（5－33）：

$$\int_{x_1}^{x_2}\varphi(x)dx=\int_{-\infty}^{x_2}\varphi(x)dx-\int_{-\infty}^{x_1}\varphi(x)dx=\Phi(x_2)-\Phi(x_1) \tag{5-33}$$

式（5－33）是不便计算的，通常是用标准正态分布函数 $\Phi(X)$ 来计算的，为此令 $x=(t-\mu)/\sigma$，则 $dx=dt/\sigma$，得

$$F(t)=\int_{-\infty}^{\frac{t-\mu}{\sigma}}\frac{1}{\sqrt{2\pi}}e^{-\frac{x^2}{2}}dx=\Phi\left(\frac{t-\mu}{\sigma}\right) \tag{5-34}$$

2. 正态分布的部分可靠性指标

（1）可靠度函数 $R(t)$。由式（5－16）和式（5－33）得

$$R(t)=1-F(t)=1-\Phi\left(\frac{t-\mu}{\sigma}\right) \tag{5-35}$$

（2）故障率函数 $\lambda(t)$。由式（5－19）和式（5－28）得

$$\lambda(t)=\frac{f(t)}{R(t)}=\frac{\frac{1}{\sigma\sqrt{2\pi}}e^{-\frac{1}{2}[(t-\mu)/\sigma]^2}}{1-\Phi\left(\frac{(t-\mu)}{\sigma}\right)} \tag{5-36}$$

上述 $R(t)$ 及 $\lambda(t)$ 的分布曲线如图 5－35 和图 5－36 所示。

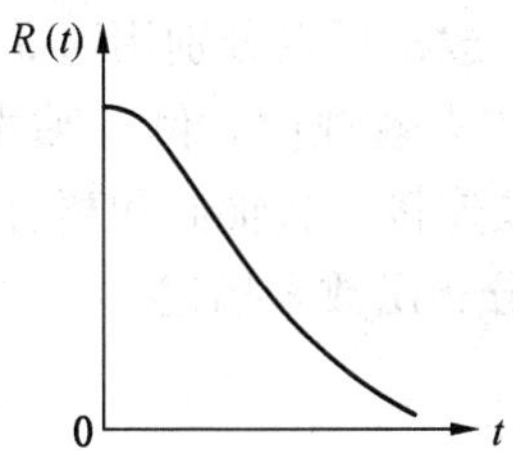

图 5－35　正态分布可靠度曲线

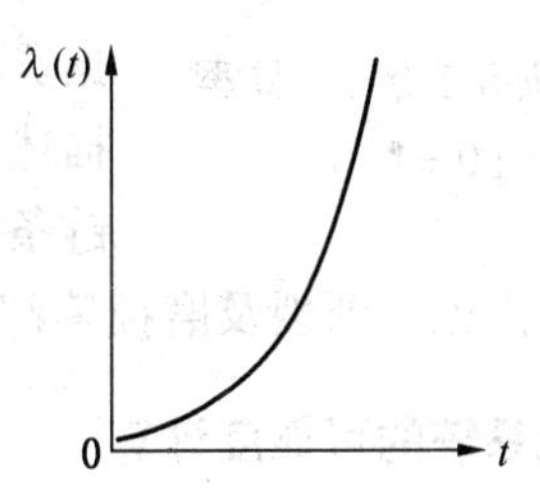

图 5－36　正态分布故障率曲线

由图 5－35 可见，正态分布的故障率曲线与机械产品寿命曲线中磨损故障曲线形状非常相似，所以可靠性技术中常用正态分布函数来描述机械产品磨损故障的失效规律。

（三）威布尔分布

威布尔分布是可靠性技术中常用的一种比较复杂的分布，它含有 3 个参数，适应性较强，在多个领域中有许多现象都近似符合威布尔分布，它对产品寿命曲线中的 3 个失效期都可以适应。因此在可靠性技术中应用也较广。

1. 威布尔分布的表达式

（1）故障概率密度函数为

$$f(t)=\frac{m}{t_0}\left(\frac{t-\nu}{t_0}\right)^{m-1}e^{-\left(\frac{t-\nu}{t_0}\right)^m}\quad(t\geqslant\nu) \tag{5-37}$$

（2）累积故障分布函数为

$$F(t)=1-e^{-\left(\frac{t-\nu}{t_0}\right)^m}\quad(t\geqslant\nu) \tag{5-38}$$

式中 m——形状参数，其值的大小决定了威布尔分布曲线的形状。

ν——位置参数，也称起始参数，表示分布曲线的起始点，它不影响 $f(t)$ 曲线的形状，只是曲线的位置平移了一个距离 $|\nu|$。当 $\nu>0$ 时，表示在 ν 以前不会发生故障，所以把 ν 称为最小保证寿命。

t_0——尺度参数，t_0 决定了 $\lambda(t)$ 曲线的高度和宽度，当 t_0 值小时，$f(t)$ 曲线高而窄，陡度大。

2. 威布尔分布的部分可靠性指标

（1）可靠度函数为

$$R(t)=1-F(t)=e^{-\left(\frac{t-\nu}{t_0}\right)^m}\quad (t\geqslant\nu) \tag{5-39}$$

（2）故障率函数为

$$\lambda(t)=\frac{f(t)}{R(t)}=\frac{m}{t_0}\left(\frac{t-\nu}{t_0}\right)^{m-1}\quad (t\geqslant\nu) \tag{5-40}$$

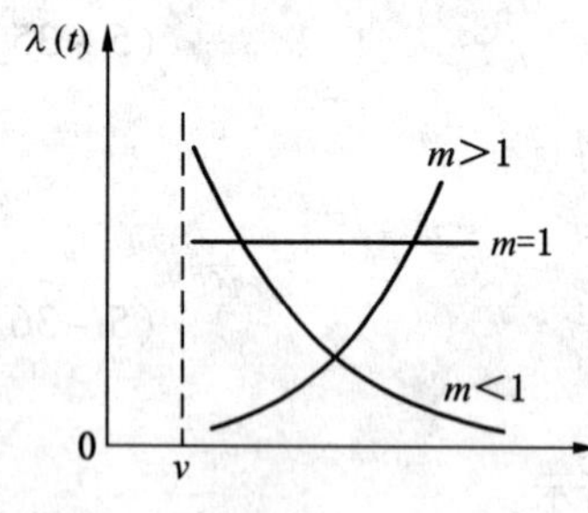

图 5-37 威布尔分布故障率曲线（$t\downarrow 0=1$, ν）

$\lambda(t)$ 曲线随 m 不同而变化，当 $m<1$，故障率随时间增加而下降；当 $m=1$，$\lambda(t)$ 为常数，即 $\nu(t)$ 为平行于横轴的直线，当 $m>1$，$\lambda(t)$ 随时间增加而迅速上升。可见，当 $m<1$，$m=1$，$m>1$ 不同取值的故障率曲线分别相当于产品寿命曲线中的早期故障期、偶发故障期和磨损故障期，如图 5-37 所示。

经过对最常用机械零部件的试验研究和实践中失效数据资料的统计表明，一般都可以分别用这 3 种分布函数来描述机械产品零部件的失效规律。例如轴承、齿轮传动、链条传动、弹簧、螺纹连接、联轴器和离合器等零部件的疲劳、剥落、点蚀、断裂及磨损等都可以用以上 3 种分布函数来描述。

四、人机系统的可靠度计算

人机系统的可靠度是由人的可靠度和机的可靠度组成的。机的可靠度可以通过大量统计学数据得到。人的可靠度的确定包括人的信息接收的可靠度、信息判断的可靠度和信息处理的可靠度。

若系统由 n 个部件（或子系统）构成，系统各部件（或子系统）的可靠度记为 R_1、$R_2\cdots R_n$，则串联系统和并联系统的可靠度分别由下式计算：

$$R_S=R_1\cdot R_2\cdot R_3\cdots R_n=\prod_{i=1}^{n}\cdot R_i \tag{5-41}$$

$$R_S=1-[(1-R_1)\cdot(1-R_2)\cdot(1-R_3)\cdots(1-R_n)]=1-\prod_{i=1}^{n}(1-R_i) \tag{5-42}$$

由上可见，串联系统中部件越多可靠性越差。同样的部件，并联起来同时工作的可靠性较大，这种允许有一个或若干个部件失效而系统能维持正常工作的复杂系统，称为冗余系统，如常见的表决系统、储备系统等。因此，对部件可靠性差的场合，一般处理方式是适当的选择冗余系统。特别在人机系统中，人作为部件之一介入系统，为提高其可靠性，也需要采用这一系统。例如大型客机的飞机驾驶员往往配备两名，同时在驾驶室左、右位置上配备了相同的仪表和操纵设备，以减少人的失误对飞机造成威胁。

人机系统的可靠度据不同的系统模型来求出，通常情况下可看成串联系统。从人机系统考虑，若将环境作为干扰因素，而且此处假设环境是符合指标要求的，设其可靠度为1，则人机系统的可靠度可为

$$R_S = R_{人} R_{机} = R_{人} R_{机器} = R_H R_M \tag{5-43}$$

1. 简单人机系统的可靠度计算

人的操作可靠度是指在一定件下、一定工作时间间隔内人能正确操作的概率。应当指出，人的操作可靠度是指操作者经过训练之后，进入“稳定工作期”的可靠度，不包括学习阶段“初始失调期”的情况。

简单人机系统的可靠度 $R_S = R_H R_M$，而 R_M 可通过上面所述的可靠度函数求出，也可通过大量统计数据得出。

日本东京大学井口雅一教授提出，人的可靠度 r 不仅与信息输入、信息处理、信息输出3个阶段的基本可靠度 r_1、r_2 和 r_3 串联有关外，而且还受作业时间 b、操作频率 c、危险程度 d、生理心理因素 e 和环境条件 f 等因素的影响，即

$$r = r_1 \cdot r_2 \cdot r_3 \tag{5-44}$$

$$R_H = 1 - b \cdot c \cdot d \cdot e \cdot f(1 - r) \tag{5-45}$$

r_1、r_2 和 r_3 的取值见表5－51。影响因素的修正系数取值见表5－52。

表5－51 基本可靠度 r_1、r_2、r_3 的取值

类别	影响因素	r_1	r_2	r_3
简单	变量不超过几个，人机工程学上考虑全面	0.9995～0.9999	0.9990	0.9995～0.9999
一般	变量不超过10个	0.9990～0.9995	0.9950	0.9990～0.9995
复杂	变量超过10个，人机工程学上考虑不全面	0.9900～0.9990	0.9900	0.9900～0.9990

表5－52 影响因素修正系数

符号	项目	内容	取值范围
b	作业时间	有充足的富余时间	1.0
		没有充足的富余时间	1.0～3.0
		完全没有富余时间	3.0～10.0
c	操作频率	频率适度	1.0
		连续操作	1.0～3.0
		很少操作	3.0～10.0
d	危险程度	即使误操作也安全	1.0
		误操作时危险很大	1.0～3.0
		误操作时有产生重大灾害的危险	3.0～10.0

表5-52（续）

符号	项目	内容	取值范围
e	生理心理条件	综合条件（教育训练、健康情况、疲劳等）较好	1.0
		综合条件不好	1.0~3.0
		综合条件很差	3.0~10.0
f	环境条件	综合条件较好	1.0
		综合条件不好	1.0~3.0
		综合条件很差	3.0~10.0

2. 二人监控人机系统的可靠度

当系统由二人监控时，控制如图5-38所示，一旦发生异常情况应立即切断电源。该系统有以下两种控制情形（图5-38b）。

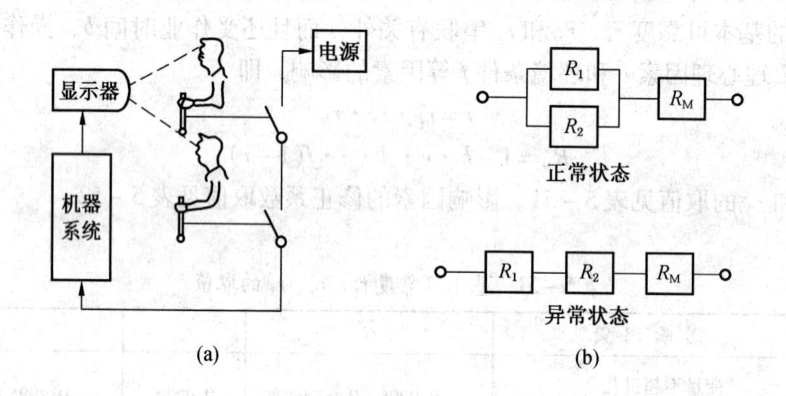

图5-38 二人监视系统

（1）异常状况时，相当于两人串联，可靠度比一人控制的系统增大了，这时操作者切断电源的可靠度为 R_{Hb}（正确操作的概率）为

$$R_{Hb}=1-(1-R_1)(1-R_2) \tag{5-46}$$

（2）正常状况时，相当于两人并联，可靠度比一人控制的系统减少了，即产生误操作的概率增大了，操作者不切断电源的可靠度（不产生误动作的概率）为

$$R_{Hb}=R_1\cdot R_2 \tag{5-47}$$

从监视的角度考虑，首要问题是避免异常状况时的危险，即保证异常状况时切断电源的可靠度，而提高正常情况下不误操作的可靠度则是次要的，因此这个监控系统是可行的。

所以两人监控的人机系统在正常、异常情况时的可靠度分别为

$$R''_{sr}=R_{Hb}\cdot R_M=R_1\cdot R_2\cdot R_M \tag{5-48}$$

$$R'_{sr}=R_{Hb}\cdot R_M=[(1-R_1)(1-R_2)]R_M \tag{5-49}$$

3. 多人表决的冗余人机系统可靠度

上述二人监控作业是单纯的并联系统，所以正常操作和误操作两种概率都增加了，而

由多数人表决的人机系统就可以避免这种情况。若由几人构成控制系统，当其中γ个人的控制工作同时失误时，系统才会失败，我们称这样的系统为多数人表决的冗余人机系统。设每个人的可靠度均为R，则系统全体人员的操作可靠度R_{Hn}为

$$R_{Hn} = \sum_{i=0}^{r-1} C_n^i (1-R)^i R^{(n-i)} \tag{5-50}$$

$$C_n^i = \frac{n!}{n!\ (n-i)!}, C_n^0 = 1 \tag{5-51}$$

式中　C_n^i——n个人中有i个人同意时事件数。

例如，由三人监视作业时，有两人以上同意才能切断电源，$n=3$，$r=2$，则其可靠度为

$$R_{Hn} = C_3^0 R^3 + C_3^1 (1-R) \cdot R^2 = 3R^2 - 2R^3$$

若每人正确操作的概率为$R=0.90$，误操作的概率为$F=0.15$，则在三人监视二人表决的系统中，正确操作的概率R_{H3}及误操作的概率F_{H3}分别为

$$R_{H3} = 3R^2 - 2R^3 = 0.972 > R = 0.9$$

$$F_{H3} = 3F^2 - 2F^3 = 0.06075 < F = 0.15$$

从上例多数人表决的冗余人机系统中，异常状况下正确操作的可靠性和正常状况下不发生误操作的可靠性都增加了。这说明采用冗余性系统设计，尽管人还会不可避免地产生失效但整个系统都具有较高的可靠性。

多数人表决的冗余人机系统可靠度的计算公式为

$$R_{sd} = \left[\sum_{i=0}^{r-1} C_n^i (1-R)^i R^{(n-i)} \right] \cdot R_M \tag{5-52}$$

4. 控制器监控的冗余人机系统可靠度

设监控器的可靠度为R_{mk}，则人机系统的可靠度R_{sk}为

$$R_{sk} = [1 - (1 - R_{mk} \cdot R_H)(1 - R_H)] \cdot R_M \tag{5-53}$$

5. 自动控制冗余人机系统可靠度

设自动控制系统的可靠度为R_{mz}，则人机系统的可靠度R_{sz}为

$$R_{sz} = [1 - (1 - R_{mz} \cdot R_H)(1 - R_{mz})] \cdot R_M \tag{5-54}$$

五、提高人机系统安全可靠性的途径

1. 合理进行人机功能分配，建立高效可靠的人机系统

（1）对部件等系统宜选用并联组装。

（2）形成冗余的人机系统：系统在运行中应让其有充足的多余时间，不能使系统无暇顾及运行中的错误情形，杜绝其失误运行。

（3）系统运行时其运行频率应适度。

（4）系统运行时应设置纠错装置，当操作者出现误操作时，也不能酿成系统事故。例如，电脑中的纠错系统等。

（5）经过上岗前严格培训与考核，允许具有进入“稳定工作期”可靠度的人上岗操作。

2. 减少人的失误

减少人的失误，提高人的可靠性，能使人机系统的安全可靠性大大增加，而减少人的

失误主要有以下几种措施：

（1）使操纵者的意识始终处于最佳状态。操作者产生操作失误除了机器的原因外，主要是由于操作者本身的意识水平或称觉醒水平处于Ⅰ级或Ⅳ级低水平状态。所以，为了保证安全操作，首先应使操作者的眼、手及脚保持一定的工作量，既不会由于过分紧张而造成过早疲劳，也不要因工作负荷过低而处于较低的意识状态；其次，从精神上消除其头脑中一切不正确的思维和情绪等心理因素，把操作者的兴趣、爱好和注意力都引导到有利于安全生产上来，变“要我安全”为“我要安全”，通过调整人的生理状态，使之始终处于最佳意识状态，以较强的安全意识，从事操作工作。

（2）建立合理的安全规章制度、规范，并严格执行，以约束不按操作规程操作的人员的行为。

（3）安全教育和安全训练。安全教育和安全训练是消除人的不安全行为最基本的措施。对不知者进行安全知识教育，对知而不能者进行安全技能教育，对既知又能而不为者进行安全态度教育。通过安全教育和安全训练，达到使操作者自觉遵守安全法规，养成正确的作业习惯，提高感觉、识别、判断危险的能力，学会在异常情况下处理意外事件的能力，减少事故的发生。

（4）按照人的生理特点安排工作。充分利用科学技术手段，探索和研究人的生理条件与不安全行为的关系，以便合理地安排操作者的作息时间，避免频繁倒班或连续上班，防止操作失误。

（5）减少单调作业，克服单调作业导致人的失误。可从以下几个方面着手：

① 操作设计要充分考虑人的生理和心理特点，作业单调的程度取决于操作的持续时间和作业的复杂性，即组成作业的基本动作数。所谓动作由 3 类 18 个动作因素组成，即第一类的伸手、抓取、移动、定位、组合、分解、使用、松手；第二类的检查、寻找、发现、选择、计划、预置；第三类的持住、迟延、故延和休息。若要在一定时间内保持较高的工作效率，作业内容应包括 10 项以上的基本动作，不少于 6 项基本动作，而且基本动作的操作时间至少应不少于 30 s。每种基本动作都应留有瞬间的小歇（从零点几秒到几秒），以减轻工作的紧张程度。此外，操作与操作之间还应留有短暂的间歇，这是克服单调和预防疲劳的重要手段。

② 操作内容变换，将不同种类的操作加以适当的组合，从一种单一的操作变换为另一种虽然也是单一的，但内容有所不同的操作，也能起到降低单调感觉的目的。这两种操作之间差异越大，则降低单调感觉的效果越好。从单调感比较强的操作变换到单调感比较弱的操作，效果也很明显。在单调感同样强的条件下，从紧张程度较低的操作变换为紧张程度较高的操作，效果也很好。例如，高速公路应有意地设计一定的坡度和高度，以提高驾驶员的紧张程度，这有利于交通安全。

③ 改善工作环境，科学地安排环境色彩、环境装饰及作业场所布局，可以大大减轻单调感和紧张程度。色彩的运用必须考虑工人的视觉条件、被加工物品的颜色、生产性质与劳动组织形式、工人在工作场所逗留的时间、气候、采光方式、车间污染情况、厂房的形式与大小等。此外，还必须考虑工人的心理特征和民族习惯。作业场所的布局还必须考虑到当与外界隔离时产生孤独感的问题。在视野范围内若看不到有表情、言语和动作的伙伴，则很容易萌发孤独感。日本一家无线电通信设备厂曾发生过从事传送带作

业的15名女工集体擅自缺勤的事件，其直接原因是女工对每天的单调作业非常厌烦。经采取新的作业布局，包括采用圆形作业台，使女工彼此之间感觉到伙伴们的工作热情，从而消除了单调感，提高了工效。可见，加强团体的凝聚力，改善人际关系也是克服单调的措施之一。

3. 对机械产品进行可靠性设计

一种可靠性产品的产生，需靠设计师综合制造、安装、使用、维修、管理等多方面反馈回来的产品的技术、经济、功能与安全信息资料，参考前人的经验、资料，经权衡后设计出来的。所以它是各个领域专家及技术人员的集体成果。作为从事安全科学技术的工程技术人员应该了解可靠性设计原理、设计要点，以便将设备使用和维修过程中发现的危险与有害因素及零部件的故障数据资料等及时反馈给设计部门，以进行针对性的改进设计。

产品的可靠度分为固有可靠度和使用可靠度，前者主要是由零件的材料、设计及制造等环节决定的达到设计目标所规定的可靠度；后者则是出厂产品经包装、保管、运输、安装、使用和维修等环节在其寿命期内实际使用中所达到的可靠度。当然，重点应放在设计和制造环节，提向固有可靠度，向用户提供本质安全较高的设备。机械产品结构可靠性设计有以下几个要点：

（1）确定零部件合理的安全系数。

（2）进行合理的冗余设计。

（3）耐环境设计。

（4）简单化和标准化设计。

（5）结构安全设计。

（6）安全装置设计。

（7）结合部的可靠性及其结合面的设计。

（8）维修性设计。

4. 加强机械设备的维护保养

（1）机械设备的维护保养要做到制度化、规范化，不能头痛医头，脚痛医脚。

（2）维护保养要分级分类进行。操作者、班组、车间、厂部应分级分工负责，各尽其职。

（3）机械设备在达到原设计规定使用期时，即接近或达到固有寿命期，应予以更换，不得让设备超期带病“服役”。

5. 改善作业环境

（1）安全设施与环境保护措施应与主体工程同时设计、同时施工、同时投产。从本质上做到安全可靠，环境优良。改善作业环境应像重视安全生产一样列入议事日程。

（2）环境的好坏，不仅影响人们的身心健康，而且还影响产品质量，腐蚀损坏设备，还会诱发事故。因此对作业环境有害物应定期检测，及时治理，特别是随着高科技的发展，带来许多新的危害因素，这些危害更要及时治理。因此，提倡建“花园式工厂、宾馆式车间”，工人在此环境中生产，对保障安全生产，提高产品质量以及工人心身健康都是有益的。

复习思考题

1. 人机系统的安全设计主要包括哪些内容？进行安全设计时应遵循哪些原则？
2. 人机系统安全设计的重点是什么？
3. 简述数字式显示和指针式模拟显示各有什么优点。
4. 为什么“开窗形”仪表比较好而“垂直直线形”最差？
5. 在设计语言传示装置时应注意哪些问题？
6. 怎样对仪表盘进行总体布局设计？
7. 设计控制器时应考虑哪些因素？
8. 在什么情况下选用脚动控制器？
9. 为什么要对显示器和控制器进行配置设计？
10. 简述数字式显示和指针式模拟显示各有什么优点。
11. 举例说明一般情况下防止误操作的设计。
12. 如何进行显示器与控制器的协调设计？
13. 举例论述在何种情况下宜选用脚动控制器。
14. 为什么说环境条件是影响安全人机系统可靠性的重要因素？
15. 从哪些方面对温度作业环境进行改善？
16. 论述眩光对作业的不利影响以及针对其所应该采取的主要措施。
17. 照明设计从哪几个方面着手？
18. 如何评价工作场所的色彩环境？
19. 举例说明在工作场所应该如何选择不同的照明形式。
20. 机器设备的配色应考虑哪些因素？
21. 非电离辐射作业环境如何防护？
22. 何谓安全防护装置？它有几种类型？有什么作用？
23. 安全防护装置设计的原则有哪些？
24. 结合事例说明如何进行安全装置的设计。
25. 影响人的可靠性因素主要有哪些？
26. 阐述人的失误种类及其特点。
27. 从安全人机工程的角度，分析人失误的产生原因。
28. 诱发人因事故的主要因素及其预防措施有哪些？
29. 提高人机系统安全可靠性有哪些途径？
30. 某变电所三人值班，若每人判断正确的可靠度为0.9995，试求：
① 三人中有一人确认判断正确就可执行操作的可靠度；
② 三人中有二人确认判断正确就可执行操作的可靠度；
③ 三人同时确认判断正确才可执行操作的可靠度。

第六章　安全人机工程学的实践与运用

第一节　工作空间及其设计

人们在从事某项作业时，为完成该项工作，人体所必需的活动范围或空间，称为作业空间，也称工作空间。作业空间设计，从大的范围来讲，是指在考虑作业性质、作业内容、工艺流程等特点基础上，考虑作业者的操作范围、视觉范围以及作业姿势等一系列生理、心理因素对作业对象、机器设备、工具进行合理的空间布局，给人、物等确定最佳的流通路线和占有区域，提高系统总体可靠性和经济性。从小的范围来讲，就是合理设计工作岗位，以保证作业者安全、舒适、高效工作。

一、有关概念

（一）关于作业空间

1. 近身作业空间

近身作业空间指作业者在某一固定工作岗位时，考虑身体的静态和动态尺寸，在坐姿或站姿下，其所能完成作业的空间范围，又称岗位空间。近身作业空间包括 3 种不同的空间范围，一是在规定位置上进行作业时，必须触及的空间，即作业范围；二是人体作业或进行其他活动时（如进出工作岗位，在工作岗位进行短暂的放松与休息等）人体自由活动所需的范围，即作业活动空间；三是为了保证人体安全，避免人体与危险源（如机械传动部位等）直接接触所需的安全防护空间距离。

2. 个体作业场所

个体作业场所指操作者周围与作业有关的、设备因素在内的作业区域，简称作业场所。如电脑、计算机桌椅就构成一个完整的个体作业场所。与近身作业空间相比，作业场所更复杂些，除了作业者的作业范围，还要包括相关设备所需的场地。

3. 总体作业空间

多个相互联系的个体作业场所布置在一起构成总体作业空间，如办公室、车间。总体作业空间不是直接的作业场所，它反映的是多个作业者或使用者之间作业的相互关系，如一个计算机房。

4. 受限作业空间

进出开口有局限性，非预定作业者连续停留的作业空间就是受限作业空间。最常见的局限空间作业以人孔作业最多，此外如电气管道施工、电力缆线施工、自来水管施工、坑内、深孔、沉箱及船舶作业等。作业者有时必须在这些限定的空间中进行作业，有时还需要通过某种狭小的通道。虽然这类空间大小受到限制，但在设计时必须使作业者能在其中进行作业或经过通道，为此应根据作业特点和人体尺寸确定受限作业空间的最低尺寸要求。为防止受限作业空间设计过小，其尺寸应以第 95 百分位数或更高百分位数人体测量数值为依据，并应考虑冬季穿着厚棉衣等服装进行操作的要求。

（二）关于作业姿势

安全人机工程学十分重视人体的作业姿势研究。认为人体的作业姿势必须有相应的作业空间尺寸和人机结合面布置与之匹配。正确的作业空间布局设计是维持正确作业姿势的条件，而不良的作业空间其后果都会反映在不良的作业姿势上。

实际生产活动中的作业姿势一般可以分为坐姿、立姿、坐—立交替姿势等。

（1）坐姿。坐姿是指身躯伸直或稍向前倾角为10°～15°，上腿平放，下腿一般垂直地面或稍向前倾斜着地，身体处于舒适状态的体位。其特点是：全身较为放松，不易疲劳，持续工作时间长；身体稳定性好，操作精度高；手和脚可同时参与工作。但活动范围小，手和手臂的操纵力也小。适用于操纵范围和操纵力不大，精细的或需稳定连续进行的工作。

（2）立姿。立姿通常是指人站立时上体前屈角小于30°时所保持的姿势。其特点是：能进行较大范围的活动和较大力量的操作，可减少作业空间；但只有单脚可能与手同时操作，不易进行精确和细致的作业，不易转换操作；长时间站立使人感到疲劳，甚至引起下肢静脉曲张等。适用于需经常改变体位的作业；工作地的控制装置布置分散，需要手、足活动幅度较大的作业；在没有容膝空间的机台旁作业；用力较大的作业；单调的作业等。

（3）坐—立交替。某些作业并不要求作业者始终保持立姿或站姿，在作业的一定阶段，需交换姿势完成操作。这种作业姿势称为坐、立交替的作业姿势。采用这种作业姿势既可以避免由于长期立姿操作而引起的疲劳，又可以在较大的区域内活动以完成作业，同时稳定的坐姿可以帮助作业者完成一些较精细的作业。适用于操作动作、操纵力等工作形式较为多样的工作。

（4）其他姿势。在工厂里，除了在固定工作岗位上通过操纵机器直接生产制造产品之外，还有大量工人是从事机器设备安装维修工作。当进入设备和管路布局区域或进入设备和容器的内部时，由于空间的限制，工人只能采用蹲姿、跪姿和卧姿等进行工作。

（三）岗位设计

岗位设计指工作场所、工作姿态、作业空间、座椅设计等，其设计应满足作业过程中的可达性要求、可视性及舒适性要求。可达性通常包括实体可达、作业空间可达和视觉可达等内容。例如，装配人员不仅能够很方便地抓取到所需要的装配工具或者零部件，还需要有比较充分的作业空间以便可以比较舒展地进行相关动作，而且需要进行装配的产品零部件也要始终在视野范围之内。舒适性是指岗位设计时考虑人的活动特性，符合人的生理心理特性，如动作的自然性、同时性、对称性、节奏性、规律性、经济性和安全性等。故岗位设计根据作业性质，结合作业人员动作特性、操作过程信息交互需求以及作业空间适宜性进行岗位设计。

（四）受限空间作业设计

由于受限空间作业岗位是一个比较特殊的工作岗位，导致事故乃至伤害的情形时有发生，其主要是没有对受限空间作业进行设计，因此对受限空间作业进行设计很有必要。

1. 受限空间及其受限空间作业

根据GB 30871—2014《化学品生产单位特殊作业安全规程》中对受限空间定义是指进出口受限，通风不良，可能存在易燃易爆，有毒有害物质或缺氧，对进入人员的身体健康和生命安全构成威胁的封闭、半封闭设施及场所，如反应器、塔、釜、槽、罐、炉膛、锅筒、管道以及地下室、窨井、坑（池）、下水道或其他封闭、半封闭场所。进入或探入受限空间进行的作业称之为受限空间作业。如某些作业和活动需在限定的空间中进行；某些空间范围对作业者的正常工作心理状态有影响；某些空间存在着可能会危及人身安全的因素。在布局设计或设备设计时，必须充分考虑并保证这些空间不影响人的有效活动，不影响人的健康和安全。

2. 受限空间分类

（1）受限作业（维修）空间，主要是指维修之类作业所需的最小空间。

（2）受限活动空间，是指人进行必要的活动所需的最小空间。

（3）个人心理空间，是指围绕着人体并按其心理感受所期望的空间。

（4）安全空间，是指可保障人体或其局部不致受到伤害的必要空间或距离。

3. 受限空间中的作业方式

受限空间中的作业行为受到空间范围影响，有两种表现方式：一种是人体完全进入受限空间中进行作业，如进入炉膛进行维修工作；另一种是将身体局部伸入作业空间，如把手伸入床下够取物品等。

二、工作空间设计

要设计一个合适的作业空间，不仅须考虑元件布置的造型与样式，还要顾及：操作者的舒适性和安全性；便于使用、避免差错，提高效率；控制与显示的安排要做到既紧凑又可区分；四肢分担的作业要均衡，避免身体局部超负荷作业；作业者身材大小等。从人机工程学的角度来看，一个理想的设计只能是考虑各方面的因素折中所得，其结果对每个单项而言，可能不是最优的，但应是最大程度地减少作业者的不便与不适，使得作业者能方便而迅速完成作业。显然，作业空间设计应以“人”为中心，以人体尺寸为重要设计基准。

（一）工作空间设计的原则

1. 一般性原则

根据 GB/T 16251—2008《工作系统设计的人类工效学原则》中给出了工作空间设计的一般性原则。

（1）工作空间设计应同时考虑人员姿态的稳定性和灵活性，应给人员提供一个尽量安全、稳固和稳定的基础借以施力。

（2）工作站的设计应考虑人体尺寸、姿势、肌肉力量和动作的因素。例如，应提供充分的作业空间，使工作者可以使用良好的工作姿态和动作的完成任务；允许工作者调整身体姿势，灵活进出工作空间。

（3）避免可能造成长时间静态肌肉紧张并导致工作疲劳的身体姿态，应允许工作者变换身体姿态。

2. 安全人机工程学原则

为了使工作空间设计得既经济合理，又能给作业人员的操作带来舒适和方便，在进行作业空间设计时，一般应遵守以下安全人机工程学原则：

（1）根据生产任务和人的作业要求，首先应总体考虑生产现场的布局，避免在某个局部的空间范围内的机器、设备、工具和人员过于密集，造成空间劳动负荷过大，然后再进行各局部之间的协调。在作业空间设计时，总体与局部的关系是相互依存和相互制约的。因此，必须正确协调总体设计与局部设计相互之间的关系。

（2）工作空间设计要着眼于人，落实于设备。即结合操作任务要求，以人员为主体进行工作空间的设计。也就是首先要考虑人的需要，为操作者创造舒适的作业条件，再把有关的作业对象（机器、设备和工具等）进行合理的排列布置。否则往往会使操作者承受额外的心理上和体力上的负担，其结果不仅降低工作效率，而且不经济，也不安全。

（3）考虑人的活动特性时，必须考虑人的认知特点和人体动作的自然性、同时性、对称性、节奏性、规律性、经济性和安全性。在应用有关人体测量数据设计作业空间时，必须保证至少在90%的操作者中具有适应性、兼容性、操纵性和可达性。

（二）不同作业姿势下的活动空间布局设计

在决定工作场地的作业空间布局时，从生理学的角度出发，应该避免或者尽可能把下列不方便或不正确的人体姿势减少到最小：①站着不动的姿势（特别对女性）；②长期地或经常重复地弯腰（指脊背弯曲角超过15°）；③躯干扭曲并倾斜的姿势或半坐姿势；④经常重复地单腿支撑的姿势；⑤手臂长时间向前伸直或伸开等。

1. 坐姿作业空间布局设计

坐姿作业空间布局设计主要包括工作台、工作座椅、人体活动余隙和作业范围等的尺寸和布局等。

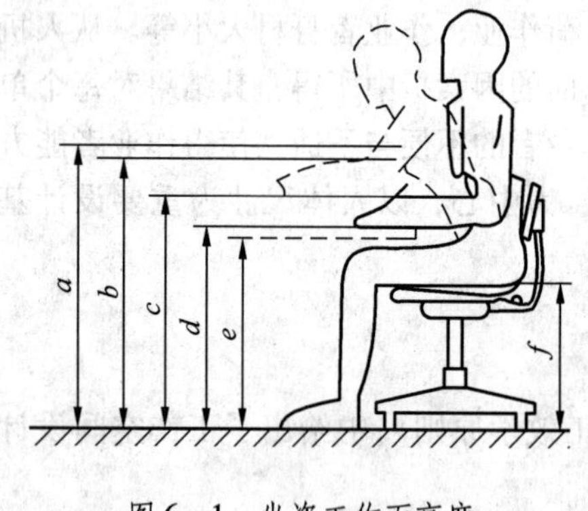

图6-1 坐姿工作面高度

1）坐姿工作面

坐姿工作面包括坐姿工作平面的高度和宽度。

（1）坐姿工作平面的高度。坐姿工作面高度主要由人体参数和作业性质等因素决定。从人体参数来看，一般用坐面高度加三分之一坐姿身高或坐姿肘高减25 mm来确定工作面高度。从作业性质来看，作业需要的力越大，则工作面高度就越低；作业视力要求越强，则工作面的高度就越高。图6-1给出了坐姿作业时，作业性质对工作面高度的要求。

图6-1中：台面高度a为（880±20）mm，作业者眼睛到被观察物体的距离为120～250 mm，能区分直径小于0.5 mm的零件，适合对视力强度、手臂活动的精度和灵活性要求都很高的作业，如钟表组装。台面高度b为（840±20）mm，作业者眼睛到被观察物体的距离为250～350 mm，能区分直径小于1 mm的零件，适合对视力强度要求较高的工作，如微型机械和仪表的组装，精确复制和画图等。a和b适合Ⅰ类作业。台面高度c为（740±20）mm，作业者眼睛到被观察物体的距离小于500 mm，能区分直径小于10 mm的零件，适合于一般的作业要求，如一般的钳工工作、坐着的办公工作等Ⅱ类作业。台面高度d为（660±20）mm，作业者眼睛到被观察物体的距离大于500 mm，适合于精度要求不高、需要较大力气才能完成的手工作业，如包装、大零件安装等。

由于固定的工作面高度是按照坐姿身高或坐姿肘高的第95百分位数值设计的，在工作面高度不适合某些人的身高时，可以正确选择坐面和脚垫（踏板）的最佳高度来调整。若工作面高度是可调的，图 6－2 给出了工作面高度与身高和作业活动性质的关系。

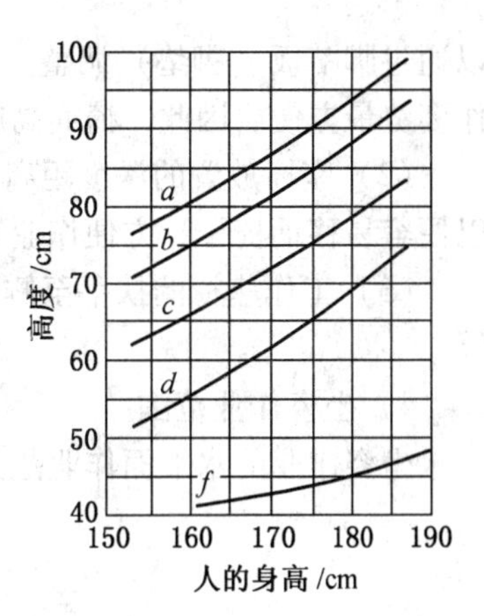

图 6－2　工作台和座位高度与工作性质和人身高的关系

（2）工作面宽度。视作业功能要求而定。若单供肘靠用，最小宽度为 100 mm，最佳宽度为 200 mm；仅当写字面用，最小宽度为 305 mm，最佳宽度为 405 mm；作办公桌用，最佳宽度为 910 mm；作试验台用，视需要而定。为保证大腿容隙，工作面板厚度一般不超过 50 mm。

2）容膝空间

在设计坐姿用工作台时，必须根据脚可达到区在工作台下部布置容膝空间，以保证作业者在作业过程中，腿脚能有方便的姿势。图 6－3 和表 6－1 示出了腿脚的几种姿势（两腿伸直，腿在座位下弯曲，一只脚在前，一只脚在后，两腿交叉，两脚交叉，脚放在脚控制器上）和最佳的容膝空间尺寸。

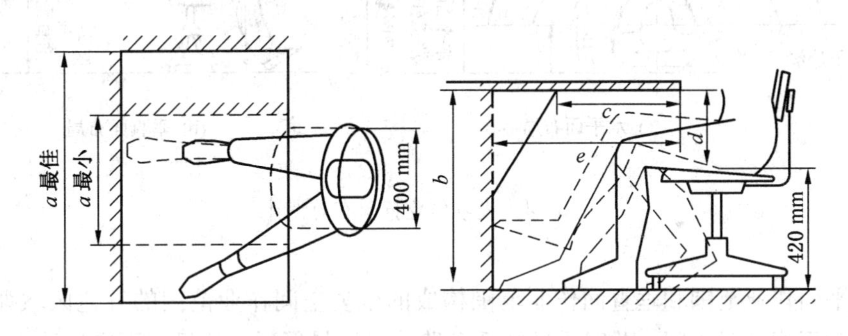

图 6－3　容膝空间

表 6－1　容膝空间尺寸

mm

尺度部位	尺寸		尺度部位	尺寸	
	最小	最佳		最小	最佳
容膝孔宽度 a	510	1000	大腿空隙 d	200	240
容膝孔高度 b	640	660	容腿孔深度 e	660	1000
容膝孔深度 c	460	660			

3）椅面高度及活动余隙

坐姿作业离不开工作座椅。座椅应使作业者在长期坐着工作时，感到具有生理上舒适、操作上方便、容易维持躯干的稳定和变换姿势、能减少疲劳和提高工效等作用效果。

工作座椅需要占用的空间，不仅包括座椅本身的几何尺寸，还包括人体活动需要改变座椅位置等余隙要求。椅面高度和座椅布置的活动余隙要求如下：

（1）椅面高度应根据坐姿腘窝高和坐姿时高的第 95 百分位数值设计，矮身材的人可以通过脚踏板（脚垫）调整。一般椅面高度比工作面高度低 270 ~ 290 mm 时，上半身操作姿势最方便。因此，椅面高度宜取 420 ± 20 mm。

（2）座椅放置的深度距离（工作台边缘至固定壁面的距离），至少应在 810 mm 以上，以便容易移动椅子，方便作业者的起立与坐下等活动。

（3）工作座椅的扶手至侧面固定壁面距离最小为 610 mm，以利作业者自由伸展胳膊等。

4）坐姿作业范围

坐姿作业的水平面作业范围和垂直面作业范围的设计如图 6 – 4 所示。

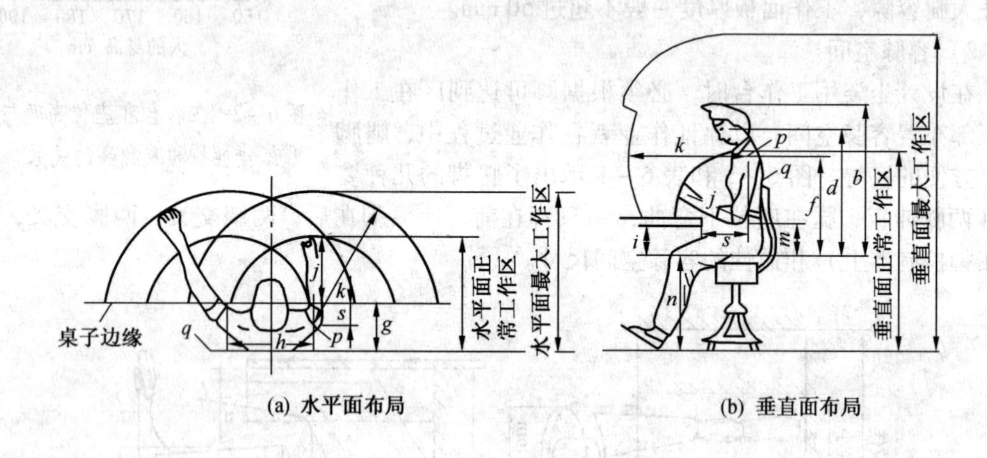

图 6 – 4 坐姿作业范围布局设计

由水平面作业范围和垂直面作业范围构成的坐姿空间作业范围的舒适区域如图 6 – 5 所示。它介于肩和肘之间，此时手臂的活动路线最短最舒适，能迅速而准确地进行操作。

例如，当坐姿作业是小件组装，要把 8 个部件装配起来，则作业者面前至少需要有 250 mm × 250 mm 的操作面积。供料箱应分布在作业者前方大于 250 mm 处（即装配区的周围）和工作场所中心左方或右方 410 mm 之内，并且不得高于工作面 500 mm（最好在工作面上方 250 mm 处，以减轻肩部肌肉疲劳）。经常取用的物件应置于操作面前 150 ~ 300 mm 之内，使作业者无须向前弯曲身体就能拿到。大而重的物件需靠近场地前面，允许作业者有时（每小时几次）到场外取物。

2. 立姿作业空间布局设计

立姿作业空间主要包括工作台、作业范围和工作活动余隙等的尺寸和布局。

1）立姿工作面的高度

立姿工作面的高度与身高、作业时施力的大小、视力要求和操作范围等很多因素有关。在考虑不同身高的作业者对工作面高度的要求时，虽然可以设计出高度可调的工作台，但实际上，大都通过调整脚垫的高度来调整作业者的身高和肘高。因此，立姿工作面高度应按照身高和肘高的第 95 百分位数设计，对男女共用的工作面高度按照男性的数值设计。图 6 – 6 按照男性身高的第 95 百分位数给出了立姿情况下不同作业性质对工作面高度的要求。

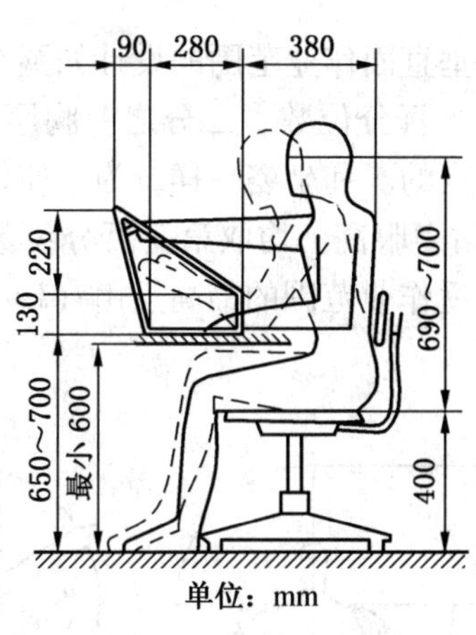

图6-5　坐姿空间作业范围

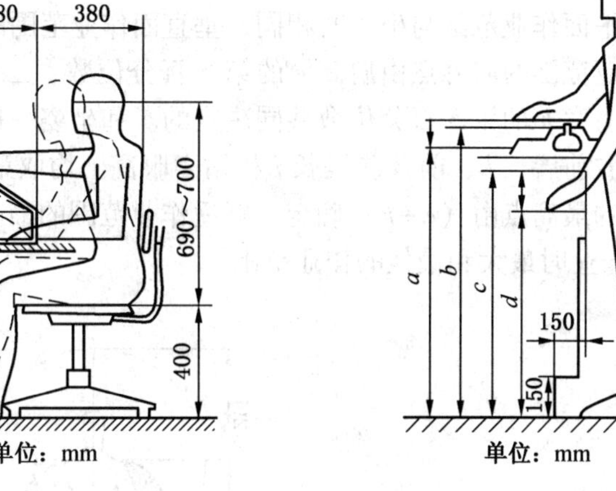

图6-6　立姿工作面高度

图6-6中：台面高度 a 为1050~1150 mm，适合于精密工作，靠肘支撑的工作（如书写、画图等）；台面高度 b 为1130 mm，虎口钳固定在工作台上的高度；台面高度 c 为959~1000 mm，适用于要求灵巧的工作，轻手工工作（如包装、安装等）；台面高度 d 为800~950 mm，适用于要求用劲大的工作（如刨床，重的钳工工作等）。

工作面的宽度视需要而定。

2）立姿工作活动余隙

立姿作业时人的活动性比较大，为了保证作业者操作自由、动作舒展，必须使站立位置有一定的活动余隙。有条件时，可以适当大些，场地较小时，应按有关人体参量的第95百分位数上着冬季防寒服时的修正值进行设计，一般应满足以下要求：

（1）站立用空间（作业者身前工作台边缘至身后墙壁之间的距离），不得小于760 mm，最好能达到910 mm以上。

（2）身体通过的宽度（在局部位置侧身通过的前后间距），不得小于510 mm，最好能保证在810 mm以上。

（3）身体通过的深度（在局部位置侧身通过的前后间距），不得小于330 mm，最好能满足380 mm以上。

（4）行走空间宽度（供双脚行走的凹进或凸出的平整地面宽度），不得小于305 mm，一般须在380 mm以上。

（5）容膝容足空间。立姿作业虽不需要，但提供了容膝容足空间，可以使作业者站在工作台前能够屈膝和向前伸脚，不仅站着舒服，而且可以使身体靠近工作台，扩大上肢在工作台上的可及深度。容膝空间最好有200 mm以上，容膝空间最好达到150 mm×150 mm以上；

（6）过头顶余隙（地面至顶板的距离）。一些岗位的过头顶余隙就是楼层的高，但许多大型设备常在机器旁建立比较矮小的操纵控制室，空间尺寸十分有限。如果过头顶余隙过小，心理上易产生压迫感，影响作业的耐久性和准确性。过头顶余隙最小应大于2030 mm，最好在2100 mm以上，在此高度下不应有任何构件通过。

3）立姿作业范围

立姿作业的水平面作业范围与坐姿时相同，垂直面作业范围的设计如图 6－7a 所示。

确定垂直面作业范围的肩峰点由肩高 e 的第 5 百分位数、二分之一胸厚 g 的第 95 百分位数和二分之一肩宽 h 的第 5 百分位数共同决定的。和坐姿一样，为了使作业范围适应 90% 以上人群，上肢前展长 k、前臂前展长 j 和站姿眼高 c 均取第 5 百分位数。这样，立姿时最大作业范围的最高点由（$e+k$）确定，舒适作业范围的最高点由（$l+k$）确定。图 6－7b 所示为立姿作业时最大和最佳的作业范围。

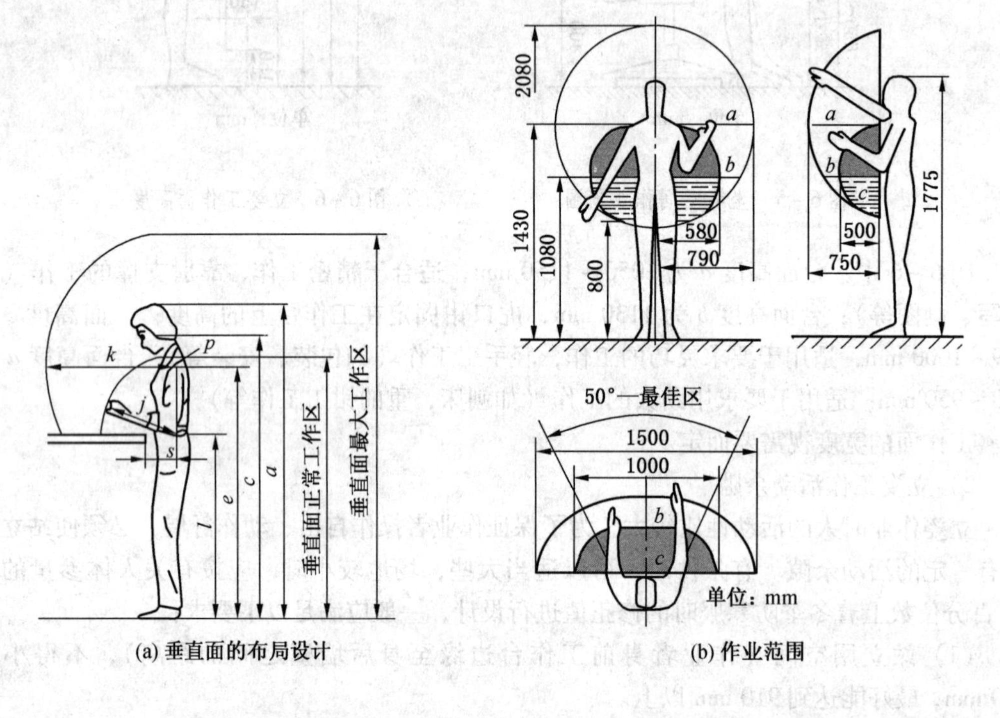

(a) 垂直面的布局设计　　(b) 作业范围

图 6－7　立姿垂直面的布局设计及作业范围

3. 坐—立姿作业空间布局设计

某些作业并不要求作业者始终保持立姿或站姿，在作业的一定阶段，需交换姿势完成操作。这种作业姿势称为坐、立交替的作业姿势。采用这种作业姿势既可以避免由于长期立姿操作而引起的疲劳，又可以在较大的区域内活动以完成作业，同时稳定的坐姿可以帮助作业者完成一些较精细的作业。适用于操作动作、操纵力等工作形式较为多样的工作。

坐—立姿作业空间设计用人体参数与选用原则，是在设计立姿作业空间的人体测量项目参数的基础上，增加了坐姿腘窝高 n 和大腿厚 i，其布局设计如图 6－8 所示。

从上可知，坐—立姿交替作业的工作面高度及水平面和垂直面的最大作业范围和舒适作业范围，均与单独采用立姿作业的设计结果相同。但坐—立姿交替作业的工作座椅的坐面高是不同的。它是由立姿时的工作面高度减去工作台面板厚度和大腿厚度 i 的第 95 百分位数所确定的。

因坐—立姿作业空间的特殊性，工作椅的设计布局宜采用以下方式：

（1）椅子可以移动，以便在立姿操作时可将它移开；

（2）椅子高度可调，以适应不同身高者的需要。

（3）坐姿作业时应提供脚踏板（脚垫），否则会因工作椅坐面过高，人的双脚下垂，造成座面前缘压迫大腿，使血液循环受阻。踏板中心位置高度应为座面高度减去坐姿腘窝 n 的第95百分位数，以保证容膝空间适应90%以上的人群。若踏板高度可调，可调范围取20～230 mm。

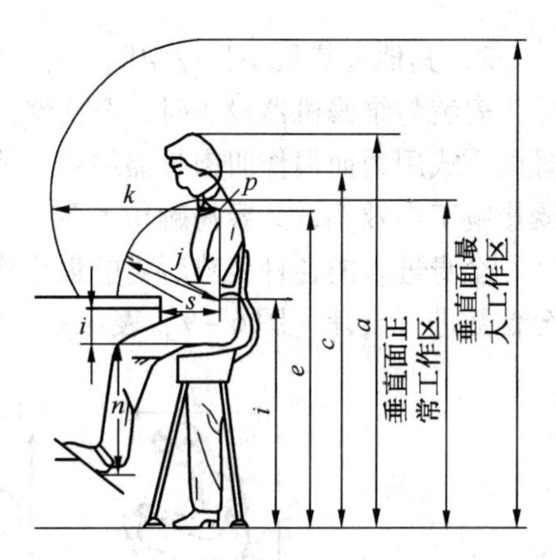

图6－8　坐—立姿交替作业垂直面布局设计

4. 其他姿势的作业空间

在工厂里，除了在固定工作岗位上通过操纵机器直接生产制造产品之外，还有大量的工人是从事机器设备安装维修工作。当进入设备和管路布局区域或进入设备和容器的内部时，由于空间的限制，工人只能采用蹲姿、跪姿和卧姿等进行工作。因此，必须在设备的设计和布局时考虑相应姿势并预留所需空间，具体包括两个方面：一是到达各检修点的可达性问题；二是在各检修点的可操作性问题。

1）检修通道的布局与最小尺寸

解决可达性问题，就是根据可能的通行姿势设计合理的检修通道。检修通道应针对一切可能的检修项目，采用最容易使所需的零部件、人的身体、工具等顺利通过的形状。在确定具体尺寸时，应考虑人体携带零部件和工具的方式所需的工作余隙，还应考虑作业人员在通道内的视觉要求。否则，遇到紧急检修时，人、工具和更换的零部件进不去，就得拆除或破坏其他的设施，造成更大的减产或停产。

一般情况下，设置一个大的检修通道，比设置两个或更多个小的检修通道要好，检修通道应位于正常安装时易于接近的设备表面或直接进入最便于维修的地方。同时应处于远离高压或危险转动部件的安全区。否则应采取有效的安全措施，以防作业人员进出时受到伤害。表6－2是人体形态尺寸对各种通行方式的最小空间尺寸要求。

表6－2　人体进入性通道最小尺寸要求（以第95百分位数进行统计）

序号	通行方式	尺度	尺寸/mm		
			最小	最好	着防寒服
1	单人正面通过	宽×高	560×1600	610×1860	810×1910
2	双人并行通过	宽×高	1220×1600	1370×1860	1530×1910
3	双人侧身通过	宽×高	760×1600	910×1860	910×1910
4	方形垂直入口	边长×边长	459×459	560×560	810×810
5	圆形垂直入口	直径	ϕ560	ϕ610	—
6	矩形垂直入口	宽×高	535×380	610×510	810×610
7	圆形爬行管道	直径	ϕ635	ϕ760	ϕ810
8	方形爬行管道	边长×边长	635×635	760×760	810×810

2）其他姿势最小作业空间尺寸

安装与维修机器设备时，若检修点的作业空间过小，人的肢体施展不开，就会以不合理的方式用力而损伤肌肉骨骼组织。或者会因把持不住工具、零部件等而造成物体失落，既影响工作效率，又容易砸伤人体。

全身进入的各种姿势所需的最小作业空间尺寸，应根据有关人体测量项目的第95百分位数进行设计（图6－9、表6－3）。

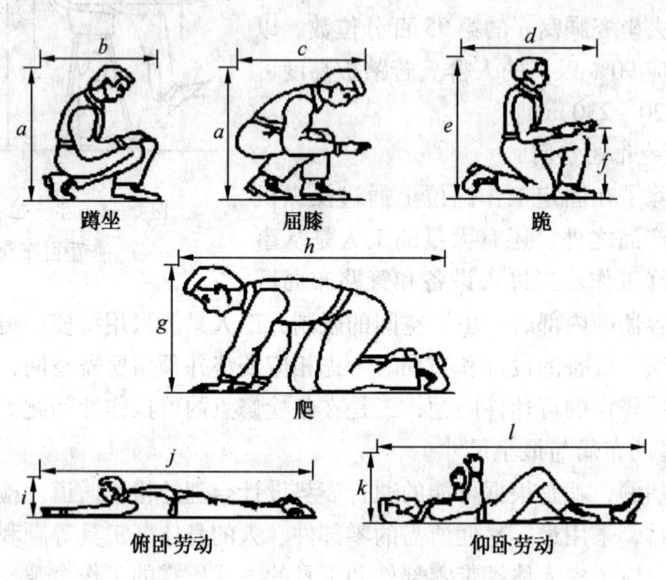

图6－9　其他姿势的作业空间

表6－3　其他姿势的最小作业空间

作业姿势	尺度标记*	尺寸/mm		
		最小值	选取值	着防寒服时
蹲坐作业	*a* 高度	120	—	130
	b 宽度	70	92	100
屈膝作业	*a* 高度	120	—	130
	c 宽度	90	102	110
跪姿作业	*d* 宽度	110	120	130
	e 高度	145	—	150
	f 手距地面高度		70	
爬着作业	*g* 高度	80	90	95
	h 长度	150	—	160
俯卧作业（腹朝下）	*i* 高度	45	50	60
	j 长度	245	—	—
仰卧作业（背向下）	*k* 高度	50	60	65
	l 长度	190	195	200

注：＊表示尺度标记符号的意义如图6－9所示。

根据结构或其他具体情况的需要，安装维修作业是通过观察口和操作通道两个部分去实现的。即作业中，只需用手或手指伸入某个区域内部。这时，必须在设备上设计出最佳轮廓外形的检查孔、检查窗或门等，以便手能自如活动。

检查孔或观察窗的间隙尺寸可以按下述方法设计：双肩均需进入，取开口的宽度等于可及范围深度的75%加150 mm，水平间隙至少为630 mm（图6-10a）；只把手臂伸进到附近肘部时，孔的直径取110 mm（图6-10b）；若把整个手臂都伸进去，孔的直径应取125 mm，着防寒服作业再增加75 mm（图6-10c）；对于伸直手掌及握拳的开口尺寸应取图6-10d、图6-10e所示的大小；对于拿东西的手来说，物体周围的自由空间应等于45 mm，戴手套时再增加20 mm（图6-10f、图6-10g）；对于按动按钮，孔的直径应取40 mm（图7-10 h）；而为了用双指捏取按钮，孔的直径必须等于65 mm（图6-10i）。如果开口间隙小于以上尺寸，手的操作速度和操作正确性就会受到影响。

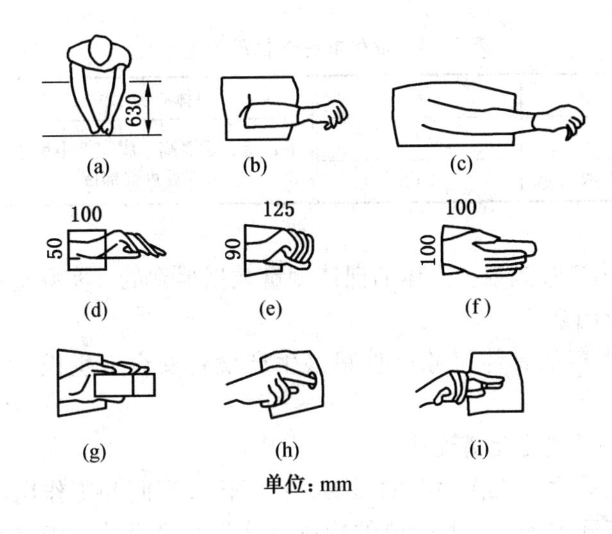

图6-10　手的自由空间尺寸

（三）安全距离设计

由于种种原因，许多设备要实现无任何危险之处是很难的，因此就必须考虑与其保持一定的安全距离。安全距离有两种：一是防止人体触及机械部位的间隔，称为机械防护安全距离的确定，主要取决于人体测量参数；二是使人体免受非触及机械性有害因素影响的间隔（如超声波危害、电离辐射和非电离辐射危害、冷冻危害以及尘毒危害等），称为人体与带电导体安全距离的确定，主要取决于危害源的强度和人体的生理耐受阈限。

1. 机械防护安全距离设计

机械防护安全距离分为3类：防止可及危险部位的安全距离、防止受挤压的安全距离和防止踩空致伤的盖板开口安全距离。其大小等于身体尺寸或最大可及范围与附加之代数和，即

$$S_d = (1 \pm K)L \tag{6-1}$$

或

$$S_d = (1 \pm K)R_m \tag{6-2}$$

式中 S_d——安全距离，mm；

L——人体尺寸，mm；

R_m——最大可及范围，mm；

K——附加量系数。

由于安全距离直接关系到人体的安全与健康，在人体尺寸或最大可及范围的选取时，应采用第99百分位上男女二者中较大的数值作为最小安全距离的设计依据；采用第1百分位上男女二者中较小的数值作为最大安全空隙的设计依据。这样可以保证99%以上人群的身体不会进入危险区域内部。同时，为了保证人体不会触及危险区域的界面，还必须在人体尺寸或最大可及范围的基础上加上一个附加量（即安全余量），用 K_L 或 K_{Rm} 表示。其中在计算不允许身体触及的最小安全距离时用减号。附加量的大小系数 K 可按表6－4选取。

表6－4 身体有关部位附加量系数

身体有关部位	K	身体有关部位	K
身高等大尺寸	0.03	手、指、足面高、脚宽等小尺寸；头胸等重要部位	0.10
上、下肢等中等尺寸；大腿围度	0.05		

公式中的安全距离 S_d 是根据人体的裸体测量数据得到的。实际应用时，还应考虑不同环境所要求的着装因素。

机械防护安全距离的具体尺寸可参阅《生产设备安全卫生设计总则》（GB 5083—1999）。

2. 人体与带电导体安全距离设计

由于向设备提供动力和工作照明的需要，在厂区、车间和工作岗位上，常有配电设施、电线电缆和电气开关等。这些带电的物体虽然都有绝缘的外表层或其他安全保护措施，但仍然存在着对人体的潜在威胁。因此，人体与带电导体应保持一定的安全距离，以避免各种电气伤害。

人体与带电导体间的安全距离视电压的高低和操作条件而定。在低压操作下，人体与带电体至少应保持100 mm的距离。在高压无遮拦操作中，人体及所携带工具与带电体之间的最小距离：10 kV以下者不应小于700 mm，20～35 kV者不应小于1000 mm。用绝缘杆操作时，应装临时遮拦。在线路上工作时，人体与邻近带电体的最小距离：10 kV以下者不应小于1000 mm，35 kV者不应小于2500 mm。

（四）最佳作业空间的选择

为了设计出最佳作业空间，除考虑人体的静态测量值尺寸和活动范围外，还应考虑操作者的心理特性、行动特性、协同作业，以及显示、控制仪器的布局等因素。

（1）充分考虑作业者的心理特性。操作者在最小作业空间虽然也可以工作，但操作者会明显有压迫感，更谈不上舒适。因此，在设计作业空间时，还应考虑作业者精神上的思考自由及行动上的余裕。此外，还要考虑作业空间的色彩、照明及换气等环境因素。如明亮欢快的色彩、充分的照明将会使人感到空间特别宽敞，反之灯光昏暗，空气混浊会使人感到空间狭小。

（2）充分考虑作业者的行动空间。作业者在实现作业目的的动作中，往往要加进一些作业者自主目的的行动，如离开工作位置及移动等。于是需要此作业空间更宽敞些。

（3）对于多人集体作业应考虑协同作业空间。实际作业中，常常不是单人作业，而是由多人组成的集体作业。这种集体作业的空间，并非单个人和物形成空间的简单叠加，须考虑人与人之间相互交流信息和协同作业的需要。

（4）考虑设备本身的特点（功能、形状、数量和使用情况等）进行设计，尽量把功能相同和相互联系的部件组合在一起，以利于操作、监视和管理。

（5）考虑控制装置的合理布局，将使用频率高的控制装置布置在最适于作业的区域，并按操作的先后顺序，把它们相互之间尽量安排得近一些，形成一个流畅的作业线路。

（6）根据人体测量学、解剖学和生物力学的特征来布置机器、控制器和工具，做到使操作者既能高效操作，又能减少疲劳。

（7）把设备、控制器和显示器等尤其是重要设备仪器布置在操作者的手或脚的可及范围与视野的有效位置。

由上可知，设计最佳作业空间要统一考虑，全面权衡。首先要考虑符合人的生理心理需要，为操作者创造舒适的作业条件，在此基础上再考虑显示、控制等仪器的布置，才能达到使操作者既准确、高效，人又不易疲劳，从而可以减少或避免因操作失误而发生的事故。坐姿最佳空间范围如图 6－11 所示。

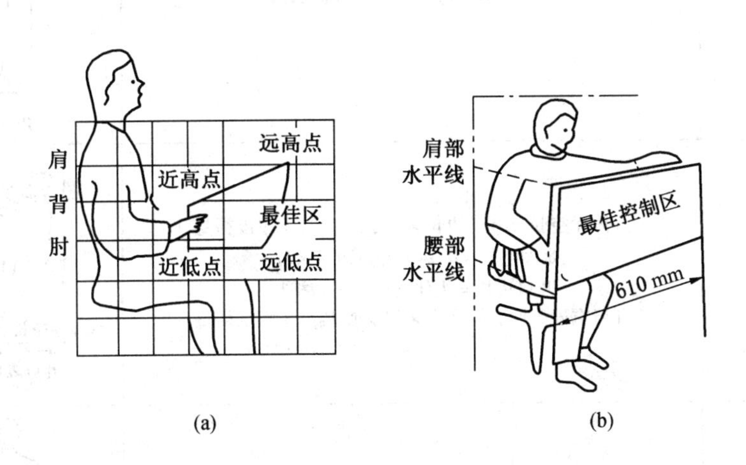

图 6－11　坐姿最佳空间作业范围

三、受限空间作业设计

（一）受限空间设计考虑因素

受限空间设计应从实际的作业及活动需要和特点出发，考虑体位、姿势及肢体的各个方向活动范围，考虑使用工具的空间，并留有适当裕量，其设计除了遵循工作空间设计的一般原则和满足相应尺寸要求外，还应考虑到受限空间特殊性，如空间环境影响因素必须在设计中予以考虑。

（二）人体完全进入受限空间尺寸设计

身体完全进入受限空间进行作业，会受到以下因素影响：衣着类型，如衣服的厚薄；是否携带工具；是否有附加装备，如防护设备；运作姿态、视线、施力要求等作业要求；作业频次和时间；开口通道的长度；逃离危险的可利用空间；人体支持物的位置，尺寸；光线、噪声、湿度、温度等环境条件；作业时的危险因素（表6－5～表6－7，图6－11）。

表6－5 人体全部进入开口通道尺度数据

开口通道类型	尺度空间计算方法	图示
直立水平向前走动通过开口	开口高度＝身高×P_{95}或P_{99}＋高度裕量 开口宽度＝体宽×P_{95}或P_{99}＋宽度裕量	
直立水平侧向短距离通过开口	开口高度＝身高×P_{95}＋高度裕量 开口宽度＝体宽×P_{95}＋宽度裕量	
用楼梯通过竖直通道	人体净空长＝开口边长×（P_{95}或P_{99}）＋厚度裕量 足净空长＝0.74×开口边长×P_{95} 开口边长＝人体高度＋足净裕长 开口宽度＝两肘间宽度×（P_{95}或P_{99}）＋宽度裕量	
快速运动人孔	开口直径＝两肘间宽×（P_{95}或P_{99}）＋直径裕量 注：通道长度＜500 mm	
跪姿通过开口	开口高度＝上肢执握前伸长×（P_{95}或P_{99}）＋高度裕量 开口宽度＝两肘间宽×（P_{95}或P_{99}）＋宽度裕量	

表6-6 立直作业入口裕量

姿势类别	高度裕量		宽度裕量	
	名称	范围/mm	名称	范围/mm
1. 直立水平向前走动用开口。 2. 直立水平侧向短距离通过开口	身体活动基本裕量	50	身体活动基本裕量	50
	快走或跑或频繁长时间使用鞋	100	快走或长时间使用工作服	100
	厚袜	40	避免衣服被通道损坏	100
	使人增加高度的防护设备	60	厚冬装或个体防护服	100
			工作服	20

表6-7 部分通道开口裕量

姿势类别	厚度、宽度裕量（直径裕量）	裕量范围/mm
1. 用梯子通过竖直通道。 2. 快速运动人孔。 3. 跪姿通过开孔	身体活动基本裕量	100
	工作服	20
	厚冬装或个体防护服	100
	个体防护装置	100
	移动时抬头向前看裕量（跪姿）	100

（三）人体局部进入开口空间尺寸设计

在装修工程环境设施施工中，经常会遇到需要施工人员身体局部进入开口空间进行作业的工作，例如书桌抽屉轨道的安装，隐蔽在墙体内的水电表箱，小区内的公共管道井维修等。这些工作的进行因为身体局部进入，作业难度增加，有一定的不安全因素。《用于机械安全的人类工效学设计　第2部分：人体局部进入机械的开口尺寸确定原则》(GB/T 18717.2—2002）对此提出，有许多因素会影响作业的安全进行，如作业人员的动作姿势、施力大小、视力程度；作业人员与开口的配合方式；是否易于达到作业高度；作业空间是否充足；作业姿势是否舒适；作业的时间和作业频率；携带工具应用是否方便；进入开口空间的深度、宽度；是否有辅助设备，如照明灯、防护服；工作人员的衣着厚薄；免冠还是戴头盔；作业环境中的光线、噪声、温度、湿度因素；还有作业的安全风险因素。

人体局部进入开口空间进行作业是指人向前俯探身体，触及或伸展上身、肢体（头、手臂、手指）、腿、足进行作业的形式，必须留有一定的空间裕量，见表6-8。

表6-8 各种姿势身体局部进入工作空间裕量

姿势类别	裕量名称	裕量范围/mm
上身及双臂进入开口作业空间	进入开口的净空	50
	工作服	20
	厚实的冬装个体防护服	100
	避免服装和进出口相接触而受到损坏	100
	个体防护设备（供养设备除外）	100

表 6-8（续）

姿势类别	裕量名称	裕量范围/mm
头部进入开口作业空间	头部活动净空	50
	个体防护	100
	避免触及出口壁的污染	100
1. 双臂（向前向下）进入开口作业空间。 2. 双臂至肘（向前向下）进入开口作业空间。 3. 单前臂（至肘）进入开口作业空间。 4. 单臂（至肩关节）向前侧进入开口作业空间	活动基本裕量	① 20 ② 120
	工作服	20
	冬装或个体防护服	100
	避免服装和进出口相接触而受到损坏	100
拳进入开口作业空间 五指平伸至腕进入开口作业空间 四指平伸至拇指根进入开口作业空间 食指进入开口作业空间	活动基本裕量	10
	使用护腕装备	20
单足至踝骨进入开口作业空间	动作基本裕量	10
	鞋袜	30
前足操纵制动进入开口作业空间	动作基本裕量	10
	鞋袜	40

在受限空间作业中，还有一部分是人体上肢使用工具在作业空间中完成的，如图 6-12 所示。

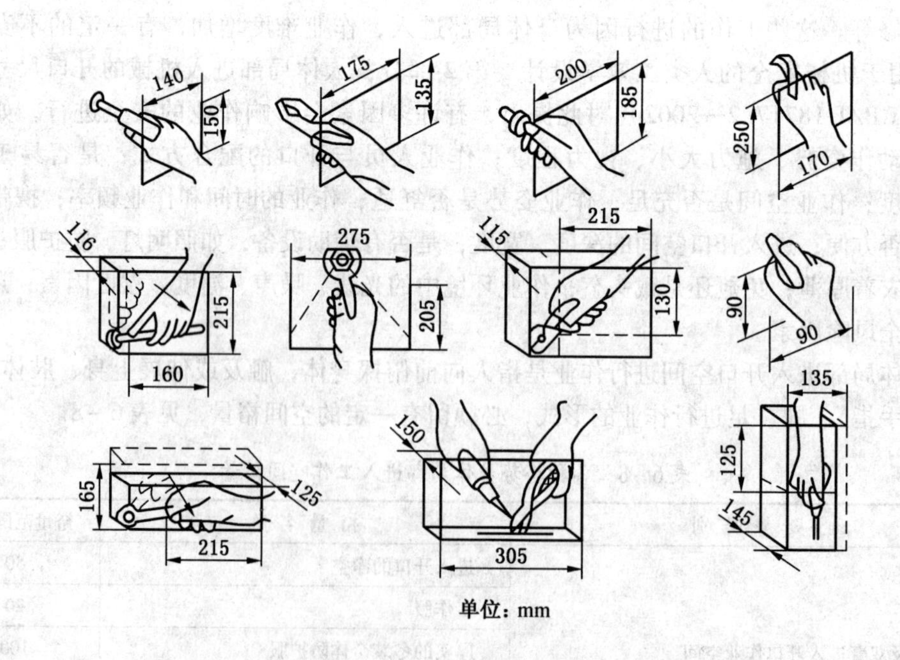

图 6-12　受限空间上肢作业

（四）受限空间作业环境设计

受限空间作业环境设计包括以下5个方面要求。

（1）作业前应对受限空间进行安全隔绝，要求为：①与受限空间连通的可能危及安全作业的管道应采用插入盲板或拆除一段管道进行隔绝；②与受限空间连通的可能危及安全作业的孔、洞应进行严密地封堵；③受限空间内的用电设备应停止运行并有效切断电源，在电源开关处上锁并加挂警示牌。

（2）作业前应根据受限空间盛装（过）的物料特性，对受限空同进行清洗或置换，并达到3个要求：①氧含量为18% ~21%，在富氧环境下不应大于23.5%；②有毒气体（物质）浓度应符合《工作场所有害因素职业接触限值·化学因素》(GBZ 2.1—2007）的规定；③可燃气体浓度要求是否达到动火合格标准规定。

（3）应保持受限空间空气流通良好，可采取的措施：①打开人孔、手孔、料孔、风门、烟门等与大气相通的设施进行自然通风；②必要时，应采用风机强制通风或管道送风，管道送风前应对管道内介质和风源进行分析确认。

（4）应对受限空间内的气体浓度进行严格监测，监测要求为：①作业前30 min内，应对受限空间进行气体分析，分析合格后方可进入，如现场条件不允许，时间可适当放宽，但不应超过60 min；②监测点应有代表性，容积较大的受限空间，应对上、中、下各部位进行监测分析；③分析仪器应在校验有效期内，使用前应保证其处于正常工作状态；④监测人员深入或探入受限空间监测时应采取个体防护措施；⑤作业中应定时监测，至少每2 h监测一次，如监测分析结果有明显变化，应立即停止作业，撤离人员，对现场进行处理，分析合格后方可恢复作业；⑥对可能释放有害物质的受限空间，应连续监测，情况异常时应立即停止作业，撤离人员，对现场进行处理，分析合格后方可恢复作业：⑦涂刷具有挥发性溶剂的涂料时，应做连续分析，并采取强制通风措施；⑧作业中断时间超过60 min时，应重新进行分析。

（5）进入下列受限空间作业应采取的防护措施包括：①缺氧或有毒的受限空间经清洗或置换仍达不到（2）中要求的，应佩戴隔绝式呼吸器，必要时应拴带救生绳；②易燃易爆的受限空间经清洗或置换仍达不到要求的，应穿防静电工作服及防静电工作鞋，使用防爆型低压灯具及防爆工具；③酸碱等腐蚀性介质的受限空间，应穿戴防酸碱防护服、防护鞋、防护手套等防腐蚀护品；④有噪声产生的受限空间，应佩戴耳塞等防噪声护具；⑤有粉尘产生的受限空间，应佩戴防尘口罩、眼罩等防尘护具；⑥高温的受限空间，进入时应穿戴高温防护用品，必要时采取通风、隔热、佩戴通信设备等防护措施；⑦低温的受限空间进入时应穿戴低温防护用品，必要时采取供暖、佩戴通信设备等措施。

第二节　手持工具的安全人机工程

根据《手持式、可移式电动工具和园林工具的安全》(GB 3883.1—2014），手持式工具是指用来做机械功，提供或不提供安装到支架上的装置，设计成由电动机与机械部分组装成一体、便于携带到工作场所，并能用手握持或支撑或悬挂操作的工具，手持式工具必须充分考虑操作者（使用者）手的尺寸及其力学原理，满足安全人机工程的要求，在确保安全的前提下提高工作效率。

一、手持式工具设计的人机要求

（一）手持式工具风险识别

人手能够进行多种活动，既能做出精准操作，又能使出较大的力，但如果手持工具设计不合理，会导致手负担过重，可能出现肌肉劳损、上肢功能障碍、手部/手指损伤、撕裂伤、手/手臂振动、手震颤、重复性活动所致的劳损等。

对于用力类型的工具，为了安全和避免损伤，手持工具使用应确保作用力施加在合适位置。如力施加在手掌心区域上，会压迫控制手指运动的韧带和腱，手容易受到伤害。对工具使用过度或者固定姿势重复操作，可导致作业者颈部、手臂和手腕疾患。手在握持中，手腕应尽可能保持伸直状态，以便确保施加在手上的任何力在传递到臂的时候不会产生绕手腕转动的较大力矩。

（二）手持式工具设计的基本要求

（1）便于使用的规则，方便施力、利于观察等。

（2）根据手持式工具使用性能合理选择工具重量。一般较轻的产品较易于操作，同时重量轻延长每次使用时间。

（3）使用工具时的姿势和操作动作匹配，符合人体生物力学特性，不能引起过度疲劳。如使用手持工具时手腕伸直可以减轻手腕疲劳。

（4）工具结合面即握持部分不应出现尖角和边棱，手柄的表面质地应能增强表面摩擦力，与所有使用者的手指形状都匹配，手柄的形状及尺寸大小与手匹配，与工具作业性质及操纵相关。如直径大可以增大扭矩，但手柄直径太小，力量便不能发挥。

（5）手持工具的把手应有防滑保护装置，有助于在更靠前的位置握住工具，这样能提高操作的准确性；或者配备保护装置或制动装置，以避免滑落或者夹手。

二、手持式工具把手设计

使用手持工具因功能需求对动作的准确性、力度、动作幅度等要求不同，设计也有所不同。把手是使用手持式工具最重要的部分，直接影响着产品功能的发挥和产品舒适性的体现，其设计参数包括把手直径、长度、形状、弯角等。

（一）把手直径

直径大小取决于工具的用途与手的尺寸。对于螺丝起子，直径大可以增大扭矩，但直径太大会减小握力，降低灵活性与作业速度，并使指端骨弯曲增加，长时间操作，则导致指端疲劳。比较合适的直径是：着力抓握 30 ~ 40 mm，精密抓握 8 ~ 16 mm。如为了确定精确位置而设计的小型螺丝钻的手柄直径为 8 ~ 16 mm。为了握紧手柄着力的打井钻的手柄直径为 30 ~ 50 mm。

手柄尺寸和手的大小匹配关系非常重要。如果手柄太小，力量便不能发挥，而且可能产生局部较大压力（类似用一支非常细的铅笔写作）。但如果手柄太大的话，手的肌肉处在一个不舒适作业状态。

（二）把手长度

长度主要取决于手掌宽度。掌宽一般在 71 ~ 97 mm 之间（5% 女性至 95% 男性数据），合适的把手长度为100～125 mm。最小手柄长度100 mm。

（三）把手形状

即把手截面形状。对于着力抓握，把手与手掌的接触面积越大，则压应力越小，如图6－13所示。图6－13b中工具的手柄通过手的更大接触面积而分散压力，比图6－13a中工具减少了机械性紧张。一般应根据作业性质确定把手形状，断面呈椭圆形的手柄，通常更能适应大的直线作用力和扭矩。与此相比，断面呈圆形或正方形的手柄就较差些。使用契形把手的工具（横断面可变化的）可减少手向前移动，并更能用力。

对于施力较大的使用工具，使用横断面为非圆形且表面材料摩擦系数大的把手，可减少工具在手中的旋转。为了防止与手掌之间的相对滑动，可以采用三角形或矩形，这样也可以增加工具放置时的稳定性。对于螺丝起子，采用丁字形把手，可以使扭矩增大50%，其最佳直径为25 mm，斜丁字形的最佳夹角为60°。

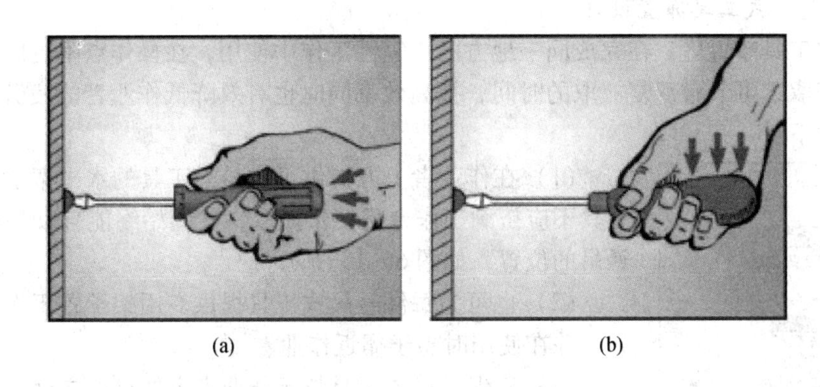

图6－13　不同形状把手受力示意图

（四）把手结构

其设计应保持工具使用时手腕处于顺直状态，此时腕关节处于正中的放松状态。当手腕处于掌屈、背屈、尺偏等别扭的状态时，手部组织超负荷，就会产生腕部酸痛、握力减小，长时间操作会引起腕道综合征、腱鞘炎等症状。图6－14是钢丝钳传统设计与改进设计的比较，传统设计的钢丝钳造成掌侧偏，改良设计中握把弯曲，人操作时可以维持手腕的顺直状态，而不必采取尺偏的姿势。有时为避免工具使用的不舒适，常采用贴合人手的形状，使其适合所接触的身体部分，如手掌和掌心。

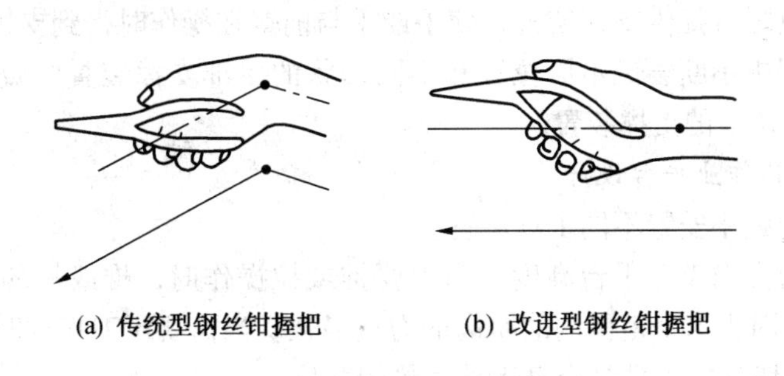

图6－14　传统钢丝钳和改进后钢丝钳操作示意图

（五）把手材料

（1）把手柄表面使用导热性低的材料，如橡胶、乙烯树脂、木料或软塑料等，金属因导热性和导电性高而有危险。

（2）对于金属把柄，只需在其表面涂薄薄一层塑料（如塑料套），就能极大地降低其导热性并提高其舒适度。

（六）手持式工具重量设计

手持式工具的最大重量参数：在使用时由手臂提起工具，并从身边不好使的位置上转换至合适位置的适宜重量不应超过2.3 kg。如果过重，前臂肌肉与肩膀就容易疲劳和损伤；若要求作用点位置精确的手持式工具，其重量不应超过0.4 kg。

三、手持式工具使用布置设计

（一）悬吊式工具布置设计

悬吊式工具布置适宜在完成同一地方的重复性工作中使用，在操作点附近的悬吊式工具可轻松获取，可节省反复放取的时间，提高效率同时也有效降低作业者的疲劳程度。其设计要求如下：

图6－15　采用弹簧悬挂头部上方工具专用架

（1）在作业者上方提供可供悬吊工具的水平架子，悬吊式工具不应挤满工作台且便于抓取，并应始终能自动地弹回到其悬吊的位置，如图6－15所示。

（2）也可为每件悬吊式工具提供专用架子置于作业者的前方，并在使用时易于靠近作业者。

（3）确保悬吊式工具位于作业者方便拾取之处，并确保悬吊式工具在不使用时，不妨碍劳动者的手臂及其活动。

（4）悬吊式工具供不同作业者使用，确保其在手接触范围内可调节。

（二）精密式工具布置设计

工具操作的准确性或精密工作在很大程度上取决于操作时手的稳定性，因此需要提供手部支撑装置。精密手柄不同于电动手柄，所需的力约为电动手柄的1/5。精密工作的准确性可受手部轻微动作的影响。设计手部支撑装置可减少震颤或轻微抖动，以利于提高准确性，其设计要求：

（1）在操作点附近提供支撑装置，使手或手与前臂在操作时得到支撑。

（2）设计过程中不断尝试不同位置和不同形状的手部支撑装置的效果，选择最佳效果，如合适提供可调节的支撑装置。

（三）手持工具作业平台设计

（1）根据使用频率安置不同工具位置。

（2）根据施力方向设置平台高度。当需要推或拉操作时，推或拉的位置应在肩部以下、髋关节以上，因为这个范围内的肌肉的力量最强。当需要用刀切割时，保持刀刃向下（图6－16），因为切割的力量是全身运动力量的两倍。

（四）操作过程安全设计

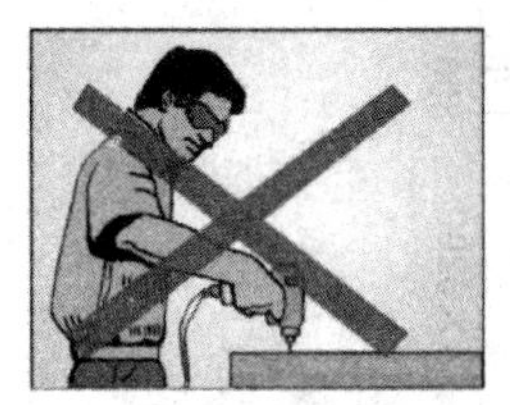
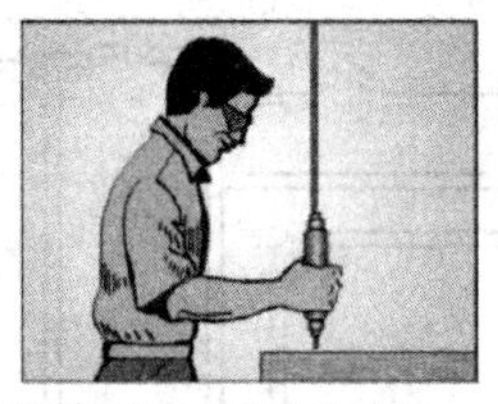

(a) 工具在水平作业面使用时要置于肘关节高度

(b) 在垂直作业面使用时要在肘关节高度之上

图6－16　操作方向与操作平台匹配正确与错误示意图

（1）工具具有防滑保护装置，有助于在更靠前的位置握住工具，这样能提高操作的准确性；或者配备保护装置或制动装置，以避免滑落或者夹手。使用工具时，滑落或夹手会导致损伤，改进工具可预防其滑落和夹手。工具失控会导致损坏和工伤，劳动者操作时担心工具滑落和夹手会降低工作质量。

（2）工具前部使用保护装置或制动装置（如小刀和烙铁），手握持处能预防手向前移动，预防滑落，可安全有效地操作工具。

（3）使用圆头把手可（工具把手后端的防护装置）预防工具脱手，也可以使工具更易于向身体方向移动。

（4）选择把手形状不夹手的工具。

第三节　控制室的安全人机工程

控制室在自动化程度相当高的生产线中成为控制系统的核心部分，故对控制室的设计与布置应有严格的要求。首先，控制室的设计必须做到内部结构功能分区明确，内外联系方便，并尽量减少操纵时的走动，其次是控制室空间的合理布置和利用。

一、控制室的平面布置

控制室一般有控制台、仪表盘、显示屏及其他为控制室服务的通信系统、供电系统、继电器箱等设备，大中型的控制室还有电子计算机及外部设备系统，控制室的平面组成一般包括下列几项（图6－17）。

（1）控制中心室。这里布置控制台、仪表盘、显示屏等主要监控系统设备，人员的操纵控制活动大都在这里进行，它是控制室的核心部分。

（2）控制室辅助用房。包括办公室、值班室、分析室等。

（3）计算机室。其主要布置计算机的主机及外部设备。由于计算机系统的驱动带、磁盘、行式打印和空调设备等的噪声大，因此应将计算机室与控制中心室隔开布置，并且它们之间还应装隔音设备，但它们之间的联系则要求方便。

（4）更衣室。供控制中心室或计算机室的工作人员进行更衣换鞋的房间。

（5）生活室。供工作人员工间休息、吸烟、吃便餐等用的房间。

（6）参观廊。为了不因参观者的来访而干扰室内的工作，可在控制室的外侧设置长

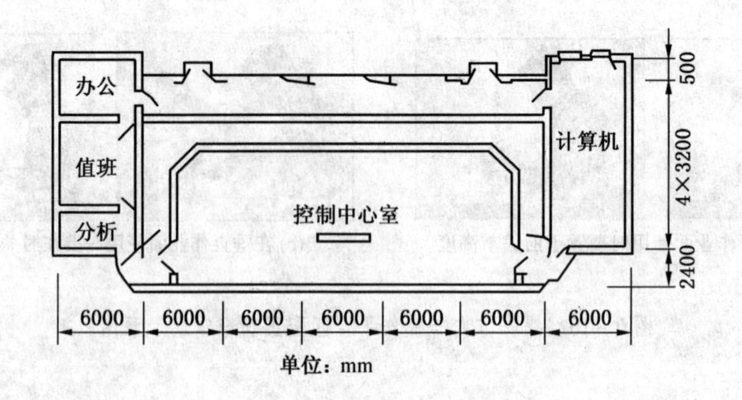

图 6－17 控制室平面布置

廊或观察区，装上透明玻璃，以满足参观要求。

此外，也有一些控制室的组成比较简单，操作方便，同时还可以直接观察和监控生产现场。

二、控制中心室的设计

控制中心室的大小是根据设备数量及其布置形式和操作要求等因素决定。

（一）作业活动范围所要求的尺寸

作业时，一般有 3 个观察视点，这些观察视点作业情况和尺寸要求是：

视点 1，为工作人员在仪表上操纵控制仪表的部位，人的作业部位主要在仪表中上部，人与仪表板的距离一般为 500～700 mm。

视点 2，为工作人员巡检信息的部位，在这里操纵者要观察所有仪表盘及模拟盘，人的水平视距以 2000 mm 左右为宜。

视点 3，为工作人员坐在控制台前进行作业的部位，这里人的作用主要是把仪表盘出现的信息与控制台的作业贯通起来，以达到控制的目的，因此人与仪表盘的距离为 3000～5000 mm 较好。

控制中心室的尺寸参照数据如图 6－18 所示。

（二）设备及其他活动空间所要求的尺寸

从图 6－18 可以看出，仪表盘的厚度为 800 mm（其厚度一般为 600～900 mm），仪表板后面供检修和行人之用的走廊，一般不小于 1200 mm，控制台后面的活动宽度为 1500～2000 mm，控制室的高度主要以视角要求（如视点 2 的较佳垂直视角为 40°左右）和照明设备及空调设备安装等因素而决定。一般室内净高要求为 3200～3500 mm，大约为进深尺寸的 2/5～1/2。

三、控制室的其他要求

（一）采光与照明要求

控制室应尽量采用自然采光，其自然采光标准一般为 3%（采光系数最低值）。为此，

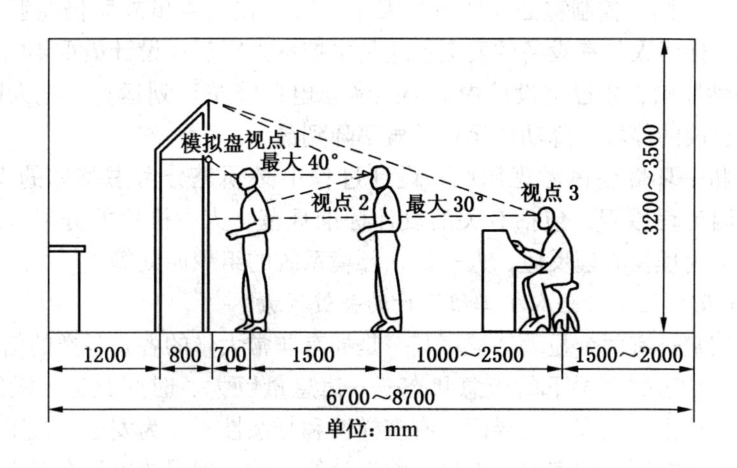

图6-18　控制中心室的尺寸确定

控制室的窗口面积与其地面积之比维持在1∶2.5左右，同时为避免阳光直射入室，则要求控制室的建筑南北朝向为好。

人工照明，特别是中心室部分，要求光源稳定、光色好，故采用荧光灯，以方向照明的形式，这样既容易又经济地获得质量高的照明效果，对控制室及计算机室部分的照度可适当降低，并要特别注意光源的安装位置，力争或尽量避免或减少眩光。

（二）温度和湿度的要求

控制中心室和计算机房，需要恒温恒湿环境，特别是计算机对温湿度的要求更为严格，一般要求室温在15～25℃，比较理想的是20℃，室内湿度要求控制在50%～70%，比较理想的是50%左右，对洁净度的要求更严格，一般要求达到超净室的粉尘浓度标准。

（三）建筑要求

整个控制室要求平整、洁净、无振动和噪声的干扰并能防止有害气体侵入，所以控制室的门窗、墙面、地面、天花板等，在建筑形式到建筑材料、室内修饰等方面均有严格的要求。

（四）总体布局要求

控制室在全厂或服务范围的总体布局中，其位置选择是很重要的，原则是要求位置适中，既要接近生产设备和装置，又要与噪声源、振动源、尘、毒污染源等相隔一定的距离，这样控制室才能获得安全卫生而又高工效的效果。

四、核电厂主控室安全人机工程设计实例

在核电厂中，主控室人—机接口最集中，操纵员与人—机接口联系最密切，人的失误率最高，后果也最为严重，因此核电厂人因工程研究与应用主要集中在主控室。核电厂主控室安全人机工程设计的目的是要有效地避免或减少核电厂人因事故的发生。

（一）核电厂主控室安全人机工程设计的基本原则

鉴于核电厂主控室的特殊功能，除了需遵循一般控制室的安全人机工程设计原则外，还需特别考虑以下原则。

(1) 安全性原则：控制室必须使电厂安全运转；在发生事故后仍能够使电厂恢复到安全状态；必须保障人员和设备的安全。这是主控室人因工程设计最重要的原则。

(2) 可用性原则：主控室设计中，必须考虑电厂能按计划运行，把人因失误或仪表控制系统故障造成的停堆或降功率运行的概率降到最小。

(3) 人—机—环境整体考虑原则：设计过程中必须充分考虑整体的人—机—环境，建立完整的人因工程原则，包括有关的设计标准规范、人—机功能分配、人—机信息交换、人对环境的生理及心理反应、人—机—环境系统的组织原则等。

(二) 核电厂主控室安全人机工程设计的关键因素

核电厂主控室具有两个显著特征：其一是拥有非常大量的各式各类的信息显示装置和控制装置；其二是事故工况下的应急状态——信息量巨大、时间紧迫、操纵员心理压力大。这使得核电厂主控室人—机界面具有多样性和复杂性，成为安全人机工程设计的关键所在。为了达到核电厂主控室安全人机工程设计的目的，确保核电厂在正常工况下的安全运行和事故工况下正确地应急处理，在信息显示装置和控制装置设计中，需着重考虑以下关键因素。

(1) 信息显示能以易发觉和易理解的方式，向操纵员提供反应堆安全状态信息，且具有一致性、明确性和连续性。

(2) 控制器应具有适用性、可操作性、可靠性和与应急操作的兼容性。

(3) 信息显示装置（系统）与控制器装置（系统）具有良好的协调性、一致性。

(4) 在事故工况下，操纵员所需处理的信息量未超过其生理、心理功能的限值。

(5) 在各种工况下，操纵员的工作负荷（包括体力和精神）在时间、强度方面处于人因工程原则容许的范围内。

(三) 核电厂主控室信息显示装置和控制装置设计

1. 信息显示装置

核电厂主控室信息显示装置可分为测量仪表、灯光指示器、屏幕显示器、报警系统、安全参数显示系统和模拟图等种类，它们为操纵员和非值班专家提供数据采集、数据处理、显示、报警、记录和打印功能。信息显示装置的设计必须考虑它们对安全的重要性，每个系统所期望的安全功能和它在假想运行事件和事故工况下使操纵员采取正确的操作中的重要性。

1) 基本要求

(1) 适用性。即可理解性、一致性和可验证性，使操纵员能及时方便地获得所需全部信息。特别是在操作区内必须能得到视觉和听觉信号，在操作位置须能清楚地读出反馈信息显示器的信息。

(2) 明确性。即各种信息不能混淆，不能引起操作员误解或无所适从，为此提供的信息应考虑优先循序和时间（或事件）的顺序。

(3) 应采用安全参数显示系统（SPDS），以补充和增强有关安全的信息。

(4) 信息量适当，既要确保各种重要安全信息不遗漏，又要保证信息总量不超过人的认知功能阈限。

2) 测量仪表

(1) 仪表盘的刻度。仪表盘的刻度应满足准确度要求，其数值操纵员可以直接使用而不需要换算；量程应覆盖所示参数的预期变化范围，必要时可用宽量程仪表作为支持措施；应以长度不等的线分别表示主要、中间和辅助刻度。数字之间的刻度不应多于9个。如果数字之间有4个刻度，应采用主刻度和辅助刻度，如果数字间有5个以上的刻度，应采用主要、中间和辅助刻度。3种刻度线的高度和宽度应有较明显的差别；标牌盘应采用区段标记，以便明确读数的运行含义，例如“运行区段”“下限”“危险区段”。不同的区段应有明显的差别，且不妨碍定量刻度的读数；仪表盘上的数字符号应尽可能竖写，说明文字应尽量简明清楚；刻度少于一整圈时，刻度终点与起点之间应有断开指示，断开的长度至少为已编号的间隔，断开的中点在6点钟的位置。

（2）指针及其移位和计数方向。圆盘刻度值应随指针顺时针移动而增加，竖盘刻度值应随指针向上移动而增加，水平盘刻度值应随指针右移而增加；指针对刻度线和数字遮盖最少，指针的装配应避免视差；指针与背景的对比度和指针大小应有助于迅速判断其位置。

3）灯光指示器

（1）系统和设备的状态应该亮灯指示。

（2）灯的颜色应符合控制室统一的编码要求。

（3）说明文字应尽量简明，术语和缩略语应符合规范，在环境照明和透射光条件下对背景有适当的对比度。

（4）采用闪烁光表示状态时，闪光速度应为每秒3～5次，且通断时间近似相等，如设备发生故障，灯应一直点亮。

（5）环境光源的设置应避免反射光和折射光，使灯关闭时不发亮，点亮时清晰可辨。

4）屏幕显示器

屏幕显示应满足操纵员的要求，其位置和显示的数据应考虑运行人员的配备、责任和功能的分配。显示应尽可能简单、明确和易于理解。在需要复杂和非常详细地显示时，应有良好的组织和结构，为了安全的需要显示原始数据时，显示的组织和标识必须加以区别。

设计时需考虑以下4个关键点。

（1）可用性：任何时候都必须为操纵员提供所需的信息。

（2）准确度：显示的信息必须是操纵员所预期的，不能含糊或无意义，图形或柱形图表的标尺必须能使操纵员分辨清楚，应以数字表明当前值和最大值，数值必须与要求的测量准确度相一致。

（3）一致性：表达同一信息应用同一名称，编组应采用标准化的题目和字体。

（4）表达的方式：稳定工况下显示的数字，每次扫描时变化的份额应低于总数的1%；符号标准化，其大小应限于一个系列，以便易于识别不同尺寸；图形符号应按对应物项的相互关系组织，以避免显示的混乱，工艺流程和顺序事件的显示一般从左至右、从上至下展开；信息结构应尽量采用标准化的层次，语句措辞明白易懂。若信息本身有一定的顺序，显示就应反映该顺序。表格式信息的横行，一般不多于5组，且形式相容。为增强被显示的信息，宜采用编组和编码技术。

5）报警系统

报警系统的设计需满足以下条件：

（1）整定值的选择既要使操纵员在故障发展到严重程度之前有足够的时间作出响应，又不会频繁触发报警使操作员感到厌倦。

（2）报警的信息量既要使操作员了解事件的演变过程和电厂状态，又不要过多使操纵员负担太重，应采用优先权的方法区分重要信号和一般信号。

（3）报警信号要有一定强度，既要使操纵员能辨别出超过控制室内噪声的信号，又不能太强使操纵员吃惊；一般宜为 90 ~ 100 dB(A)，与噪声的最小差值不小于 10 dB(A)。

（4）操纵员在执行纠正操作的位置，必须能看得见报警显示。新出现的任何报警必须启动音响装置，且使指示灯光和屏幕显示的标记闪烁，经操纵员确认后可以手动消声和停止信号闪烁，但必须保留光显示，以保证不会遗忘该报警信息。

6）安全参数显示系统（SPDS）

实现安全参数显示是主控室安全功能的重要组成部分。在硬件组成上，安全参数显示与过程计算机共用一部分。安全参数显示功能主要用于应急状态，将显示和报警过程综合在一起，以一组最少的、足够的核电厂参数向操纵员、安全工程师以及核技术专家提供反应堆的安全信息，以此来支持在异常和应急工况下，估价核电厂的安全状态。

设计时需考虑的关键点：安全参数和适用的操作规程显示、状态和趋势诊断、基于事件和征兆等的操作指导；其有效性如何（在事故工况下是否可为操纵员提供有效支持）；SPDS 所含参数种类及数量是否合理。

7）模拟图

模拟图以功能为导向，显示反应堆系统和设备的相应关系，恰如其分的模拟图能对操纵员的决策起到支持作用。

（1）颜色。选用颜色应考虑：符合一般惯例；不同系统之间和冗余通道之间颜色有明显差别；与控制屏底色之间应有足够的对比度；描述相同内容（如水、电、蒸汽）的流程图所用颜色应一致；如要求操纵员迅速识别几条线中的某一条线，同种颜色的并行线不应多于 4 条。

（2）线条。选用线条时应考虑：不同宽度的线条表示不同的流程；避免线条重叠；用各种箭头明确标出流动方向；标出所有图线的起点或起点设备；标出所有图线的终点或终点设备；图线上应标出代表设备的图形符号，该符号应符合标准规定或公认惯例。

（3）文字。模拟图上的文字应考虑：通用性、易理解性和简明性；所用术语和代号的一致性。

2. 控制装置

1）选择控制器的一般原则

应确保操纵员操作方便和差错最少，设计和选择控制器时需考虑以下原则：

（1）适用性。每个控制器都应适合它所执行的功能，要有足够的控制范围，并能根据功能要求的准确度进行调节。选择的控制器应是能满足功能要求的最简单的控制器，还应考虑节约空间。

（2）可操作性。控制器的功能应易于识别，其操作应符合公认惯例并与完成同样功能的其他控制器相类似。

（3）可靠性。控制器应有合适的尺寸和适宜的力矩，在其寿期内应经得起正常操作和应急操作。

（4）与应急操作的兼容性。对应急情况下使用的控制器，在操纵员使用防护用具时也要能易于识别和操作。

2）控制器的动作方向

为了减少操纵员操作失误，控制器的动作方向应符合公认惯例。

3）误触发的预防

采用的控制器应使其被误触发的概率最小。预防措施应根据要求的操纵员响应时间和误触发后果的严重性来决定。可采用适当的安装位置、固定式或可移动式保护结构等方法来避免误触发。

4）标牌

控制器、显示器和其他设备都应有适当又清晰的标记，以便操纵员能迅速、准确地执行任务。

（1）标牌的分级。标牌一般可分为3级：主标牌，用于主系统或操纵员控制台；次级标牌，用于子系统或功能群；设备标牌，用于各控制屏或控制单元。标牌上说明文字的大小应按层次的顺序递减，且不能与高一级标牌的内容相重复。

（2）标牌的位置。确定标牌的位置应考虑：标牌应靠近它所说明的单元，一般置于上方，相邻标牌之间的距离应能避免混淆；控制器的标牌一般不放在控制器的操作部位以免操纵员操作时把它遮住；标牌应固定牢固，能承受定期清洗；标牌应尽可能横向放置，以便操纵员能从左向右迅速、准确地读出。

（3）标牌的内容。标牌的内容应注意可理解性，即所用的词和术语应满足标准用语，并与相应技术规程一致；所用缩略语应是通用的、有关人员都熟悉的；所用字符含义应是唯一的、有关人员都熟悉的，并与相应技术规程一致；标牌字体要工整规范，大小适当，易于操纵员识别。

3. 信息显示与控制动作的综合关系

（1）要求信息显示和控制器在颜色、编码、位置、声音、操作等方面具有一致性。

（2）显示器和控制器编组要符合操纵员的思维方式，合理地采用功能（系统）编组、使用顺序编组、使用频率编组、优先权编组、操作规程编组、模拟图式编组等编组方法。

（3）显示器和控制器编码要符合人机工程有关原则。

第四节 显示终端（VDT）的安全人机工程

视频显示终端（Visual Display Terminals，简称VDT），包括计算机、电视机、打印机、游戏机等的显示装置。这些装置自20世纪80年代中期开始在我国各个领域已广泛应用。人们能够在荧光屏前进行大量的计算、绘图、信息处理及工业生产自动控制，VDT也能为人们的文化娱乐和生活而服务。它的优越性是显而易见的，但显示终端所产生危害已引起了众人的关注，医学卫生和人机工程人员对此进行了调查研究。调查发现VDT操作者主诉眼部疲劳，肌肉骨骼不适，头痛、多梦、疲劳，生殖系统调查有月经异常和流产先兆。研究表明，VDT使室内的空气中阴离子减少，臭氧很少，室内外温差大、不适合的桌椅和不良的坐姿是影响VDT操作者肌骼酸痛的主要因素。因此，制定出符合生理标准的工作环境和按安全人机工程学原则设计的桌椅尺寸而进行规范操作以及定期休息，可保护 VDT 操作者的安全健康。

一、VDT 对人体健康的影响

1. 对眼睛的影响

长期从事视频显示终端作业者，表现出视疲劳、视力模糊、调节功能障碍和角膜损害等自觉症状。

2. 骨骼肌肉的反应

VDT 对屏前操作者的肌肉、骨骼影响的范围涉及从手腕过度疲劳损伤牵扯到颈、肩、背及有关的腱和肌肉骨骼。屏前作业人员有颈酸、颈痛、肩酸、肩痛、背酸无力、腰痛、手及腕部发酸等自觉症状。

3. 神经的行为反应

对 VDT 作业者调查表明，VDT 作业人员中不少人常处在“精神紧张”之中，或常因“焦虑”而失眠，或常感“沮丧、不愉快”，对周围一切事物反应冷淡，对一切人极为冷漠乃至冷酷，常有头痛、头晕、记忆力减退等自觉症状。

二、影响 VDT 操作者健康的人机因素分析

1. 视频显示器本身

阴极显示管是视频显示器的主要部件，可产生电磁辐射（如 X 射线、超高频、高频、超低频、极低频等）。国外报道上述辐射所发生的剂量均不超过各国的安全卫生标准。我国重点研究了国内外各型号的电子计算机所辐射的 X 射线量，结果远低于辐射卫生标准（表 6－9），从安全和卫生两方面，均未发现对人体的危害，此与多数国外作者的意见一致。

表 6－9　VDT 屏面 X 射线辐射量调查表

检查 VDT 台数	X 射线辐射量/($mR \cdot h^{-1}$)	调查者
4	0.020～0.044	金锡鹏等
16	0.069（均值），0.054～0.097	王桂芝
2	0.050～0.100	姜允申等
32	0.0205（均值），0.008～0.040	周往贤等
8	0.024（均值），0.009～0.040	欧阳文昭

辐射危害有两类：一类是离子化辐射，其能量强到足以改变一个原子的结构，可以致癌，造成不育，分娩缺陷甚至死亡（视辐射量的大小和受影响的范围而定）；另一类是非离子化辐射，其强度虽不致改变原子结构，但对成长中的胎儿有潜在的影响，促使长期使用视频显示器的孕妇流产率增高。

视频显示器中的阴极射线管的辐射一般是较弱的，统计资料表明，一周连续工作 40 h，一个视频显示器一年内所释放出来的辐射强度是 0.002 毫生物伦琴当量，对常人不构成什么危害，但对胎儿、老者及体弱者来说，由于对辐射的抵抗力要比常人低数倍乃至

数十倍，就会导致危害。但屏前0.61 m之外辐射强度大大减少，不会对任何人（包括胎儿、婴儿等）造成危害。所以0.61 m是屏前工作者（包括电视观众）的安全距离。

此外，屏幕本身质量不佳，如显示质量差、字符显示不稳定、字体不清、大小不适宜、字符亮度过明或过暗、屏前眩光闪烁、分辨率差以及色彩、对比度因素不佳等也是影响VDT操作者安全与健康的因素。

2. VDT操作室的环境因素

VDT作业环境多为空调室，国内对VDT作业室微气候和空气洁净状况进行调查，发现室内外温差较大，这可能是VDT操作者易患感冒的原因。有些操作室内的CO_2浓度和细菌总数明显超过卫生标准，这是对VDT操作者健康的潜在危害因素，见表6－10、表6－11。

表6－10　VDT操作室微小气候情况

组　别	温度/℃		湿度/%		气流速度/($m \cdot s^{-1}$)	
	最高	最低	最高	最低	最高	最低
VDT室	24.0	16.5	71	39	0.3	0.02
办公室	19.1	13.0	69	36	0.4	0.02
室外	8.0	−2.0	65	33	3.0	0.50

表6－11　VDT操作室清洁情况

组　别	CO_2浓度/($mg \cdot m^{-3}$)			细菌总数/(个$\cdot m^{-3}$)		
	平均	最高	最低	平均	最高	最低
VDT室	1206	2052	900	737	4500	300
办公室	1098	1440	846	1036	3600	300

注：一般要求CO_2浓度< 1800 mg/m^3，细菌总数< 1000个/m^3。

VDT操作室中另一环境因素为空气中阴离子的多少及其比例，国内调查发现室内空气中阴离子浓度偏低，阳离子浓度偏高，阴阳离子比例失调，可能是造成操作者神经衰弱和一些非特异症状的原因之一，见表6－12。

表6－12　VDT操作室空气离子浓度

测定地点	阳离子	阴离子
甲所VDT室	275.50 ± 24.59	95.50 ± 13.69
对照室	± 157.30 ± 14.78	152.85 ± 13.26
乙所VDT室	388.45 ± 50.15	372.54 ± 66.33
对照室	579.25 ± 68.14	580.70 ± 107.70
丙所VDT室	214.35 ± 8.00	46.20 ± 7.25
对照室	163.60 ± 22.32	4.10 ± 8.61

注：甲、乙研究所在某市中心，丙研究所在郊外。

臭氧可抑制细菌繁殖，一定浓度的臭氧有杀菌作用。但调查发现 VDT 工作室中臭氧浓度很低或几乎没有，显著低于一般自然通风办公室（表 6 - 13），因此一旦室内空气被细菌污染，就可能导致病菌繁殖，危及工作人员身体健康。有人认为室内臭氧消失是空调综合症的重要原因之一。

表 6 - 13　VDT 操作室臭氧浓度　　mg/m³

组　别	均值	最高值	最低值
中央型空调中央型空调 VDT 室	0.0020	0.0039	0.0004
柜式型空调 VDT 室	0.0040	0.0055	0.0004
自燃通风办公室	0.0175	0.0265	0.0065

3. 作业姿势的影响

VDT 操作者的良好工作姿势不仅能提高工作效率，而且可减少人体疲劳。姿势的好坏一般与下列因素有关：

（1）VDT 操作者的桌子类型及高度。

（2）椅子类型及座高。

（3）显示屏与键盘的布局。

（4）光照度与视距。

调查长沙地区 100 个 VDT 操作室的桌椅类型及高度，发现桌子均为固定式，高度在 660 ~ 800 mm 间，其中 700 ~ 720 mm 占 47.1%，721 ~ 740 mm 占 32.0%，椅子的固定式和可调式占 39.6% 和 70.4%，固定式椅子的高度为 430 ~ 450 mm，其中 450 mm 占 81.2%；可调式转椅高度为 380 ~ 670 mm，380 ~ 540 mm 占 39.5%，430 ~ 590 mm 占 37.2%。桌椅配置单一型占 81.1%，混合型占 18.9%，从安全人机工程角度出发，以可调式桌椅为好，可适应操作人员的不同身高，转椅可使腰部转动自如。

不合理的桌椅设置可明显影响工作姿势，对人体的健康不利。对 738 名 VDT 操作者使用固定钢折椅坐姿者进行分析，发现坐姿主要有 6 种类型：①臀部坐整个座椅，躯干挺直；②臀部坐半个座椅，躯干前倾；③臀部坐整个座椅，躯干前倾；④臀部坐半个座椅，躯干挺直；⑤臀部坐整个座椅，躯干后仰，背有靠腰无靠；⑥臀部坐半个座椅，躯干后仰，肩有靠腰背无靠。固定钢折椅坐姿如图 6 - 19 所示。

不论初始姿势或者一个工作日的动态姿势，均属第 2、3 类姿势者为优（35.69%、36.48%、26.90%、39.80%），姿势维持时间也是第 2、3 类为长。从安全人机工程学角度来看，躯干前倾姿势便于操作，可提高工作效率，但是臀部占半个座椅或整个座椅，上身重心落在两坐骨结之上或之后，若背部又无靠者皆由肌肉的紧张及大腿来维持平衡，易导致疲劳。对 685 名 VDT 操作者使用可调试转椅的坐姿进行分析，坐姿也以 6 种类型为主：①臀部坐整个座椅，躯干挺直，腰背有靠；②臀部坐半个座椅，躯干挺直，腰背无靠；③臀部坐整个座椅，躯干前倾，腰背无靠；④臀部坐半个座椅，躯干前倾，腰背无靠；⑤臀部坐整个座椅，躯干后仰，腰有靠背无靠；⑥臀部坐半个座椅，躯干后仰，背有靠腰无靠。可调式转椅坐姿如图 6 - 20 所示。

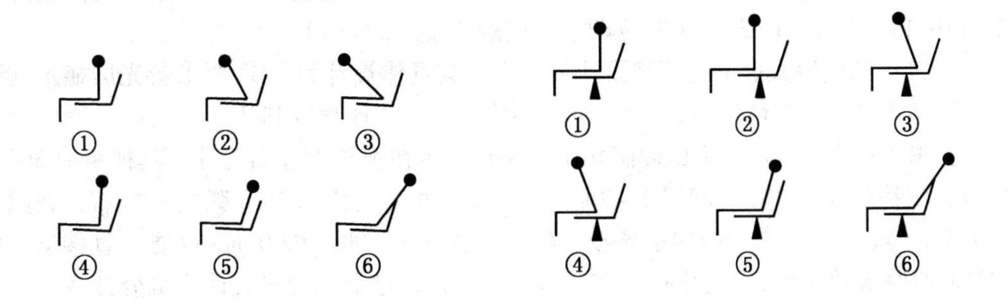

图6-19　固定钢折椅坐姿　　　　图6-20　可调式转椅坐姿

不论初始姿势或者一个工作日内的动态姿势，均是第1类姿势为多，占38.06%，这虽然符合多数操作者的推荐姿势，但所占比例太小。对812名VDT操作者体位进行调查，主要有4种类型：①躯干挺直，上肢稍支撑；②躯干挺直，上肢完全支撑；③躯干前倾20°，上肢无支撑；④臀部坐半个座椅，躯干前倾，腰背无靠。作者认为①、②类体位合理，③、④类体位属不良。

三、对VDT操作者健康的防护

1. 改善VDT操作室的环境

适宜的室内微小空间，符合要求的清洁空气，空气中有合适的阴阳离子浓度和臭氧浓度。限制闲杂人员入内，禁止有呼吸道疾病的患者进入。人工采光照明要有足够的照度，所有照明灯光光度要求显色性强，不能产生阴影和眩光，更应避免频闪现象。VDT操作室使用负离子发生器，不仅增加负离子浓度，而且能提高一定的臭氧浓度。但必须指出，臭氧浓度过高同样对人体健康有害。因此，使用的负离子发生器，需经严格检测产品质量，并控制臭氧浓度在0.279 mg/m^3 范围内为宜。

2. 减少VDT的电磁辐射

尽管VDT的电磁辐射量多在卫生标准之内，但从安全的角度出发建议孕妇在怀孕最初的3个月内不参加VDT工作，并不宜以某种固定姿势长时间操作；为减少视频显示器对妇女的辐射量，可采取如下措施：

（1）减少妇女在屏前的工作时间并且离屏前0.61 m以外。

（2）在视频显示器上加一张计算机专用的防止射线危害的滤色板或一张防护膜也能减少辐射的危害。

（3）计算机房不能太拥挤，注意各单机之间、机与操作者之间的距离，还应根据机房内的机器性能、数量、工作频次、空间大小等还应设置相应功率的负离子发生器以减轻辐射危害。

（4）在视频显示器工作室内摆放仙人掌可以吸收一部分有害辐射。

3. 从安全人机工程角度进行设计或改造

（1）根据安全人机工程的宜人原理设计工作台椅，使视频显示器的位置、键盘位置以及椅子高度（包括靠背）可调，放置显示器的部分桌面应低于整个桌面，低于左手的支撑点，使键盘与整个桌面平齐，这样手可以不离开桌面的支撑而自由按动键钮，桌下应有足够的空间（1/3H，H 为身高，下同）使操作者的双脚能自由活动，桌子的高度应为身高的10/19（即10/19H），配有可调节高度的椅子（3/13H）。

（2）设计师应按人机工程原理设计荧光屏。其具体设计为：① 要求荧光屏显示质量好，字符显示稳定，字体清晰，大小适宜。因2.5°~5°视角内其认读率最高，所以荧光屏应在操作者正面视野内与人的眼睛相平，字符显示在视觉3°左右为佳，其视距为360~720 mm，字符呈现及变换时间以2~3 s为宜，字符相互间距为10（弧度）左右，数码宽高比为1∶2或1∶1。②荧屏应能移动，使它离操作者600~1000 mm也能垂直移动，使其顶端和眼睛大致相平，且后倾一个5°~20°的视角，键盘和荧屏或计算机分开在一个可移动的平台上以使操作者在按键时前臂和平台平行。

（3）设计腕托、脚踏和文件支架。腕托使操作者在按键时支撑手腕并保持平直；脚踏使双脚能踩着踏板放平；脚趾微微上翘使之轻松自如；文件支架使印刷材料保持和荧屏一样的高度和角度，避免过度扭头和曲颈动作。

（4）设计合理的照明。荧屏应安放在屏幕与室内窗户成直角的地方，灯具应装灯罩以漫射光亮，防止反射、眩光的产生。

（5）针对视频工作人员骨骼肌紧张，可设计放松和伸展肌肉的工间操。

4. 作业者保持合理的作业姿势

头向前倾应小于30°，不得过分前弯；前臂与水平面夹角为-5°~+10°时前臂肌肉负荷较低，上臂与前臂不能呈直角，前臂抬高5°~30°，增加手臂休息频率，可减少手臂不适引起的劳损，也有利于降低颈、肩、手腕疼痛的发生率；座高调至大腿与小腿呈直角，使脚能够随意地踏在地板或踏板上，不形成大腿背侧受压或悬空，避免下肢疼痛麻木；腰背有靠，以降低腰背肌肉紧张，减少疲劳。

5. 对屏前工作者进行从业前的职业检查及工作中的视力检查

斜视、单眼失明、青光眼、高眼压者应尽量避免此项工作，屈光不正或老花眼应佩戴合适的眼镜。

第五节　办公室的安全人机工程

办公室是一种特别的活动场所，其增长量越来越大，要求也越来越高。随着微电子等一系列新技术的发展与应用，一系列自动化办公室设备的出现，如文字处理机、电视传真、录音电话、工业电视监控系统、远程会议系统等，迅速促进了办公室工作的现代化，以及对传统的办公方式和办公室系统自身管理工作的改革，有力地提高了办公室工作的效率。办公室的安全人机工程学便成为当前十分重要的研究课题。

办公室安全人机工程研究的主要问题，是在办公室的活动流向、环境条件、工作区域布局、空间分隔与联系、人员设备用具、人与人的活动交流等方面，分析研究其中的人机关系，除达到提高办公效率、准确性和加强办公管理外，还必须保障办公室人员的健康、舒适等目的，并通过这一研究为办公室的设计提供新的理论和方法。

一、现代办公室的特点

（1）是社会及团体精神风貌的窗口。现代办公室空间既是工作场所又是人员交际和联系的公共场所，因此它是社会及团体精神风貌的窗口。

（2）办公场所智能化。随着现代生产技术与科学的高速发展，办公室设备和用品的日益更新，要求现代化的办公室空间必须具有较高的灵活性和适应性，使得办公场所智能化。

（3）办公条件自动化。随着微电子技术等一系列新技术的应用，一系列自动化办公设备的出现，使办公条件自动化得以实现。

（4）办公环境舒适化。现代办公室强调创造舒适的工作环境和适宜的人机联系，以便提高工效和较少差错。

（5）现代办公室追求自身的合理管理与人员之间的相互制约及监督。

二、理想的办公场所——智能建筑

智能建筑是社会信息化与经济国际化的必然产物，是适应经济发展和改善生活条件的必然产物。智能建筑是将建筑物的结构（建筑环境结构）、系统（智能化系统）、服务（住、用户需求服务）和管理（物业运营管理）4 个基本要素进行最优组合，向人们提供一个投资合理又高效、舒适、安全、方便环境的建筑物，它是人们理想的办公场所。

1. 智能建筑的组成和功能

智能建筑通常具有四大主要特征，即建筑自动化（Building Automation，简称 BA）、通信自动化（Communication Automation，简称 CA）、办公自动化（Office Automation，简称 OA）、布线综合化。前 3 个称为“3A”，其系统组成和功能如下：

（1）系统集成中心（System Integrated Center，简称 SIC）。SIC 通过建筑物综合布线与各种终端设备和传感器连接，“感知”建筑内各个空间的“信息”，并通过计算机处理给出相应的对策，再通过通信终端或控制终端给出相应的反应，使大楼具有某种“智能”。

（2）综合布线（Generic Cabling，简称 GC）。它是由线缆及相关连接硬件组成的信息传输通道，是连接“3A”系统各类信息必备的基础设施。

（3）办公自动化系统（OAS）。OAS 是把计算机技术、通信技术、系统科学及行为科学，应用于传统的数据处理技术所难以处理的、数量庞大且结构不明确的业务中。以微机为中心，采用传真机、复印机、打印机、电子邮件等一系列现代办公及通信设施，全面而又广泛地收集、整理、加工、使用信息，为科学管理和科学决策提供服务。

（4）通信自动化系统（CAS）。CAS 能高速进行智能建筑内各种图像、文字、语音及数据之间的通信。它同时与外部通信网络相连，交流信息。

（5）建筑物自动化系统（BAS）。BAS 是以中央计算机为核心，对建筑物内的设备运行状况进行实时控制和管理，提供给人们一个安全、健康、舒适、温馨的生活环境与高效的工作环境，并能保证系统运行的经济性和管理智能化。

2. 智能建筑的优点

进入信息时代以后，人们的脑力劳动急剧增加，相当多的人长期生活、学习和工作在大厦中，办公室变成第二个“家”。因而，对办公环境与物质文明的追求达到了空前的程度。除要求舒适宜人的生活环境外，更要求具备现代化的办公与通信条件，真正做到足不出户，可知国内外政治、经济、科技与文化领域的最新信息；手不拿笔，便可利用上述情报完成科研、设计，甚至重大的国际商贸交易。总之，智能建筑有以下几个优点：

（1）创造了安全、健康、舒适宜人和能提高工效的办公环境。现在，不少大厦的中央空调系统不符合卫生要求，往往成为传播疾病的媒介。在国外，将导致居住者头痛、精神萎靡不振，甚至频繁生病的大楼称之为“患有楼宇综合病”（Sick Building Sydrome）的大厦。而智能建筑首先确保安全和健康，其防火与保安系统均已智能化；其空调系统能监测出空气中的有害污染物含量，并能自动消毒，使之成为“安全健康大厦”。智能建筑大厦对温度、湿度、照度能加以自动调节，甚至控制色彩、背景噪声，使人们像在家里一样心情舒畅，从而大大提高健康水平和工作效率。

（2）节能。以现代化的商厦为例，其空调与照明系统的能耗很大，约占大厦总能耗的70%。在满足使用者对环境要求用电的前提下，智能大厦主要是通过其“智慧”，尽可能利用自然光和大气得冷或热来调节室内温度，以最大限度减少能源消耗。按事先在日历上确定的程序，区分“工作”与“非工作”时间，对室内环境实施不同标准的自动控制，下班后自动降低室内照度与温度控制标准，已成为智能大厦的基本功能。如设计出：人走灯熄和开/关灯时间。若客户需要加班则用电话通知中控室值班人员，在电脑上修改时间设定；利用钥匙开关、红外线、超声波及微波等测量方法，一旦人离开室内，5 min以内自动关灯。此外利用空调与控制等行业的最新技术，最大限度地节省能源是智能建筑的主要优点之一。

（3）能满足多种用户对不同环境功能的要求。老式建筑是根据事先给定的功能要求完成其建筑与结构设计。例如，办公楼的小开间，不允许改成大堂。智能建筑要求其建筑结构设计必须具有智能功能，除支持3 A（或5 A）功能的实现外，必须是开放式、大跨度框架结构，允许用户迅速而方便地改变建筑物的使用功能或重新规划建筑平面。室内办公所必需的通信与电力供应也具有极大的灵活性，通过结构化综合布线系统，在室内分布着多种标准化的弱电与强电插座，只要改变跳接线，就可快速改变插座功能，如变程控电话为计算机通信接口等。由此可见，智能建筑的灵活性与机动性极强，一天之内使你的办公环境面目一新已不足为奇。

（4）现代化的通信手段与办公条件。在信息时代，时间就是金钱。在智能建筑中，用户通过国际直拨电话、可视电话、电子邮件、电视会议、资料检索与统计分析等多种手段，可及时获得全球性金融商业情报、科技情报及各种数据库系统中的最新信息；通过国际计算机通信网络，可以随时与世界各地的企业或机构进行商贸等各种业务工作。空前的高速度，非常有利于决策与竞争，这就是现代化公司或机构竞相租用或购买智能大厦的原因。

在当今商品经济与信息社会中，电子计算机与智能建筑等高新技术产业得以在世界范围内高速发展，绝非个人意志所及，其适应时代发展需要的固有优势，尤其是巨大的经济效益，使之充满活力，将成为21世纪的龙头产业。

三、智能型办公室的安全人机工程要求与实现

1. 系统集成中心

SIC是信息汇集和各类信息综合管理的中心。汇集建筑物内外各类信息要求接口界面要标准化、规范化，以利于实现各子系统之间的信息交换及通信。为了便于对建筑物各个子系统进行实时处理和综合管理，宜采用集中管理与分散控制相结合的方式，即以分布在

现场被控设备处的多台计算机控制装置完成被控设备的实时监测、保护与控制任务，克服了计算机集中控制带来的危险性高度集中和常规仪表控制功能单一的局限性，以安装于集中控制室并具有很强数字通信、CRT显示、打印输出与丰富控制管理软件功能的中央管理计算机完成集中操作、显示、报警、打印与优化控制功能，避免了常规仪表控制分散后人机联系困难与无法统一管理的缺点。这样可保证高可靠性、高灵活性、高可扩展性等优点。

SIC中的中央管理计算机担负着对整个系统的监测、控制和管理任务，除要求完美的软件功能、可靠性、扩展性等外，还要求有友好的人机界面，显示形象，画面丰富，操作简便，方便运行管理。

2. 建筑自动化系统

建筑自动化系统又称楼宇自动化，广义的BAS包含消防自动化与保安自动化，是智能建筑必不可少的基本组成部分，其主要任务是采用计算机对整个大楼内多而散的建筑设备实行测量、监视和自动控制，各子系统之间可以互相通信，实现最优化管理。其主要包括电力设备、照明系统、空调系统、给排水系统、交通系统、消防系统、保安系统。

消防系统主要由消防给水系统、消防监控系统、火灾自动报警系统、防排烟系统、自动喷水灭火系统和气体灭火系统等组成。例如，高层建筑中某层的某个防火报警探头报警后，防火监控系统自动采取确认、报警与控制等；同时通过网络，使建筑物内的空调、电梯、配电等系统以及外部的消防保安及交通等部门都能及时获得信息，并采取相应措施，如不仅自动启动灭火系统，同时还切断不必要的电源，停止相关的空调与局部排风，将普通电梯直驶一层，自动向所在地的消防局报警与自动疏散客人等。

3. 办公自动化系统

随着计算机网络技术、通信技术、多媒体技术、图像图形处理技术的发展，采用系统综合设备，如计算机局域网、远程网、图像处理专用系统、智慧语音传真、秘书系统、多功能多媒体工作站、综合业务数字网等，使办公自动化上升到一个新的阶段。

办公自动化是指办公人员利用现代科学技术的最新成果，借助先进的办公设备，实现办公活动科学化、自动化。办公自动化系统是一个人机系统，是多种技术和先进设备的综合，也是多种学科的综合。一个完整的办公自动化系统必然要完成信息的输入、信息的保存、信息的处理、信息的分发和传输等基本环节的功能，它综合了人、机、信息资源三者的关系，是一个人机系统。OAS不仅是先进技术和设备的简单集合，它还涉及行为科学、系统科学、管理科学、社会学以及安全人机工程学等一系列学科，这就意味着办公自动化除了涉及许多科学和技术，还涉及人的因素，要运用管理学、生理学、心理学等原理合理地组织协调办公人员，来提高他们的积极性和创造性，为他们提供最友好的系统，最便利的条件，最有利的环境，最大限度地提高办公效率和改进办公质量，辅助决策，减少或避免各种差错和弊端，缩短办公处理周期，提高管理和决策的科学水平。本书从安全人机工程学的角度论述自动化办公室在智能建筑中的实施。

考虑智能建筑中办公室的规划与设计，目的在于要以长远的目光设计办公室平面布局，使信息传输和处理最有效；能够使一个机构成功地制订其目标和特色；把工作场所安排得使工作人员能获得最高的工作效率。

1）自动化办公室的环境

在进行办公环境管理和规划时，要保证环境有助于提高工作效率。确定办公环境要考虑以下几个方面的因素：

（1）办公环境要与人相适应。参加办公活动的主体应该是人，而不是机器、设备或家具，因此要使得周围的环境充分适应人的生理和心理、生物力学及人体尺寸测量的需要，使人们在安全和较为舒适的环境下工作。只有这样，才能让人们在排除身心不适的干扰下，全身心投入工作。例如家具、设备的摆放要注意桌椅能根据人体尺寸（如身高）易于调节；日常办公用具（如电话等）要放在方便取用的位置上等。

减少噪声影响。研究表明，在噪声强的环境中工作人员完成一定量的工作比在安静环境下大约要多花20%以上的时间。噪声不仅影响人们的判断力，还危害人们的身心健康。在满屋子都是打印机设备的办公室中，噪声可达100 dB(A)。合理地规划能明显地减少办公室中的噪声影响。噪声控制可采用工程法和建筑法，如使用防声罩、吸声材料、隔音墙板等。在工作站周围设置屏风和栏板，既可吸收噪声，又可保证工作的保密性；墙壁的各种覆盖物（如挂毯）和帷幕都能够有效地屏蔽噪声；掩蔽音（如波浪声或风吹树叶声等）以及音乐有助于降低噪声。解决声音控制问题往往需要综合应用多种技术。

保持适宜的温度、湿度。保持稳定的人工环境条件是办公室总体规划中的一个关键问题。为提高工效，为办公人员提供舒适的工作环境，则必须保持办公室有适宜的温度和湿度。

合理利用色调与装潢。合理地运用色调和装潢可以产生一种舒适的气氛。根据办公室工作性质的不同，采用红、橙、黄之类的暖色能使人充满活力和人情味，而采用蓝、绿、青这样的冷色又能使人安宁和平静；深色调能使空间变小，而浅色调则使空间变得开阔。因此应根据所涉及的空间、所做的工作类型以及人们在这个区域逗留的时间等来选择色调。另外，天花板、墙壁、地板等都要在颜色、质地、图案上相协调，给人以舒服的感觉。

保证足够的空间。每个人都需要与人进行交往，以示自己是集体中的一员，然而又有需要相对独立的时间和空间，以思考或做一些不愿被他人所知的事情，因此既要为每个人留有自己的办公领地，以提供足够安静的独处环境，又要留出与人交往的余地，因此办公室应该采用半封闭的不同高度的分隔挡板。

提供良好的照明条件。如果说以上4项能够对人们的情绪产生影响，从而反映到工作效率上，那么照明则更侧重于直接影响人们完成工作的能力。充足的光照量对精细工作十分重要，光照不足会引起各种视觉问题和降低工作人员的情绪，可采用工作照明和环境照明相结合的方法。

（2）办公环境与工作性质相适合。为了便于内部人员的必要联络、对外联系以及文件的传递等，要根据部门的任务来分组和安排位置；内部交通也要避免干扰他人的工作；公用设备和资料要安排在合适的位置；对工作站进行适当分组可提高从属概念，使对地位的期望与职衔相称；提供隔音条件，使在集中思想和进行创造性工作时不被打断；为了保密，不能有人走过或直接站在工作人员后面等。

2）办公室空间的规划

在规划自动化办公室的时候，要考虑以下因素并保证其实现：

（1）文件传送和通信通畅。

（2）使工作人员的领地和社交需要达到平衡。

（3）电子设备和通信设备使用方便。

（4）注意到合适的照明、气候、声音及其他一些环境因素。

有效地利用空间有许多好处，如增加规划过程的可预见性，改善管理部门对费用因素的控制，减少实施过程的时间和开支，增加人员在组织内部的机动性。

在空间规划以前要进行分析，做到根据人员、机器和设施情况确定空间要求。弄清一个新环境所需的合适的空间量。规划者必须统计现有人数，熟悉每个人的职责范围；记下每个岗位对机器、工作台面、存储、人际活动（会议）和保密性等方面的要求；对预计的发展和变动范围的速度和类型作出估计；了解所研究的部门中的工作流程、材料和工作规程等。有关机器的其他信息包括要使用的机器种类和数量，以及设备的能源、空间等要求。

必须了解设施所需条件：占据空间的大小；该空间在楼中的位置、电源和其他能源；声音控制及交通路线。

美国某著名的办公室家具制造商提出如下建议，可作为办公室空间规划的参考，每个工作站的最低面积要求是设计的起点：秘书工作站，3～5 m^2；档案/文件柜，0.8～1.6 m^2；总经理，10～15 m^2；负责人/经理工作站，5～10 m^2；储藏室，4.8 m^2；系统分析员/校对员，5～8 m^2；复印机，5～10 m^2；休息室/衣帽间，1.6～8 m^2。这些数字不包括周围空间。周围空间估计是总空间的10%～15%，还要考虑扩大使用的余地。对每个办公工作站的空间分配必须根据每个岗位的实际需求面积的总数和对今后扩展或改变的考虑而决定。根据过分粗略的估计作出的空间规划会使空间过大或过小。

3）开放式布局

传统的办公室平面布局通常为高级管理人员保留了连续几排单面开窗的办公室，与此平行的若干排较小的内部办公室则留给一些低级工作人员使用，转角处那些有大一点窗户、空间也大一点的办公室是给最高领导使用的。

“开放式布局”（即无墙设计）有两种类型。在这两种布局中，所有的工作人员都混杂在一个没有永久性分隔墙的开放区域中，每个区域都有一些面向大楼外面的地方。这种布局围绕着职责和命令的顺序展开。第一种布局方法是“办公室美化”，在整个楼面上将家具摆成任意形式的组合，放置一些屏风或植物来挡住组与组之间的视线；第二种布局方法是模块化方法，在楼面上放置一些能独自竖立的隔板。也可以综合这两种方法，既利用广阔的空间，又能使某些部位保持一定程度的独处性。

能有效地灵活运用空间的另一些方法包括购置模块式和壁挂式家具，以及分组安排工作站。壁挂式存储区域可以垂直扩展，而不是水平扩展，并且利用了工作站上方的空间。另外，存放在壁挂式箱子中的备用品便于雇员取用，有利于提高工作效率。

开放式布局与传统布局相比有明显的优越性：开放式布局系统通信方便，人员与设备的移动灵活性大、工作效率可提高约30%，楼面空间获得了更有效的利用，并能产生平等的办公室人际关系，最重要的好处是能方便而经济地构成工作站和改变平面布局。

但是，开放式布局并不适用于所有的办公环境。出于保密和安全方面的考虑，并非所有公司都可采用。往往需要在两种布局之间折中。

在规划自动化办公室的时候，如果重在提高办公人员的工作效率及发挥人的主动性，应侧重以环境与人为系统的基础；如果重在把办公系统的效率提高到理想状态，那么它的发展趋势应该重在办公室自动化。在实施中应当二者兼顾。然而，目前的办公自动化规划大部分是以后者为中心并适当考虑前者，因为后者有明确的评价标准，引进办公自动化设备可促进各单项事务的合理化，使事务环境面貌一新，并且在实现后能够进行定量评估。所以，目前衡量办公室自动化水平主要是以技术体系为重点。

当今智能建筑以其强劲的生命力与突出的经济效率，迅速向纵横发展。在发达国家，越来越多单身贵族与职业妇女置身竞争而无暇处理家务，为适应这种社会发展的需要，智能住宅应运而生。通过自动防火、门禁与防盗系统保证安全性；通过中央监控系统保证家庭环境的健康与舒适；通过 24 h 电子信箱、国际直拨电话与计算机通信网络系统，提供了与国内外及时快速通信的手段，使通信、咨询与社会服务实现智能化；应用多媒体等高技术，提供了学习、娱乐与工作的良好环境，并实现了自动管理家务。家务劳动完全自动化，自动烹调、水电煤气自动节能运行与自动计费、商品咨询与购物不出门。学习靠电脑，医护也靠电脑，自我检测健康状况的同时与外部医疗机构联网进行诊断与预防。在智能住宅中，可以人工模拟空气流动、日照、气味、风雨声与鸟鸣，使人如置身于大自然中。智能建筑范围已扩大到智能街区，智能城市已提上日程。

随着计算机技术的发展，现有的产品将更新换代，性能进一步全面提高；随着能量无线传输技术的发展，不仅解决了信息的灵活传输，而且也从根本上解决了强电供应的灵活性问题，在智能建筑功能多变时，电力供应可方便地适应其变化，而无须涉及建筑结构的改变；最新的多媒体技术将受到重视并得到广泛应用，如虚拟现实技术使带有视屏和多种传感器的操作员产生由虚拟现实造成的幻觉，使之如身临现场、栩栩如生地观察并操作各种设备；智能建筑在未来将进一步解决噪声、色彩、气味、卫生、气流与空气成分等参数的控制，以更高水准实现舒适、高效与健康的综合目标。

第六节　产品人性设计中的安全人机工程

一、人性设计的概念与目的

所谓人性设计，主要是指新产品的设计处处为消费者着想，注重安全、耐用、方便、舒适、美观和经济等功能。注重人的自然属性，使新产品在物质技术上符合使用要求，同时按照人的心理特点，使产品经过艺术设计，在其外观上满足人的求美享受要求。

科学的人性设计，是工程设计和工业设计的有机统一；对具体产品而言是内实外美的综合体现，是实用质量（含安全耐用）与审美质量的和谐融汇。

新产品是指在一定地域内从未试制生产过的产品。它与老产品相比较，在产品的结构、性能、材质、技术特征、安全防护装置等某一方面或几方面有显著改进、提高或具有独创意义；具有一定的先进性，能提高经济效益，并有推广价值。从产品人性设计的观点来看，新产品的设计应满足安全、耐用、美观和综合的效能。

二、人性设计的具体要求

1. 产品的安全性能

产品的安全性能关系到千家万户和每个使用者，贯穿于人们的生存、生活、生产的所有时间和空间。

安全是人们生存和发展的最基本的需要之一。随着生产技术的发展，同时也发展了对人类进行自我保护的安全措施。因此，安全问题是与人类的生存、生活、生产相伴生的，安全技术与防护措施也必须与人类的活动及生产技术同步发展。所以，产品的人性设计必须把产品的安全性作为设计的首要问题来考虑。

通常人们用安全系数或保险系数来表示产品的安全度，国家对一些产品，例如电器、机械、化工等产品乃至房屋、桥梁、地下坑道等建筑及核电站、水电站的生产工艺流程等均制定有设计安全规范，也有相适应的使用规定和要求。

如果工程设计有缺陷，则可能会影响到制造、试验、包装装卸、运输、储存和操作等各个工作环节的正常运作，对相关人员和设备造成危害。有毒物质的泄漏、电磁辐射、激光照射、核能泄漏或爆炸事件等均是因为产品设计留下缺陷的表现。据近几年报道，我国建筑工程与防洪工程的“豆腐渣”工程曾经给人民生命财产造成了巨大损失。

产品失效事件经常发生，有些失效事件还会带来灾难性的破坏，给人民的生命财产和社会造成巨大的损失，这在国内外工业发展史上屡见不鲜。

1979 年 12 月 18 日，吉林省某煤气公司液化石油厂发生爆炸、火灾事故，400 m^3 球形贮罐因受热而爆炸，致使大量液化石油气外喷，扩散到该公司的生活区遇到明火而引起火灾，大火持续燃烧了 23 h，导致 32 人死亡，54 人受伤，使这个投资 600 万元运行仅两年的企业付之一炬。这次事故毁坏了 400 m^3 的球形贮罐 6 个，50 m^3 的卧式贮罐 4 个，5 kg 的液化石油气瓶 3000 只，共烧毁厂区及附近苗圃的全部建筑物和 12 辆机动车，烧死树苗 329 万株，直接经济损失高达 89 万余元。这个企业担负供应 10 万居民的生活用气，时值隆冬季节，影响了几十万人的取暖和吃饭问题，影响了社会的安定。事故调查表明，这次事故是球形贮罐设计留下隐患所致。

1999 年 3 月 15 日中国消费者协会公布了一种铡草机。此机是某县农机厂设计制造的，其结构简单，主体由一个长方形的空箱体和穿过此箱体底部的转轴组成，转轴的一头连着一个小电动机（功率大小可调），另一头安装一把切刀；电动机转动时带动切刀旋转，箱体顶有一投料口，侧面开一出料口。其工作原理也很简单，草从箱体上部投料口进入，从侧面口输出，与旋转的切刀相交而被切断。按规定箱体投料口至切刀旋转处的长度（H）应大于人在投料时手往下伸至侧面口的长度（h），即 $H>h$，可是这个农机厂设计制造的铡草机 $H<h$。因此这个铡草机投入使用不到一年竟使 4 位妇女的手指被切断，两个年仅 8 岁小女孩的手从腕部切断的悲剧。此机的设计者、制造者其原意是想以此提高铡草的劳动效率，可是万万没预料到设计错误竟造成如此悲剧。

上述例子说明：产品设计上的错误，给使用者带来的是后患是穷。所以，任何产品的设计首先考虑的问题应是产品的安全性问题。

2. 产品的可靠性

可靠性是指产品在规定的条件下和规定的时间内完成规定功能的能力，是产品抵抗外部条件的影响而保持完好的能力，是产品质量时间性的指标。任何产品都要发生故障直至报废，但是发生故障前的工作时间（即寿命）长短不同，越长说明越可靠，其可靠性就越好。当然，产品的使用者应遵守操作规程，按规定进行操作方可维护产品的可靠性。

这里所讲的规定条件，是预先规定产品在其寿命周期内所受的全部外部作用条件。所谓外部作用条件是指环境、运行和维修等条件。

规定的时间，即规定产品完成规定功能的时间。而规定的功能，是产品的性能指标。

3. 产品的“舒适”效应

所谓舒适效应是指人在使用产品时，让人有得心应手，称心如意的感觉。机器、显示器、操纵器、工具等应满足人体尺寸、人的生理、心理、生物力学要求，这样不仅能减轻劳动者的生理上和心理上的疲劳，而且利于减少事故发生，少出废品，甚至还能够使产品的使用者从悦耳悦目升华为悦心悦意、舒适、愉快，乃至享受。倘若如此则能增强操作者的积极性，焕发其创造意识，提高工效和质量。反之，丑、脏、乱、暗、震耳欲聋的环境，憋足的工具设备，则会引起劳动者的厌恶，挫伤其积极性，降低劳动生产率，妨碍劳动者的身心健康。

4. 产品的“内实”

所谓产品的内实是指产品的实用质量，这是产品质量的基础，任何产品都应结实可靠，经久耐用；结构简单轻巧，线条明确醒目；控制装置优良，显示装置清晰。避免设计制造出“傻、大、笨、粗”的产品。另外，在产品设计上还应考虑现代化和民族化问题。仔细观察各国的产品便不难发现，其中多数蕴含着民族的性格，凝聚着民族文化传统的精华。例如：德国人素以理性著称，其产品显示出厚实的严谨结构，气质大度，简洁明快，风格雄浑的意蕴；意大利人由于文艺复兴的文化传统化，产品的造型更富于艺术的想象力和风格的多样化、个性化；日本的工业产品方便、灵巧、精微、轻捷等，这些国家的产品都以现代科学技术与传统精神相融合，为世界市场所公认。所以，我国加入“WTO”之后，特别注意产品的内部质量和外观造型的设计，使产品的气质、风格、选材、造型、意蕴等方面都能赋予上咱们中华民族的民族特点、民族风格，这样在激烈竞争的世界市场上争得应有的位置。

5. 产品的“外美”

所谓“外美”，是指产品的外观包括形体、色彩、表面质感及装饰等综合整体所给人的表象。产品外观的美学质量能带来巨大的经济效益。对于依靠竞争而求生存的各国企业家来说，已经是普通的常识；而以产品设计不能满足消费者的审美需求而使企业败落的，也不乏其例。因此，世界各国、各公司、厂商都非常重视美学的研究，以不断提高产品的美学质量，开发更新更美的产品。谁在这方面超过别人，谁的产品就会成为市场的宠儿。在美国几十年来流传着一句生意经：“好设计，好生意”。国际著名的工业设计专家雷蒙·洛维提出了“丑的商品是卖不掉”的命题。这是为世界工业设计的实践所证明的真理。雷蒙·洛维这位驰名全球的设计师以其丰厚的美学素养不断为厂家改进设计，从油印机、烤面包器、冰箱、垃圾箱、汽车、商标、广告等，给各公司、厂家创造了巨大的经济效益。1940 年，美国经济萧条，某烟草公司的香烟销售额急骤下降。雷蒙·洛维改善了烟盒设计，使之简洁明快、表征鲜明，以强烈感染的现代艺术吸引消费者，几年内该公司销售额魔术般地直线上升，达到500 亿盒之多。以美学质量超越的设计挽救即将倒闭的企业在工业设计史上是不胜枚举的。

第七节　道路交通运输安全人机工程

我国现代化的运输业与国民经济的发展和人民生活水平的提高息息相关，是一系列产业的市场和支柱，在国民经济中具有极其重要的地位和作用。我国公路在客运量、货运量、客运周转量等方面均遥遥领先于其他运输方式的总和。改革开放以来，我国的交通运输行业迅猛发展，然而我国的交通设施相对公路和汽车发展的需要还有一定差距，交通标志、交通信号等“道路语言”还有待完善，交通安全状况不容乐观，道路交通死亡占工伤事故死亡总数70%左右。本节是从安全人机工程学的角度出发，研究道路交通运输中的安全问题，从而提高道路交通运输系统的安全性。

交通运输系统安全人机工程研究的主要内容包括以下3个方面。

（1）人的方面：驾驶人员的生理、心理状态对运输作业系统的影响。

（2）运输工具方面：操作装置、显示装置、驾驶空间、座席、视界及作业环境的微气候等合理设计。

（3）环境方面：交通标志、道路设施等合理设计。

一、道路交通安全系统与驾驶人员的作业研究

1. 道路交通安全系统

道路交通系统是一个由人、车、路构成的动态系统。驾驶员从道路交通环境中获取信息，这种信息综合到驾驶员的大脑中，经判断形成动作指令，指令通过驾驶操作行为，使汽车在道路上产生相应的运动，运动后汽车的运行状态和道路环境的变化又作为新的信息反馈给驾驶员，如此循环往复，完成整个驾驶过程。因此，人、车、路（含整个环境）被称作道路交通系统的三要素。

道路交通安全系统就是对“人、车、路”系统在运行中的安全性、可靠性作出系统地分析评价和提出保证措施的系统工程。在道路安全系统分析中，美国的威廉·哈顿（William Haddon）将人、车、路在交通事故中的相关关系用矩阵形式表示，称为著名的哈顿矩阵，见表6－14。哈顿矩阵中9个单元中的每一个都会对事故或伤亡有直接或间接的影响，甚至成为主要或次要原因。反之，只要其中一个或几个环节得到改善就可以减少事故或降低事故伤害。对于三者在事故中的作用，学术界一直有较大的争论，美国的Treat和Sabey经过对大量事故的深入研究得到表6－15的结论。

表6－14　哈　顿　矩　阵

因素	事　故　前	事　故　中	事　故　后
人	培训、安全教育、行车态度、行人和骑车人的着装	车内位置和坐姿	紧急救援
车	主动安全（制动、车辆性能、车速、视野），相关因素（交通量、行人等）	被动安全（车辆防撞结构、安全带等）	抢救
路	道路标志标线、几何线形、路表性能、视距、安全评价	路侧安全（易折柱）、安全护栏	道路交通设施的修复

表6-15　各因素对事故的影响程度　%

原　因	Sabey 的结论	Treat 的结论	原　因	Sabey 的结论	Treat 的结论
单纯路	2	3	人和车	4	6
单纯人	65	57	路和车	1	1
单纯车	2	2	人、车、路共同	1	3
路和人	24	37			

从表6-15中可以看出交通事故中与人有关的原因占93%~94%，这说明人是事故的关键因素。因此，在研究交通运输安全问题时，必须进行人的作业研究。

2. 驾驶人员的作业研究

驾驶人员驾驶汽车过程中，80%以上信息是通过视觉得到的，视觉器官能否准确、及时获取信息与交通事故的发生紧密相关。驾驶中路况复杂，并处于动态变化中，驾驶员注意力需要高度集中。同时由于驾驶姿势相对固定，活动自由空间相对较少，很容易导致驾驶员疲劳，从而使知觉减退，引发反应迟钝，产生错误判断而发生行车事故。下面从安全人机工程的角度分析驾驶员的视觉特性及疲劳问题。

1）驾驶员的视觉特性

（1）动视力。动视力是指人和所看到的目标处于运动状态时检查的视力。汽车驾驶员在行车中的视力为动视力。动视力比静视力低10%~20%。例如，以60 km/h的车速行驶的车辆，驾驶员能够看清前方240 m处的交通标志；而当车速提高到80 km/h时，则只能看到160 m处的交通标志。动视力还与年龄有关，随年龄增大，动视力与静视力之差增大。

（2）夜视力。由于夜晚照度引起的视力下降叫做夜视力。夜间视力与驾驶员的年龄有关，年龄越大，夜视力越差。20~30岁之间的驾驶员夜视力最好。夜视力还与速度有关，速度增加，夜视力下降。

（3）视力适应。由于人眼具有亮适应和暗适应特点，当汽车运行在明暗急剧变化的道路上，容易发生视觉危害。

（4）眩目。夜间行车时，对方行车的前灯形成的眩光会使驾驶员出现一时性视觉障碍，以眼睛的视线为中心，30°的角度范围为“眩目带”，在这一区域射入强光将会产生危险在道路中间隔离带上植树、设置防眩护栏，提高路灯的亮度，调节前灯位置等可减少或避免眩目现象，在一定程度上减少了由于眩目而造成的交通事故。

（5）视力与烟雾。如果是浓雾天，驾驶员除了黄色外几乎不能分辨其他颜色。所以，在交通中，我们应当把雾灯设计为黄色。

（6）视野。人的眼睛在垂直方向6°和水平方向8°的角度内见到的物体最清楚，双眼视野比单眼视野宽；目标物的速度越快，则动视野越窄；驾驶人员在驾驶中视线移动以水平方向的移动最为圆滑，几乎呈直线，而垂直或斜向的视线移动相当不规则。

（7）行驶中视空间的特性。行车中驾驶员与周围的景色相对运动。对象越近，移动越快。驾驶人员行驶在高速公路上，其注视点常置于305~610 m之间。驾驶速度越快，其注视点越向前移，同时也越有集中于一点的趋势。驾驶人员在行车中总是习惯于将注意力集中于路面，即使在路旁等处有杂散的景物也很难转移其注意力。因此，若要在道路上吸引驾驶人员的注意力，则必须顺道路的进行方向设置突出的对象物。道路的垂直面上有对象物时极其醒目，而水平面上则不显著。

速度与注视点的距离为：①行驶速度为 40 km/h 的注视点在汽车前方约 180 m 的路面上；②行驶速度为 72 km/h 的注视点在汽车前方 360 m 的路面上；③行驶速度为 105 km/h 的注视点在汽车前方约 600 m 的路面上。即速度越快，注视点越向远处移动，视野越狭窄。因此，在道路尤其高速公路的平面线形中有意导入曲线，使驾驶人员的注视点强制移动，以避免道路催眠。

（8）色觉。根据人的视觉特性，人对于颜色的易读顺序为黄底黑字、白底绿字、白底红字、白底蓝字、蓝底白字、白底黑字。黄底红字虽不容易读认，但最能引起驾驶人员的注意。因此交通标志应采用清晰配色，如黄底黑字、白底绿字、白底红字等。

2）疲劳

驾驶人员驾驶作业分析，主要反应在心理因素和生理因素所引起的疲劳，是高度集中而引起的神经系统和大脑皮质活动的衰竭，这种疲劳是体力与脑力混合疲劳。其主要特征为驾驶人员的简单反应时间增加；疲劳后驾驶人员的感知能力显著下降；判断失误和驾驶错误增多。

驾驶员疲劳的原因是多方面的，主要有睡眠不足；驾驶时间过长；驾驶员自身身心条件造成疲劳；车内环境不好造成疲劳，如车内温度、噪声、振动；车外环境不良导致疲劳。

一次驾驶时间过长而产生的疲劳，往往是导致事故发生的主要因素。研究表明，驾驶员一天的纯开车时间不应超过 10 h；深夜行驶不要超过两次以上，否则第三天夜里应当有足够的睡眠和休息；夜间行车应由两人轮换驾驶，每人驾驶时间不应超过 4 h；大客车驾驶员连续驾驶时间，白天为 4～5 h，夜间在 3 h 以下为宜。

二、汽车的人机系统设计

汽车驾驶室的设计是人机系统的重要内容。驾驶室内的座椅、控制系统、驾驶空间及汽车的视野等的设计应当更好地符合人体尺寸、操作姿势或舒适程度等的生理特点，可以采用人体模板（图 6－21）来校核有关驾驶空间尺寸、方向盘等控制系统的位置，显示仪表的布置等。

1. 汽车座椅设计

驾驶座椅的靠背与座面的夹角及座面与水平面的夹角是影响驾驶人员驾驶作业的关键。驾驶人员在驾驶过程中视线垂直于目标最合适，如果背倾角过大，就不得不使颈部弯曲而导致颈部疲劳，同时驾驶员上身直立而稍后倾，保持胸部挺起，双肩微垂，肌肉放松，有利于操作方向盘。图 6－22 及表 6－16 列出了驾驶座席基本参数。

表 6－16　驾驶座席基本参数

类　型	γ/(°)	α/(°)	β/(°)	H/mm	D/mm
小轿车	—	100	12	300～340	—
轻型载重车	20～30	98	10	340～380	300～350
中型载重车（长头）	10～15	96	9	400～470	400～530
中型载重车（平头）	60～85	92	7	430～500	400～530

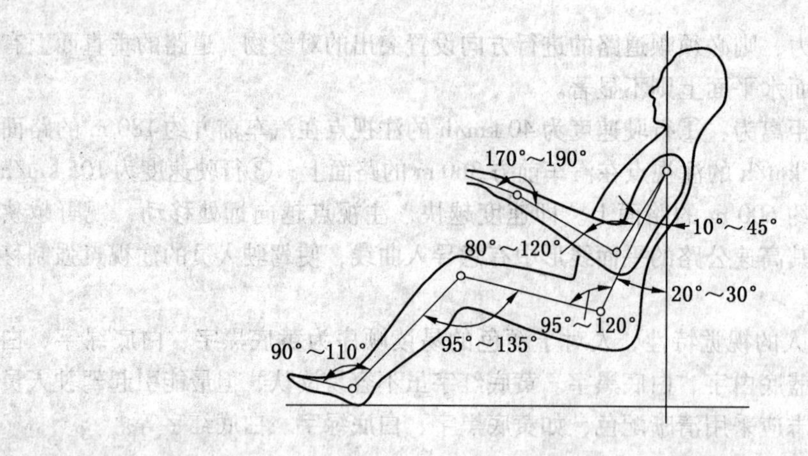

图6－21　驾驶姿势时人体各部分夹角的合理范围的模板

乘客座椅与驾驶座椅略有不同（图6－23），以下提供一些数据供参考（表6－17）。

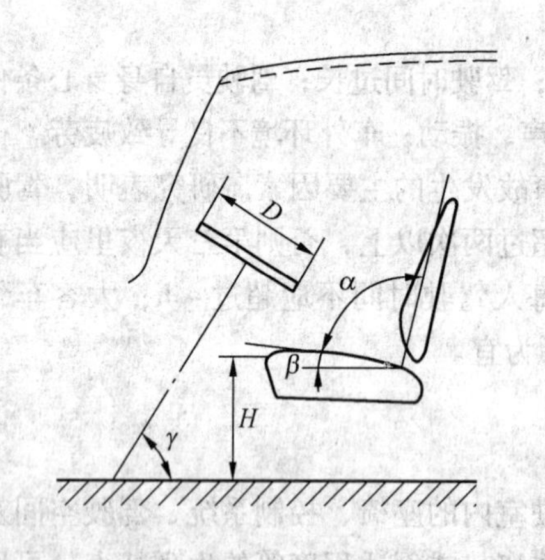

图6－22　驾驶座席

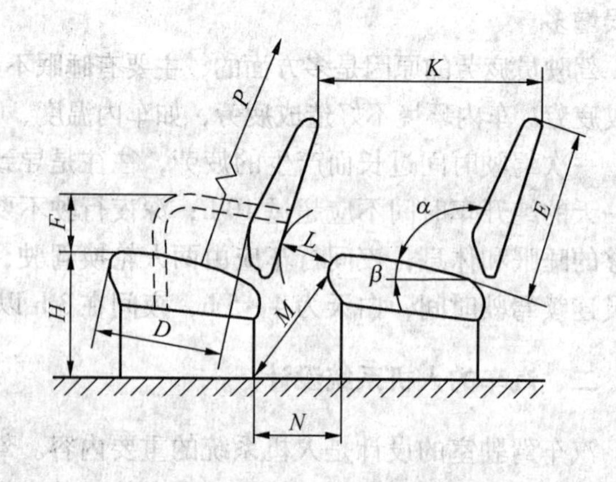

图6－23　乘客座席

表6－17　乘客座席基本参数

项　目	短途车	中程车	长途车
靠背与坐垫之间的夹角 α/(°)	105	110	115
坐垫与水平面夹角 β/(°)	6～7	6～7	6～7
坐垫有效深度 D/mm	420～450	420～450	420～450
座椅高度 H/mm	480	450	440
靠背高度 E/mm	530～560	530～560	530～560
坐垫宽度（单座）/mm	440～450	470～480	490～550
靠背宽度/mm	440～450	470～480	490～550
扶手高度 F/mm	230～240	230～240	230～240
前后座椅间距 K/mm	650～700	720～760	750～800
后椅坐垫前缘至前椅背后面的最小距离 L/mm	260	270	280

表6-17（续）

项　目	短途车	中程车	长途车
后椅坐垫前缘至前椅后脚下端的距离 M/mm	550	560	580
后椅前脚至前椅后脚的水平距离 N/mm	>300	>300	>300
坐垫上平面至车顶内壁间的距离 P/mm	1300~1500	1300~1500	950~1000

2. 汽车显示装置设计

汽车的显示装置是将汽车的信息传递给驾驶人员的一种关键部件，显示装置除了要正确反映汽车的运行状况外，还应根据人的感觉器官的生理特征来确定其结构，使人与显示装置达到充分协调，使驾驶人员对显示信息接收速度快、误读率少，并减轻精神紧张和身体疲劳。

汽车显示装置位置的布置，应使其所在平面与驾驶人员正常视线垂直，以方便认读和减少读数误差，如图6-24所示。

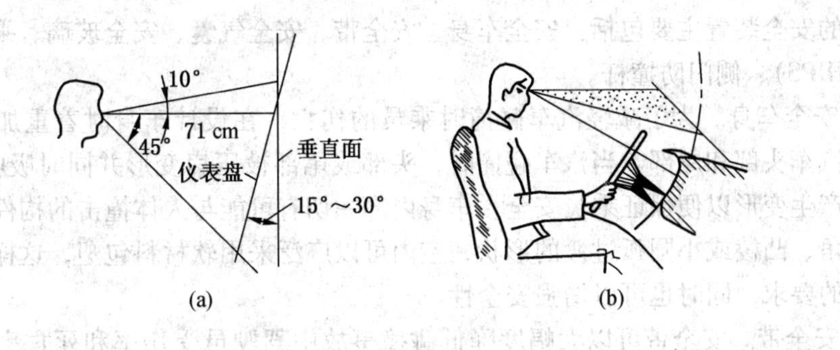

图6-24　显示装置平面与视线尽量垂直

汽车显示仪器的选择应当根据视线的扫描路径和认读性进行选择，总的来说，圆形、半圆形、非整圆形在认读性方面都比较好，比较适合选做汽车显示仪器。刻度盘外轮廓尺寸可在视距的1/23~1/11之间选取。仪表盘的外轮廓尺寸是仪表盘外边缘构件形成的界线尺寸，从宽窄和色彩讲，既能吸引驾驶人员视线，又不至于太多抢眼、不干扰对仪表的认读的仪表盘轮廓尺寸最佳。

3. 汽车控制系统设计

汽车控制系统包括：方向盘、制动器及各种开关；脚操作的刹车装置、加速装置等及各种显示仪表。这些装置的布局、选型及可靠程度的高低直接影响交通运输安全。

4. 驾驶室的空间设计

驾驶室空间的舒适程度可以有效减轻驾驶人员的紧张和疲劳，有利于汽车的安全行驶。其大小要适应驾驶人员的作业活动区域，过于狭小，会碰撞其他物体；过于宽松，会造成驾驶人员移动身体进行操作。驾驶室内的环境色彩不宜过于明亮和刺激，否则会造成视觉疲劳，从而使人的反应迟钝，在紧急关头发生失误。

5. 汽车的视野设计

汽车的视野是指驾驶人员在汽车行驶中，观察地面上的可见度。宽阔和方便的视野，有利于驾驶人员观察汽车前方和左右方的各种情况，感知车外的各种信息，并能方便地根据路面上行人、其他车辆等采取相应的措施。

研究表明汽车驾驶员的视野，对于汽车转弯行驶的影响最大：驾驶人员在左转弯时用于观察前方的时间占全部时间的70%，观察反射镜的时间占全部时间的8%。从数据可见反射镜作为信息显示的功能受到了限制。因此，利用增加反射镜的数量来扩大和改善视野的方法是不可取的。根本方法就是对汽车结构的改进，从而扩大和改善视野范围。

为了扩大和改善直接视野，进行汽车结构设计时，可以利用人机系统的模拟实验方法，分别对驾驶座席的位置、视点高低、车窗高度等与视野有关的方面进行测定，然后再根据汽车本身的功能和结构特点，进行人机系统的协调设计。

三、车辆安全设计与交通安全设施

从安全人机工程观点出发，还可以从交通工具本身的安全设计和交通运输安全设施两个方面考虑保证交通运输系统的安全性，提高整个交通运输系统的工作效率和可靠性。

1. 车辆安全设计

车辆的安全装置主要包括：安全车身、安全带、安全气囊、安全玻璃、乘员头颈保护系统（WHIPS）、侧门防撞杆。

（1）安全车身。为了减轻汽车碰撞时乘员的伤亡，在设计车身时着重加固乘客舱部分，削弱汽车头部和尾部。当汽车碰撞时，头部或尾部被压扁变形并同时吸收碰撞能量，而客舱不产生变形以便保证乘员安全。车身内部一切有可能与人体撞击的构件都应避免应当采用尖角、凸棱或小圆弧过渡的形状，室内可以广泛采用软材料包塑，这样不仅可以满足舒适性的要求，同时也可以增强安全性。

（2）安全带。安全带可以大幅度降低碰撞事故中驾驶员受伤率和死亡率。在正常驾驶时，安全带对人体上部并不起约束作用，但在汽车减速度超过预定数值时或车身严重倾斜时，收卷器会将带子卡住从而对乘员产生有效的约束。

（3）安全气囊。安全气囊在汽车正面碰撞时能防止乘员与其前方的物体撞击。安全气囊由传感器、气体发生器和气囊组成。气囊平时折叠在转向盘毂内或仪表板内，必要时可在极短时间（碰撞开始后0.03~0.05 s）内充满气体而呈球形，以填补乘员与室内物体之间的空间。

（4）安全玻璃。汽车正面或侧面碰撞时，乘员头部往往撞击风窗玻璃或侧窗玻璃而受伤，并且玻璃碎片还会使脸部和眼睛受伤。因此，为了最大限度减小人体在紧急情况下受伤害的程度，应当选用具有较高冲击强度的安全玻璃。

（5）乘员头颈保护系统。乘员头颈保护系统（WHIPS）一般设置于前排座椅。当轿车受到后部的撞击时，头颈保护系统会迅速充气膨胀起来，其整个靠背都会随乘坐者一起后倾，乘坐者的整个背部和靠背安稳地贴近在一起，靠背则会后倾以最大限度地降低头部向前甩的力量，座椅的椅背和头枕会向后水平移动，使身体的上部和头部得到轻柔、均衡地支撑与保护，以减轻脊椎以及颈部所承受的冲击力，并防止头部向后甩所带来的伤害。

（6）侧门放撞杆。在汽车两侧门夹层中间放置一两根非常坚固的钢梁，当侧门受到撞击时，坚固的防撞杆能大大减轻侧门的变形程度，从而减少汽车撞击对车内乘员的伤害。

2. 道路交通安全设施

道路交通安全设施包括：道路交通标志、道路交通标线、交通信号、物理隔离设施等。

第八节　海军装备领域中的安全人机工程

一、海军装备领域的人—机关系和人—环关系

海军装备是复杂的人机系统，具有多人多机协同关系复杂、恶劣海况环境下长时间作业，有限或特定空间中人流、物流、信息流高度密集、人机界面交互操作繁多等特点。正确处理人、装备、作战环境这3个基本要素的关系，是提高部队战斗力的关键。针对海军装备人机系统整体，要达成高效、安全、经济的目标，必须正确处理好人—机关系和人—环关系。这里的“机”指的是狭义的“机”，主要指设备、装备、器械等，而“环”也是狭义的环，指的是人机系统所处的外部环境和内部环境。

海军装备软硬件系统的人—机关系问题主要包括功能关系、信息关系、位置关系和力的关系4个方面。

1. 功能关系

人机功能关系涉及人机工作任务分工，人与装备系统的优势能力有哪些、哪些功能由系统完成，哪些功能由舰员完成；人的工作量分配，即当舰员与系统共同完成任务时，舰员应该参与多少工作量是合适的，从而使舰员保持合理的情感和认知需求及有效的工作效率；人工干预程度，当系统的自动化程度较高时，舰员应该在哪些关键步骤或阶段进行必要干预，确保系统安全。

2. 信息关系

人机信息关系主要包括人机界面信息显示和人机界面交互两个方面。在人机界面信息显示方面，装备软件界面的显示布局、显示格式及显示要素等要易于感知和理解，确保图形、表格、字符等重要信息能被舰员关注到。在人机界面交互方面，要确保人机界面各种类型的空间和操作单位满足舰员高效、便捷、舒适的获取信息、执行操作控制的需求。

3. 位置关系

在人机位置关系方面，硬件设备的外观外形，如操作域、视域、容膝空间等方面要满足舰员的生理尺寸数据要求。舱室布置也要结合舰员的静态尺寸、活动空间和设备维修性和可靠性等因素，进行合理的工作舱室和生活舱室的内部布局设计。

4. 力的关系

各种输入装备，如触摸屏、轨迹球、按键等必须符合舰员的手指力、关节力、触感和姿势的要求和限制。人—环关系方面要重点考虑环境对人的影响规律、环境优化设计和人员防护措施等。噪声、振动、眩光等物理环境因素，温度、湿度、气流等舱室微气候环境因素，以及高压力、长航时等作战任务环境因素都会影响舰员的快速感知、记忆、联想、决策和情绪等。工作舱室和生活舱室环境的设计必须考虑舰员的生理、心理和认知特性，包括舱室空间布局、温湿度和气流、舱室照明与色彩设计等。当环境恶劣对舰员身体健康或作战任务有一定程度危害而不易改变时，必须为舰员配备防噪声耳机、防辐射服、抗浸

防寒服、海上救生衣装和抗疲劳药物等。

二、海军装备领域的安全人机工程技术手段

1. 环境仿真分析技术

由于海军装备研制过程中很难直接获得真实的战时环境以及突发、非常规事件发生等条件下的工作环境，可通过安全人机工程中的环境仿真技术模拟多种环境条件，包括舱室空间、光照环境、噪声环境、振动环境、电磁环境等。

2. 测量技术

通过绩效指标测量个人或团队的任务完成时间、操作准确率和正确反应时间等。通过眼动追踪技术测量眼动指标，如注视时间、扫视幅度和瞳孔直径等；测量脑电、心电和皮肤电等生理指标；测量舰员工作状态，如脑力负荷、情景意识和疲劳等。

3. 实验技术

实验技术要求在控制条件下，探寻自变量与因变量之间的关系，在海军装备中，可以将软硬件的设计要素或环境要素作为自变量，舰员的作业绩效水平、眼动指标、生理指标、脑力负荷和情景意识等心理、生理和行为反应作为因变量，通过选择被试、构建和控制实验条件、选取反应指标及测试设备、实施实验和统计分析实验结果，进而总结讨论得到实验结论。

三、海军装备领域的新型交互技术

1. 三维显示与交互技术

立体三维显示作为一种全新的视觉模式，未来可用于设计三维海、陆、空态势图及三维军标等，使部队用户具有较强的立体沉浸感，提高战场态势感知。三维控制装置可对人直接施加视觉、听觉和触觉感受，允许人交互的观察和操作，用于操作三维目标的输入设备，未来可通过三维鼠标、三维轨迹球等输入设备提高三维交互效率。

2. 多通道交互技术

军事领域未来可能会逐渐采用多通道交互技术，如利用视线跟踪技术代替键盘和轨迹球等输入设备；触觉通道的力反馈感应技术主要包括触觉感应和动作感应两种，未来可应用于新型显控台轨迹球和触摸屏设计中；生物特征识别技术，如利用人眼虹膜、掌纹、笔迹、步态、语音、人脸等特征进行身份识别，确保军事装备的安全性。

3. 虚拟现实技术

虚拟现实技术是一种综合应用各种技术制造逼真的人工模拟环境，并能有效地模拟人在自然环境中视、听、触觉等各种感知行为的人机交互技术。该项技术未来可结合安全人机工程学科知识，通过建立海军装备虚拟舱室环境和虚拟样机，进行舱室空间布局及内饰设计测试与评估、装备人机界面及交互测试与评估、装备的运动学和动力学分析，以及虚拟维修、虚拟装配等方面的评估。

4. 可穿戴智能设备的交互技术

该项技术未来可为舰员设计可穿戴增强现实装备，帮助舰员了解和掌握周边战场态势，包括友军位置、目标距离、当地卫星地图等信息显示在可穿戴屏幕上，还能根据士兵视线方向、远近及其所处位置，有针对性地提供信息在舰员的自然视线范围内；可设计可

穿戴健康设备，包括监测心率、呼吸、脑电、睡眠状态等指标，对全舰舰员的身体状况进行监测和分析，从而保证在岗执勤舰员能够胜任战备或战时任务；或设计可穿戴电池设备，未来可用于智能化单兵作战装备的电能供应，舰员船上靴子或其他设备即可产生电量维持装备的电力需要。

5. 脑机交互技术

该项技术是指不依赖常规的脊髓/外周神经肌肉系统，在脑与外部环境之间建立一种新型的信息交流与控制通道，实现脑与外部设备之间的直接交互。DARPA 正在深化这项技术研究，未来可能应用将舰员的大脑与电能通过多个频道互相连接，每个频道同时收集成千上万大脑神经元的信息，通过建立电能与特定大脑区域的神经元精确相连，提高舰员的战场态势感知和作战技能。

复习思考题

1. 要设计出最佳作业空间，应该考虑哪些因素？
2. 工作姿势主要有哪几类？各有何特点？怎样体现在工作设计的布局设计中？
3. 在进行作业空间设计时，一般应遵守哪些基本原则？
4. 针对某一具体岗位进行作业空间设计。
5. 安全防护空间距离都分哪些？简述设计时的注意事项。
6. 手持工具的设计应该考虑哪些因素？
7. 对某一具体的控制室进行安全人机工程评价与改进。
8. 从安全人机工程学原理出发，对 VDT 操作者应采取哪些防护措施？
9. 举例说明智能型办公室的安全人机工程要求及其实现。
10. 产品人性设计的安全人机工程要求有哪些？
11. 影响交通运输系统安全的人机工程内容主要有哪些方面？
12. 驾驶员驾驶作业中的感知特性主要有哪些？
13. 引起驾驶人员疲劳的主要因素有哪些？
14. 为保证驾驶员驾驶中视野适宜，汽车的设计应注意哪些问题？
15. 为保证驾驶人员和乘客的安全，目前车辆的安全设计主要有哪些方面？
16. 由于该门课程实践性很强、应用性广，建议在讲述理论课程的同时，应安排一定数量的实验课或参观有关现场，在课程结束之时，安排大型作业或课程设计，题目举例：

（1）对学校的教学楼、实验楼、实习工厂、图书馆、寝室等地的采光照度值进行实地测量、计算和分析，对照国家相关标准提出改进方案。

（2）对学校总体布局进行工作设计，内容大致有：楼房之间的距离，楼层高度，楼内的安全通道；防灾应急措施的设计；道路（交通通道）布局；安全距离；供水、供电、供气系统的运行及防灾应急措施等进行实地测量或调查。找出存在的问题并提出改进方案。

（3）颜色匹配评价：对学校各类现有的设施，如课桌椅、书架、实验桌椅、房屋、道路、花草等的颜色进行调查，着重于课桌椅的调查，访问使用者的意见，并登记造册，然后评价分析，提出改进意见及设计方案。

(4) 显示器、控制器的评价分析：对学校实习工厂的设备或实验室的设备的显示器、控制器进行调查、对比分析与评价，并提出改进意见。

(5) 对某个企业的人因事故进行调研，撰写研究报告，主要内容包括人因事故统计分析、原因分析，预防对策等。

除此之外，还可以进行其他方面的分析评价，也可以根据各学校安全工程专业方向开展有针对性的实践研究与应用。

参 考 文 献

[1] 刘潜. 从劳动保护工作到安全科学 [M]. 武汉: 中国地质大学出版社, 1992.
[2] 曹琦. 人机工程 [M]. 成都: 四川科学技术出版社, 1991.
[3] 刘东明, 孙桂林. 安全人机工程学 [M]. 北京: 中国劳动出版社, 1993.
[4] 王恒毅. 工效学 [M]. 北京: 机械工业出版社, 1994.
[5] 欧阳文昭. 安全人机工程学 [M]. 武汉: 中国地质大学出版社, 1991.
[6] 欧阳文昭, 廖可兵. 安全人机工程学 [M]. 北京: 煤炭工业出版社, 2002.
[7] 张力, 廖可兵. 安全人机工程学 [M]. 北京: 中国劳动社会保障出版社, 2007.
[8] 吴当时, 盛菊芳, 童和钦. 以人为本的维修: 人类工效学在维修中的应用 [M]. 北京: 中国电力出版社, 2006.
[9] 郭伏, 杨学函. 人因工程学 [M]. 沈阳: 东北大学出版社, 2001.
[10] 郭伏, 钱省三. 人因工程学 [M]. 2 版. 北京: 机械工业出版社, 2018.
[11] 丁玉兰. 人机工程学 [M]. 5 版. 北京: 北京理工大学出版社, 2017.
[12] 陈霞, 刘双. 海军装备领域人因工程研究现状及发展 [J]. 舰船科学技术, 2017, 39 (4).
[13] 崔凯, 孙林岩, 冯泰文, 等. 脑力负荷度量方法的新进展述评 [J]. 工业工程, 2008, 11 (5).
[14] 卡尔森. 生理心理学 [M]. 9 版. 北京: 中国轻工业出版社, 2016.
[15] 廖建桥. 脑力负荷及其测量 [J]. 系统工程学报, 1995 (3).
[16] 柳忠起, 袁修干, 刘涛, 等. 航空工效中的脑力负荷测量技术 [J]. 人类工效学, 2003, 9 (2).
[17] 王保国, 王新泉, 刘淑艳, 等. 安全人机工程学 [M]. 2 版. 北京: 机械工业出版社, 2016.
[18] 许为, 葛列众. 人因学发展的新取向 [J]. 心理科学进展, 2018, 26 (9).
[19] 姚建, 田冬梅. 安全人机工程学 [M]. 北京: 煤炭工业出版社, 2012.
[20] 理查德·温 (Richard Urwin). 极简人工智能: 你一定爱读的 AI 通识书 [M]. 有道人工翻译组, 译. 北京: 电子工业出版社, 2018.
[21] 陈毅然. 人机工程学 [M]. 北京: 航空工业出版社, 1990.
[22] 陈波. 实用人机工程学 [M]. 北京: 中国水利水电出版社, 2017.
[23] 王保国, 黄伟光, 王凯全, 等. 人机环境安全工程原理 [M]. 北京: 中国石化出版社, 2014.
[24] 张瑞武. 智能建筑 [M]. 北京: 清华大学出版社, 1999.
[25] 郭青山, 汪元辉. 人机工程设计 [M]. 天津: 天津大学出版社, 1994.
[26] 马秉衡, 戊成兴. 人机学 [M]. 北京: 冶金工业出版社, 1990.
[27] 汪安圣. 心理学及其在工业中的应用 [M]. 北京: 机械工业出版社, 1987.
[28] 李文彬. 建筑室内与家具设计人体工程学 [M]. 北京: 中国林业出版社, 2001.
[29] 梁有信. 劳动卫生与职业病学 [M]. 北京: 人民卫生出版社, 2000.
[30] 朱祖祥. 人类工效学 [M]. 杭州: 浙江教育出版社, 1994.
[31] 赵江洪. 普通人体工程学 [M]. 长沙: 湖南科技出版社, 1988.
[32] 臧吉昌. 安全人机工程学 [M]. 北京: 化学工业出版社, 1996.
[33] 朱祖祥. 工程心理学 [M]. 上海: 华东师范大学出版社, 1990.
[34] 冯元桢. 生物力学 [M]. 北京: 科学出版社, 1981.
[35] 胡海权. 工业设计应用人机工程学 [M]. 沈阳: 辽宁科学技术出版社, 2013.
[36] 周一鸣, 毛恩荣. 车辆人机工程学 [M]. 北京: 北京理工大学出版社, 1999.
[37] 张力. 概率安全评价中的人因可靠性分析技术 [M]. 北京: 原子能出版社, 2006.
[38] 赵江洪, 谭浩. 人机工程学 [M]. 北京: 高等教育出版社, 2006.
[39] 阮宝湘. 人机工程基础及应用 [M]. 北京: 机械工业出版社, 2006.

[40] 卢家楣．心理学［M］．上海：上海人民出版社，2004.
[41] 姜俊红．心理学原理［M］．北京：高等教育出版社，2003.
[42] 黄国松．色彩设计学［M］．北京：中国纺织出版社，2001.
[43] 谢庆森，王秉权．安全人机工程［M］．天津：天津大学出版社，1999.
[44] 陆锡明．快速公交系统［M］．北京：同济大学出版社，2005.
[45] 刘志强，葛如海，龚标．道路交通安全工程［M］．北京：化学工业出版社，2005.
[46] 沈志云，邓学钧．交通运输工程学［M］．北京：人民交通出版社，2005.
[47] 郭忠印，方守恩．道路安全工程［M］．北京：人民交通出版社，2003.
[48] 罗云．注册安全工程师手册［M］．北京：化学工业出版社，2004.
[49] 刘如民，刘祖德．道路交通安全技术［M］．武汉：中国地质大学出版社，2006.
[50] 张凤中，杨夏峰，文中王，等．汽车安全驾驶［M］．南京：东南大学出版社，2003.
[51] 阮宝湘，邵祥华．工业设计人机工程［M］．北京：机械工业出版社，2005.
[52] 谢庆森，牛占文．人机工程学［M］．北京：中国建筑工业出版社，2005.
[53] 袁化临．起重与机械安全［M］．北京：首都经济贸易大学出版社，2000.
[54]［日］浅居喜代治．现代人机工程学概论［M］．刘高送，译．北京：科学出版社，1992.
[55] Reason J. Human Error［M］. Cambridge：Cambridge University Press，1990.
[56] Rubio S，Díaz E，Martín J，et al. Evaluation of subjective mental workload：A comparison of SWAT，NASA－TLX，and workload profile methods.［J］. Applied Psychology，2004，53（1）.
[57] Wickens C D. Multiple resources and mental workload［J］. Human Factors，2008，50（3）.

图书在版编目（CIP）数据

安全人机工程学/廖可兵，刘爱群主编．--2 版．--北京：应急管理出版社，2019（2021.7 重印）

普通高等教育“十三五”规划教材

ISBN 978-7-5020-7724-2

Ⅰ.①安… Ⅱ.①廖… ②刘… Ⅲ.①安全人机学—高等学校—教材 Ⅳ.①X912.9

中国版本图书馆 CIP 数据核字(2019)第 222083 号

安全人机工程学　第 2 版(普通高等教育“十三五”规划教材)

主　　编　廖可兵　刘爱群
责任编辑　闫　非
编　　辑　田小琴
责任校对　陈　慧
封面设计　王　滨

出版发行　应急管理出版社（北京市朝阳区芍药居 35 号　100029）
电　　话　010-84657898（总编室）　010-84657880（读者服务部）
网　　址　www.cciph.com.cn
印　　刷　北京玥实印刷有限公司
经　　销　全国新华书店

开　　本　787mm×1092mm 1/16　**印张**　18 1/4　**字数**　426 千字
版　　次　2020 年 1 月第 2 版　2021 年 7 月第 3 次印刷
社内编号　20180214　　**定价**　42.00 元
